氡测量方法

RADON MEASUREMENT METHODS

汲长松　著

中国原子能出版社

图书在版编目(CIP)数据

氡测量方法 / 汲长松著. — 北京 ：中国原子能出版社，2020.4

ISBN 978-7-5221-0521-5

Ⅰ. ①氡… Ⅱ. ①汲… Ⅲ. ①氡—测量方法 Ⅳ. ①O613.16

中国版本图书馆 CIP 数据核字(2020)第 051269 号

氡测量方法

出版发行	中国原子能出版社(北京市海淀区阜成路 43 号　100048)
责任编辑	胡晓彤
责任印制	赵　明
装帧设计	崔　彤
印　　刷	北京金港印刷有限公司
开　　本	787 mm×1092 mm　1/16
印　　张	21.25　　**字　数**　530.4 千字
版　　次	2020 年 4 月第 1 版　2020 年 4 月第 1 次印刷
书　　号	ISBN 978-7-5221-0521-5　　**定　价　98.00 元**

网址：http://www.aep.com.cn　　**E-mail：atomep123@126.com**

发行电话：010-68452845

前 言

氡是具有腐蚀性的惰性气体，氡的放射性衰变是级联衰变。因此，对氡的探测、氡浓度的测量，是实验核物理领域中极具吸引力的课题。

测氡仪的研制始于20世纪五六十年代，前后经历了三个阶段：早期通过氡测量勘探铀、镭矿；中期借助铀、镭矿坑道内氡浓度监测实施辐射安全防护，与近期的环境放射性监测等。大量技术人员为“氡”付出了毕生的努力。20世纪80年代，在我国曾出现过以“测氡”为“时髦”的大规模的学术“运动”，全国有数十个科研院所、高等院校、核仪器研制与生产企业、环境放射性监测与卫生防疫部门同时开展与氡浓度测量相关的实验技术研究、测氡仪研制的高潮。期间，中国辐射防护研究院等单位曾组织过数次全国性氡测量的大规模学术研讨会、全国性测氡仪交流比对活动；具有国际先进水平的核工业第六研究所“标准氡室”投入运行；数种氡学术专著出版问世。

《氡测量方法》一书，是以作者30多年来从事闪烁室法、静电场法、α卡法等相对法测氡浓度，及基于托马斯双滤膜绝对法测氡浓度、氡子体浓度测量等实验方法研究；静电场法氡浓度测量仪；托马斯双滤膜绝对法测氡仪研制等工作为基本内容的专著。

20世纪60至70年代，有相关文献报道了静电场收集法、闪烁室法及双滤膜法等三种绝对测氡浓度的实验方法成果，在本书“第4章绝对测氡浓度方法”中，给予系统的介绍。同时，介绍了基于托马斯公式的双滤膜绝对测氡仪的设计、实验、测量结果验证的系统研制资料；以及在我国较广泛应用的双滤膜绝对法测氡系列仪器计量实验的资料。

本书对几十年来，氡浓度测量实验方法在我国形成的特点：①绝对测氡仪商品化；②采用球形闪烁室而非国外圆柱型 Lucas 室；③气球法(商品仪器)测氡；④驻极体静电场测氡仪等中国特点予以表述。

本书还对近十几年来发展起来的α能谱法测氡与氡子体浓度的实验方法，进行了较系统的论述。

出于增强本书技术内容系统性的考虑，书中还加入了关于氡的产生、氡与子体、氡的量度、氡的实验技术等内容，使本书更具可读性与实用性。

本书取材限定于氡测量实验方法、氡测量仪器的设计原理，及所达到的技术指标的核物理实验方法内容，而不涉及仪器的电子学与程序内容。本书主要为从事氡浓度测量实验方法研究，及氡浓度测量仪器研制的人员提供参考。

本书编写过程中，王婷婷、张庆威与林德雨提供大量帮助；卡迪诺科技(北京)有限公司承办本书出版，作者深表谢意。

作者

2019年12月10日

目 录

引 言

1900 年，德国人 Friedrich Ernst Dorn 首次发现了氡。氡成为 20 世纪初第一批被发现的天然放射性核素的成员。然而，人类受氡及其子体的伤害却已有数百年之久了。早在 1546 年，便出现了氡对人体危害的报道。报道称，矿工在工作 15～25 年以后就要患一种肺部疾病而死亡。而直到 1879 年人们才认识到这种肺部疾病就是肺癌。

1910 年，Schiffner 第一次在德国巴伐利亚的施尼伯格矿井下测到了氡；

1924 年，Ludwig 和 Lorrenser 在施尼伯格矿测定了氡的浓度；

1934 年，Bohounek 在捷克斯洛伐克波希米亚地区的亚希莫夫矿，也曾对氡的浓度做过测定；

1940 年，E. M. Старостюк 测量了苏联顿巴斯煤矿井下的氡浓度，其平均值为 2.96×10^{3} Bq/m^{3}；

1942 年，Evans 和 Goodman 公布了亚希莫夫矿山井巷内，平均氡浓度为 1.07×10^{4} Bq/m^{3}；

1945 年，Mitchell 估计，在对氡及其子体的危害有所认识之前，井下氡浓度达 5.55×10^{5} Bq/m^{3}；

1954 年，P. W. Jacoe 测量了科罗拉多高原的石灰石矿和煤矿中，氡浓度一般在 $3.7\times10^{1}\sim3.7\times10^{2}$ Bq/m^{3} 以上。

氡是惰性气体，它不具有开矿炸药爆炸后生成烟雾的刺激性臭味，也没有粉尘进入气管后引起的呼吸困难的感觉，更没有其他有害气体的那种特殊的气味。人们在吸入氡时，丝毫不会感到这种放射性气体导致的放射性损伤。若不使用专门的探测仪器进行测量，几乎无法感知氡的存在。因此，人们对氡的感知，不是氡的存在，而是氡危害的结果——肺癌。

氡的测量有许多难点。首先因为氡是惰性气体，难以制成便于探测的化合物；其次，氡的含量很少，当其达到有害浓度时，其在空气中的量也是极其微小的。如标准状态下，一升空气中约有 2.69×10^{22} 个分子，但在氡浓度为 3.7×10^{3} Bq/m^{3} 时，1 L 空气中也只有 1.76×10^{6} 个氡原子、977 个 RaA 原子、8.59×10^{3} 个 RaB 原子及 6.31×10^{3} 个 RaC 原子。对于如此低的浓度，如此特殊的测量客体的测量，必须要求专门的测量技术及相应的测量手段。

1982 年联合国 UNSCEAR 报告给出，天然环境辐射平均年有效剂量当量为 2 mSv。其中，氡及其子体的年有效剂量当量约占一半，为 970 μSv。另外，Cohen 氏估算，因天然环境氡及其子体所致肺癌过量死亡数，为天然环境辐射致癌总例数的二分之一。因此，近几十年来，氡的测量在世界范围内越来越受人们的重视。

氡的测量目的在于确定放射性物质对环境的污染程度、转变与变化规律，为评价其对人类的危害提供科学依据，以便全面规划采取治理、预防措施，保护广大居民和环境。随着人类对氡及其子体危害认识的不断深入，环境氡及其子体的测量技术的研究，测量手段的研制也越来越受到各国的重视。

从实验核物理角度看，氡的测量有两个方面的含义：一方面，它是指氡的三种天然同位素：铀系中的^{222}Rn(氡)、钍系中的^{220}Rn(钍射气)与锕系中的^{219}Rn(锕射气)的测量；另一方面，它包括^{222}Rn、^{220}Rn与^{219}Rn的各子体的测量。由于^{220}Rn(钍射气)的半衰期短，所以只有在^{232}Th浓度高的地方才重要。从辐射防护与环境放射性调查的角度，通常人们感兴趣的是氡(^{222}Rn)的浓度，与氡、钍射气短寿命子体的浓度(或潜能浓度)的测定。

由于空气中氡的含量很少，通常室内空气中约每10^{18}个原子中才有1个氡原子。氡浓度的测量属低水平放射性测量；加之样品采集、衰变修正及子体干扰排除等方面的困难，使空气氡浓度的测量变得相当复杂。虽然空气中氡、钍射气子体浓度的绝对测量(亦称直接测量)课题已完全解决，并且，测量方法已完全成熟，测量手段也很简单，但是，空气中氡(^{222}Rn)浓度的绝对测量方法的解决至今也仅有四十几年的时间。

氡及其子体的测量在很多领域占有重要位置。这些领域包括地质找矿、寻找地下水和地热资源、地震预报、环境监测、健康保护以及气象、地质、地球化学和核物理学研究等领域。

氡的常规(瞬时)测量方法也称常规测氡法，一般是指金箔静电计法、静电计电离室法或者硫化锌闪烁室法，以及抽气的活性碳吸附法等测量方法。

常用的无源累积式测量方法有径迹蚀刻法、活性碳盒法、α卡法等，而有源法主要有双滤膜法及气球法。有资料给出，源自氡与子体的对居民的辐照剂量，超过来自天然放射源对居民的总辐照剂量的50%。因而对氡、钍射气及其子体的研究、测量成了一个急待解决的课题。

放射性惰性气体^{222}Rn是在地壳中普遍存在的痕量元素^{226}Ra的衰变产物。^{222}Rn是半衰期3.823 d的α辐射体。^{222}Rn衰变后生成的短寿命子体^{218}Po(3.10 min)、^{214}Pb(26.8 min)、^{214}Bi(19.9 min)和^{214}Po(1.64×10^{-4} s)大部分可附着在空气中的气溶胶上。由于建材、土壤及地下水的散发作用，通常，室内氡浓度高于室外。监测环境空气和室内氡及其子体，是当今世界范围内被普遍重视的一项工作。

研究表明，铀矿体的暴露面是氡的主要来源。当然，不仅铀矿体表面能析出氡，而且，土壤表面，普通岩石表面以及建筑材料的表面也都能析出一定量的氡，特别是破碎的岩石析出氡的能力更强。人们习惯于将所有能够析出氡的介质统称作射气介质。

氡被发现后，有不少科技工作者便开始与氡相关的课题的研究。1904年开始出现收集和探测土壤和河水中氡的装置和方法。然而，一直到20世纪20年代，氡的测量才成为一种野外找矿的方法。而且直到20世纪60年代，氡法只限于小面积的普查找矿，主要在原苏联及东欧国家应用。

深部铀矿勘探的迫切需求，使射气测量技术引起一些国家的重视。美国、加拿大、印度、阿根廷、芬兰和英国，用测氡法找到了一些深部铀矿。一些新的测氡仪亦随之问世。同时，高灵敏、自动记录氡测量装置也被应用于地震预报。关于氡的测量，原苏联与一些东欧国家致力于射气的定量解释和基本理论研究；而加拿大与美国等西方国家，则在新仪器和新方法研究方面成果突出。

氡浓度测量由于研究对象同时涉及惰性气体(无液态或固态化合物)、气态放射性(操作困难)及级联衰变(计算繁杂)，而与中子探测同样，成为实验核物理方法领域中，极具诱惑力的研究对象。

第1章 放射性探测基础

1.1 放射性基础

1.1.1 放射性

某些核素所具有的自发地发射粒子或 γ 射线，或者发生轨道电子俘获之后发射 X 射线，或发生自发裂变的性质，称作放射性。具有这种特性的核素称为放射性核素。自然界天然存在的放射性核素称作天然放射性核素，人工制造的放射性核素则称为人工放射性核素。

一个原子核，或一个复合核释放出粒子、或分裂为几个原子核的转换，称为核衰变，或放射性衰变。放射性衰变的种类很多，但对天然放射性衰变来说，主要有三种型式，即 α 衰变、β 衰变(包括 β^+ 衰变、β^- 衰变和轨道电子俘获)和 γ 跃迁[1-3]。

(1)α 衰变

放射性核素的原子核发射一个 α 粒子，同时变成另一种新核素原子核的过程称为 α 衰变。α 衰变过程中，放出的 α 粒子实际上就是氦原子的原子核(^4_2He)。它由两个质子和两个中子组成，带两个正电荷。原子核 ^A_ZX 经 α 衰变后转变为子核 $^{A-4}_{Z-2}X$。α 粒子组成的辐射称为 α 辐射。

(2)β 衰变

β 衰变是 β^- 衰变、β^+ 衰变和轨道电子俘获等三种衰变方式的总称。

①β^- 衰变

β^- 衰变过程中，核内一个中子转变成为质子，同时发射一个 β^- 粒子(即负电子 e^-)和一个反中微子 $\tilde{\nu}$，即：

$$n \rightarrow p + e^- + \tilde{\nu}$$

②β^+ 衰变

β^+ 衰变过程中，核内一个质子转变成为中子，同时发射一个正电子 e^+ 和一个中微子 ν，即：

$$p \rightarrow n + e^+ + \nu$$

③轨道电子俘获

轨道电子俘获记作 EC 衰变。不稳定的原子核通过轨道电子俘获的方式衰变时，原子核内的一个质子从核外的电子轨道上俘获一个电子而转变成为中子，同时发射一个中微子 ν，即：

$$p + e^- \rightarrow n + \nu$$

β粒子是核转变时由原子核发射的；或者中子、不稳定粒子衰变时产生的，带正电荷或负电荷的电子。β粒子组成的辐射称为β辐射。

(3)γ跃迁

从放射性核素原子核内发射出γ射线的跃迁称作γ跃迁，或γ衰变。γ射线是处于激发态的原子核跃迁至基态、或较低能态时所发射的波长极短的电磁辐射。因其粒子性很明显，故也称γ量子或γ光子。核跃迁或粒子湮没过程中发射的γ量子组成的辐射称为γ辐射；而源自核外电子跃迁，波长比可见光短许多的光子组成的辐射(湮没辐射除外)，称为X辐射。

1.1.2 衰变规律

各种放射性核素衰变时，虽然发射的射线种类及能量各不相同，其衰变速率也各有快慢，但各种放射性核素的衰变遵从共同的衰变规律。

(1)单一存在的放射性核素的衰变规律

实验表明，放射性核素的所有原子核并不是同时发生衰变，而是有先有后，相互独立的。设在零时刻，原子核的数目为 N_0，t 时刻有 N 个原子核未衰变，那么在 t 至 $(t+\mathrm{d}t)$ 时间间隔内，发生衰变的原子核数 $\mathrm{d}N$ 应与 N 和 $\mathrm{d}t$ 成正比，即：

$$-\mathrm{d}N \propto N\mathrm{d}t$$

$$-\mathrm{d}N = \lambda N\mathrm{d}t \tag{1.1.1}$$

式中：λ——比例常数，称为衰变常数。

式中的负号表示原子核数 N 随时间的增加而减少。将式(1.1.1)两边积分可得：

$$N = N_0 \mathrm{e}^{-\lambda t} \tag{1.1.2}$$

式中：N_0——$t=0$ 时原子核的数目。

式(1.1.2)表明，放射性核素的原子核数目随时间按指数规律衰减。该关系式是对任何单一的放射性核素衰变都适用的基本规律。由该式可求出任何时间内尚未衰变的原子核数。式(1.1.2)是核自发衰变的一种统计规律，是通过大量的原子核实验测量得出的。

实际应用中，常用放射性活度，即一定量的放射性核素，在单位时间内衰变掉的原子核数，来表示放射性的强弱。设 A 为放射性活度，则：

令 $A_0=\lambda N_0$，则有：

$$A = -\frac{\mathrm{d}N}{\mathrm{d}t} = \lambda N = \lambda N_0 \mathrm{e}^{-\lambda t} \tag{1.1.3}$$

$$A = A_0 \mathrm{e}^{-\lambda t} \tag{1.1.4}$$

式中：A_0——$t=0$ 时的放射性活度。

衰变常数 λ 表征放射性核素衰变的快慢。但习惯上还常用半衰期 $T_{1/2}$ 来表示。由式(1.1.2)可得：

$$T_{1/2} = \frac{\ln 2}{\lambda} = \frac{0.693}{\lambda} \tag{1.1.5}$$

(2)递次衰变规律

递次衰变是指母体核素衰变产生的子体也是放射性的，甚至子体的衰变产物仍是放射性的连续衰变过程。递次衰变有时也称级联衰变、多代子体连续衰变，即从放射性核素 A

开始，经过一系列放射性核素 B、C 与 D 等的连续衰变过程。

$$A \rightarrow B \rightarrow C \rightarrow D \rightarrow \cdots$$

如：

$$^{226}_{88}\mathrm{Ra} \xrightarrow{\alpha} {}^{222}_{86}\mathrm{Rn} \xrightarrow{\alpha} {}^{218}_{84}\mathrm{Po} \longrightarrow \cdots$$

在递次衰变系列中，将每一过程孤立地来看，均按照单一放射性核素的指数规律衰减。但是如果让这些产物混合在一起，那么各种核素的量与时间的关系就复杂得多。

①递次衰变特例 1

最简单的递次衰变，即母核 A 衰变生成 B 核，B 核又衰变生成 C 核，而 C 是稳定核素。即：　　A　→　B　→　C(稳定)

设各核素的衰变常数：　λ_1　　λ_2　　$\lambda_3=0$

$t=0$ 时的原子核数：　N_{10}　　N_{20}　　N_{30}

t 时间的原子核数：　$N_1(t)$　　$N_2(t)$　　$N_3(t)$

对于 A 代母核，其核数 $N_1(t)$、放射性活度 $A_1(t)$随时间的变化规律是：

$$\begin{aligned} \frac{\mathrm{d}N_1(t)}{\mathrm{d}t} &= -\lambda_1 N_1(t) \\ N_1(t) &= N_{10}\mathrm{e}^{-\lambda_1 t} \\ A_1(t) &= \lambda_1 N_1(t) = \lambda_1 N_{10}\mathrm{e}^{-\lambda_1 t} \end{aligned} \tag{1.1.6}$$

对于 B 代子体，有：

$$\frac{\mathrm{d}N_2(t)}{\mathrm{d}t} = \lambda_1 N_1(t) - \lambda_2 N_2(t) \tag{1.1.7}$$

式(1.1.7)表明，第一代子体核素 B 的变化率，随母核核素 A 的衰变增加 $\lambda_1 N_1$；随自身的衰变减少 $\lambda_2 N_2$。据式(1.1.6)和式(1.1.7)改写为：

$$\frac{\mathrm{d}N_2(t)}{\mathrm{d}t} + \lambda_2 N_2(t) = \lambda_1 N_{10}\mathrm{e}^{-\lambda_1 t} \tag{1.1.7$'$}$$

该式为一阶线性非齐次微分方程。将式(1.1.7)′两边分别乘以 $\mathrm{e}^{\lambda_2 t}\mathrm{d}t$ 得：

$$\mathrm{e}^{\lambda_2 t}\mathrm{d}N_2 + \lambda_2 N_2 \mathrm{e}^{\lambda_2 t}\mathrm{d}t = \lambda_1 N_{10}\mathrm{e}^{(\lambda_2-\lambda_1)t}\mathrm{d}t$$

变换后：

$$\mathrm{d}(N_2\mathrm{e}^{\lambda_2 t}) = \frac{\lambda_1}{\lambda_2-\lambda_1}N_{10}\mathrm{d}\mathrm{e}^{(\lambda_2-\lambda_1)t}$$

积分得：

$$N_2(t)\mathrm{e}^{\lambda_2 t} = \frac{\lambda_1}{\lambda_2-\lambda_1}N_{10}\mathrm{e}^{(\lambda_2-\lambda_1)t} + \mathrm{const} \tag{1.1.8}$$

式中：const 为积分常数，应用初始条件确定积分常数 const。

当 $t=0$ 时，$N_2(0)=N_{20}$则：

$$\mathrm{const} = N_{20} - \frac{\lambda_1 N_{10}}{\lambda_2-\lambda_1}$$

将 const 代入式(1.1.8)，变换后得：

$$N_2(t) = \frac{\lambda_1}{\lambda_2-\lambda_1}N_{10}(\mathrm{e}^{-\lambda_1 t} - \mathrm{e}^{-\lambda_2 t}) + N_{20}\mathrm{e}^{-\lambda_2 t}$$

$$A_2(t)=\lambda_2 N_2(t)=\frac{\lambda_1\lambda_2}{\lambda_2-\lambda_1}N_{10}(e^{-\lambda_1 t}-e^{-\lambda_2 t})+\lambda_2 N_{20}e^{-\lambda_2 t} \tag{1.1.9}$$

对于C代子体，有：

$$\frac{dN_3(t)}{dt}=\lambda_2 N_2(t)$$

$$N_3(t)=N_{30}+N_{20}(1-e^{-\lambda_2 t})+N_{10}(1-\frac{\lambda_2}{\lambda_2-\lambda_1}e^{-\lambda_1 t}+\frac{\lambda_1}{\lambda_2-\lambda_1}e^{-\lambda_2 t}) \tag{1.1.10}$$

②递次衰变特例2

假定递次衰变过程是由 n 代核素组成的系列；并假定 $t=0$ 时，只有母体核素 N_{10} 个放射性核，而其他子体核素的核数皆为零；假定各子体连续衰变中不出现分支，即：

各核素的衰变常数：	λ_1，	λ_2，	λ_3，	…	λ_n
$t=0$ 时的原子核数：	N_{10}，	0，	0，	…	0
$t=t$ 时的原子核数：	$N_1(t)$，	$N_2(t)$，	$N_3(t)$，	…	$N_n(t)$

对于第 n 代子体，其微分方程为：

$$\frac{dN_n}{dt}=\lambda_{n-1}N_{n-1}-\lambda_n N_n \tag{1.1.11}$$

据巴特曼(H. Bateman)的解法得：

$$N_1(t)=e^{-\lambda_1 t}N_{10}$$

$$N_2(t)=\lambda_1(\frac{e^{-\lambda_1 t}}{\lambda_2-\lambda_1}+\frac{e^{-\lambda_2 t}}{\lambda_1-\lambda_2})N_{10}$$

$$N_3(t)=\lambda_1\lambda_2[\frac{e^{-\lambda_1 t}}{(\lambda_2-\lambda_1)(\lambda_3-\lambda_1)}+\frac{e^{-\lambda_2 t}}{(\lambda_1-\lambda_2)(\lambda_3-\lambda_2)}+\frac{e^{-\lambda_3 t}}{(\lambda_1-\lambda_3)(\lambda_2-\lambda_3)}]N_{10}$$

……

$$N_n(t)=\lambda_1\lambda_2\cdots\lambda_{n-1}[\frac{e^{-\lambda_1 t}}{(\lambda_2-\lambda_1)(\lambda_3-\lambda_1)\cdots(\lambda_n-\lambda_1)}+\frac{e^{-\lambda_2 t}}{(\lambda_1-\lambda_2)(\lambda_3-\lambda_2)\cdots(\lambda_n-\lambda_2)}+\cdots\frac{e^{-\lambda_n t}}{(\lambda_1-\lambda_n)(\lambda_2-\lambda_n)\cdots(\lambda_{n-1}-\lambda_n)}]N_{10} \tag{1.1.12}$$

也可用巴特曼公式表示为：

$$N_n(t)=N_{10}\prod_{i=1}^{n-1}\lambda_i\sum_{j=1}^{n}\frac{e^{-\lambda_j t}}{\prod_{\substack{k=1\\k\neq j}}^{n}(\lambda_k-\lambda_j)} \tag{1.1.13}$$

1.1.3 放射性平衡

如果考虑母核与子核半衰期相互关系的几种特殊情况，可使前节的计算公式[式(1.1.12)]简化。这种简化在实际应用中具有重要作用。下面就三种特殊情况分别对巴特曼公式加以讨论。

(1)久期平衡

当母核的半衰期 T_1 很长，子核的半衰期 T_2 相当短时，在测量时间内，几乎观察不到母核放射性活度的变化。由于 $T_1 \gg T_2$，$\lambda_1 \ll \lambda_2$ 可以近似认为 $\lambda_1 \approx 0$、$\lambda_2-\lambda_1 \approx \lambda_2$、$e^{-\lambda_1 t} \approx 1$，同时假定 $N_{20}=0$，则式(1.1.12)简化为：

$$N_2(t)=\frac{\lambda_1}{\lambda_2}N_{10}(1-e^{-\lambda_2 t}) \tag{1.1.14}$$

母核、子核的放射性活度分别为：

$$\begin{aligned} A_1(t)&=\lambda_1 N_1(t)\approx\lambda_1 N_{10}=A_{10} \\ A_2(t)&=\lambda_2 N_2(t)\approx\lambda_1 N_{10}(1-e^{-\lambda_2 t})=A_{10}(1-e^{-\lambda_2 t}) \end{aligned} \tag{1.1.15}$$

母核、子核的总放射性活度：

$$A(t)=A_1(t)+A_2(t)=\lambda N_{10}(2-e^{-\lambda_2 t}) \tag{1.1.16}$$

当 t 相当大时，譬如大于子体半衰期 T_2 的 7 至 10 倍时，$e^{-\lambda_2 t}\approx 0$ 由式(1.1.14)得：

$$N_2(t)\approx\frac{\lambda_1}{\lambda_2}N_{10} \quad 或 \quad \frac{N_2(t)}{N_1(t)}\approx\frac{\lambda_1}{\lambda_2}=\frac{T_2}{T_1} \tag{1.1.17}$$

即：

$$\lambda_1 N_1(t)=\lambda_2 N_2(t)=常数$$

由此可知，当时间等于子核半衰期的 7～10 倍以后，子核的原子核数达到饱和值 $\lambda_1 N_{10}/\lambda_2$，并且与 $N_1(t)$ 维持恒定的比值 λ_1/λ_2，子核与母核的放射性活度相等。这种现象被称为久期平衡。平衡后，母核、子核的总放射性活度为：

$$A=2\lambda_1 N_{10}=2A_{10} \tag{1.1.18}$$

例如镭、氡之间的平衡，就属于这种情况。

另外：　${}^{90}Sr-{}^{90}Y$，　$T_{1/2}({}^{90}Sr)=28.1$ a，$T_{1/2}({}^{90}Y)=64$ h；

${}^{144}Ce-{}^{144}Pr$，　$T_{1/2}({}^{144}Ce)=284.2$ d，$T_{1/2}({}^{144}Pr)=17.3$ min；

${}^{113}Sn-{}^{113}In^m$，　$T_{1/2}({}^{113}Sn)=115.2$ d，$T_{1/2}({}^{113}In^m)=1.658$ h　等也是久期平衡的事例。

如果放射性核素 A 的子核不是一代而是多代，则母核与各代子核构成一个递次衰变系列。若该系列的母核是长寿命的，而各代子核的寿命都比母核短得多，时间相当久之后，它们之间都可以达到久期平衡，即：

$$\lambda_1 N_1=\lambda_2 N_2=\lambda_3 N_3=\cdots=\lambda_n N_n \tag{1.1.19}$$

(2)暂时平衡

如果母核的半衰期并不太长，但仍比子核的半衰变期长很多，即 $T_1>T_2$，$\lambda_1<\lambda_2$，$e^{-\lambda_1 t}>e^{-\lambda_2 t}$，当 t 很大时，则 $e^{-\lambda_2 t}$ 比 $e^{-\lambda_1 t}$ 先趋近于零，因此，在 $N_{20}=0$ 的情况下式(1.1.12)变为：

$$N_2(t)=\frac{\lambda_1}{\lambda_2-\lambda_1}N_{10}e^{-\lambda_1 t}=\frac{\lambda_2}{\lambda_2-\lambda_1}N_1(t) \tag{1.1.20}$$

即：

$$\frac{N_2(t)}{N_1(t)}=\frac{\lambda_1}{\lambda_2-\lambda_1} \tag{1.1.21}$$

上述结果表明，子核原子核数 $N_2(t)$ 在时间相当长时，将和母核原子核数 $N_1(t)$ 成一固定比值 $\lambda_1/(\lambda_2-\lambda_1)$，这种状态称为暂时平衡。

$$A_2(t)=\frac{\lambda_1\lambda_2}{\lambda_2-\lambda_1}N_{10}e^{-\lambda_1 t}=\frac{\lambda_2}{\lambda_2-\lambda_1}A_1(t)$$

母核、子核共存时的总放射性活度为：

$$A(t)=A_1(t)+A_2(t)=\frac{2\lambda_2-\lambda_1}{\lambda_2-\lambda_1}A_1(t) \tag{1.1.22}$$

由$\left(\frac{dA}{dt}\right)_{t=t_m(A)}=0$和$\left(\frac{dA_2}{dt}\right)_{t=t_m(A_2)}=0$可求出$A$和$A_2$达到最大值的时间$t_m(A)$和$t_m(A_2)$。

$$t_m(A)=\frac{1}{\lambda_2-\lambda_1}\ln\frac{\lambda_2^2}{\lambda_1(2\lambda_2-\lambda_1)} \tag{1.1.23}$$

$$t_m(A_2)=\frac{1}{\lambda_2-\lambda_1}\ln\frac{\lambda_2}{\lambda_1} \tag{1.1.24}$$

将$t_m(A)$与$t_m(A_2)$分别代入A与A_2的表达式便可求出A与A_2的最大值。

(3)不成平衡

当母核的半衰期小于子核的半衰期时，即$T_1<T_2$或$\lambda_1>\lambda_2$，子核的原子核数$N_2(t)$不会与母核的原子核数$N_1(t)$达到平衡。

因为$\lambda_1>\lambda_2$所以当t很大时，$e^{-\lambda_1 t}$比$e^{-\lambda_2 t}$先趋于零，由式(1.1.12)得：

$$N_2(t)\approx\frac{\lambda_1}{\lambda_2-\lambda_1}N_{10}e^{-\lambda_2 t} \tag{1.1.25}$$

$$A(t)=A_2(t)=\frac{\lambda_1\lambda_2}{\lambda_1-\lambda_2}N_{10}e^{-\lambda_2 t}=\frac{\lambda_2}{\lambda_1-\lambda_2}A_{10}e^{-\lambda_2 t} \tag{1.1.26}$$

即母核、子核的总放射性活度等于子核的放射性活度，并按子核的半衰期衰减。

在暂时平衡和久期平衡之间并无严格界限。一般当T_1比T_2大十几倍或几十倍，便可按久期平衡处理；而当T_1比T_2大几倍时可做暂时平衡处理；$T_1<T_2$时，按不成平衡处理。

1.1.4 天然放射系与人工放射系

自然界天然存在着许多种放射性核素，它们的衰变顺序严格地按照一定的规律排列，构成了具有固定衰变关系的放射性核素系列。该类系列被称之为天然放射系[3]。自然界存在三个天然放射系，即铀镭(4*n*+2)U-Ra系(或称铀系)、钍(4*n*)Th系和锕铀(4*n*+3)AcU系(或称锕系)。此处，*n*为正整数。U-Ra系与Th系的放射性核素总数，占自然界天然存在的放射性核素总数的99.273%；而AcU系仅占0.725%。表1.1.1列出了这三个放射系的第一代母体核素的放射性参数。

表1.1.1　^{238}U, ^{232}Th, ^{235}U的放射特征

放射系	第一代核素	原子序数	质量数	半衰期/a	衰变类型	射线能量/MeV
铀系	^{238}U	92	238	4.468×10^9	α	4.196
钍系	^{232}Th	90	232	1.405×10^{10}	α	4.012
锕系	^{235}U	92	235	7.038×10^8	α	4.598

这三个天然放射系有一个共同特点：都有一个在正常条件下以气态形式存在的子体核素。铀系中是氡^{222}Rn，钍系中是钍射气^{220}Rn(Tn)，锕系中是锕射气^{219}Rn(An)。这三个气态子体又都是α放射体，其半衰期又不长：氡^{222}Rn的半衰期为3.823 d，氡^{220}Rn为55.8 s，

氡^{219}Rn 为 3.96 s。这三种射气的放射性特征参数列于表 1.1.2。

表 1.1.2　三种射气的放射特征

名称	符号	原子序数	质量数	半衰期	衰变类型	射线能量/MeV
^{222}Rn(铀系)	Rn	86	222	3.823 d	α	5.489
^{220}Rn(钍系)	Tn	86	220	55.8 s	α	6.288
^{219}Rn(锕系)	An	86	219	3.96 s	α	6.819

图 1.1.1、图 1.1.2 和图 1.1.3 分别示出铀系、钍系和锕系的衰变简图，给出各系的主要组成核素和它们之间的衰变关系。

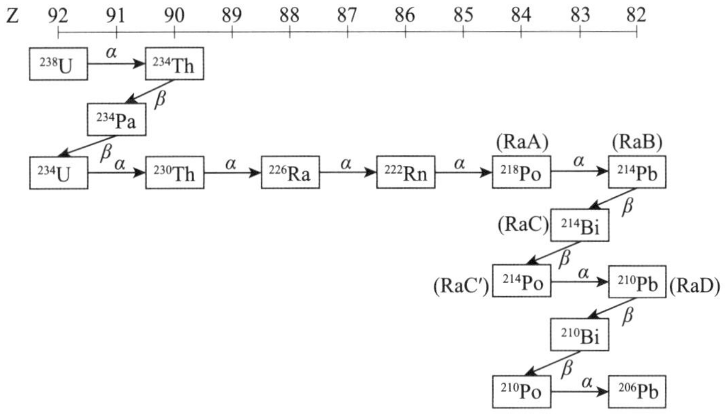

图 1.1.1　铀系衰变简图

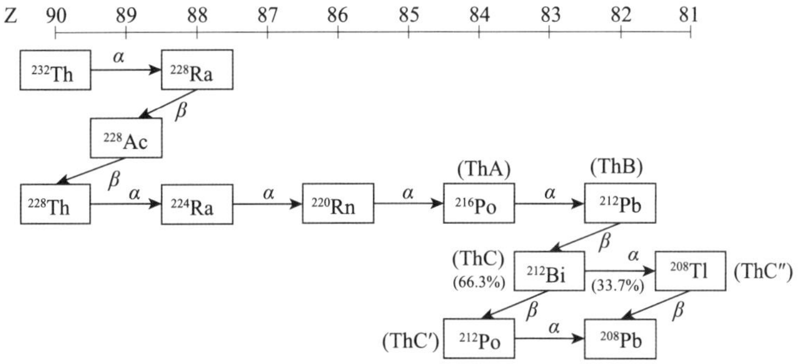

图 1.1.2　钍系衰变简图

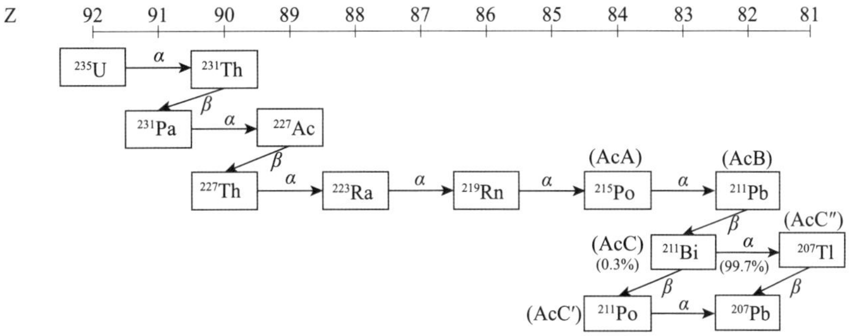

图 1.1.3　锕系衰变简图

天然状态下存在的天然铀为^{238}U、^{235}U与^{234}U的混合物，其成分参数列于表1.1.3。

表1.1.3 天然铀的成分

核　素	^{238}U	^{235}U	^{234}U
质量含量/%	99.28	0.714	0.005 48
放射性活度/%	48.9	2.2	48.9
半衰期/a	4.51×10^{9}	7.1×10^{8}	2.44×10^{5}

(1)天然放射系铀($4n+2$)系

表1.1.4列出天然放射系铀系核素的放射性特征及平衡状态下它们之间的质量关系。

表1.1.4 天然放射系铀($4n+2$)系核素的放射性特征

核素(俗称及符号)	半衰期	衰变方式	射线能量/MeV	质量关系
^{238}U(铀Ⅰ U1)	4.468×10^{9} a	α	4.196	1
^{234}Th(铀X_1 UX1)	24.1 d	β	0.193	1.44×10^{-11}
$^{234}Pa^m$(铀X_2 UX2)	1.17 min	β，IT	2.290	4.83×10^{-16}
^{234}Pa(铀Z UZ)	6.70 h	β	0.215	—
^{234}U(铀Ⅱ UⅡ)	2.455×10^{5} a	α	4.773	5.32×10^{-5}
^{230}Th(爱 Io)	7.538×10^{4} a	α	4.684	1.65×10^{-5}
^{226}Ra	1602 a	α	4.784 6	3.37×10^{-7}
^{222}Rn	3.823 d	α	5.489	2.18×10^{-12}
^{218}Po(RaA)	3.10 min	α、β	α：6.002 6　99.96% β：0.33　0.04%	1.17×10^{-15}
^{214}Pb(RaB)	26.8 min	β	1.03	1.01×10^{-14}
^{218}At	1.5 s	α	6.754	—
^{214}Bi(RaC)	19.9 min	α、β	α：5.512　0.04% β：3.278　99.96%	7.43×10^{-15}
^{214}Po(RaC′)	1.64×10^{-4} s	α	7.687	1.04×10^{-11}
^{210}Tl (RaC″)	1.30 min	β	2.34	—
^{210}Pb(RaD)	22.3 a	β	0.061	4.36×10^{-7}
^{210}Bi(RaE)	5.013d	α、β	α：$4.687\ 5\times10^{-5}$% β：1.163	2.68×10^{-11}
^{210}Po(RaF)	138.376 d	α	5.304 5	7.42×10^{-11}
^{206}Tl(RaF′)	4.20 min	β	1.533 5	—
^{206}Pb(RaG)	稳定			

$^{222}_{86}Rn$是铀系的系列衰变产物之一。由于铀系第一代核素的半衰期极长，故它满足久期

平衡的条件(见本章 1.1.3.(1))。时间相当长之后，整个放射系各核素达到久期平衡。

$$\lambda_1 N_1=\lambda_2 N_2=\lambda_3 N_3=\cdots=\lambda_n N_n \tag{1.1.27}$$

即各核素的放射性活度相等。这正是建立各种测氡^{222}Rn 浓度实验方法的物理基础。

由于^{219}Rn 的半衰期很短，井下大气中不可能存在很多的^{219}Rn。对矿山井下大气所进行的实测表明，^{219}Rn 的浓度是很低的，不会对人造成伤害性的影响。一般说来，井下大气中^{220}Rn 的浓度也是很低的，仅在矿石或围岩中含有较多的^{232}Th 时，^{220}Rn 的浓度才有超过法定最大允许浓度的可能。普遍存在于井下大气中的射气是^{222}Rn，在没有通风或通风不良的井下场所，它很容易积累至相当高的浓度，因而，防止^{222}Rn 的危害便成了氡防护工作的主要内容。

(2)天然放射系钍($4n$)系

表 1.1.5 列出天然放射系钍($4n$)系各核素的特性。

表 1.1.5　天然放射系钍($4n$)系核素表

核　　素	俗称与符号	衰变方式	半衰期	粒子能量/MeV
钍 ^{232}Th	钍(Th)	α	1.405×10^{10} a	4.012
镭 ^{228}Ra	中钍Ⅰ(MsThⅠ)	β	5.75 a	0.048
锕 ^{228}Ac	中钍Ⅱ(MsThⅡ)	β	6.15 h	2.09
钍 ^{228}Th	射钍 (RdTh)	α	1.910 a	5.424
镭 ^{224}Ra	钍 X(ThX)	α	3.64 d	5.685 6
^{220}Rn	钍射气(Tn)	α	55.8 s	6.288
钋 ^{216}Po	钍 A(ThA)	α、β	0.150 s	α：6.779(99.986%) β：(0.014%)
铅 ^{212}Pb	钍 B(ThB)	β	10.64 h	0.573
砹 ^{216}At		α	3.5×10^{-4} s	7.81
铋 ^{212}Bi	钍 C(ThC)	α、β	60.54 min	α：6.090(33.7%) β：2.251(66.3%)
钋 ^{212}Po	钍 C′(ThC′)	α	3.00×10^{-7} s	8.541(8.784)
铊 ^{208}Tl	钍 C″(ThC″)	β	3.06 min	1.567
铅 ^{208}Pb	钍 D(ThD)	稳定		

(3)天然放射系锕($4n+3$)系

表 1.1.6 列出天然放射系锕($4n+3$)系各核素的特性。

表 1.1.6　天然放射系锕($4n+3$)系核素表

核　　素	俗称及符号	衰变方式	半衰期	粒子能量/MeV
铀 ^{235}U	锕 U(AcU)	α	7.038×10^{8} a	4.598
钍 ^{231}Th	铀 Y(UY)	β	25.5 h	0.303

续表

核　　素	俗称及符号	衰变方式	半衰期	粒子能量/MeV
镤 ^{231}Pa		α	3.25×10^{4} a	5.057 3
锕 ^{227}Ac		α、β	21.77 a	α：4.954 β：0.044
钍 ^{227}Th	射锕(RdAc)	α	18.2 d	6.038 2
钫 ^{223}Fr	锕 K(AcK)	α、β	22 min	α：5.34 β：1.15
镭 ^{223}Ra	锕 X(AcX)	α	11.43 d	5.872
砹 ^{219}At		α、β	54 s	α：6.28 β：1.7
氡 ^{219}Rn	锕射气(An)	α	3.96 s	6.819
铋 ^{215}Bi	铋	β	7.4 min	2.2
钋 ^{215}Po	锕 A(AcA)	α、β	1.78×10^{-3} s	α：7.386 β：0.74
铅 ^{211}Pb	锕 B(AcB)	β	36.1 min	1.376
砹 ^{215}At		α	10^{-4} s	8.00
铋 ^{211}Bi	锕 C(AcC)	α、β	2.14 min	α：6.750 5(99.724%) β：0.578 9(0.276%)
钋 ^{211}Po	锕 C′(AcC′)	α	0.516 s	7.450
铊 ^{207}Tl	锕 C″(AcC″)	β	4.77 min	1.436
铅 ^{207}Pb	锕 D(AcD)	稳定		

(4)人工放射系镎(4*n*+1)系

除天然存在三个天然放射系外，还有一个人工放射系。用其寿命最长的核素——^{237}Np(镎)命名，称作人工放射性镎(4*n*+1)系。由于人工放射性镎系中，寿命最长的核素是^{237}Np，其半衰期为2.14×10^{6} a。人所共知，地球的寿命为10^{8} a量级，因此，地球诞生时刻产生的天然的放射性镎系核素，至今早已衰变殆尽。多年来，用人工方法已经获取了放射性镎系的各个核素，并测定了它们的主要放射特性。表1.1.7中列出人工放射性镎(4*n*+1)系的各核素放射特性。

表1.1.7　人工放射性镎(4*n*+1)系核素表

核　　素	衰变方式	半衰期	粒子能量/MeV
钚 ^{241}Pu	β	14.29 a	0.020 8
镅 ^{241}Am	α	432.7 a	5.44(13%) 5.49(85%)

续表

核　素	衰变方式	半衰期	粒子能量/MeV
镎 ^{237}Np	α	2.14×10^{6} a	4.65(12%) 4.78(75%)
镤 ^{233}Pa	β	27.0 d	0.145(37%) 0.257(58%) 0.568(5%)
铀 ^{233}U	α	1.592×10^{5} a	4.78(15%) 4.82(83%)
钍 ^{229}Th	α	7 340 a	4.84(58%) 4.90(11%) 5.05(7%)
镭 ^{225}Ra	β	14.8 d	0.320
锕 ^{225}Ac	α	10.0 d	5.73(10%) 5.79(28%) 5.83(54%)
钫 ^{221}Fr	α	4.8 min	6.12(15%) 6.34(82%)
砹 ^{217}At	α	0.032 s	7.067
铋 ^{213}Bi	β，α	47 min	α：5.870(～2.2%) β：1.421(～97.8%)
钋 ^{213}Po	α	4.2×10^{-6} s	8.377
铊 ^{209}Tl	β	2.2 min	1.83
铅 ^{209}Pb	β	3.30 h	0.635
铋 ^{209}Bi	稳定		

1.1.5 天然放射系外的天然放射性核素

自然界存在的天然放射性核素，除前述原子序数高于82(Pb)的放射性核素构成的三个天然放射系外，还有180多种，原子序数低于82(Pb)的天然放射性核素，如^{40}K、^{14}C…等，广泛存在于地表土壤(或岩石)中。表1.1.8列出天然放射系之外的部分天然放射性核素的特性。

表1.1.8 天然放射系之外的天然放射性核素[4]

核素	天然丰度/%	半衰期/a	辐射类型	辐射能量/MeV
$^{3}_{1}H$	极微	12.32	β^-	$E_{\beta max}$：0.018 591 $E_{\beta平均}$：0.005 69

续表

核素	天然丰度/%	半衰期/a	辐射类型	辐射能量/MeV
$^{14}_{6}C$	极微	5700	$β^-$	$E_{βmax}$：0.156 47 $E_{β平均}$：0.049 44
$^{40}_{19}K$	0.011 7 (0.011 9)	$1.265×10^9$	$β^-$(89.33%) EC(10.67%)	$E_{βmax}$：1.311 6 $E_γ$：1.460(10.67%)
$^{50}_{23}V$	0.250	$1.4×10^{15}$	EC(83%) $β^-$(17%)	$E_γ$：1.553 $E_{βmax}$：0.783(17%)
$^{87}_{37}Rb$	27.83	$4.75×10^{10}$	$β^-$(100%)	$E_{βmax}$：0.283
$^{115}_{49}In$	95.77	$4.41×10^{14}$	$β^-$(100%)	$E_{βmax}$：0.63
$^{123}_{52}Te$	0.87	$1.3×10^{13}$	EC(100%)	
$^{138}_{57}La$	0.089	$1.05×10^{11}$	$β^-$(33.6%) EC(66.4%)	$E_{βmax}$：0.210 $E_γ$：1.435 8(66.4%)； 0.788(33.6%)
$^{142}_{58}Ce$	11.07	$5.1×10^{15}$	α	$E_α$：1.5
$^{144}_{60}Nd$	23.87	$2.4×10^{15}$	α	$E_α$：1.83
$^{147}_{62}Sm$	14.99	$1.06×10^{11}$	α	$E_α$：2.120
$^{148}_{62}Sm$	11.24	$7×10^{15}$	α	$E_α$：1.985
$^{149}_{62}Sm$	13.82	$>1×10^{15}$	α	$E_α$：1.872
$^{152}_{64}Gd$	0.20	$1.08×10^{14}$	α	$E_α$：2.205
$^{156}_{66}Dy$	0.052 4	$>1×10^{18}$	α	$E_α$：~3
$^{176}_{71}Lu$	2.59	$3.73×10^{10}$	$β^-$(100%)	$E_{βmax}$：0.425 $E_γ$：0.306；0.203；0.089
$^{174}_{72}Hf$	0.163	$2.0×10^{15}$	α	$E_α$：2.496
$^{180}_{73}Ta$	0.012 3	$>1×10^{15}$	IT	$E_Γ$：0.350；0.332
$^{187}_{75}Re$	62.60	$4.35×10^{10}$	$β^-$(100%)	$E_{βmax}$：0.002 663
$^{190}_{78}Pt$	0.012 7	$6.5×10^{11}$	α	$E_α$：3.249

1.2 放射性测量的灵敏度

放射性测量(包括测氡)方法、仪器，其探测灵敏度参数是指该测量方法与仪器可探测到的放射性的最低量。这是评价测量方法与仪器极为重要的核性能技术指标。

长时间以来，依据仪器的本底计数涨落服从高斯分布这一假定，用本底计数(率)的标准偏差(或其倍数)，判定装置可探测到的最少放射性的指标。但是，仅仅给出表征灵敏度的一个数字而不作其他说明是不完善的。

较长时间以来，采用置信度（置信水平）、显著度（显著水平）、置信区间与置信系数（置信因子）等一组参数，表述灵敏度。

1968 年，文献[5]从放射性计数测量的统计性出发，引入判断限、探测下限、定量下限三个概念，表述放射性测量的灵敏度。该表述体系，在放射性测量方法、特别是低水平放射性测量方法领域中，被很快地接受、并普遍采用[1,6,7]。

1.2.1　置信度、显著度、置信区间与置信系数（置信因子）

实践证明，很多测量值皆服从正态分布。所以，长期以来以正态分布为基础，以测量计数的统计误差为基本参数，表征测量方法、仪器装置测量下限的方法得到了广泛的应用[6]，并形成了"置信度（置信水平）""显著度（显著水平）""置信区间"与"置信系数（置信因子）"测量灵敏度表征体系。

正态分布的函数表达式为：

$$f(x)=\frac{1}{\sqrt{2\pi}\sigma}\mathrm{e}^{-\frac{(x-m)^2}{2\sigma^2}} \tag{1.2.1}$$

式中：σ——本底计数率的标准偏差。

测量值 m，在$[m-\sigma,\ m+\sigma]$区间的概率[7] $P(m-\sigma,\ m+\sigma)$。

$$P(m-\sigma,\ m+\sigma)=\int_{m-\sigma}^{m+\sigma}\frac{1}{\sqrt{2\pi}\sigma}\mathrm{e}^{-\frac{(x-m)^2}{2\sigma^2}}\mathrm{d}x \tag{1.2.2}$$

变换，令 $t=\dfrac{x-m}{\sigma}$，

$$P=\frac{1}{\sqrt{2\pi}}\int_{-1}^{+1}\mathrm{e}^{-\frac{t^2}{2}}\mathrm{d}t \tag{1.2.3}$$

则，测量值在$[-k\sigma,\ +k\sigma]$区间的概率：

$$P(-k,\ +k)=\frac{1}{\sqrt{2\pi}}\int_{-K}^{+K}\mathrm{e}^{-\frac{t^2}{2}}\mathrm{d}t \tag{1.2.4}$$

测量值在$[-k\sigma,\ +k\sigma]$区间的概率表示式(1.2.4)中 P 称作置信度或置信水平[8,9]；k 称作置信系数，或置信因子；$(-k\sigma,\ k\sigma)$称作置信区间。

有时将式(1.2.4)记作：

$$P(k)=1-\alpha$$

式中：α 称作显著水平，或显著度。

例　由式(1.2.4)，置信系数：

$k=1$ 时，测量值在$[-\sigma,\ \sigma]$区间的置信度：$P(1)=0.683$；

显著度　$\alpha=1-P(1)=0.317$

$k=2$ 时，测量值在$[-2\sigma,\ 2\sigma]$区间的置信度：$P(2)=0.954$；

显著度　$\alpha=0.046$

$k=3$ 时，测量值在$[-3\sigma,\ 3\sigma]$区间的置信度：$P(3)=0.997$；

显著度　$\alpha=0.003$

表 1.2.1 中列出正态分布(高斯分布)，不同置信度与置信系数 K 之间的关系。

比较误差大小、测量结果优劣时，必须在相同的置信度下进行才有意义。对于低水平放射性探测器或探测装置灵敏度的比较也必须使置信度相同。

表 1.2.1 不同置信系数对应的置信度

显著度 α	置信度 $1-\alpha$	置信系数 k_{α}
0.500	0.500	0.674 5
0.307 3	0.682 7	1
0.100	0.900	1.645
0.050	0.950	1.960
0.045 5	0.954 5	2
0.010	0.990	2.576
0.002 7	0.997 3	3
0.001	0.999	3.291

例 通常，选对应 3 倍本底计数率的标准偏差(置信系数 $k=3$)，为装置可探测到的最小放射性，取作装置的灵敏度。即：

$$A_0=\frac{3\sigma}{E}=\frac{3}{E}\sqrt{\frac{n_b}{t}}$$

式中：σ——本底计数率的标准偏差，$\sigma=\sqrt{\frac{n_b}{t}}$；

n_b——本底计数率；

t——本底测量时间；

E——装置的探测效率。

由统计计算不难得出，置信系数 $k=3$(置信度 99.73%)时，本底计数率出现大于 $n_b+3\sigma$ 的概率(显著度)仅为 0.135%。

因此，当测量到的计数率大于 $n_b+3\sigma$ 时，该计数率不大可能是本底，而是源自样品。这种采用置信度、显著度与置信区间概念确定装置灵敏度的方法简单易用，至今仍在应用。

1.2.2 判断限 L_C

放射性测量装置的测量值及本底，皆是服从一定概率分布的随机变量。因此，低水平放射性测量中，放射性样品与无放射性样品的本底测量值固有的统计涨落，会导致如下两类错误判断：

第一类差错——样品中实际上不存在放射性，由于本底计数的统计涨落，部分测量计数值可能大于某预先设定的参考值，导致误认为样品中存在放射性。该类差错称为“第一类差错”，或称“α 差错”。

第二类差错——样品中实际上含有放射性，由于测量计数的统计涨落，部分测量计数值可能小于某预先设定的参考值，导致误认为样品不含有放射性。该类差错称为“第二类差错”，或称“β 差错”。

上述预先设定的参考值称为“判断限”(critical limit)，以 L_C 表示。判断限与本底观测值，及导致第一类差错的概率 α 有关[1,10]。为方便起见，L_C 用无放射性样品净计数的标准误差 σ_0，与其倍数 K_α 的乘积表示，即：

$$L_C = K_\alpha \sigma_0 \tag{1.2.5}$$

图 1.2.1(a)示出随机变量概率服从正态分布时，出现第一类差错概率 α，与 K_α 的关系图示。

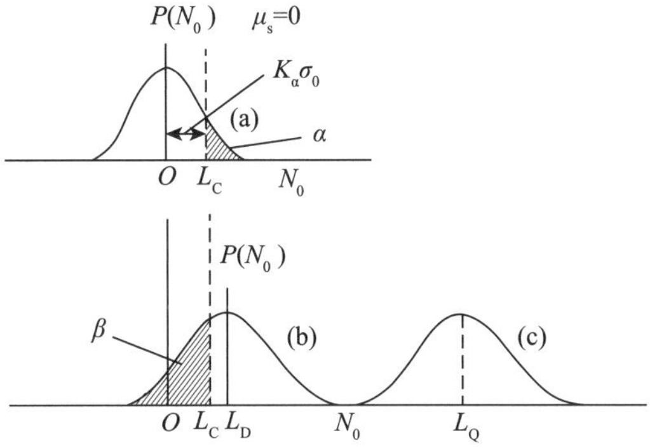

图 1.2.1　正态分布 α、β、L_C、L_D、L_Q 关系示意

(1)α、L_C的物理意义

真放射性 $\mu_s=0$ 时，测量净计数 $S \geqslant L_C$，发生第Ⅰ类差错的概率 P 为 α。

$$P = \alpha \tag{1.2.6}$$

实验证实，计数足够大时，测量值(随机变量)S 服从正态分布，其概率密度函数为[9,10]：

$$f(s) = \frac{1}{\sqrt{2\pi}\sigma_0} e^{-\frac{s^2}{2\sigma_0^2}} \tag{1.2.7}$$

由此，式(1.2.6)可写作：

$$P = \int_{L_C}^{+\infty} f(s)\,ds = \alpha \tag{1.2.8}$$

判断限 L_C 与本底观测值 S 及第一类差错概率 α 有关。随机变量概率服从正态分布时，出现第一类差错概率 α，与 K_α 的对应关系部分值列于表 1.2.2。

表 1.2.2　α、β、K_α、K_β 值关联表

α、β	K_α、K_β
0.001 35	3.000
0.005	2.576
0.010	2.326
0.023	2.000
0.025	1.960

续表

α、β	K_α、K_β
0.050	1.645
0.075	1.44
0.100	1.282
0.15	1.04
0.159	1.000
0.20	0.84
0.30	0.52

例 若指定 $\alpha=5\%$，则 $L_C=1.645\sigma_0$。

由图 1.2.1 可见，由于放射性现象的统计性质，当样品放射性 $\mu_s=0$ 时，测量值 s(已扣除本底)不一定等于零，而将在零的左右摆动。据 $\alpha=0.05$，计算(由表 1.2.2 查表)得 $L_C=1.645\sigma_0$。即平均每 100 次测量中，约有 95 次 s 值落在 L_C 的左边，而断定样品中无放射性，$\mu_s=0$；另有 5 次，s 值落在 L_C 的右边，致使误认为样品含有放射性(即 $\mu_s>0$)。

(2)净计数等于判断限时的相对标准偏差 ν

$$\nu^2=\frac{\dfrac{n_0+n_b}{t_s}+\dfrac{n_b}{t_b}}{n_0^2}$$

式中：n_0——样品净计数率；

n_b——本底计数率；

t_0——样品测量时间；

t_b——本底测量时间。

$$t_0=t_b=t$$

$$n_0t=N_0=L_C$$

以 $n_bt=N_b$ 代入得 $\nu=\dfrac{\sqrt{L_C+2N_b}}{L_C}=\dfrac{\sqrt{K_\alpha\sqrt{2N_b}+2N_b}}{K_\alpha\sqrt{2N_b}}$

$$L_C=K_\varepsilon\sigma_0(0)$$

$$\sigma_0(0)=\sqrt{2N_b}$$

当测量时间 t 足够长时，$\sqrt{N_b}\gg K_\alpha$，则 $\nu\approx\dfrac{1}{K_\alpha}$。

解读—— $N_0=L_C(=K_\alpha\sigma_0)$ 时，$\nu\approx\dfrac{1}{K_\alpha}$；若取 $\alpha=5\%$

[$N_0>L_C$ 时，判断有放射性的论断不正确的概率低于 5%；相应的 $K_\alpha=1.645$]，测量值的相对标准偏差 $\nu\approx\dfrac{1}{K_\alpha}=\dfrac{1}{1.645}\approx60.8\%$

1.2.3　探测下限 L_D

判断限仅考虑了样品不含放射性时出现的第一类差错，或 α 差错。

如果样品含有放射性，测量值 s 将在放射性真值的左右摆动。重复多次测量时，部分观测值 s 落在判断限 L_C 的左侧(见图 1.2.2)，以致我们错误地判定样品不含放射性(即误断 $\mu_s=0$；第二类差错，或 β 差错)，其概率用 β 标记。由图 1.2.2(或图 1.2.1(b))可见，概率 β 的函数表示式为：

$$P = \int_{-\infty}^{k_\beta \sigma_0} f(S)\mathrm{d}S = \beta \tag{1.2.9}$$

对于预先指定的 β 值，可以计算出样品放射性的真值(L_D)至少应该是多少，才能保证误断为 $\mu_s=0$ 的概率(第二类差错)不大于 β。参考值 L_D 称作探测装置的"探测下限"(detection limit)，以 L_D 表示。

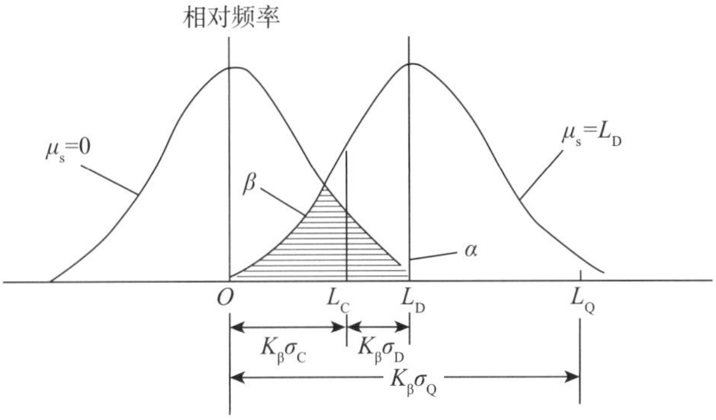

图 1.2.2　判断限 L_C、探测下限 L_D 与定量下限 L_Q 关联图示

探测下限与本底观测值及允许犯第一类差错的概率 α 有关。

需指明，L_D 不是样品实际含有的放射性，而是指样品必须含有的最小放射性，使第二类差错出现的概率不致超过预定的 β。由图 1.2.2 不难看出：

$$L_D - L_C = K_\beta \sigma_D$$

$$L_D = L_C + K_\beta \sigma_D = K_\alpha \sigma_0 + K_\beta \sigma_D \tag{1.2.10}$$

式中：K_β——β 差错系数；

σ_D——样品净计数的标准偏差。

$$\sigma_D = \sqrt{L_D + 2N_b} \tag{1.2.11}$$

β、K_β 与表 1.2.2 中的 α 与 K_α 有相同的关系。

例　若指定 $\beta=0.10$，即平均在 100 次测量中约有 90 次 $S>L_C$，使我们断定样品含有放射性；但有 10 次观测值 S 落在判断限 L_C 的左侧($S<L_C$)，以致误断样品中无放射性($\mu_s=0$)。显然，L_D 是 α 和 β 的函数。

应用　把上述两个概念应用于放射性报警仪器，并假定报警阈定为 L_C，则当样品不含放射性时，误报警概率$\leqslant\alpha$；而当样品放射性$=L_D$ 时，漏报警的概率$\leqslant\beta$。

同样可以推导出，当 α、β 皆为 5%时，即 $K=K_\alpha=K_\beta=1.645$，测到的净计数等于

L_D时，本底计数 N_b 足够大时，其测量值的相对标准误差 $\nu \approx 30\%$。

1.2.4 定量下限 L_Q

前述 L_C 和 L_D 只是二种预定的界限，对测量结果的 α 差错，β 差错（误报、漏报）概率有一定要求。然而，该判断并未涉及判断结果的偏差，有时其相对标准偏差很大。

因此希望引入一个，限定测量结果净计数相对标准偏差，应小于某一预先规定数值（一般取 10%）的测量限度。即要求测量结果净计数相对标准误差应小于 10%时，相应的最少放射性值 L_Q 称为“定量下限”(determination limit)，用 L_Q 标记。“定量下限”的定义是，当样品实际所含的放射性等于或大于 L_Q 时，测定值的相对标准偏差不大于预定的 $1/K_Q$。此定义可用下式表示：

$$L_Q = K_Q \sigma_Q$$
$$\frac{\sigma_Q}{L_Q} = \frac{1}{K_Q} \tag{1.2.12}$$
$$L_Q = K_Q \sigma_Q$$

L_Q取决于预定的 K_Q 值，而与 α、β 无关。

可以证明，当本底及计数皆服从高斯分布时，

$$L_Q = \frac{1}{2} K_Q^2 \left[1 + \sqrt{1 + \frac{4\sigma_0^2(0)}{K_Q^2}} \right] \tag{1.2.13}$$

式中：$\sigma_0(0)$——净计数为零时的标准偏差，$\sigma_0(0) = \sqrt{2N_b}$。

习惯上取相对标准偏差 $\frac{\sigma_Q}{L_Q} = \frac{1}{K_Q} = 10\%$，所以 $K_Q = 10$。于是由(1.2.13)式得(工作公式)：

$$L_Q = \frac{1}{2} K_Q^2 \left[1 + \sqrt{1 + \frac{4\sigma_0^2(0)}{K_Q^2}} \right] = 50(1 + \sqrt{1 + 0.08N_b}) \tag{1.2.14}$$

1.2.5 判断限、探测下限与定量下限的计算公式

(1)本底准确值未知，判断限、探测下限与定量下限计算公式

$$L_C = K_\alpha \sqrt{N_{S+b} + N_b} \tag{1.2.15}$$

$$L_C = \frac{K_\alpha}{2} (K_\alpha + \sqrt{K_\alpha^2 + 8N_b}) \tag{1.2.16}$$

$$\text{若 } N_{S+b} \approx N_b \qquad L_C \approx K_\alpha \sqrt{2N_b} \tag{1.2.17}$$

$$\begin{aligned} L_D &= L_C + K_\beta \sqrt{N_{S+b} + N_b} \\ &= (K_\alpha + K_\beta) \sqrt{N_{S+b} + N_b} \end{aligned} \tag{1.2.18}$$

$$L_D = \frac{K_\alpha + K_\beta}{K_\alpha} L_C = \frac{K_\alpha + K_\beta}{2} [K_\alpha + \sqrt{K_\alpha^2 + 8N_b}] \tag{1.2.19}$$

$$\text{若 } \frac{K_\alpha}{\sqrt{N_B}} \ll 1 \qquad L_D \approx (K_\alpha + K_\beta) \sqrt{2N_b} \tag{1.2.20}$$

$$L_Q = \frac{K_Q^2}{2} [1 + \sqrt{1 + \frac{8N_b}{K_Q^2}}] \tag{1.2.21}$$

(2)本底准确值已知，判断限、探测下限与定量下限计算公式

$$N_b = B \qquad L_C = K_\alpha \sqrt{B} \tag{1.2.22}$$

$$L_D = \sqrt{B}\left[K_\alpha + \frac{K_\beta^2}{2\sqrt{B}} + K_\beta \sqrt{1 + \frac{K_\alpha}{\sqrt{B}} + \frac{K_\beta^2}{4B}}\right] \tag{1.2.23}$$

$$若 \frac{K_\alpha + K_\beta}{\sqrt{B}} \ll 1 \quad L_D \approx (K_\alpha + K_\beta)\sqrt{B} \tag{1.2.24}$$

$$L_Q = \frac{K_Q^2}{2}\left[1 + \sqrt{1 + \frac{4B}{K_Q^2}}\right] \tag{1.2.25}$$

(3)判断限

以 N_b 表示无放射性样品的净计数，则：

$$\sigma_0 = \sqrt{2N_b} \tag{1.2.26}$$

如，置信度为 95%时的判断限 L_C：

$$L_C = 1.960\sigma_0 = 1.960\sqrt{2N_b}$$

$$L_C = 2.77\sqrt{N_b} \tag{1.2.27}$$

当样品净计数刚好等于判断限 L_c 时，净计数率的相对标准偏差 $\nu(t_s = t_b)$：

$$\nu = \frac{\sqrt{L_C + 2N_b}}{L_C} = \frac{\sqrt{K_\alpha\sqrt{2N_b} + 2N_b}}{K_\alpha\sqrt{2N_b}} \tag{1.2.28}$$

t_s、t_b 分别为样品与本底的测量时间。

当测量时间充分长时，使满足 $\sqrt{N_b} \gg K_\alpha$，则式(1.2.28)变为：

$$\nu \approx \frac{1}{K_\alpha} \tag{1.2.29}$$

当 $K_\alpha = 1.645$ 时，$\nu \approx 60\%$。

(4)探测下限——95%置信度下探测的放射性物质的最低浓度

由式(1.2.10)及式(1.2.11)可得：

$$L_D = L_C + \frac{1}{2}K_\beta^2\left(1 + \sqrt{1 + \frac{4K_\alpha}{K_\beta^2} + \frac{4L_C^2}{K_\alpha^2 K_\beta^2}}\right) \tag{1.2.30}$$

若取 $K_\alpha = K_\beta \equiv K$ 时，则有：

$$L_D = K^2 + 2L_c \tag{1.2.31}$$

同样可以推导出，当 α、β 置信度为 90%时，即 $K = K_\alpha = K_\beta = 1.645$ 时，测到的净计数刚好为 L_D。本底计数 N_b 足够大时，其计数率相对标准误差 $\nu \approx 30\%$。

(5)定量下限

除对测量结果的 α 差错，β 差错出现概率有一定要求之外，另外还有一定的精度要求(一般为 10%)时，即要求测量结果净计数相对标准误差应小于 10%时，相应的最少放射性值 L_Q 称为定量下限(式 1.2.12)$L_Q = K_Q\sigma_Q$。可以证明，当本底及计数皆服从高斯分布时：

$$L_Q = \frac{1}{2}K_Q^2\left[1 + \left(1 + \frac{4\sigma_0^2(0)}{K_Q^2}\right)^{\frac{1}{2}}\right] \tag{1.2.32}$$

$$\sigma_0(0) = \sqrt{2N_b}$$

取：

$$\frac{\sigma_Q}{L_Q}=\frac{1}{K_Q}=10\%$$

于是，$K_Q=10$，所以：

$$L_Q=50[1+(1+0.08N_b)^{1/2}] \tag{1.2.33}$$

1.3 过滤效率

滤材的过滤效率——用滤材对空气中气载粒子取样时，滤材对取样体积内气载粒子收集的百分效率[6,11]，称作过滤效率[12]；未收集的部分，即透过滤材的部分所占百分率称作透过系数。

用滤膜对空气中的放射性气溶胶取样时，过滤效率就是滤膜对取样体积内放射性气溶胶的收集百分率，常用 Σ 表示；透过系数就是透过滤膜，未被收集的部分放射性气溶胶所占百分率。

滤膜对空气中放射性气溶胶取样的过滤效率 Σ 的测量方法是双层滤膜法[13]。

1.3.1 滤材过滤效率 α 测定法

将两张滤膜用一个薄的垫圈隔开，一起夹在取样头中，取样后分别用两台探测效率相同的仪器测量两张滤膜的正面在各段时间的 α 计数 I_1、I_2。各段时间的计数对应的过滤效率 Σ：

$$\sum=\frac{I_1}{I_1+I_2}=\frac{1}{1+\frac{I_2}{I_1}}\approx 1-\frac{I_2}{I_1} \tag{1.3.1}$$

1.3.2 滤材过滤效率 β 测定法

选两片质量厚度相近的滤膜重叠在一起，以选定的流量采样 5 min。采样结束后，将两张滤膜用同一台仪器交替测量，或者用两台探测效率相同的仪器同时测量，取同一时间的计数率 A，则过滤效率 Σ 由下式求出：

$$\sum=\frac{A_1}{A_1+A_2} \tag{1.3.2}$$

式中：A_1、A_2分别为第一、二层滤材的 β 计数率，计数/min。

由于实际上，$A_1 \gg A_2$，故式(1.3.2)可简化为：

$$\Sigma=\frac{1}{1+\frac{A_2}{A_1}}\approx 1-\frac{A_2}{A_1} \tag{1.3.2$'$}$$

1.3.3 采样比流速、滤材储存时间对滤材过滤效率的影响

文献[14]给出用氡子体气溶胶及 β 辐射测量技术测定滤材过滤效率的方法。如 1.1 节所述，氡、钍射气及锕射气等放射性气体的子体是放射性固体微粒，很容易附着在直径为

0.005～0.035 μm 的空气中的灰尘上，而生成放射性气溶胶。

(1)样品制备

用 1 号滤布——过氯乙烯树脂纤维过滤空气。过滤后的空气与氡子体混合制成放射性气溶胶，经 24 h 静置后供测试取样用。

(2)测量条件

①比流速　　气体通过 1 号滤布的比流速分别为 0.165 L/(min·cm^2)、3 L/(min·cm^2)、11.4 L/(min·cm^2)、20.4 L/(min·cm^2)和 30.0 L/(min·cm^2)。

②放射性活度　　抽滤在第一层滤膜上的 β 放射性活度控制在 7 000～10 000 计数/min 之间。

③温度、湿度　　温度：(4～28.5)℃；
湿度：30%～100%。

④气溶胶分散度[15]　　放射性气溶胶的分散度为 0.005～0.035 μm。

(3)测试方法

用抽气泵将放射性气溶胶抽滤到待测滤材上(滤材为两层的滤膜)。采样后的滤材用 β 辐射测量系统，分别测量第一层滤膜及第二层滤膜正面(迎入射辐射面)上的 β 射线计数。测量结果分别记作 N_1 与 N_2。则据式(1.3.2)计算过滤效率 Σ。

$$\Sigma = \frac{N_1 - N_2}{N_1}$$

采样比流速分别取 0.165 L/(min·cm^2)、3.0 L/(min·cm^2)、11.4 L/(min·cm^2)、20.4 L/(min·cm^2)和 30.0 L/(min·cm^2)。

(4)测试结果

对 1 号滤布试样，以选定的采样比流速，在不同的贮存时间重复测定其过滤效率 Σ。在五年半的测试期，即五年半的贮存期内大量测量数据皆列于表 1.3.1。

表 1.3.1　1 号滤布过滤效率、采样比流速、贮存时间关系实测结果

比流速/[L/(min·cm^2)]									
0.165		3		11.4		20.4		30	
贮存时间/月	过滤效率/%	贮存时间/月	过滤效率/%	贮存时间/月	过滤效率/%	贮存时间/月	过滤效率/%	贮存时间/月	过滤效率/%
0	92.4±0.2	0	83.3±0.2	0	81.5±0.2	0	91.1±0.2	0	94.9±0.1
3	89.8±0.2	3	77.0±0.2	3	81.1±0.2	3	88.3±0.2	3	91.9±0.1
6	90.3±0.1	6	76.1±0.2	6	80.8±0.3	6	91.4±0.1	6	92.4±0.2
9	89.8±0.2	9	73.8±0.3	9	80.6±0.3	9	90.1±0.1	9	92.1±0.1
12	90.3±0.2	12	74.9±0.3	12	81.3±0.4	12	96.3±0.1	12	97.8±0.1
15	88.9±0.2	15	73.3±0.3	15	83.8±0.3	15	94.3±0.1	15	95.0±0.1
18	87.8±0.3	18	75.1±0.4	18	77.9±0.3	18	92.5±0.1	18	93.6±0.1

续表

比流速/[L/(min·cm²)]									
0.165		3		11.4		20.4		30	
贮存时间/月	过滤效率/%	贮存时间/月	过滤效率/%	贮存时间/月	过滤效率/%	贮存时间/月	过滤效率/%	贮存时间/月	过滤效率/%
21	90.1±0.2	21	74.6±0.4	21	76.8±0.3	21	87.7±0.2	21	92.3±0.2
24	87.1±0.3	24	71.9±0.3	24	80.5±0.3	24	94.3±0.1	24	96.5±0.1
28	88.6±0.2	28	72.4±0.3	28	75.0±0.3	28	84.5±0.6	28	90.9±0.1
33	87.6±0.3	33	72.7±0.3	33	72.0±0.5	33	84.0±0.4	33	88.5±0.2
35	89.7±0.2	35	77.5±0.3	35	70.0±0.4	35	88.5±0.3	35	95.3±0.1
38	85.8±0.3	38	69.1±0.3	38	70.2±0.3	38	84.3±0.2	38	89.6±0.1
41	83.3±0.4	41	66.8±0.3	41	68.0±0.3	41	78.2±0.3	41	88.2±0.2
44	83.2±0.3	44	67.0±0.3	44	71.1±0.3	44	83.3±0.2	44	89.2±0.1
48	80.2±0.6	48	68.3±0.4	48	74.1±0.3	48	83.7±0.2	48	93.9±0.2
51	78.8±0.6	51	64.8±0.5	51	72.6±0.3	51	84.1±0.3	51	91.4±0.2
54	81.6±0.5	54	62.9±0.6	54	77.8±0.4	54	89.6±0.2	54	93.1±0.1
56	81.0±0.7	56	62.6±0.5	56	73.4±0.4	56	90.4±0.2	56	94.5±0.1
59	79.0±0.7	59	65.5±0.5	59	75.3±0.3	59	89.4±0.2	59	94.3±0.1
65	78.5±0.2	65	72.0±0.2	65	84.7±0.1	65	91.8±0.1	65	92.5±0.1

对表1.3.1实验结果显示出的规律性的概括发现：

1号滤布的过滤效率，当比速为20.4 L/(min·cm²)和30 L/(min·cm²)时，1号滤布的过滤效率随贮存时间增加的变化甚微，几乎与贮存时间无关。表1.3.2中列出大量测量数据的总平均值。在五年半的测试期，即五年半的贮存期内，其过滤效率Σ可分别用总平均值(91.3±0.1)%[比速为20.4 L/(min·cm²)]，和(93.2±0.1)%(比速为30 L/(min·cm²))表示。与实测值的最大相对误差分别为14%和5.4%。误差主要由1号滤布的不均匀性导致。

表1.3.2　1号滤布过滤效率、采样比流速、贮存时间的关系

比流速/[L/(min·cm²)]	Σ过滤效率/%	相对误差/%
0.165	92.5−0.21t	<5.3
3.0	78.3−0.22t	<6.4
11.4	80.4−0.11t	<15.5
20.4	91.3±0.1	<14.0
30.0	93.2±0.1	<5.4

注：t——滤材从出厂日期算起，以月为单位的贮存时间。

对于其他采样比流速，表 1.3.1 实验结果给出：

比流速为 0.165 L/(min·cm^2)，过滤效率 $\Sigma=(92.5-0.21t)\%$；

比流速为 3.0 L/(min·cm^2)，过滤效率 $\Sigma=(78.3-0.22t)\%$；

比流速为 11.4 L/(min·cm^2)，过滤效率 $\Sigma=(80.4-0.11t)\%$。

式中：t——滤材从出厂日期算起，以月为单位的贮存时间。

将表 1.3.2 数据按过滤效率 Σ 与比速组合，结果示于图 1.3.1，由图可见 Σ 与比速之间的勺形关系。图中 A、B 分别为 1981 年 1 月与 1975 年 7 月出厂的两批产品。

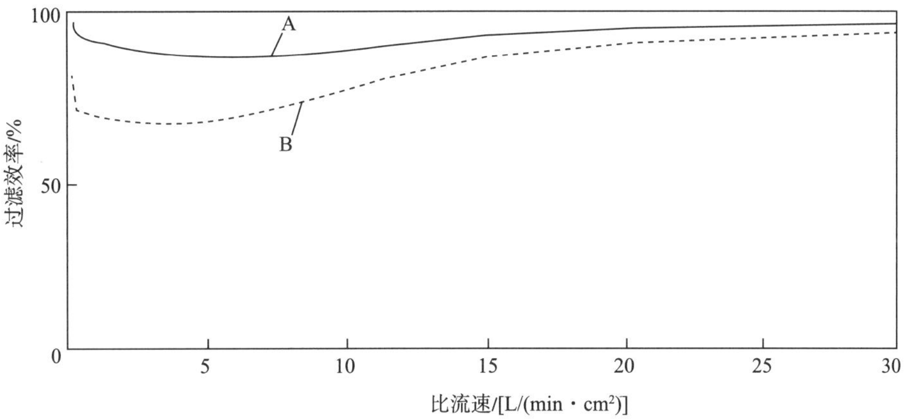

图 1.3.1　1 号滤布的过滤效率 Σ 与比流速的关系

A—1981 年 1 月出厂的滤材；B—1975 年 7 月出厂的滤材

过滤效率 Σ 与采样比流速间“勺”形关系，文献[14]作者认为与 1 号滤布带静电有关。由于所用放射性氡子体气溶胶粒子皆小于 0.1 μm，所以过滤效率由扩散与静电吸附两种效应决定。当比流速低时(低于 0.165 L/(min·cm^2))，过滤效果取决于静电吸附效应，而扩散的贡献极小；随比流速的不断增大)从 0.3 L/(min·cm^2)增至 3 L/(min·cm^2))，静电吸附效应逐渐减弱，因而过滤效率下降。而扩散的贡献增长缓慢，导致了过滤效率 Σ 的减小；比流速进一步增大至 3.0～15.0 L/(min·cm^2)水平时，扩散与静电吸附同时起作用，但扩散效应成为主导效应，因此过滤效率 Σ 随比流速增大而增大。扩散，静电吸附贡献已很微弱，由此导致了过滤效率较缓慢的增大。比速大于 15.0 L/(min·cm^2)时，静电吸附效应已很微弱，扩散主导，因此 Σ 随比速的增大缓慢增大。经测定，刚出厂的 1 号滤布本身所带的静电荷为 0.025～0.075 静电电量单位/cm^2，随贮存期增长，该电量逐渐减少，贮存五年半后，其所带电荷已趋近于零。

氡子体气溶胶分散度对放射性气溶胶测量方法的结果影响较大，其幅度在－5%～－10%量级。

另外，放射性气溶胶测试法的主要问题是氡子体气溶胶分散度对滤材的过滤效率 Σ 有较大影响。其影响幅度在－5%～－10%量级。

1.4　自吸收系数

1.4.1　自吸收系数的物理定义

自吸收：发射体本身对辐射的吸收[16-18]。

自吸收系数(自吸收因子)：经自吸收后放射源的实际辐射量与无自吸收时的辐射量的比值[18]。自吸收系数常用"β"表示。用于 α 粒子的自吸收系数：

$$\beta=\frac{\text{滤膜外表面界定的 }2\pi\text{ 立体角内出射的 }\alpha\text{ 粒子数}}{\text{沿滤膜表面 }2\pi\text{ 立体角内发射的 }\alpha\text{ 粒子总数}} \tag{1.4.1}$$

1.4.2　自吸收系数测量方法

(1)方法 1(苏联方法)[12]

①将面积已知的滤膜称重，计算得出其平均质量厚度 $\bar{a}$ ，mg/cm^2。

②用"双层滤膜"法测定滤膜的透过系数 k。

③制取 RaC′(^{214}Po)源，经实验测量，计算出 α 粒子在该滤膜中的射程 δ，mg/cm^2。

④由式(1.4.2)计算自吸收系数 $\beta_{苏联}$。

$$\beta_{苏联}=1+\frac{\bar{a}}{\delta}\left(\frac{k}{1-k}+\frac{1}{\ln k}\right) \tag{1.4.2}$$

(2)方法 2(美国辐射防护标准方法)[11]

①选取两张相同型号、质量厚度接近的滤膜，一张装在子体取样头上，作为收集氡子体用的子体滤膜；另一张用于盖滤膜。

②把子体收集到滤膜上，等待 30 min，用 α 测量仪测量滤膜的 α 放射性，得计数 C_1。

③把滤膜翻过来，测量其反面的 α 放射性，得计数 C_2。

④用盖滤膜盖在子体滤膜的正面，测量其 α 放射性，得计数 C_3。

⑤由式(1.4.3)计算自吸收系数 $\beta_{美国}$。

$$\beta_{美国}=\frac{2C_1}{2C_1+C_2-C_3} \tag{1.4.3}$$

式中：C_1、C_2——样品滤膜正、反面 α 计数；

C_3——样品滤膜正面盖上一片空白滤膜时样品滤膜正面的 α 计数。

C_1、C_2、C_3应为同一样品滤膜样品在同一时刻的 α 计数，实验测定的方法是：用同一台仪器，依次、轮换测量同一滤膜在不同时刻的 C_1、C_2 与 C_3 值，并分别作出其 C_i—t(时间)函数图线。然后找出对应同一时刻的一组 C_1、C_2与 C_3值。代入式(1.4.3)求出 $\beta_{美国}$ 值。

文献[12]给出实测 C_1、C_2 与 C_3 值的实用方法。每次测量 40 s，翻转滤膜或盖滤膜 20 s。每个循环费时 3 min。测 7～8 个循环。依据每个循环对时间的拟合值，由式(1.4.3)得到 $\beta_{美国i}$(i—循环数)。然后依据下式得出自吸收系数 $\beta_{美国}$。

$$\beta_{美国}=\frac{1}{n}\sum_{i=11}^{n}\beta_{美国i} \tag{1.4.4}$$

(3)两种方法的比较[12]

对三种国产滤膜，用前述两种方法测定自吸收系数进行了对比，结果列于表 1.4.1。结果显示两种方法的测定结果相差 2%～12%。

表 1.4.1　两种测定自吸收系数的方法实验对比

滤膜(生产厂)	$\beta_{美国}$	$\beta_{苏联}$	$\mid\Delta\beta\mid$	$(\mid\Delta\beta\mid/\beta_{美国})/\%$
15-11 膜(遵义化工厂)	0.903 3	0.883 8	0.019 5	2.16
4.9 微孔玻璃纤维膜(上海红卫化工厂)	0.952 4	0.842 1	0.110 3	11.58
H-06 混纤膜(大连旅顺化工厂)	0.973 8	0.885 9	0.087 9	9.03

1.4.3　自吸收系数应用

自吸收系数 β 与被测 α 粒子的能量有关。理论上可以按其射程进行理论计算而得出。但是，由于滤膜内水分的影响，使得被测样品的实际自吸收系数与理论计算值不相符。较严格的实际应用中，应将滤膜样品烘干后再进行测定。

马尔科夫法测定 α 粒子潜能浓度的等待时间仅 7 min。因此，来不及进行干燥处理。因而也不能测出较确切的自吸收系数 β 值。

考虑到同一样品，无论用那一种方法测量到的 α 粒子潜能浓度值应一样，故可借助等待时间较长的慢速法直接确定库兹涅茨总系数 K_K，而不必求出自吸收系数 β 值。

改进的库兹涅茨法中，测量完 $N(5,\ 7\rightarrow10)$之后，在 60 ℃左右的温度下将样品烘干，测定样品第 56～59 min 的计数 $N(5,\ 56\rightarrow59)$。此时的 α 粒子发射主要来自 RaC′，相应的自吸收系数记作 β'，则有：

$$C_p=\frac{78N(5,\ 56\rightarrow59)}{Q\Sigma\beta'\varepsilon}\ \text{MeV/L} \tag{1.4.5}$$

据改进的库兹涅茨法：

$$C_p=K_K N(5,\ 7\rightarrow10)=\frac{40N(5,\ 7\rightarrow10)}{Q\Sigma\beta\varepsilon}=\frac{78N(5,\ 56\rightarrow59)}{Q\Sigma\beta'\varepsilon} \tag{1.4.6}$$

式(1.4.6)中的马尔科夫系数 78 的意义与 40 相同。由式(1.4.6)可得：

$$K_K=\frac{78}{Q\Sigma\beta'\varepsilon}\frac{N(5,\ 56\rightarrow59)}{N(5,\ 7\rightarrow10)} \tag{1.4.7}$$

式(1.4.7)中的 β'已是干燥后样品的自吸收系数。同时，此时的 α 粒子发射主要来自 RaC′。如果放射性微粒在滤膜中的分布是指数分布，则有：

$$\beta'=(1-\frac{a}{\delta})\frac{s}{s-1}(1-\frac{1}{\ln s}-\frac{1}{s\ln s}) \tag{1.4.8}$$

式中：a——所用滤膜的质量厚度，mg/cm^2；

δ——RaC′α 粒子在滤膜中的射程，mg/cm^2；

s——平均透过系数。

这样测定自吸收系数 β'的问题，归结为求出所用滤膜的质量厚度 a，与 RaC′α 粒子在滤膜中的射程 δ 的确定。

滤膜的质量厚度 a，由精密天平称量一定面积的滤膜得出；

RaC′α 粒子在滤膜中的射程 δ 由下式给出：

$$\delta = a \frac{n_0}{n_0 - n} \tag{1.4.9}$$

式中：n_0——标准 α 面源的计数率，计数/min；

n——用滤膜盖住标准 α 面源后测得的计数率，计数/min。

现场条件下，一般可取一测氡子体样品，等待 50 min 后，替代 RaC′α 粒子标准源。用 α 探测器交替测取加盖与不加盖条件下，滤膜的 α 计数率随时间的变化关系曲线，如图 1.4.1所示。在图上找出对应同一时刻加盖与不加盖时的计数率，按式(1.4.9)计算 δ 值。

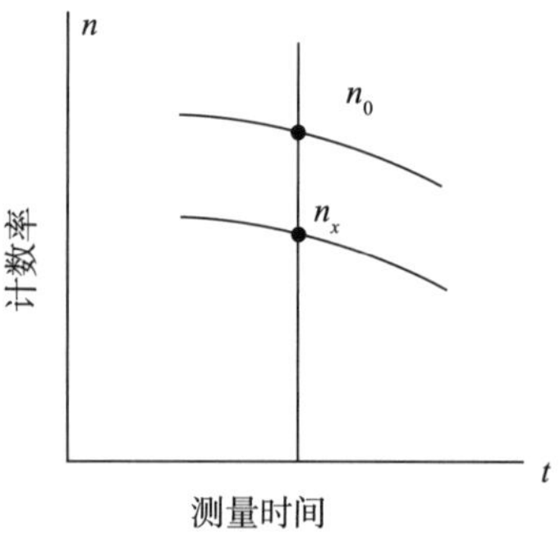

图 1.4.1　加盖滤膜与不加盖滤膜条件下标准 α 源的计数率曲线

参考文献

［1］ 复旦大学，清华大学，北京大学合编. 原子核物理实验方法［M］. 北京：原子能出版社，1997.

［2］ K. H. 穆辛. 原子核物理学（第一卷）［M］. 北京：原子能出版社，1996.

［3］ 于孝忠. 核辐射物理学［M］. 北京：原子能出版社，1981.

［4］ T. B. 格拉希维里，B. П. 契切夫，O. O. 帕塔尔肯，H. E. 雅科列夫，B. M. 库普里雅诺夫；赵志祥，黄小龙，葛志刚，等. 核素数据手册［M］. 北京：原子能出版社，2004.

［5］ L. A. Curie，Limits for Qualitative and Quantitive Determination Application to Radiochemistry［J］. Anal. Chem.，1968，40：586.

［6］ 环境空气中氡的标准测量方法［S］. GB/T 14582—1993.

［7］ Hartwell J. K.，Detection Limits for Radioisotopic Counting Techniques［R］. ARH-2537，1972：22.

［8］ 李德平，潘自强. 辐射防护手册（Ⅱ）［M］. 北京：原子能出版社，1988.

［9］ 刘智敏. 误差与数据处理［M］. 北京：原子能出版社，1983.

［10］ 叶世禧. 实验与放射性计数数据之统计处理［M］. 台北：徐氏基金会出版，1975.

［11］ 顾乃谷. PP 型丙纶过滤材料性能的研究［C］. 氡和氡子体测量与危害评价学术讨论会，太原，1988.

［12］ 吴桂惠，黄占云. 氡子体测量中滤膜 α 自吸收因子测定，氡和氡子体测量与危害评价学术讨论会［C］. №14. 太原，1988.

［13］ 丘寿康，等. 氡及氡子体刻度与试验装置［R］. 衡阳：核工业第六研究所，1989，12.

［14］ 刘保罗. 用放射性气溶胶法测定滤材过滤效率. 核环境监测方法和仪器学术交流会［C］. 1982.

［15］ “核防护”编辑组. 核防护（放射性气溶胶监测方法专辑）［J］. 1977，1-2.

［16］ Radiation Protection in Uranium Mines，American National Standard［S］. ANSI，N13，8-1973：15.

［17］ Shapiro J.，An Evalution of The Pulmonary Radiation Dosage from Radon and Its Daughter Report［R］. UR-298，1954：133.

［18］ 核科学技术术语［S］. GB/T 4960—2008.

第2章 氡与子体

2.1 氡与子体

氡于1900年被德国人道恩(Dorn)发现。1904年开始出现收集和探测土壤与河水中氡的装置和方法。至20世纪20年代，氡气测量成为野外找矿的方法：大约自20世纪50年代开始，氡才作为环境放射性调查与监测对象而被重视起来[1]。

2.1.1 氡与射气

氡与钍射气、锕射气这三种天然放射性气体统称为射气。这三种气体的原子序数相同，在元素周期表中皆处于氡的位置($N=86$)上，故钍射气和锕射气都是氡的同位素。为了区分这三种放射性气体，在把它们都称作氡时，要分别注明它们各自的质量数，把氡称作氡—222(^{222}Rn)，钍射气称作氡—220(^{220}Rn)，锕射气称作氡—219(^{219}Rn)。从辐射防护的角度，最有意义的是氡—222，因此，除特别指明，通常把氡—222(^{222}Rn)，称之为氡[2]。

文献[3]报导了氡的第4种同位素^{218}Rn的存在，其天然丰度小于10^{-4}%，半衰期为35 ms。除了在理论方面的意义之外，在地质找矿、辐射防护与环境放射性监测等实际应用中几乎不起任何作用，因而往往不予考虑。氡—222(^{222}Rn)、氡—220(^{220}Rn)、氡—219(^{219}Rn)这三种放射性气体的寿命都不长。现存在于地球中的三个天然放射系是氡各同位素及其子体的来源。如果不是有三个寿命长得可以和地球的年龄相比的核素作为它们各自的母体核素的话，它们早就因放射性衰变而从地球上消失了。这些母体核素存在于岩石、土壤、建筑材料等介质中。射气就在这些介质中产生，并在它们衰变成另一种核素之前，在介质中运动和传播。

(1)铀镭钍

土壤和岩石中的^{238}U(^{226}Ra)、^{232}Th与^{235}U是大气中^{222}Rn、^{220}Rn与^{219}Rn氡射气的主要来源。另外，土壤空气中氡的浓度，不仅取决于该岩层中铀、镭、钍的含量，岩层的结构和土壤空气与大气交换的程度也起重要作用。据已有资料，地球各不同地点(不包括矿山)，土壤、岩浆岩和沉积岩中镭、铀和钍的含量列于表2.1.1。

表2.1.1 不同介质中镭铀钍含量

介质	含量/(g/kg)		
	镭	铀*	钍
土壤	$1\times10^{-10}\sim8\times10^{-9}$	$1.0\times10^{-7}\sim1.8\times10^{-6}$	$2.3\times10^{-9}\sim1.4\times10^{-8}$
岩浆岩	1.3×10^{-9}	4.0×10^{-6}	
沉积岩	$4.2\times10^{-10}\sim1.1\times10^{-9}$	$(1.2\sim1.3)\times10^{-6}$	

注：*：土壤中^{238}U的含量为$(3\times10^{-9}\sim3\times10^{-7})$g/kg.

(2)镭、钍与锕射气的产生

到目前为止，人们已发现了三个天然放射系，即铀系、钍系和锕系，以及一个人工放射系——镎系。三个天然放射系中，铀系的第一代核素是^{238}U；钍系的第一代核素是^{232}Th；锕系的第一代核素是^{235}U。该三个天然放射系中各含有一种放射性气体(射气)[4]，它们分别是惰性气体氡的同位素^{222}Rn、^{220}Rn、^{219}Rn。

①铀系镭射气

它是从半衰期最长($T_{1/2}=4.468\times10^{9}$ a)的^{238}U开始，经过 14 次衰变，其中 8 次 α 衰变，6 次 β 衰变，衰变到稳定核素^{206}Pb止。^{222}Rn(氡)是铀系中唯一的气体核素，它是一种惰性气体，也是一种最重的气体核素，由于它是镭(^{226}Ra)衰变产生的具有放射性的气体，俗称镭射气。

②钍系钍射气

它是从半衰期最长($T_{1/2}=1.405\times10^{10}$ a)的^{232}Th开始，经过 10 次衰变，其中 6 次 α 衰变，4 次 β 衰变，最后生成稳定核素^{208}Pb。钍系中^{220}Rn (Tn)是一种气体放射性核素，俗称钍射气，记作 Tn。

③锕系锕射气

它是以半衰期最长($T_{1/2}=7.038\times10^{8}$ a)的^{235}U开始，经过 11 次衰变，其中 7 次 α 衰变和 4 次 β 衰变，最后生成稳定核素^{207}Pb。钍系中^{219}Rn (An)也是一种气体放射性核素，俗称锕射气，记作 An。

表 1.1.4、表 1.1.5 与表 1.1.6 中列出了相应各系所有核素及其俗称、符号及所放出的射线能量(多种能量时，表中只列出最主要的一种)。由于历史原因，有些核素的俗称符号，都是放射性早期研究的传统名称。表 2.1.2 中列出了 4 种射气的放射性特征。

表 2.1.2 4 种射气的放射性特征[1]

核素	俗称	符号	原子序数	质量数	半衰期	衰变常数/s^{-1}	衰变类型	射线能量/MeV	空气中射程/cm
^{222}Rn	氡(镭射气)	Rn	86	222	3.823 d	2.098×10^{-6}	α	5.489	4.04
^{220}Rn	钍射气	Tn	86	220	55.8 s	1.248×10^{-2}	α	6.288	4.99
^{219}Rn	锕射气	An	86	219	3.96 s	0.175 0	α	6.817(81.0%) 6.423(7.5%) 6.527(0.1%) 6.551(11.5%)	5.56
^{218}Rn			86	218	35 ms	23.1	α	7.13(99.8%) 6.54(0.16%)	6.01

由表 2.1.2 可见，四种射气的主要差别在半衰期不同。

(3)天然放射性本底中的氡

天然放射性本底是指天然存在的放射性物质和辐射的数量和强度。由天然放射性元素的衰变系列可知，环境中的氡主要源于土壤及岩石中的铀、镭与钍元素。大气中的氡是由陆地土壤及岩石释放出来的。因此，远离岸边的海洋上空大气中的氡浓度，要比陆地上空大气中的氡浓度低得多，而陆地大气中的氡浓度又比土壤内的氡浓度低得多。^{238}U的子体^{222}Rn的半衰期为3.823 d，比^{232}Th的子体^{220}Rn的半衰期55.8 s长得多。因此^{222}Rn衰变前，在地层内扩散的土层厚度比后者大得多。表2.1.1中列出了土壤及岩石中镭、铀与钍的平均含量范围。表2.1.3中列出了不同大气环境中氡浓度的典型值。由表可见，土壤空气中氡的浓度(7 200 Bq/m^3)比大气中氡浓度(4～19 Bq/m^3)高数千倍。人类一直生活在含有一定量氡的环境之中。大量文献资料给出，这种氡的照射导致的吸收剂量约为14～110 μGy/a，平均为30 μGy/a。该剂量不会对人体造成伤害。

表2.1.3　不同大气环境中氡浓度典型值

地点	氡浓度典型值/(Bq/m^3)
陆地大气	4～19
海洋大气(岸边)	0.4
海洋大气(远离岸边)	0.04
土壤中空气	7 200

世界各地不同地区近地表层的环境氡浓度略有差异。据联合国科学委员会的报告，地面大气中氡浓度值的波动范围为0.185～92.5 Bq/m^3(见表2.1.4)。

表2.1.4　世界各地近地表层^{222}Rn的平均浓度

地区	^{222}Rn/(Bq/m^3)	地区	^{222}Rn/(Bq/m^3)
捷克斯洛伐克	1.1	美　国	9.25
大不列颠	11	瑞　典	3.7
日　本	18.5～92.5	阿拉斯加	0.26
法　国	74	北京地区	3.7～8.5
苏联	0.185～18.5		

通风不良的地下室中，氡的浓度可达7.4×10^3 Bq/m^3。

(4)大气中^{222}Rn和^{220}Rn浓度随高度的分布

氡从土壤散逸到大气中的速率为$(7.4\sim52)\times10^{-7}$ Bq/(cm^2·s)。但土壤与大气间的气体交换，即土壤中氡向大气的逸散过程，包括氡从土壤向大气的逸散受多种因素的影响。如：土壤气体的扩散；由于地面受热而产生的对流气流、风、气压变化等，因此大气中^{222}Rn、^{220}Rn的含量，随空间和时间而有较大变化。在近地表层最高，随高度的增加而减少；由于钍射气^{220}Rn的半衰期比氡^{222}Rn小得多，所以其在大气中扩散的高度比^{222}Rn要小得多。表2.1.5列出大气中^{222}Rn和^{220}Rn的浓度随高度变化情况。

表2.1.5　大气中^{222}Rn和^{220}Rn浓度随高度变化(以地表为100%)

^{222}Rn		^{220}Rn	
高度/m	百分比/%	高度/m	百分比/%
0.01	100	0	100
1	95	5	70
10	87	10	50
100	69	25	20
1 000	38	50	5
7 000	7	100	0.5

(5)昼夜氡浓度变化

由于地面受热而产生对流气流、风、气压变化，一天当中，白天由于地面受太阳辐射的热量，低层温度升高形成上升气流，地面氡浓度较低；夜间由于失去热源，低层温度迅速降低，上面又被热空气所覆盖(即逆增现象)，使空气对流减慢或停止，造成氡钍射气及其子体在地表面累积，直到日出前逆增现象消失为止。因此，从后半夜到日出前，大气中氡的浓度最高。图 2.1.1 示出氡浓度昼夜间变化的曲线[5]。文献[6]示出北京地区东郊夏季空气氡浓度按小时的平均值变化规律[见 4.6.2(2)]。

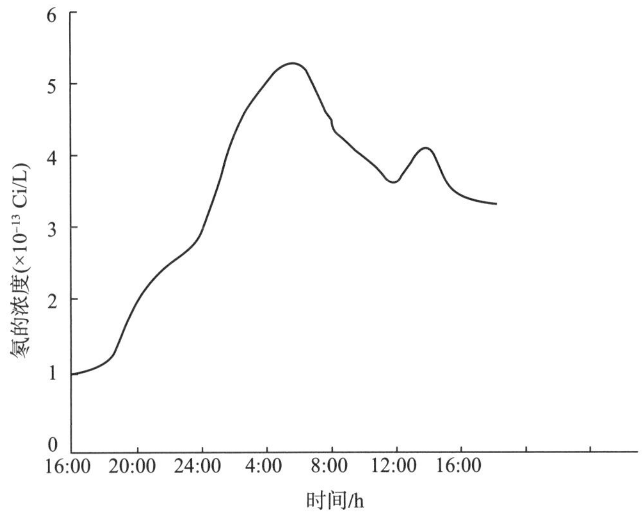

图 2.1.1　空气氡浓度一昼夜变化曲线

氡气浓度随季节、气候变化，一般是夏天高冬天低，雨雪天要比晴天高。在建筑物中，由于建筑材料本身释放氡钍射气，会使室内氡钍浓度有所增高。根据建筑材料成分的不同和换气次数多少，一般氡^{222}Rn 的浓度的变化范围 7～220 Bq/m^3[(2～60)×10^{-13} Ci/L]而钍射气^{220}Rn 为 0.26～41 Bq/m^3[(0.07～11)×10^{-13} Ci/L]。

(6)陆地水中氡及其子体的含量

地质条件与大气条件是决定陆地水中氡及其子体含量的两个条件。表 2.1.6 中列出陆地水中的放射性浓度分布。

表 2.1.6　陆地水中的放射性浓度/[37 Bq/m^3　nCi/m^3]

	^{226}Ra	^{222}Rn	^{210}Pb	^{210}Po
矿泉水与深层水	1～10	10^4～10^5	>0.1[探测下限]	～0.02
地下水	0.1～1	10^2～10^3	>0.1[探测下限]	～0.01
表面水	<1	10	>0.5	—
雨水	—	10^3～10^5(子体)	0.5～3	～0.5

由表 2.1.6 可见，矿泉水及深层水含氡及其子体含量最高；其次是雨水；地表水含量最低。

总之，氡钍射气^{222}Rn和^{220}Rn及其子体产物在大气中的浓度不是恒定的。随土质情况、岩石种类、暴露情况、气象条件、建筑材料和通风状况等因素的不同，它们在昼夜间、季节之间、不同地点、距地表的不同高度都会有较大的差异。

2.1.2 递次衰变与^{222}Rn、^{220}Rn子体

(1)递次衰变[7]

如果用脚标表示核素在铀系内的“代”数，那么，第一代核素^{238}U的核数的变化即为：

$$\Delta N_1 = -\lambda_1 N_1 \Delta t \tag{2.1.1}$$

因为第一代核素放射性衰变而损失的核数，就是第二代核素所增加的核数；再考虑到第二代核素放射性衰变的核数损失，便可列出第二代核素核数的改变ΔN_2：

$$\Delta N_2 = -\lambda_2 N_2 \Delta t + \lambda_1 N_1 \Delta t \tag{2.1.2}$$

依次类推，不难列出第i代核素核数的改变ΔN_i：

$$\Delta N_i = -\lambda_i N_i \Delta t + \lambda_{i-1} N_{i-1} \Delta t \tag{2.1.3}$$

表1.1.4中已列出，^{238}U的半衰期长达4.468×10^9 a。对于我们所研究的问题来说，可以把它的原子核数看作是不随时间改变的，即$N_1=$常数。因而，^{238}U原子核的衰变速率也是一个常量。式(2.1.1)可改写成：

$$\frac{\Delta N_1}{\Delta t} = -\lambda_1 N_1 = \text{const} \tag{2.1.4}$$

据1.1.3(1)节久期平衡的条件可知，由于铀系核素的母核^{238}U是长寿命的，而其递次衰变的各代子核的半衰期皆比母核短得多。时间相当久之后，该系列各核素必然达到久期平衡，即：

$$\lambda_1 N_1 = \lambda_2 N_2 = \cdots = \lambda_i N_i \tag{2.1.5}$$

式(2.1.5)的物理意义在于；此时，铀系各核素的放射性活度都相等。这一结果，对于放射性测量方法来说是极为重要的。其重要性体现在，用某种方法测出铀系衰变链中任一核素的活度，便可得出任意其他核素的原子核数(因为衰变常数是已知的)。

^{222}Rn是^{238}U系中的产物核之一。其半衰期为3.823 d。对于氡的测量方法研究来说，实际上，人们感兴趣的不是铀系整体，而主要是由^{222}Rn起至^{210}Pb(RaD)的递次衰变链段(图2.1.2-1)。其中主要包括^{218}Po(RaA，$T_{1/2}=3.10$ min)，^{214}Pb(RaB，$T_{1/2}=26.8$ min)，^{214}Bi(RaC，$T_{1/2}=19.9$ min)与^{214}Po(RaC′，$T_{1/2}=1.64\times10^{-4}$ s)。此时，^{222}Rn常被视为长寿命母核，在一与外部无物质交换的封闭系统中，经过几个小时便可获得^{222}Rn—RaA—RaB—RaC—RaC′递次衰变链段的久期平衡，即：

$$\lambda_{Rn} N_{Rn} = \lambda_{RaA} N_{RaA} = \cdots = \lambda_{RaC'} N_{RaC'} \tag{2.1.6}$$

由于氡是惰性气体，无法获得含氡的液态或固态试样，因而，直接测得氡原子核数N_{Rn}至少是极其困难的。式(2.1.6)提供了通过测定RaA等子体核数的方法，间接获取N_{Rn}的实验方法依据。实际上，后面将要详细讨论的放射性平衡条件下测氡浓度的所有实验方法，如闪烁室法等，就是基于这一原理。

久期平衡状态下，链中各核素的质量 M 与放射性活度 I 之间的关系如下：

$$M=2.41\times10^{-24}AT_{1/2}I \tag{2.1.7}$$

式中：M——链中某放射性核素的质量，g；

A——该核素的原子量，amu；

I——该核素的放射性活度，Bq；

$T_{1/2}$——该核系的半衰期，s。

由(2.1.7)式可得出，1 g 铀的放射性活度为 1.23×10^{4} Bq；1 g 氡的放射性活度为 5.66×10^{15} Bq；1 g 镭的放射性活度为 3.65×10^{10} Bq。

氡(^{222}Rn)是铀系元素的衰变产物，其短寿命子体衰变链为：

$$^{226}\mathrm{Ra}\xrightarrow[1\,602\ \mathrm{a}]{\alpha}{}^{222}\mathrm{Rn}\xrightarrow[3.823\ \mathrm{d}]{\alpha}\underset{(\mathrm{RaA})}{^{218}\mathrm{Po}}\xrightarrow[3.10\ \mathrm{min}]{\alpha}\underset{(\mathrm{RaB})}{^{214}\mathrm{Pb}}\xrightarrow[26.8\ \mathrm{min}]{\beta}\underset{(\mathrm{RaC})}{^{214}\mathrm{Bi}}\xrightarrow[19.9\ \mathrm{min}]{\beta}$$

$$\underset{(\mathrm{RaC'})}{^{214}\mathrm{Po}}\xrightarrow[164\ \mu\mathrm{s}]{\alpha}\underset{(\mathrm{RaD})}{^{210}\mathrm{Pb}}\xrightarrow[22.3\ \mathrm{a}]{\beta}{}^{210}\mathrm{Bi}$$

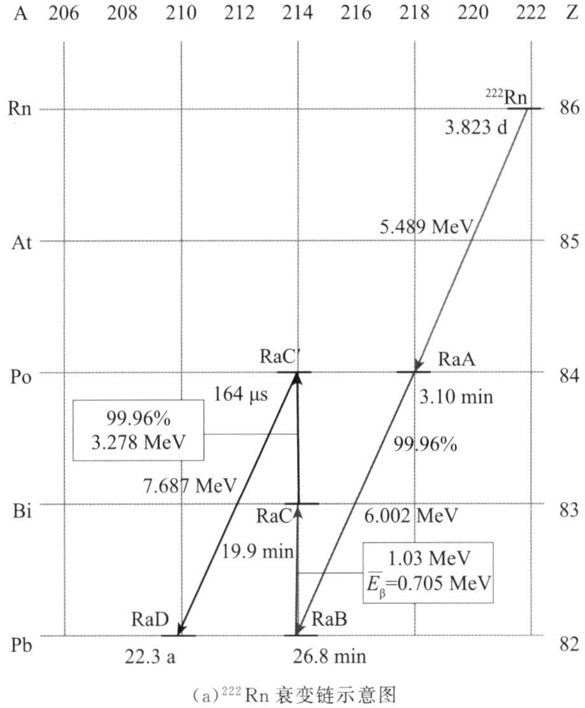

(a) ^{222}Rn 衰变链示意图

RaCγ——0.609 MeV(47%)

图 2.1.2-1　^{222}Rn 衰变链及示意图

(2) ^{222}Rn、^{220}Rn 子体的产生

镭 ^{226}Ra 是 ^{222}Rn 的母体核素，氡 ^{222}Rn 是镭衰变的子体产物[2]，它们之间的关系为：

$$^{226}_{88}\mathrm{Ra}\rightarrow{}^{226}_{86}\mathrm{Rn}+\alpha \tag{2.1.8}$$

显然，镭因放射性衰变而损失的原子核数，便是氡原子核的增加数，即：

$$\Delta N_{\mathrm{Ra}}=-\Delta N_{\mathrm{Rn}}$$

由放射性衰变规律，

$$\Delta N_{Ra} = -\lambda_{Ra} N_{Ra} \Delta t$$

所以，

$$\Delta N_{Rn} = -\lambda_{Ra} N_{Ra} \Delta t \tag{2.1.9}$$

式中：N_{Rn}——t 时刻氡的原子核数；

N_{Ra}——t 时刻镭的原子核数；

λ_{Ra}——镭的衰变常数。

式(2.1.9)表示的是在 Δt 这一时间间隔里，由 Ra 的衰变而产生的 Rn 原子数。如用放射性活度表示，则新产生的这一部分 Rn 原子核的放射性活度就是 $\lambda_{Rn}\Delta N_{Rn}$。由式(2.1.9)得：

$$\lambda_{Rn}\Delta N_{Rn} = \lambda_{Rn}\lambda_{Ra} N_{Ra} \Delta t \tag{2.1.10}$$

式中：$\lambda_{Ra}N_{Ra}$所表示的是^{226}Ra 在 t 时刻的放射性活度。

由前述，已知介质中镭的含量为：

$$I_{Ra} = 123\rho U K_{\rho}(\mathrm{Bq/cm^3})$$

式中：ρ——介质的密度，g/cm^3；

U——铀含量，%；

K_{ρ}——铀镭平衡系数。

$$K_{\rho} = \frac{^{226}\mathrm{Ra}}{^{238}\mathrm{U}}$$

式中：^{226}Ra ——介质中^{226}Ra 的放射性活度；

^{238}U ——同介质中^{238}U 的放射性活度。

于是，单位体积介质中产生氡的速率 a_0 为：

$$a_0 = \lambda_{Rn} I_{Ra}$$

$$a_0 = 2.58\times10^{-4}\rho U K_{\rho}\ \mathrm{Bq/(s\cdot cm^3)} \tag{2.1.11}$$

氡子体的产生过程与氡的产生过程类似，但氡子体的母核是氡。应该指明，一般讲，氡子体不单指氡原子核衰变直接产生的核——$^{218}_{84}$Po(RaA)，而是包括铀衰变系中，氡以后的几代短寿命子体核素。由图 1.1.1 及表 1.1.4 可见，氡^{222}Rn 以后的放射性子体核素有 6 个，它们的半衰期相差悬殊，它们中的短寿命子体是：^{218}Po(RaA)、^{214}Pb(RaB)、^{218}At、^{214}Bi(RaC)、^{214}Po(RaC′)、^{210}Tl(RaC″)，至^{210}Pb(RaD)。考虑到氡子体衰变的分支比及其他因素，其中对环境监测有现实意义的氡子体主要有 4 个：RaA(^{218}Po)、RaB(^{214}Pb)、RaC(^{214}Bi)与 RaC′(^{214}Po)。

上述对^{222}Rn 的讨论，对钍系的^{220}Rn 完全类似(图 1.1.2 及表 1.1.5)。

钍射气(^{220}Rn)是钍系元素的衰变产物，其短寿命子体衰变链为：

$$^{224}\mathrm{Ra}\xrightarrow[3.64\ \mathrm{d}]{\alpha}{}^{220}\mathrm{Rn}\xrightarrow[55.8\ \mathrm{s}]{\alpha}\underset{(\mathrm{ThA})}{^{216}\mathrm{Po}}\xrightarrow[0.150\ \mathrm{s}]{\alpha}\underset{(\mathrm{ThB})}{^{212}\mathrm{Pb}}\xrightarrow[10.64\ \mathrm{h}]{\beta}\underset{(\mathrm{ThC})}{^{212}\mathrm{Bi}}\xrightarrow[60.54\ \mathrm{min}]{\alpha.\ \beta}$$

$$\underset{\mathrm{ThC'}+\mathrm{ThC'}}{^{208}\mathrm{Tl}+{}^{212}\mathrm{Po}}\xrightarrow{\alpha\ \beta}\underset{(\mathrm{ThD})}{^{208}\mathrm{Pb}(\text{稳定})}$$

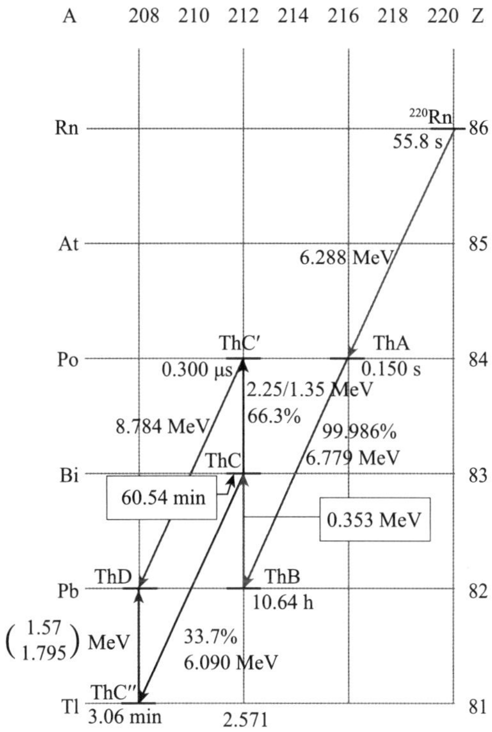

(b)^{220}Rn 衰变链示意图

图 2.1.2-2　^{220}Rn 衰变链及示意图

2.1.3　氡的性质

(1)氡的物理性质

氡在标准状态下是无色、无臭和透明的气体。其部分物理参数列于表 2.1.7。一般情况下，地面大气中所含氡的重量百分比为 $6.53\times10^{-17}\%$。

表 2.1.7　氡的物理常数[1]

临界温度/℃	104.4
临界压力/(kN/m^2)	6.323
气态密度/(g/cm^3)	9.729×10^{-3}
液态密度/(g/cm^3)	5.7
沸点/℃	−61.8
凝固点/℃	−71
空气中扩散系数/(cm^2/s)	0.105
3.7×10^{10} Bq 氡的体积/mm^3	0.66
气化热/(cal/mol)	4 325

注：1 cal=4.185 5 J

(2)氡的扩散

常温常压下，氡以气体形式存在。由气体的分子动力论可知，气体分子的强烈热运动造成了气体分子的扩散迁移。对氡来说，也存在着这种扩散现象，它表现为氡由高浓度处向低浓度处迁移。据菲克扩散第一定律，气体的扩散系数与分子量的平方根成反比。^{219}Rn,^{220}Rn与^{222}Rn三种射气的原子量相差很小，又都是单原子气体，所以可以认为它们扩散系数相同。氡在空气中的扩散系数为0.105 cm^2/s，在水中的扩散系数为0.82×10^{-5} cm^2/s。氡在其他部分介质中的扩散系数列于表2.1.8。

表2.1.8 氡在部分介质中的扩散系数

介　质	扩散系数/(cm^2/s)
空气	0.1
水	8.2×10^{-6}
建筑用砂	1.34×10^{-2}
300号混凝土	$(2\sim3/5)\times10^{-2}$
亚黏土	0.8×10^{-2}
泥质砂(压紧)	2.6×10^{-2}
泥质砂(未压紧)	3.3×10^{-2}
花岗闪长岩碎石残积层(自然条件下)	4.5×10^{-2}
花岗岩残积坡积层	1.5×10^{-2}
角负岩坡积物	1.8×10^{-2}
粗面流纹岩坡积残积层	1.4×10^{-2}
自然条件下的黏土	$(1\sim3)\times10^{-2}$
砂质黏土湿度5.7%	1.09×10^{-2}
自然条件下微湿破碎的花岗闪长岩	0.5×10^{-2}
花岗闪长岩的残积物	0.5×10^{-2}
致密未蚀变的花岗闪长岩	0.01×10^{-2}
有孔隙的钙华层	$(0.018\sim0.028)\times10^{-2}$
比较密实的钙华层	0.005×10^{-2}
厚度为1.8 mm的泉华壳	0.0015×10^{-2}
高聚物	$10^{-6}\sim10^{-10}$

(3)氡的吸附

氡在大气中以自由原子形式存在，很少与尘埃结合。但是它极易被活性炭吸附，因为其微孔的体积很大。据文献[8]报道，2.5 g活性炭可吸附数十贝克的氡。吸附系数是温度的函数。随温度降低，吸附系数增大；温度升高，吸附系数减小。当温度达200 ℃时，活性炭将释放出全部被吸附的氡。吸附系数的定义为：

$$\gamma=\frac{C_{\text{Rn活性炭}}}{C_{\text{Rn空气}}} \tag{2.1.12}$$

式中：$C_{\text{Rn活性炭}}$——活性炭中的氡浓度，Bq/kg；

$C_{\text{Rn空气}}$——空气中的氡浓度，Bq/L。

表2.1.9中列出了活性炭在几种温度下的吸附系数。所有固体均在不同程度上吸附射气，尤其是橡胶、腊、石腊最为突出。黏土也是氡吸附剂。金属是弱的氡吸附剂，玻璃更弱。低温状态下，氡能直接凝固在器壁上。这种类似升华的现象实际上也是吸附。

表 2.1.9　活性炭的吸附系数

温度/℃	−12	0	16	40	50	75	100
吸附系数 γ	15 050	6 310	2 235	840	630	270	143

(4)氡的溶解度

氡是最重的惰性气体，化学性质稳定。一般条件下难与其他元素发生化学反应。氡能溶于水，但溶解度很小。其溶解度随温度变化而变化。温度升高，溶解度减小。氡在水中的溶解度系数的定义为格林定律的比例系数 α。据格林定律，液体中的氡气浓度 $C_{Rn液}=R_{n液}/V_{液}$，和气体中的射气浓度 $C_{Rn气}=R_{n气}/V_{气}$成正比，即 $C_{Rn液}=\alpha C_{Rn气}$。式中的比例系数 α 被称作溶解度系数，于是有：

$$\alpha=\frac{C_{Rn液}}{C_{Rn气}} \tag{2.1.13}$$

若式(2.1.13)中的液体取水，气体取空气，则 α 即为空气中氡在水中的溶解度系数：

$$\alpha=\frac{C_{Rn水}}{C_{Rn气}} \tag{2.1.14}$$

式中：$C_{Rn水}$——水中氡浓度，Bq/L；

$C_{Rn空气}$——空气中的氡的浓度，Bq/L。

不同温度 t 下，氡在水中的溶解度系数为：

$$\alpha=0.105\,7+0.405e^{-0.0502t} \tag{2.1.15}$$

表 2.1.10 中列出了不同温度的水中氡的溶解度系数。温度为 20 ℃时，当水中氡与空气中的氡达到动态平衡时，单位体积水中氡含量与单位体积空气中的氡含量之比为 0.225。如果空气中氡的含量小于液相平衡时的含量，则氡将从水中析出。

表 2.1.10　氡在水中的溶解度系数(标准大气压)

水温/℃	溶解度系数 α	水温/℃	溶解度系数 α
0	0.507～0.510	50	0.138～0.140
5	0.420	60	0.127
10	0.340～0.350	70	0.118
20	0.225	75	0.114
30	0.195～0.200	80	0.112
37	0.167	90	0.109
40	0.160	100	0.106～0.107

氡在其他几种液体中的溶解度系数列于表 2.1.11。

表 2.1.11　氡在几种液体中的溶解度系数(标准大气压)

液体	α	
	18 ℃	0 ℃
甘油	0.21	
苯胺	3.80	4.45
酒精	6.17	8.28
丙酮	6.30	7.99

续表

液体	α	
	18 ℃	0 ℃
乙酸乙脂	7.35	9.41
石油(液态石腊)	9.2	12.6
二甲苯	12.75	
凡士林油、煤油	10	
苯	12.82	
甲苯	13.24	18.4
三氯甲烷	15.08	20.5
醚	15.08	20.09
乙烷	16.56	23.4
二硫化碳	23.14	33.4
橄榄油	29	

(5)氡的辐射特性

氡 ^{222}Rn 是 α 辐射体，其放射性半衰期为 3.823 d。1 Bq 的 ^{222}Rn 在标准状态下的体积为 1.8×10^{-20} m^3。氡的 4 种同位素的辐射特性列于表 2.1.2。氡 ^{222}Rn 衰变过程分别产生 ^{218}Po(RaA)、^{214}Pb(RaB)、^{214}Bi(RaC)、^{214}Po(RaC′)和 ^{210}Pb(RaD)等。这里忽略了只占 0.021%的 RaC→^{210}Tl(RaC″)的分支。前面四个子体的半衰期均不超过 30 min，习惯上称为氡短寿命子体；RaD 及其之后的子体的半衰期都很长，例如 RaD 的半衰期长达 22.3 a。

另外，由于 RaC′的半衰期仅 164 μs，RaC′迅速与 RaC 达到放射平衡，RaC′和 RaC 的活度相等，可以近似认为 RaC 放出一个 β 和一个 α 粒子，不经 RaC′而直接衰变成 RaD，从而进一步将级联衰变简化。

2.1.4 氡子体的性质

氡子体不单指氡原子衰变后直接生成的产物核，而是对铀系中氡以后的各代子体核素的总称。同样，由于历史原因，氡子体的各俗称符号，都是放射性早期研究的传统名称。例如 RaA、RaB 并不代表镭的同位素，而是 ^{226}Ra 衰变的子体，它们分别是钋(^{218}Po)和铅(^{214}Pb)。由于它们为研究、分析问题时带来极大的方便，因此，现今仍被广泛采用[2,9]。

氡(^{222}Rn)之后的子体核素共有 RaA、RaB、RaC、RaC′、RaD、RaE、RaF 和 RaG 等 8 代。其中前 4 种的半衰期都比氡短，最长的也不过为 26.8 min，短的还不到 1 s。这前 4 种氡子体称为氡的短寿命子体。RaD 以后的 4 代子体的半衰期都很长，属于氡的长寿命子体。除特殊指明，通常，把氡的短寿命子体称为氡子体。不考虑分支衰变，氡(^{222}Rn)子体包括 RaA、RaB、RaC 和 RaC′4 种放射性核素。

与氡的半衰期相比，氡子体的半衰期都是很短的。如果我们仅观察氡子体放射性活度的变化，在几小时内可以把氡的原子核数看作是不变的。也就是说，在氡与其子体之间可以建立“久期”放射性平衡，RaA 与氡建立放射性平衡的时间约需 20 min；RaB 与氡建立放射性平衡所需时间约为 180 min；RaC 则需约 240 min。把它们综合起来考虑，可以认为氡子体与氡建立放射性平衡所需时间约为 180 min(详见 2.4 节)。

应当指出，氡子体与氡不同，氡子体不是气体，而是重金属的固体微粒。如 RaA 是钋原子核，而 RaB、RaC 与 RaC′依次分别是铅、铋与钋的原子核。标准状态下，它们的粒度主要在 0.005～0.35 μm 的范围内。

刚生成的 RaA 的原子是一个能量约为 100 keV 的反冲核。在与器物表面或凝结核结合之前能自由存在一段时间。在此时间里，RaA 以单原子形式存在于空气中，被称做未结合态子体。未结合态子体有较大的扩散能力，不过存在时间不长。它们一旦与凝结核结合在一起，就变成了结合态子体。

氡子体有很强的附着能力。它们能牢固地附着在器物的表面，形成牢固的“放射性薄层”，这种现象被称为“附壁效应”。

目前认为，未结合态子体对人体有更大的危害性。

表 2.1.12 与表 2.1.13 列出了 ^{222}Rn、^{220}Rn 及子体的衰变参数。

表 2.1.12　^{222}Rn 与其子体的衰变参数

名称	核素	半衰期	辐射类型及能量（衰变分支比）		
			α/MeV	β/MeV	γ/MeV
氡	^{222}Rn	3.823 d	5.489（～99.9%）		
RaA	^{218}Po	3.10 min	5.18（0.0011%） 6.002（99.98%）	0.256（0.0185%）	
RaB	^{214}Pb	26.8 min		0.185（2.53%）	0.053（15.2%）
				0.490（0.97%）	0.241（14.1%）
				0.672（48.2%）	0.259（0.95%）
				0.729（42.2%）	0.295（28.0%）
				1.024（6.3%）	0.352（48.7%）
				平均 0.705	
RaC	^{214}Bi	19.9 min	5.512（0.04%） （→RaC″）	1.15（4.3%）	0.609（47%）
				1.25（2.5%）	0.768（4.9%）
				1.26（1.5%）	0.934（3.2%）
				1.28（1.2%）	1.120（15.0%）
				1.38（1.6%）	1.24（5.9%）
				1.42（8.3%）	1.38（4.0%）
				1.51（18%）	1.41（2.5%）
				1.54（18%）	1.73（3.1%）
				1.73（3.3%）	1.76（15.9%）
				1.86（1.0%）	1.85（2.1%）
				1.89（7.6%）	2.20（5.0%）
				2.66（1.0%）	其余（<2%）
				3.27（18%）	
				其余（<2%）	
				（→RaC′）	（→RaC′）
RaC′	^{214}Po	1.64×10^{-4} s	7.687（99.99%）		
RaC″	^{210}Tl	1.30 min		（丰度很低）	
RaD	^{210}Pb	22.3 a		0.017（80%）	0.047（4.0%）
				0.063（20%）	

表 2.1.13　^{220}Rn 与其子体的衰变参数

名称	核素	半衰期	辐射类型及能量(衰变分支比)		
			α/MeV	β/MeV	γ/MeV
钍射气	^{220}Rn	55.8 s	6.288(99.9%)		
ThA	^{216}Po	0.150 s	6.779(>99%)		
ThB	^{212}Pb	10.64 h		0.158(5.09%)	0.115(5%)
				0.334(83.2%)	0.239(83.3%)
				0.573(11.8%)	0.300(5%)
				平均 0.353	
ThC	^{212}Bi	60.54 min	5.697(0.4%)	0.626(1.89%)	0.040(28%)
			5.768(0.6%)	0.734(1.46%)	0.288～0.452(～1%)
			6.051(25.3%)	1.519(4.49%)	0.727(～8%)
			6.090(9.6%)	2.246(55.31%)	0.785～1.512(～2.5%)
			→ThC″(33.7%)	平均 1.333	1.620(1.5%)
				→ThC′(66.3%)	1.806(0.11%)
ThC′	^{212}Po	3.00×10^{-7} s	8.784(66.3%)		
ThC″	^{208}Tl	3.06 min		1.031(3.1%)	0.277(9.4%)
				1.284(22.8%)	0.510(23.4%)
				1.517(21.7%)	0.583(27.3%)
				1.794(51%)	0.860(12%)
				平均 1.57	2.614(～100%)
ThD	^{208}Pb	稳定			

2.2　氡与氡子体浓度放射性计量

2.2.1　α 潜能与潜能浓度

某原子的 α 潜能 ε_p 是该原子按衰变链分别衰变到 ^{210}Pb(RaD)或 ^{208}Pb(ThD)的过程中所发射的总 α 能量[10]。

氡子体 α 潜能——氡子体完全衰变为 ^{210}Pb(RaD)或 ^{208}Pb(ThD)的过程中放出的 α 粒子能量的总和；

氡子体 α 潜能浓度——单位体积空气中氡子体 α 潜能值[11,12]。

^{222}Rn 或 ^{220}Rn 短寿命子体的任何混合物的 α 潜能浓度，是单位体积空气中存在的全部子体原子的 α 潜能的总和。

α 潜能浓度的单位常用 MeV/L、MeV/m^3 或 J/m^3。

某放射性核素每 Bq 放射性的总 α 潜能为 ε_p/λ_r，衰变常数 λ_r 用 s^{-1} 表示[10]。

例如，一个 RaA 的原子核经历一次 α 衰变，成为 RaB 核；再经一次 β 衰变，由 RaB 核变成 RaC 核；RaC 经历一次 β 衰变即成为 RaC′核；RaC′的半衰期很短，它几乎瞬间发生 α 衰变，而成为寿命相当长的 ^{210}Pb(RaD)核，从而脱离氡的短寿命子体一族。由上述过程可以看出，一个 RaA 核从其生成的时刻起，其随后的经历就已完全确定。虽然，该原子核在什么时刻放出其 α 能量是随机的，但是，其必然放出的 α 能量的总量是确定不变的。这就是它的 α 潜能。同理也可以说明 RaB、RaC 和 RaC′的 α 潜能。表 2.2.1 中列出单个原子、1 Bq 及 1 Bq/m^3 ^{222}Rn、^{220}Rn 及其短寿命子体对应的 α 潜能值。

表 2.2.1　单个原子、1 Bq 及 1 Bq/m^3 的 α 潜能[10]

放射性核素	单个原子的 α 潜能 (ε_p)		1 Bq 活度的 α 潜能 (ε_p/λ_r)		1 Bq/m^3 浓度的 α 潜能浓度		
	MeV	10^{-12} J	MeV	10^{-10} J	10^{-6} WL	MeV/L	10^{-10} J/m^3
^{222}Rn(Rn)	19.2	3.07	9.15×10^6	14 700			
^{218}Po(RaA)	13.68	2.19	3 620	5.79	27.8	3.62	5.79
^{214}Pb(RaB)	7.69	1.23	17 800	28.6	137	17.8	28.6
^{214}Bi(RaC)	7.69	1.23	13 100	21.0	101	13.1	21.0
^{214}Po(RaC′)	7.69	1.23	2.0×10^{-3}	3.0×10^{-6}	1.6×10^{-5}	2.0×10^{-6}	3.0×10^{-6}
总计　a1*			34 500	55.4	266		
^{220}Rn(Tn)	20.9	3.34	1 600	2.65			
^{216}Pb(ThA)	14.6	2.34	3.32	5.32×10^{-3}	0.025 6	3.32×10^{-3}	5.32×10^{-3}
^{212}Pb(ThB)	7.8	1.25	4.31×10^5	691	3 320	431	691
^{212}Bi(ThC)	7.8	1.25	40 900	65.6	315	40.9	65.6
^{212}Po(ThC′)	8.78	1.41	3.85×10^{-6}	6.2×10^{-9}	3.0×10^{-8}	3.85×10^{-9}	6.2×10^{-9}
总计*			472 000	757	3 640		

注：*：总计只是子体的 α 潜能和。

由表 2.2.1 所列数值可知：

1 个 RaA 原子的 α 的潜能为 13.68 MeV；

1 个 RaB 原子的 α 的潜能为 7.68 MeV；

1 个 RaC 原子的 α 的潜能为 7.68 MeV；

1 个 RaC′原子的 α 的潜能为 7.68 MeV。

2.2.2　潜能浓度与活度浓度换算

如果用 C_{ai} 代表子体核素 i 在空气中的放射性活度浓度，则子体混合物的 α 潜能浓度 C_p 为：

$$C_p = \sum_i C_{pi} = \sum_i C_{ai}\frac{\varepsilon_{pi}}{\lambda_{ri}} \tag{2.2.1}$$

式中对全部短寿命子体分别累加到^{210}Pb或^{208}Pb。

具体到RaA、RaB、RaC、RaC′组合，只要已知1 m^{3}空气中各氡子体的原子数，就可以计算出1 m^{3}空气中氡子体的α潜能。同样，由氡子体的浓度也可算出其α潜能，式(2.2.1)取：

$$C_p = [13.68\frac{C_A}{\lambda_A} + 7.68(\frac{C_B}{\lambda_B} + \frac{C_C}{\lambda_C} + \frac{C_{C'}}{\lambda_{C'}})]\ \text{MeV/m}^3 \qquad (2.2.2)$$

式中：C_A、C_B、C_C及$C_{C'}$——分别为RaA、RaB、RaC及RaC′的浓度，Bq/m^3；

λ_A、λ_B、λ_C及$\lambda_{C'}$——分别是它们的衰变常数，s^{-1}。

空气中氡子体的浓度既可用单位体积(1 m^3)空气中所含氡子体的放射性活度(Bq)表示，也可用单位体积(1 m^3)空气中所含氡子体的总α潜能(MeV或J)来表示。由于氡子体是多种放射性核素的总称，从辐射防护角度来看，后一种表示方法比前一种更为可取。因而，多用每立方米空气中所含氡子体的α潜能值来表示空气中氡子体的存在情况。

应当指出，据已知的α潜能不能反算出各种子体的浓度。这就是说，不同比例的氡子体可能会得到同样的α潜能。由此看来，用α潜能表示的氡子体浓度与用放射性浓度表示的氡子体浓度的物理含义是有区别的。表2.2.2-1中列出与浓度为1 Bq/m^{3}的氡处在放射性平衡条件下的氡子体的α潜能浓度。

表2.2.2-1　与1 Bq/m^{3}氡处于平衡状态的氡子体α潜能[2]

子体名称	单个原子的α潜能/MeV	1 m^{3}空气中原子数/m^{-3}	总α潜能浓度/(MeV/m^3)	所占份额/%
RaA	13.68	2.64×10^{-4}	0.362×10^{-2}	10.5
RaB	7.68	2.32×10^{-3}	1.78×10^{-2}	51.5
RaC	7.68	1.71×10^{-3}	1.31×10^{-2}	38.0
RaC′	7.68	2.31×10^{-10}	0	0
			3.45×10^{-2}	100

表2.2.2-2列出了^{222}Rn和^{220}Rn短寿命子体核素的放射性浓度(Bq/m^3)与α潜能浓度之间的转换因数。

表2.2.2-2　每Bq/m^{3}浓度的α潜能浓度

放射性核素	/(MeV/L)	/(10^{-10} J/m^3)	/(10^{-6} WL)
^{218}Po(RaA)	3.62	5.79	27.8
^{214}Pb(RaB)	17.8	28.6	137
^{214}Bi(RaC)	13.1	21.0	101
^{214}Po(RaC′)	2.08×10^{-6}	3.0×10^{-6}	1.6×10^{-5}
^{216}Po(ThA)	3.32×10^{-3}	5.32×10^{-3}	0.025 6
^{212}Pb(ThB)	431	691	3 320
^{212}Bi(ThC)	40.9	65.6	315
^{212}Po(ThC′)	3.85×10^{-9}	6.2×10^{-9}	3.0×10^{-8}

2.2.3 潜能浓度与“工作水平”(WL)

“工作水平”(WL-Working Level)是美国和加拿大惯用的氡子体潜能浓度的单位。目前国外也多采用“工作水平(WL)”作为空气中氡子体 α 潜能浓度的单位[11]。

WL 是氡子体或钍射气子体所引起的 α 潜能浓度[即空气中氡或钍射气的各种短寿命子体(不论其组成如何)完全衰变时，所发射的 α 粒子在单位体积空气中的能量的总和]的非 SI 单位。

工作水平(WL)的表述方式：

一个工作水平(WL)——含有任意混合的氡的短寿命子体的 1 L 空气中，所有短寿命氡子体、全部衰变后释放出的总 α 粒子能量是 1.3×10^{5} MeV，即 1 WL 等于 1.3×10^{5} MeV。

在 SI 单位中，1 WL 等于 2.1×10^{-5} J/m^{3}。

资料：

早期，国外曾广泛采用“爱曼”(eman)作为表示氡浓度的常用单位。

$$1\text{ 爱曼}=1\times10^{-10}\ \text{Ci/L},$$

即：
$$1\text{ 爱曼}=1\times10^{-10}\ \text{Ci/L}=3.7\times10^{3}\ \text{Bq/m}^{3}=3.7\ \text{Bq/L}$$

据表 2.2.1，1 Bq 活度氡的短寿命子体的 α 潜能为 34 500 MeV。因此，氡浓度为 1 爱曼的 1 L 空气中，氡的短寿命子体的总 α 潜能：

$$34\,500\times3.7\ \text{MeV/L}=1.276\,5\times10^{5}\ \text{MeV/L}\approx1.3\times10^{5}\ \text{MeV/L} \tag{2.2.3}$$

一个工作水平(WL)——相当于浓度 1 爱曼(3.7×10^{3} Bq/m^{3})的氡，处于放射性平衡状态下的氡子体的 α 潜能。

工作水平(WL)的物理意义提示：

(1)“工作水平”不考虑空气氡的浓度。它只考虑氡的短寿命衰变子体。

(2)因为 RaB 和 RaC 发射的 β 和 γ 射线对人体的内照射贡献微乎其微，而主要地是来自于 RaA 和 RaC′发射的 α 粒子，因而工作水平仅考虑 α 辐射。

(3)每一个 RaA 原子不仅本身能发射 6.00 MeV 的 α 粒子，而且在它衰变成 RaB 和 RaC 一直到 RaC′后，又由 RaC′发射一个 7.68 MeV 的 α 粒子。因此，每一个 RaA 原子相联系的 α 粒子释放出的“潜能量”是 6.00 MeV+7.68 MeV=13.68 MeV。工作水平中仅包括短寿命子体 RaA 和 RaC′的 α 粒子能量。

(4)RaC′原子衰变成一个长寿命核素 RaD($T=22$ a)。在这一长寿命时间里，RaD 衰变子体 RaF 的“α 粒子能量不包括在工作水平的定义中。”

(5)“工作水平”是 1 L 空气中的潜能浓度单位。由于空气密度的变化对工作水平单位影响较小而被忽略。

(6)数值因子 1.3×10^{5} MeV 就是与氡处于平衡态各自活度为 1×10^{-10} Ci 的 RaA、RaB、RaC 和 RaC′的混合物，当它们的原子全部衰变完时所放出的 α 粒子总能量。有关的参数见表 2.2.3。由表可见，平衡态空气中活度为 1×10^{-10} Ci 的 RaA 对工作水平的贡献的 α 潜能仅为 10.5%。尽管 RaB 是 β 和 γ 粒子辐射体，其本身不发射 α 粒子，但由于 RaB 的半衰期最长，因此，每 1×10^{-10} Ci 的 RaB 所提供的原子数最多，所以其潜能贡献最大，占 α 潜能的 51.5%。类似的原因，其他 β 和 γ 辐射体 RaC 提供 38%的 α 潜能；而每 1×10^{-10} Ci 的真正的 α 辐射体 RaC′，因为它的半衰期非常短，其对 α 潜能的贡献几乎为零。因而平衡态空气中 RaC′原子的粒子数少。

表 2.2.3 "工作水平"(WL)单位的定义

核素	α 射线能量/MeV	半衰期	100 μCi 的原子数	单个原子的 α 潜能/MeV	100 μCi 各原子所放射总 α 粒子能量/MeV	各种原子总 α 衰变能所占百分比/%
Rn(^{222}Rn)	5.489	3.823 d	1.77×10^{6}		不考虑	不考虑
RaA (^{218}Po)	6.002	3.10 min	977	6.00+7.68	0.134×10^{5}	10.5
RaB (^{214}Pb)	0	26.8 min	8 580	7.68	0.659×10^{5}	51.5
RaC (^{214}Bi)	0	19.9 min	6 310	7.68	0.485×10^{5}	38.0
RaC′ (^{214}Po)	7.687	1.64×10^{-4} s	0.000 8	7.68	0	0
合计					1.278×10^{5}	100
常用值					1.3×10^{5}	

2.2.4 潜能照射量与"工作水平月(WLM)"

个体的^{222}Rn 或^{220}Rn"放射性照射量"分别是该个体在一定的照射时间内，子体混合物 α 潜能浓度的时间积分。为了描述放射性照射的量，引入"照射量"概念。潜能照射量是短寿命氡子体浓度，与照射时间的乘积。其中，短寿命氡子体浓度以"工作水平"WL 为单位；时间单位是"平均月"，平均月 $=40\times\dfrac{52}{12}=173$ 工作小时 ≈170 工作小时(一年 12 个月、52 周、每周 40 工作小时)。因而，潜能照射量用 WL 与照射时间的乘积归一标准化，以一个月的照射量为基本单位，用"工作水平月(WLM)" (Working Level Month)[10-12]。所以，工作水平月(WLM)是氡子体和钍子体照射量单位。1 WLM=170 WL · h。

"工作水平月"定义——1 工作水平月(WLM)，是在 1 工作水平(WL)潜能浓度照射 170 h 的潜能值。

$$1\ \mathrm{J\cdot h/m^3}=6.24\times10^{9}\ \mathrm{MeV\cdot h/L}$$
$$=4.80\times10^{4}\ \mathrm{WL\cdot h}$$
$$1\ \mathrm{WL\cdot h}=1.3\times10^{5}\ \mathrm{MeV\cdot h/L}$$
$$=2.08\times10^{-5}\ \mathrm{J\cdot h/m^3}$$
$$1\ \mathrm{WLM}=[(2.08\times10^{-5}\ \mathrm{J/m^3})\times170\ \mathrm{h}]=3.54\ \mathrm{mJ\cdot h/m^3} \tag{2.2.4}$$

由于 1 WL 所对应的^{222}Rn 的平衡当量浓度(EC_{Rn})为(1 爱曼=100 pCi/L)3 700 $\mathrm{Bq\cdot m^{-3}}$，因此 1 WLM 平衡当量 EC_{Rn} ^{222}Rn 子体 α 潜能的照射量为 6.3×10^{5} $\mathrm{Bq\cdot h/m^3}$。

例如，10 个"工作水平(WL)"下，照射 17.3 h 的照射量为 173 个"工作水平小时(WLH)"，或 1 个"工作水平月(WLM)"。

表 2.2.4　氡和氡子体单位的转换系数

量	单位	值
氡子体转换	(mJ·h/m^3)/WLM	3.54
氡子体/氡照射量转换 (平衡因子 0.4)	(mJ·h/m^3)/(Bq·h/m^3) WLM/(Bq·h/m^3)	2.22×10^{-6} 6.28×10^{-7}
单位氡浓度的氡子体年照射量* 在住宅中 在工作场所 在住宅中 在工作场所	(mJ·h/m^3)/(Bq/m^3) (mJ·h/m^3)/(Bq/m^3) WLM/(Bq/m^3) WLM/(Bq/m^3)	1.56×10^{-2} 4.45×10^{-3} 4.40×10^{-3} 1.26×10^{-3}
剂量转换惯例，单位氡子体照射量的有效剂量： 在住宅中 在工作场所	mSv/(mJ·h/m^3) mSv/(mJ·h/m^3)	1.1 1.4
剂量转换惯例，单位氡子体照射量的有效剂量： 在住宅中 在工作场所	mSv/WLM mSv/WLM	4 5
氡子体/氡浓度转换： 平衡因子 F=0.4 一般情况下	WL/(Bq/m^3) WL/(Bq/m^3)	1.07×10^{-4} 2.67×10^{-4}

注：*：假设每年在住宅中 7 000 h 或每年在工作场所 2 000 h 平衡因子为 0.4。

2.2.5　平衡当量氡浓度、平衡因子

(1)平衡当量氡浓度

空气中短寿命氡子体不平衡混合物的平衡当量氡浓度 EC_{Rn}，是与其短寿命子体处于放射性平衡的氡的放射性浓度[10]。该短寿命子体与 EC_{Rn}所指的不平衡混合物具有相同的 α 潜能浓度 C_p。因此，对^{222}Rn 及其子体：

$$\begin{aligned} EC_{Rn}(\mathrm{Bq/m^3}) &= 2.85\times10^{-2}C_p(\mathrm{MeV/L}) \\ &= 1.78\times10^{8}C_p(\mathrm{J/m^3}) \\ &= 0.178C_p(\mathrm{nJ/m^3}) \\ &= 3\,700C_p(\mathrm{WL}) \end{aligned} \tag{2.2.5}$$

注：$EC_{Rn}(\mathrm{pCi/L})=100C_p(\mathrm{WL})$

对^{220}Rn 及其子体：

$$\begin{aligned} EC_{Rn}(\mathrm{Bq/m^3}) &= 2.12\times10^{-3}C_p(\mathrm{MeV/L}) \\ &= 1.32\times10^{7}C_p(\mathrm{J/m^3}) \\ &= 0.013\,2C_p(\mathrm{nJ/m^3}) \\ &= 275C_p(\mathrm{WL}) \end{aligned} \tag{2.2.6}$$

(2)平衡因子 F

平衡因子 F 是平衡当量氡浓度 EC_{Rn}与空气中氡的实际放射性浓度 C_{Rn}的比值[10]：

$$F=\frac{EC_{Rn}}{C_{Rn}} \qquad F=\frac{EC_{Tn}}{C_{Tn}} \tag{2.2.7}$$

已知环境中氡浓度 C_{Rn}(Bq/m³)及氡子体潜能浓度 C_p(nJ/m³)的条件下，按定义，其平衡因数为：

$$F=\frac{0.178C_p(nJ/m^3)}{C_{Rn}(Bq/m^3)}$$

α 潜能浓度 C_P与 EC_{Rn}的对应关系列于表 2.2.5。

表 2.2.5 α 潜能浓度 C_P与 EC_{Rn}关系

氡 EC_{Rn}/(Bq/m³)	钍 EC_{Tn}/(Bq/m³)
$2.85\times10^{-2}C_P$(MeV/L)	$2.12\times10^{-3}C_P$(MeV/L)
$1.78\times10^{8}C_P$(J/m³)	$1.32\times10_{7}C_P$(J/m³)
3 700C_P(WL)	275C_P(WL)

(3)环境氡的水平

1982 年 UNSCEAR 报告[14]给出：天然本底辐射水平年有效剂量当量为 2 mSv(表 2.2.6)。表 2.2.7 列出文献[15－17]包括氡及其衰变产物在内的电离辐射源与效应值。

表 2.2.6 正常天然本底辐射区所计算的年有效剂量当量[14](1982 年)

照射源	年有效剂量当量/μSv		
	外照射	内照射	合计
宇宙射线致电离部分	280		280
宇宙射线中子部分	21		21
宇宙原生放射性核素		15	15
原发性放射性核素：			
^{40}K	120	180	300
^{87}Rb		6	6
^{238}U 系：	90		1 044
^{238}U→^{234}U		10	
^{230}Th		7	
^{236}Ra		7	
^{222}Rn→^{214}Po		800	
^{210}Pb→^{210}Po		130	
^{232}Th 系：	140		326
^{232}Th		3	
^{228}Ra→^{224}Ra		13	
^{220}Rn→^{208}Tl		170	
总计	650	1 340	2 000

表 2.2.6 中：^{222}Rn→^{214}Po＋^{220}Rn→^{208}Tl＝800＋170＝970μSv。

表 2.2.7　电离辐射源与效应[15,16,17]

辐射源	年有效值/mSv	
	典型值	高值*
宇宙射线	0.39	2.0
陆地 γ 射线	0.46	4.3
体内放射性核素(氡除外)	0.23	0.6
氡及其衰变产物	1.3	10
合计(捨入值)	2.4	

注：*：此处的高值是大区域的代表值，是局部地区还可能发现更高的数值。

2.3　空气天然放射气溶胶

2.3.1　气溶胶

气溶胶是指气体或空气介质与固态或液态分散相构成的分散体系。在实际应用这一名词术语时，往往指分散体系中的分散相。例如，在固态物质与空气组成的分散体系中，固态的物质叫分散相，而含有固态物质的空气称作分散介质。通俗地说，气溶胶是由固体或液体微粒(或者两者同时)悬浮在气体中构成的。例如，常见的烟和雾就是气溶胶。

具有放射性分散相的分散体系，称作放射性气溶胶。例如，氡及其子体都具有放射性，它们被空气悬浮物吸附后，即成为放射性气溶胶。从辐射防护观点出发，主要着眼于分散介质为空气的放射性气溶胶。空气中天然放射性气溶胶是氡、钍子体被吸附在空气悬浮物(尘埃和雾滴)上而形成。气溶胶的一些主要性质，诸如粒子大小分布、化学性质、荷电性、放射性、结构和凝聚状态等，与形成过程相关。

2.3.2　气溶胶的物理性质

气溶胶最基本的特性是它的不稳定性。静止空气中导致气溶胶消失的主要因素是重力沉降和扩散。液态气溶胶情况下，蒸发也十分重要[18,19]。

气溶胶粒子的沉降速率遵从斯托克斯定律*。直径大于 1 μm 的粒子，沉降速率近似与直径的平方成正比。例如，密度为 1.0 g/cm³，100 s 沉降距离，对于直径为 1.0 μm 的粒

* 斯托克斯定律的一般形式为：

$$V_g=\frac{d^2(\rho_1-\rho_2)g}{18\eta}$$

式中：V_g——沉降速度，cm/s；

d——粒子直径，cm；

ρ_1、ρ_2——分别为粒子与空气密度，g/cm³；

g——重力加速度，980 cm/s²；

η——空气黏度；Pa・s(帕[斯卡]秒)。

子为 3 mm；而对直径为 10 μm 的粒子则为 300 mm。因而大颗粒的气溶胶在空气中存留时间不长。

气溶胶的扩散，随粒子尺寸的减小而加剧。直径小于 0.1 μm 的气溶胶粒子与空气的原子和分子的行为类似，服从布朗运动规律，在空气中呈悬浮状态，实际上不沉降。但因碰撞发生凝聚而形成较大颗粒时，扩散运动减缓，同时还会缓慢沉降。例如，一个直径为 0.01 μm 的粒子，在 100 s 内的平均扩散距离达 3 mm 左右，而直径为 1.0 μm 的气溶胶粒子，在 100 s 内扩散的平均距离仅有 0.08 mm。直径在 1～10 μm 间的中等颗粒的气溶胶粒子，由于沉降较缓慢，所以悬浮在空气中的时间比较长久。

气溶胶粒子的蒸发速率，是组成气溶胶的物质和粒子大小的函数。由液体形成的气溶胶一般很快因蒸发而消失。

2.3.3 ^{222}Rn、^{220}Rn 及其子体在空气中的存在形式

^{222}Rn、^{220}Rn 射气不断地从土壤、岩石及建筑物等析出到环境大气中。其子体产物是固态微粒，极易被大气中的尘埃吸附，而造成天然放射性气溶胶。Rn 是最重的惰性气体，化学性质稳定，在水中的溶解度很小，而易溶解于煤油、汽油、二硫化碳等有机溶剂中。在大气中以自由原子形式存在，很少与空气中的尘埃相结合[4]。

RaA(^{218}Po)、ThA(^{216}Po)分别是^{222}Rn、^{220}Rn 衰变的第一代子体产物。在其刚刚生成的瞬间，RaA 核或 ThA 核是未结合的，呈现为带正电的自由离子状态。其大部分(>90%)是带正电的小离子或中性原子(粒度<5 nm 量级)。之后，它们在空气中迅速扩散，吸附于水蒸汽分子或空气中其他偶极子型杂质，而形成结合态。在稳定的大气条件下，大约 10～100 s 之后，RaA、ThA 子体将结合成气溶胶粒子(正常粒度在 0.01～1 μm 间)。它们将沉积在墙壁或其他物体表面，或者吸附于凝聚核和灰尘粒子上。当 RaA 和后续的子体产物与任一表面接触时，便牢固地吸附于该表面，形成难以擦拭的"放射性薄膜"(很难用水洗掉，用盐酸和硝酸溶液可以除掉 90%)。RaA 和其后续的子体产物在非荷电表面上的沉积速率，受表征热运动的扩散速率控制，而与表面的化学性质无关。但与表面的电性有关。几乎扩散到表面上的每一个自由离子态衰变原子都会留在表面上。因此，在稳定的大气条件下，处于自由离子态的 RaA、(吸附于尘埃上)结合态的 RaA 与表面沉积的 RaA 数目之间将达到平衡状态[18]。

随后发生的 α 衰变，有可能使原已成结合态的放射性原子或离子，因衰变反冲能而再次变成未结合态。例如，RaA(^{218}Po)的衰变传递给子核 RaB(^{214}Pb)的反冲能为 117 keV。^{214}Pb 核将从结合态摆脱出来，成未结合态的离子或中性原子存在一段较短的时间，然后又形成结合态。但是这一反冲效应，对 80%的 ThA(^{218}Po)，因其寿命极短($T_{1/2}$=0.150 s)，而来不及形成结合态。第二代子体 ThB(^{212}Pb)的半衰期又较长($T_{1/2}$=10.64 h)，因此在室内空气中^{220}Rn 子体大部形成结合态。

^{220}Rn 衰变产物在空气中的特性与 RaA 相似。有资料表明，^{220}Rn 衰变离子态的产物中，平均有 64%的带正电，而 RaA 为 91%，稍后的子体产物中正离子百分比的减少，是由于原生的带正电的离子在和慢离子、偶极子型杂质相结合的过程中改变了自己电性的结果。因此，在较长寿命的衰变产物中绝大多数是带负电的。它们也在空气中迅速扩散，或者吸附于尘埃上，或者沉积在表面上。当沉积在表面上的子体产物发生 α 衰变时，由于反冲动

量很大，有可能从表面弹出，再次以自由离子状态存在。在稳定的大气条件下，经过一定的时间，各种状态(自由离子态、微粒性和表面沉积)的子体产物之间也会达到平衡。

^{222}Rn、^{220}Rn 子体产物的自由离子优先吸附于小粒子上。Wilkening 的实验资料表明，一般大气条件下，放射性按粒度分布的关系如表 2.3.1 所示。

表 2.3.1 天然放射性气溶胶粒子大小的分布

粒子直径/nm	总放射性能/%
<5	5
5～15	25
15～25	50
25～35	10
>35	10

由表 2.3.1 可见，天然放射性气溶胶的粒度主要在 5～35 nm 之间。而铀矿巷道中的放射性气溶胶小于 0.5 μm 的为 90%。天然放射性气溶胶在大气中的运动服从一般气溶胶的运动规律。应当指出，在影响天然气溶胶沉降过程的诸因素中，大气降水是主要的。由于比面积的差异，小水滴要比大水滴更有效地“冲洗”大气中的杂散微粒。所以毛毛细雨对气溶胶的“冲洗”效率比暴雨大。

氡钍射气各子体在空气中的浓度变化，受氡钍射气发射速率、放射性衰变、形成结合态及再分离过程、沉积、附着、扩散及气流导致的迁移诸因素的影响。氡钍射气子体形成结合态的过程，取决于自由离子和原子的扩散系数、气溶胶的浓度及气溶胶粒子粒度的分布。

在评价吸入子体产物的危害时，自由离子所占的份额是一个很主要的量。但这个量与空气中灰尘粒子的浓度有关。有资料表明，对于直径为 0.02 μm 的尘埃粒子，当浓度为 10^3～10^7 个粒子/cm^3 时，RaA 的自由离子份额在 0.99～0.01 之间变化，而 RaC 在 0.93～0.00 之间变化。

2.4 密闭空间中氡与氡子体的积累

2.4.1 密闭空间中氡的积累

氡的积累指的是射气外部空间中，因氡的析出而导致氡浓度随时间增高的变化过程。氡在射气介质内生成，通过介质表面向积累空间析出，导致密闭空间中氡浓度增高。而积累空间氡浓度的增高，又反过来使射气介质表面，与射气介质内部间的氡浓度梯度缩小，导致氡从介质表面的析出过程减缓。因此，积累空间中氡浓度的变化，与射气介质表面氡析出率之间存在相互制约的关系[2]。

当积累空间的尺度，大大小于氡在空气中的扩散长度时，氡在空间的分布可近似地看成是均匀的。由此可得出密闭空间中氡浓度 χ 的变化方程：

$$V\frac{d\chi}{dt}+\lambda V\chi=R_1 \tag{2.4.1}$$

式中：χ——密闭空间中氡的浓度，Bq/m^3；

λ——氡的衰变常数，s^{-1}；

V——密闭空间的体积，m^3；

R_1——密闭空间中氡的总析出率，Bq/s。

式(2.4.1)可改写作如下形式：

$$V\frac{d\chi}{dt}+\lambda_e V\chi=R_{10} \tag{2.4.2}$$

式中：λ_e——等效衰减常数；

R_{10}——积累空间中氡的最大总析出率。

λ_e 的物理意义是，积累空间氡浓度，因氡的衰变，及积累空间中氡向介质内部扩散损失的衰减常数；R_{10} 的物理意义是积累空间内氡浓度为零时的氡析出率。对于一个确定的密闭空间，λ_e 与 R_{10} 是两个常数。

若初始条件 $t=0$，$\chi=\chi_0$ 时，式(2.4.2)的解为：

$$\chi=\frac{R_{10}}{\lambda_e V}[1-e^{-\lambda_e t}]+\chi_0 e^{-\lambda_e t}$$

$$\chi=\frac{R_{10}}{\lambda_e V}-(\frac{R_{10}}{\lambda_e V}-\chi_0)e^{-\lambda_e t} \tag{2.4.3}$$

式中氡的浓度 χ 的单位为 Bq/m^3。

不难判断，式(2.4.3)表达的 $\chi(t)$ 是 t 的递增函数，即在密闭空间中的氡浓度随封闭时间的增长而增高。当 $\lambda_e t\ll 1$ 时，式(2.4.3)可简化为：

$$\chi=\frac{R_{10}}{V}t+\chi_0 \tag{2.4.4}$$

式(2.4.4)表明，在积累过程的初始阶段，氡浓度随封闭时间线性增高；

式(2.4.3)表明，当 $t\to\infty$ 时，氡浓度趋向极大值，即：

$$\chi_{max}=\frac{R_{10}}{\lambda_e V} \tag{2.4.5}$$

即，密闭空间中积累的最高氡浓度，与该空间中氡的最大析出率 R_{10} 成正比；与该空间的体积 V 成反比。λ_e 是与氡的衰变、射气介质性质及积累空间体积相关的参数，它不是一个固定的常数，但 $\lambda_e>\lambda$。

2.4.2 密闭空间中氡子体的积累

通常认为，由多孔射气介质表面析出的氡是近乎不含子体的纯氡。大气中的氡子体是氡进入大气之后衰变产生的[2]。按放射性衰变规律，纯氡的浓度按指数规律衰减，公式如下：

$$\chi=\chi_0 e^{-\lambda t} \tag{2.4.6}$$

式中：χ_0——氡的初始浓度，Bq/m^3；

t——氡的衰变时间，s；

λ——氡的衰变常数，s^{-1}。

(1)RaA 的积累

据 1.1.2(2)节(1.1.7)式 RaA 的衰变，及氡衰变产生 RaA 的过程，RaA 浓度积累的微分方程为：

$$d\chi_1 = -\lambda_1\chi_1 dt + \lambda\chi dt \tag{2.4.7}$$

由式(2.4.6)、式(2.4.7)可得：

$$\frac{d\chi_1}{dt} + \lambda_1\chi_1 = \lambda\chi_0 e^{-\lambda t} \tag{2.4.8}$$

式中：χ_1——RaA 子体的浓度，Bq/m^3；

λ_1——RaA 子体的衰变常数，s^{-1}。

应用初始条件 $t=0$ 时 $\chi_1=0$，式(2.4.8)的解为：

$$\chi_1 = \chi_0 \frac{\lambda_1}{\lambda_1-\lambda}[e^{-\lambda t} - e^{-\lambda_1 t}] \tag{2.4.9}$$

RaA 的 α 潜能浓度为：

$$C_{p1}(MeV/m^3) = 3.63\times10^3\chi_1(Bq/m^3)$$

所以：

$$C_{p1}(MeV/m^3) = 3.63\times10^3\chi_0 \frac{\lambda_1}{\lambda_1-\lambda}[e^{-\lambda t} - e^{-\lambda_1 t}] \tag{2.4.10}$$

或者[2]：

$$C_{p1}(WL) = 0.001\ 03\chi_1(pCi/L) \tag{2.4.10$'$}$$

(2)RaB 的积累

RaB 子体的积累方程为：

$$d\chi_2 = -\lambda_2\chi_2 dt + \lambda_1\chi_1 dt \tag{2.4.11}$$

将式(2.4.9)代入式(2.4.11)可得：

$$\frac{d\chi_2}{dt} + \lambda_2\chi_2 = \chi_0 \frac{\lambda_1\lambda_2}{\lambda_1-\lambda}[e^{-\lambda t} - e^{-\lambda_1 t}] \tag{2.4.12}$$

式中：χ_2——RaB 子体的浓度，Bq/m^3；

λ_2——RaB 子体的衰变常数，s^{-1}。

应用初始条件 $t=0$ 时 $\chi_2=0$，式(2.4.12)的解为：

$$\chi_2 = \chi_0\lambda_1\lambda_2\left[\frac{e^{-\lambda t}}{(\lambda-\lambda_1)(\lambda-\lambda_2)} + \frac{e^{-\lambda_1 t}}{(\lambda_1-\lambda)(\lambda_1-\lambda_2)} + \frac{e^{-\lambda_2 t}}{(\lambda_2-\lambda)(\lambda_2-\lambda_1)}\right] \tag{2.4.13}$$

RaB 子体的 α 潜能浓度为：

$$C_{p2}(MeV/m^3) = 1.79\times10^4\chi_2(Bq/m^3)$$

所以：

$$C_{p2} = 1.79\times10^4\chi_0\lambda_1\lambda_2\left[\frac{e^{-\lambda t}}{(\lambda-\lambda_1)(\lambda-\lambda_2)} + \frac{e^{-\lambda_1 t}}{(\lambda_1-\lambda)(\lambda_1-\lambda_2)} + \frac{e^{-\lambda_2 t}}{(\lambda_2-\lambda)(\lambda_2-\lambda_1)}\right](MeV/m^3) \tag{2.4.14}$$

或者[2]：

$$C_{p2}(WL) = \left(I_B \frac{pCiRaB}{L}\right)\left(222\frac{原子}{min\cdot pCi}\right)(\tau_B min)\left(\frac{7.68\ MeV}{原子}\right)\left(\frac{1\ WL}{1.3\times10^5\ MeV}\right)$$

$$= 0.005\ 07\chi_2(pCi/L) \tag{2.4.14$'$}$$

(3)RaC 的积累

RaC 子体的积累方程为：

$$d\chi_3 = -\lambda_3\chi_3 dt + \lambda_2\chi_2 dt \tag{2.4.15}$$

将式(2.4.13)代入式(2.4.15)可得：

$$\frac{d\chi_3}{dt} + \lambda_3\chi_3 = \chi_0\lambda_1\lambda_2\lambda_3\left[\frac{e^{-\lambda \cdot t}}{(\lambda-\lambda_1)(\lambda-\lambda_2)} + \frac{e^{-\lambda_1 \cdot t}}{(\lambda_1-\lambda)(\lambda_1-\lambda_2)} + \frac{e^{-\lambda_2 \cdot t}}{(\lambda_2-\lambda)(\lambda_2-\lambda_1)}\right] \tag{2.4.16}$$

式中：χ_3——RaC 子体的浓度，Bq/m^3；

λ_3——RaC 子体的衰变常数，s^{-1}。

应用初始条件 $t=0$ 时，$\chi_3=0$，式(2.2.16)的解为：

$$\chi_3 = \chi_0\lambda_1\lambda_2\lambda_3\left[\frac{e^{-\lambda_3 \cdot t}-e^{-\lambda \cdot t}}{(\lambda-\lambda_1)(\lambda-\lambda_2)(\lambda-\lambda_3)} + \frac{e^{-\lambda_3 \cdot t}-e^{-\lambda \cdot t}}{(\lambda_1-\lambda)(\lambda_1-\lambda_2)(\lambda_1-\lambda_3)} + \frac{e^{-\lambda_3 \cdot t}-e^{-\lambda \cdot t}}{(\lambda_2-\lambda)(\lambda_2-\lambda_1)(\lambda_2-\lambda_3)}\right](MeV/m^3) \tag{2.4.17}$$

RaC 子体的 α 潜能浓度为：

$$C_{p3}(MeV/m^3) = 1.33\times10^4\chi_3(Bq/m^3)$$

所以：

$$C_{p3} = 1.33\times10^4\chi_0\lambda_1\lambda_2\lambda_3\left[\frac{e^{-\lambda_3 \cdot t}-e^{-\lambda \cdot t}}{(\lambda-\lambda_1)(\lambda-\lambda_2)(\lambda-\lambda_3)} + \frac{e^{-\lambda_3 \cdot t}-e^{-\lambda \cdot t}}{(\lambda_1-\lambda)(\lambda_1-\lambda_2)(\lambda_1-\lambda_3)} + \frac{e^{-\lambda_3 \cdot t}-e^{-\lambda \cdot t}}{(\lambda_2-\lambda)(\lambda_2-\lambda_1)(\lambda_2-\lambda_3)}\right](MeV/m^3) \tag{2.4.18}$$

或者[2]：

$$C_{p3}(WL) = \left(I_C \frac{pCiRaC}{L}\right)\left(222\frac{原子}{min \cdot pCi}\right)(\tau_C min)\left(\frac{7.68\ MeV}{原子}\right)\left(\frac{1\ WL}{1.3\times10^5\ MeV}\right) = 0.00373\chi_3(pCi/L) \tag{2.4.18$'$}$$

RaC′的积累

RaC′的半衰期极短，认为 RaC′子体的浓度与 RaC 子体的浓度相等，事实上不会导致多大误差，用 χ_4 表示 RaC′子体的浓度，即有：

$$\chi_4 = \chi_3 \tag{2.4.19}$$

RaC′的 α 潜能浓度由表 2.2.3 可以看出，RaC′对 WL 的贡献可以忽略：

$$C_{p4} = 0 \tag{2.4.20}$$

按式(2.4.6)、式(2.4.9)、式(2.4.13)和式(2.4.17)算得的纯氡中氡及其子体浓度的积累结果列于表 2.4.1。表中取 $t=0$ 时氡的浓度为 1。将表 2.4.1 所列数据绘制成氡子体浓度的积累曲线示于图 2.4.1。它反映出氡子体的积累过程。图中取 $t=0$ 时氡的浓度为 1。

表 2.4.1　纯氡中氡子体的增长过程(相对单位)

时间/min	Rn	RaA	RaB	RaC	总数
0	1.000 0	0	0	0	1.000 0
1	0.999 9	0.203 3	0.002 6	0	1.205 8
2	0.999 8	0.365 1	0.009 8	0	1.374 7
3	0.999 6	0.494 2	0.020 6	0	1.514 4
4	0.999 5	0.596 9	0.034 1	0	1.630 5

续表

时间/min	Rn	RaA	RaB	RaC	总数
5	0.999 4	0.678 8	0.049 5	0	1.727 7
10	0.998 7	0.896 2	0.141 6	0.014 6	2.051 1
20	0.997 5	0.987 4	0.328 1	0.081 2	2.392 2
30	0.996 2	0.995 7	0.479 6	0.178 5	2.650 0
40	0.995 0	0.995 4	0.597 3	0.286 6	2.874 3
50	0.993 7	0.994 2	0.684 5	0.393 1	3.065 5
60	0.992 5	0.992 9	0.757 5	0.491 2	3.234 1
120	0.985 0	0.985 5	0.939 4	0.849 8	3.759 7
180	0.977 6	0.978 1	0.972 1	0.951 4	3.879 2
240	0.970 3	0.970 8	0.973 2	0.970 9	3.885 2
300	0.963 0	0.963 4	0.967 6	0.969 7	3.863 7
360	0.955 7	0.956 2	0.963 7	0.963 7	3.836 4
420	0.948 5	0.949 0	0.956 8	0.956 8	3.087 9
480	0.941 4	0.941 9	0.949 7	0.949 7	3.779 5
540	0.934 3	0.934 8	0.942 5	0.942 5	3.750 9
600	0.927 2	0.937 8	0.935 5	0.935 5	3.728 8

按式(2.4.10)、式(2.4.14)和式(2.4.18)，应用表 2.4.1 的计算结果，可以得出氡子体总 α 潜能浓度 $C_p=C_{p1}+C_{p2}+C_{p3}$ 的积累过程。该过程的积累曲线示于图 2.4.2。

对图示积累曲线拟合的结果表明，氡子体总 α 潜能浓度 C_p 的积累过程可用一指数函数描述，即：

$$C_p=C_{p0}(1-e^{-\lambda_e t})(\text{MeV/m}^3) \tag{2.4.21}$$

式中：$C_p=C_{p1}+C_{p2}+C_{p3}$——氡子体的总 α 潜能浓度；

C_{p0}——平衡时氡子体的总 α 潜能浓度；

λ_e——等效衰减常数，s^{-1}；

t——积累时间，s。

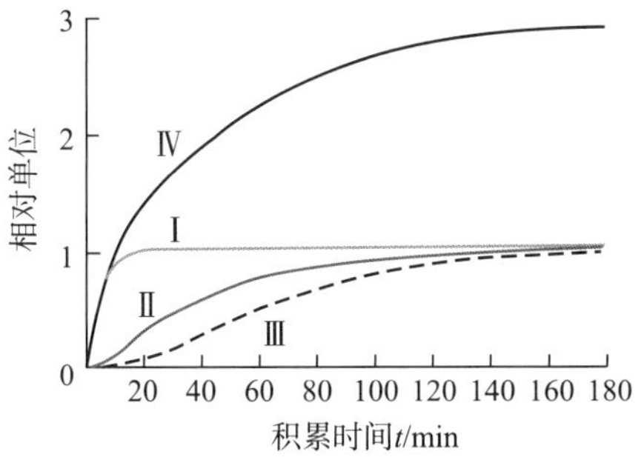

图 2.4.1　氡子体浓度的增长曲线

Ⅰ—RaA；Ⅱ—RaB；Ⅲ—RaC；Ⅳ—RaA+RaB+RaC

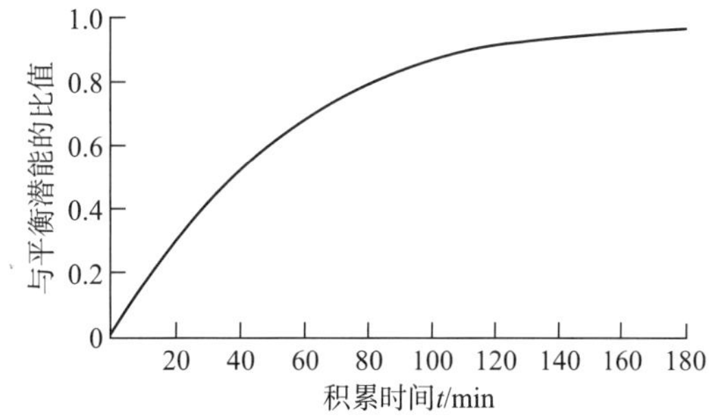

图 2.4.2　静止的纯氡中氡子体总 α 潜能的积累曲线

积累曲线对应的 $\lambda_e=3.08\times10^{-4}$/s。它对应的等效半衰期为 37.5 min。

总 WL 值为[20]：

$$WL=(WL)_A+(WL)_B+(WL)_C \tag{2.4.22}$$

图 2.4.3 示出空气中$(WL)_A$、$(WL)_B$、$(WL)_C$和总 WL 的增长情况，该空气中的氡浓度保持固定值 100 pCi/L。且没有因黏附或过滤而消耗掉子体。应注意，氡的停留时间为 40～60 min 的空气，其 WL 将在每 100 pCi/L 中最大值 1.0 WL 与 0.5 倍和 0.7 倍平衡值之间变化。

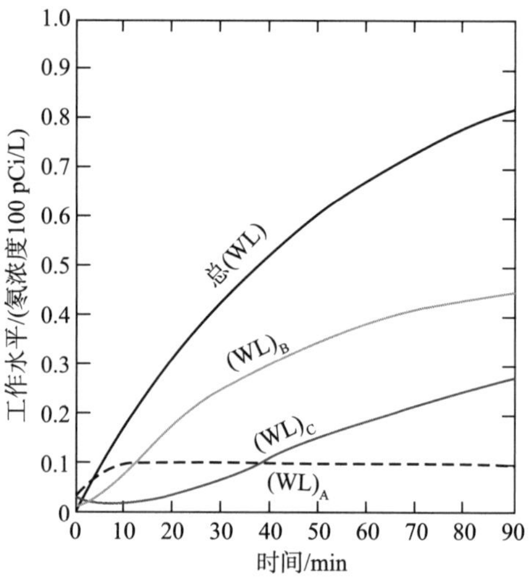

图 2.4.3 初始态为纯氡时“工作水平”的增长

[见式(2.4.10)、式(2.4.14)、式(2.4.18)和式(2.4.22)]

图 2.4.4 是图 2.4.3 的另一种描述方式，其数据与图 2.4.3 是一样的。在图 2.4.4 中对$(WL)_A$、$(WL)_B$和$(WL)_C$进行了求和，它们对总 WL 的贡献分别用阴影部积表示。尤其要注意到，最初的几分钟内 WL 的增长量几乎全部来自于 RaA 的迅速而有限的增长。约在 3～4 min 的时候，由 RaB 引起的 WL 的增长开始变得重要起来，约在 4～20 min 近似地 WL 线性增长。这主要是由 RaB 的增长所引起的。由于 RaB 和 RaC 的半衰期分别为 27 min 和20 min，因而 RaC 对 WL 的贡献可靠后考虑，一直到氡源过了二十多分钟以后它才变得重要起来。

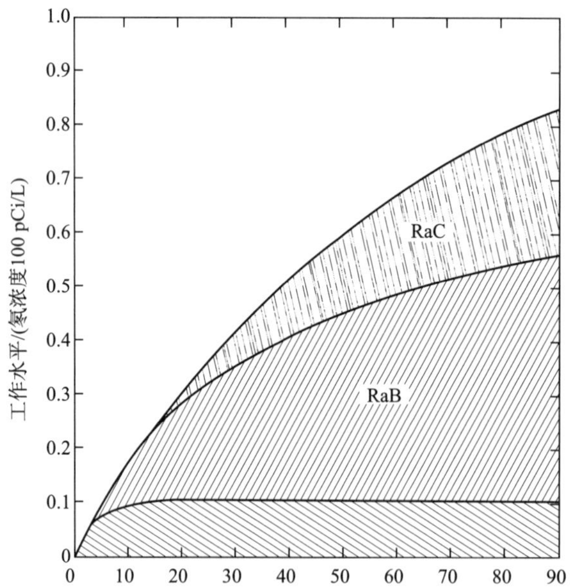

图 2.4.4 初始为纯氡(如刚刚过滤的空气)时工作水平的增长

(应注意，对 WL 贡献最早是来自 RaA，其次是 RaB，RaC 则更迟)

(4)空气的“年龄”

氡是一种惰性气体，它不断从地球表面的土壤和岩石中向外扩散，进入外部空间。氡的子体分别是重金属铅(RaB)、铋(RaC)和钋(RaA 和 RaC′)的同位素，所以它们不具有扩散特性。假如扩散进入周围空间的氡被迅速排放出去，那么，进入空气中的氡就没有足够的时间产生它的子体[11]。

例如，若氡的平均停留时间是 20 min，则由图 2.4.3 或图 2.4.4 可见，氡子体的浓度仅为平衡态氡子体工作水平的 30%。因此，浓度为 300 pCi/L 的氡空气，在它从地下空间排到大气中去以前，其子体浓度仅能发展到 0.9 WL。

由此可见，对于任何给定氡浓度的空气，将它通过一个高效率过滤器把气载子体去掉，是降低其对人群危害程度的有效措施。为了定量地反映空气的“通风”或者“过滤”效应，引入空气氡“年龄”的概念。“氡龄”就是自氡子体最后从含氡空气中去掉后，该纯氡经历的时间——“空气的年龄”。如，“3 min 的空气”意指积累它的氡子体的时间仅有 3 min。

表 2.4.2 和表 2.4.3 给出了过滤空气后“3 min 空气”和“10 min 空气”的放射性组成，这时的氡浓度是 100 pCi/L。应注意到，氡浓度 100 pCi/L 的“3 min 空气”，氡子体仅发展到 0.061 WL。

因而 500 pCi/L 的“3 min 空气”将只发展到 0.31 WL 的氡衰变子体。相类似地，氡浓度 100 pCi/L 的过滤空气后的“10 min 空气”，氡子体仅发展到 0.17 WL；500 pCi/L 的“10 min 空气”将只发展到 0.85 WL，而且假如是同样的空气。给予它足够长时间的年龄，则核平衡态衰变子体浓度能够达到 5 WL。

表 2.4.2　过滤空气后 3 min 积累的氡子体浓度(空气氡浓度为 100 pCi/L)

核素	活度浓度/(pCi/L)	原子数密度/(原子/L)	单个原子的α潜能/MeV	总α潜能/MeV	α潜能的百分比/%
Rn	100.0	1.77×10^6	—	—	—
RaA	49.5	483	6.00+7.68	$0.066\ 1\times10^5$	83
RaB	2.05	176	7.68	$0.013\ 5\times10^5$	17
RaC	0.08	5	7.68	$0.000\ 4\times10^5$	0.5
RaC′	0.08	0	7.68	$0.000\ 0\times10^5$	0.0
合计				$0.080\ 0\times10^5$	100

$$\mathrm{WL}=\frac{0.080\ 0\times10^5}{1.3\times10^5}=0.061$$

表 2.4.3 列出在过滤空气后 10 min 积累的氡子体浓度。

表 2.4.3　过滤空气后 10 min 积累的氡子体浓度(空气氡浓度为 100 pCi/L)

核素	活度浓度/(pCi/L)	原子数密度/(原子/L)	单个原子的α潜能/MeV	总α潜能/MeV	α潜能的百分比/%
Rn	100.0	1.77×10^6	—	—	—
RaA	89.7	876	6.00+7.68	$0.119\ 8\times10^5$	54
RaB	14.2	1 219	7.68	$0.093\ 6\times10^5$	42
RaC	1.8	114	7.68	$0.008\ 8\times10^5$	0.4
RaC′	1.8	0	7.68	$0.000\ 0\times10^5$	0.0
合计				$0.222\ 2\times10^5$	100

$$\mathrm{WL}=\frac{0.222\ 2\times10^5}{1.3\times10^5}=0.17$$

在地下坑道通风中，有时将氡子体从二次空气中过滤掉，把刚过滤的“年轻”空气又用于工作区域。用这种方法通风，虽然空气有了相当高的氡浓度，即 500～1 000 pCi/L，但其氡子体被清除掉了，因而在氡子体被过滤后的最初几分钟内将此空气用于呼吸是合适的。由于“年轻”空气的实际重要性，将图 2.4.4 的左下角扩大于图 2.4.5 中，年龄上升至 18 min。图 2.4.5 比图 2.4.3 可更精确确定氡浓度 100 pCi/L 和其他氡浓度早期的 WL。

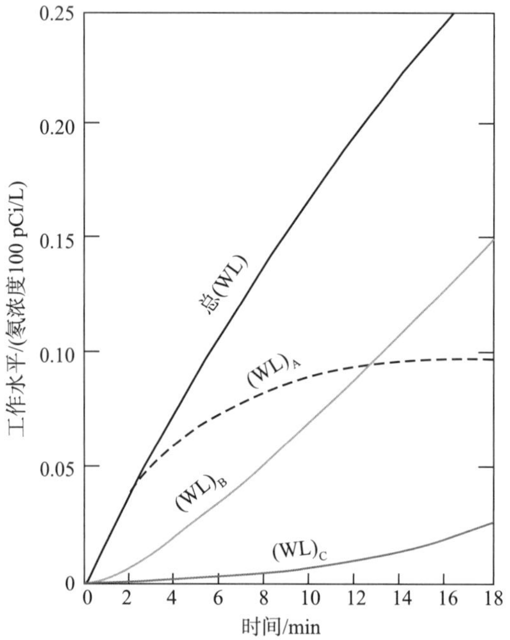

图 2.4.5　包含有氡浓度 100 pCi/L 的“年轻的”空气工作水平的增长

（该图是图 2.4.4 初始部分尺度的放大）

WL_1 随时间的增长稍慢于线性增长。在 $t=1$ min 和 $t=40$ min 之间，在氡浓度 100 pCi/L的空气中 WL_1 的增长在±5%的误差范围内可近似地表示成分析式：

$$WL_1 = 0.023t^{0.85} \tag{2.4.23}$$

式中：t，min。

当氡浓度随时间和坑道距离变化而需要进行积分计算时，上述的分析表达式是有用的。

2.5　氡浓度测量原理

测量(Measurement)是对某个可以表征一个物理现象或系统的固定的物理常数做定量测定，或是对描述一个可以反复再现的物理状态所必需的参量做定量测定。“固定的”“反复再现的”表明测量在实际上和概念上都是能重复的[21]。

测量方法(method of measurement)是根据给定的原理，概括地说明在实施测量中所涉及的一套理论运用和实际操作。

氡浓度是以单位体积空气中所含氡的原子数、放射性活度、或其衰变放出 α 粒子的总能量来表示的量。因此，氡浓度的测量的理论基础，就是依据氡与其子体之间级联衰变的关联，通过测量氡及其子体的放射性活度实现的。

由于氡(^{222}Rn、^{220}Rn)的级联衰变特性，借助对氡(^{222}Rn、^{220}Rn)的放射性活度的测量测定其浓度的实验方法，主要内容是如何处理其子体放射性对测量的影响[22]。为此，至今惯用的氡浓度测量原理为：平衡法原理、排除法原理与能谱法原理。

2.5.1　平衡法原理

氡与其子体一般不处于放射性平衡状态。实验给出，通常条件下，这一非平衡状态不会发生突变，其平衡因子(见 2.2.5 节)从 0.2～1.0 变化范围很宽，无法估计。故只有分别测定 $N_i(i=1, 2, \cdots n)$级联衰变的各代子体浓度，得到 $\lambda_i N_i$。这便决定了氡浓度测量的困难之处。

但是，在密闭环境中，氡(^{222}Rn、^{220}Rn)与其子体可处于放射性平衡状态，即 $\lambda_1 N_1 = \lambda_2 N_2 = \cdots = \lambda_n N_n$。在此条件下，测出任一 N_i，便可得到包括氡(^{222}Rn、^{220}Rn)在内的，衰变链中各核素的原子核数 $N_i(i=1, 2, \cdots n)$。氡(^{222}Rn、^{220}Rn)浓度测量转化为其任意一种子体浓度的测量。这使氡浓度测量任务大大简化。因此，获得氡与子体的“放射性平衡”是氡浓度测量的首选原理，是氡浓度测量的最高条件，也是氡浓度测量中应优先争取达到或满足的条件。有时，为了借用“放射性平衡”原理，在测量时间间隔内，将寿命较长的子体视作稳定核素。该处理方法的前提是，该“忽略”导致的误差视作测量误差。

2.5.2　排除法原理

设法清除氡子体，或排除氡子体对测氡浓度的干扰的原理。如将与氡(^{222}Rn、^{220}Rn)共存的子体，经过滤材过滤，将处于气溶胶状态的氡子体滤除。然后测氡或其新生短寿命子体的活度，获得氡钍射气放射性浓度。

2.5.3　能谱法原理

^{222}Rn 与 ^{220}Rn 衰变发射的 α 粒子能量与其子体不同。

^{222}Rn 与 ^{220}Rn 发射的特征 α 粒子：

^{222}Rn 的半衰期 3.823 d、5.489 MeV；

^{220}Rn 的半衰期 55.8 s、6.288 MeV。

^{222}Rn、^{220}Rn 子体发射的 α 粒子辐射特性列于表 2.5.1。利用氡与其子体发射的 α 粒子能量级半衰期的差异，形成了 ^{222}Rn 与 ^{220}Rn 浓度探测的能谱法原理。随着测谱技术的发展，该原理在氡浓度测量方法中获广泛应用。

表 2.5.1　^{222}Rn、^{220}Rn 射气与其短寿命子体发射的 α 粒子

	序号	能量/MeV	分支比/%	注(母体、半衰期)
^{222}Rn	1	5.489	100	^{222}Rn—3.823 d—气态
	2	6.002 6	100	RaA(^{218}Po)—3.10 min
	3	7.687	99.96	RaC′ (^{214}Po)—1.64×10^{-4} s

续表

	序号	能量/MeV	分支比/%	注(母体、半衰期)
^{220}Rn	4	6.288	100	^{220}Rn—55.8 s—气态
	5	6.78	99.986	ThA(^{216}Po)—0.150 s
	6	6.090	33.7	ThC(^{212}Bi)—60.54 min
	6′	8.784	66.3	ThC′(^{212}Po)—3.00×10^{-7} s

^{222}Rn、^{220}Rn 射气与其短寿命子体发射的 α 粒子的理论期望谱示于图 2.5.1。

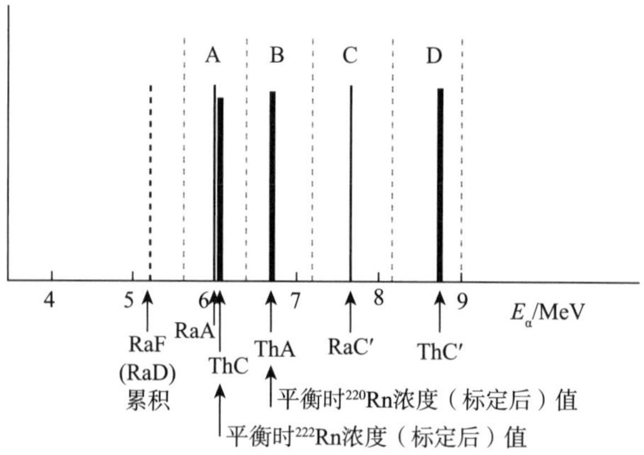

图 2.5.1 α 能谱法测氡、钍射气浓度的 α 能谱期望谱

(图中细实线代表^{222}Rn 子体谱线；粗实线代表^{220}Rn 子体谱线)

由于氡浓度测量平衡法原理、排除法原理与能谱法原理的上述差异，对现行的氡浓度测量方法带有共性特点，因此，上述测量原理构成氡测量方法的内容，而不用作区分不同测量方法的依据。

2.6 氡与子体浓度测量方法分类

据前述氡的特性，经过几十年的技术累积，发展了多种氡测量的测量方法，也形成了氡测量的多种分类方法。

2.6.1 按氡的存在介质分类

分地(壤)中氡的测量；空气中氡的测量，与水中氡的测量三大类[21]。

例如，对于空气中氡的测量方法，文献[21]分作：

(1)静电计法(电离室法)；

(2)活性炭法——活性炭浓缩法、活性炭盒法、活性炭滤纸法；

(3)闪烁室法；

(4)双滤膜法；

(5)气球法；

(6)径迹蚀刻法；

(7)静电扩散法；

(8)积分计数法；

(9)其他方法——脉冲电离室法、溶剂萃取法与液氮蒸发法等。

2.6.2 按测量时间分类

分为实时(单次)瞬时测量、(在线)连续测量和累积平均浓度测量[24]。如文献[22]分作：

(1)瞬时(单次)测量——双滤膜法、闪烁法、气球法等；

(2)累积测量——活性炭盒、核径迹法；

(3)连续测量——静电收集型氡连续监测仪(连续法测定瞬时浓度)。

而文献[20]将空气中^{222}Rn 的测定技术分作：

(1)瞬时采样测量——闪烁室法、双滤膜法、气球法、液体闪烁计数法；其中：

液体闪烁计数法[25]——^{222}Rn 在低温有机溶剂内溶解度很高，用一低速泵将欲测空气通过冷却的 20 mL 己烷闪烁溶液，采样结束后将溶液预先装有 2 mL 浓缩荧光体(PPO－40 g/l；POPOP－5 g/l)的普通液体闪烁测量杯中。待氡与子体达到放射性平衡后，在液体闪烁计数器上记录 α 计数。

刻度应在同样条件下进行，求出 α 计数效率及采样的收集效率。

通常，采样条件 10 L，冷却温度为 －78 ℃(干冰加丙酮洛)时，^{222}Rn 的探测下限可达 0.04 Bq/m^3。

(2)连续采样测量——闪烁室法；

自动双滤膜法[26]——出口滤膜机械装置自动定时更换。探测灵敏度通常在 0.4～185 Bq/m^3 范围。

静电场扩散法——无源扩散(透过多孔体)静电场或驻极体收集带电氡子体；测 α 计数。

(3)累积式测平均浓度氡[27]——固体径迹探测器、TLD 法、活性炭法(无源式暴露 72 h，探测平均氡浓度；下限为 7 Bq/m^3；不确定度≤30%)。

文献[27]分作：

(1)区域瞬时监测法，如双滤膜法、闪烁室法、活性碳吸附解吸法、大气球法等；

(2)区域连续监测法，也是双滤膜法，闪烁室法、静电吸附法等及配套的连续测量仪；

(3)区域累积监测法，如活性炭能谱法、径迹蚀刻法、热释光法等。

2.6.3 按采样方式分类

文献[24]分为有源(主动)式和无源(被动)式两种：

(1)有源氡及(或)氡子体采样

有源氡测量——直接或间接借助空气动力装置进行取样的氡测量方法[28]。

(2)无源氡及(或)氡子体采样

无源氡测量——无须借助空气动力装置进行取样的氡测量方法[28]。

2.6.4 按核物理实验方法分类

分为：氡浓度绝对测量实验方法、氡浓度相对测量实验方法、氡子体浓度测量实验方法。

(1)氡浓度绝对测量实验方法

氡(^{222}Rn、^{229}Rn)浓度的绝对测量方法。

绝对测量又称直接测量(Direct measurement, direct method of measurement)[19,28]。

绝对测量是直接测量一个或数个基本量，不必借助诸如标准源、标准仪器等中间手段进行刻度或标定，而求得未知量的过程。“绝对“一词不涉及精密度或准确度的内容[7]。

(2)氡浓度相对测量实验方法

氡(^{222}Rn、^{229}Rn)浓度的相对测量方法。

相对测量又称间接测量(Indirect measurement, indirect method of measurement)是通过测量与被测量有函数关系的其他量，才能得到被测量值的测量方法，或者直接测量的量与被测的量之间有已知函数关系从而得到该被测量值的测量[28,29]。

对于氡浓度测量而言，该类方法是待测氡浓度样品与标准氡浓度样品在相同条件下进行测量。根据二者测量值之比和标准样品的氡浓度算出待测样品的氡浓度。

$$A=\frac{n}{n_{st}}A_{st} \tag{2.6.1}$$

式中：n、n_{st}——待测样品和标准氡浓度样品的净计数；

A、A_{st}——待测样品和标准氡浓度样品的氡浓度；

A_{st}/n_{st}——即刻度系数，有时称作“k”值。

则式(2.6.1)改写成：

$$A=kn \tag{2.6.2}$$

式中：n——待测氡浓度样品的净计数；

A——待测样品的氡浓度；

K——刻度系数。

至今，据文献报导，常用的氡浓度相对测量的实验方法成果有：1.电离电流法(电离室法、静电计法)、2.闪烁室(路卡斯室)法、3.静电场法、4.活性炭盒法、5.双滤膜相对法、6.气球法、7.径迹蚀刻法与热释光剂量计法、8.α卡法与9.α能谱法等九种方法。

(3)氡子体浓度测量实验方法

氡(^{222}Rn、^{229}Rn)子体 RaA、RaB、RaC、ThB 及 ThC 浓度，或其潜能浓度的测量方法。

2.6.5 氡浓度测量方法的特点

氡浓度测量的第 1 个特点是，不同于核物理实验方法中研究的固态与液态放射性物质，氡是具有放射性的气态元素；另外，氡是惰性气体，因此不存在含氡的固态或液态化合物。因而，氡浓度测量直接面对的研究对象只能是氡、或含氡的放射性气体。氡浓度测量的第 3 个特点是氡的递次衰变特性。氡递次衰变子体的半衰期从微秒(μs)至数十年，时间跨度达 12 个数量级。

2.6.6 氡测量对象限定

本书中氡测量对象限定指：氡(^{222}Rn、^{220}Rn)及其短寿命子体。

基于环境放射性监测目的的氡浓度测量，指对^{222}Rn、^{220}Rn 与^{219}Rn，及其短寿命子体浓度的测量，以及氡与其子体放射性平衡系数的确定。

由于^{219}Rn 的半衰期极短(3.96 s)，因此，基于环境放射性监测目的的氡浓度测量，通常将^{219}Rn 的作用忽略，而仅限于^{222}Rn(氡)、^{220}Rn(钍射气)浓度的测量。

^{222}Rn 子体 RaD(^{214}Po)的半衰期为 22.3 a，与 RaA($T_{1/2}$=3.10 min)、RaB($T_{1/2}$=26.8 min)、RaC($T_{1/2}$=19.9 min)相比，其半衰期太长，在原子核数相同的条件下，其对氡总放射性的贡献极小。因此 RaA、RaB、RaC 视作^{222}Rn 的短寿命子体，而 RaD 及其之后的子体皆视作^{222}Rn 的“长寿命”子体而不予考虑。

^{220}Rn 的子体 ThA 的半衰期极短(0.15 s)对环境氡总放射性的构成，贡献也极小也被忽略不计。

综上所述，^{222}Rn、^{220}Rn 短寿命子体测量，除非特别指明，而仅限于 RaA、RaB、RaC、ThB、ThC 浓度，或^{222}Rn 及^{220}Rn 子体潜能浓度的测量。

因此，本书讨论的“氡测量”，限定为基于辐射防护与放射性环境监测目的的氡与其短寿命子体的测量，即——氡(^{222}Rn、^{220}Rn)、氡子体(RaA、RaB、RaC、ThB、ThC)浓度的测量。换句话说，以下本书论及的“氡测量”仅限定于：

^{222}Rn 浓度；^{222}Rn 子体 RaA、RaB、RaC 浓度、潜能浓度；

^{220}Rn 浓度、^{220}Rn 子体 ThB、ThC 浓度、潜能浓度等的测量。

另外，需进一步指明的是：

由于相对来说^{220}Rn 的半衰期也很短(55.8 s)，所以在很多环境放射性讨论中，其作用也被视作“次要因素”而忽略。所以，如不特殊说明，“氡浓度测量”主要指^{222}Rn 浓度测定[28,30]。

本书选定“按核物理实验方法分类”的叙述方法，将氡测量分作“氡(^{222}Rn、^{229}Rn)浓度相对测量”“氡(^{222}Rn、^{229}Rn)浓度绝对测量”与“氡(^{222}Rn、^{229}Rn)短寿命子体浓度测量方法”的叙述方式(见表 2.6.1)。

表 2.6.1　氡浓度测量方法表

序号	氡(^{222}Rn、^{229}Rn)测量		氡(^{222}Rn、^{229}Rn)子体测量	
	相对测量方法	绝对测量方法	RaA、RaB、RaC、ThB、ThC	潜能
1	电离电流相对法	静电场(电离电流)绝对法	RaA、RaB RaC、ThB、ThC “五段法”	库兹涅茨法
2	闪烁室(路卡斯室)相对法	闪烁室(路卡斯室)绝对法	RaA、RaB、RaC“三段法”(托马斯三段法)	罗尔法
3	静电场(相对)法	托马斯双滤膜(绝对)法	ThB、ThC “二段法”	马尔科夫法
4	活性炭盒法		RaA、RaB、RaC、ThB、ThC α 能谱法	
5	双滤膜相对法			
6	气球法			
7	径迹蚀刻与热释光剂量计法			
8	α 卡法			
9	α 能谱法			
10	低浓度氡液体闪烁计数法			

参考文献

[1] 吴慧山，周镭庭，李璀明，等. 放射性测量新技术(第二集)气体普查方法[M]. 北京：地质出版社，1984.

[2] 张哲. 氡的析出与排氡通风[M]. 北京：原子能出版社，1982.

[3] 核素常用数据表[M]. 北京：原子能出版社，1977.

[4] 任天山，程建平，等. 环境与辐射[M]. 北京：原子能出版社，2007.

[5] 辉群. 放射性气溶胶监测方法[J]. 核防护，1977，№1-2.

[6] 汲长松，魏桂生，王金玉. 空气氡浓度测定，氡及其子体的测量与危害评价学术讨论会论文集[C]. 太原：1988.10.

[7] 郑成法. 核辐射测量[M]. 北京：原子能出版社，1983：114.

[8] Шлшкин В. Л.，ПруткинаМ. И.，Эманирование радиоактированных руд и минералов [M]. Москва. Атомиздат，1979.

[9] 赵梓成，张哲，周洵远，等. 非铀矿山排氡通风[M]. 北京：冶金出版社，1984.

[10] 工作人员吸入氡子体的限值. 国际放射防护委员会第 32 号出版物[R]. 北京：原子能出版社，1982.

[11] Robley D. Evans. 周剑良，凌球，邱小平，等译. 氡子体基本行为工程师手册[M]. 北京：原子能出版社，2002.

[12] GB 18871—2002 电离辐射防护与辐射源安全基本标准[S].

[13] Jacobi W. and Eisfeld K.，Internal Dosimetry of Radon-222，Radon-220 and Their Short-Lived Daughters，Proc. 2 Special Symposium on Natural Radiation Environment[C]. 19～23 Jan. Bhabha Atomic Research Centre，Bombay，India.

[14] UNSCEAR Report[R]. 1982.

[15] UNSCEAR Report[R]. 1988.

[16] UNSCEAR Report[R]. 1993.

[17] 王鹤斌. 辐射环境中氡及其子体的危害估计[J]. 环保通讯，1983，1：1.

[18] Аэрозоли Радиоактивные[S]. ГОСТ16585-70，Москва.

[19] 柳生众，等. 核科学技术词典[M]. 北京：原子能出版社，1993.

[20] 林莲卿. 空气中氡-222 的测定技术[J]. 核电子学与探测技术，1989，9(5)：299.

[21] 吴慧山，梁树红，等. 氡测量及实用数据[M]. 北京：原子能出版社，2001.

[22] 连琦，王旭辉，等. HPGe 探测器分析室内空气活性炭盒氡样品的研究[J]. 核电子学与探测技术，1986，24(4)：338.

[23] 吴慧山，林玉飞，白云生，等. 氡测量方法与应用[M]. 北京：原子能出版社，1995.

[24] 朱昌寿，尚兵. 室内空气中氡(^{222}Rn)的测量[J]. 中国环境卫生，2002，5(01)：164-172.

[25] Prichard H. M. Rapid Measurement of ^{222}Rn Concentration in Water with A Commercial Liquid Scintillator Counter [J]. Health Physics，1V33，(6)：577，1977.

[26] Renoux A，et al. [J]. Health Physics，1979，39：291.

[27]　李先杰，王明昌. 环境氡累积测量[C]. 氡和氡子体测量与危害评价学术讨论会，太原，1988.
[28]　汲长松，罗风群. 氡及氡子体测量仪与监测仪，一般要求[S]. GB/T 13163—91.
[29]　李德平，潘自强. 辐射防护手册(第二分册)[M]. 北京：原子能出版社，1988.
[30]　陈志恒，杨福家，汤家镛，等. 大气中氡气及其子体的测量[J]. 核技术，1982，№1：13-19.

第3章 氡浓度相对测量方法

1982年联合国原子辐射效应委员会的UNSCEAR报告首次报道了人类受到的天然辐射剂量中，氡与氡子体的贡献超过一半。该信息彻底改变了人们传统的、认为包括宇宙射线在内的γ射线的辐照，构成天然辐照的主体的观念。从此，在世界范围内开始了大规模的氡与氡子体的各类研究工作。

对氡的研究，首先需要解决氡的测量问题。由于氡是惰性气体，无液态或固态化合物可借用；又由于氡是放射性的、且氡是属于级联衰变的一个环节，因此氡的测量，是实验核物理领域中公认的难题之一。

文献[1]推导出氡浓度的一般公式，为氡浓度的实验测定提供了理论支持。

文献[2，3]对现行的氡浓度测量方法给出综合评述。迄今，氡浓度相对测量方法，即测量仪器使用之前须经标准浓度氡气对仪器进行刻度，获得刻度系数 K(Bq/计数)进行氡浓度测定的方法，主要归为：

(1)电离电流法(电离室法、静电计法)；

(2)闪烁室[路卡斯(Lucas cell)室]法；

(3)静电场法；

(4)活性炭盒法；

(5)双滤膜相对法；

(6)气球法；

(7)径迹蚀刻与热释光剂量计法；

(8)α卡法；

(9)α能谱法；

(10)低浓度氡液体闪烁计数法等10类相对测氡浓度的方法。

其中，EJ378—89“铀矿山空气中氡及氡子体测定方法”[4]推荐①闪烁室法；②电离室法与③气球法等为铀矿山空气测氡优选方法。

GB/T 14582—93“环境空气中氡的标准测量方法”[5]推荐①径迹蚀刻法；②活性炭盒法；③双滤膜绝对法(见第4章)；④双滤膜相对法；⑤气球法等为环境氡标准测量方法。

此前，相对测量氡浓度仪器，主要采用测定氡衰变(^{222}Rn、RaA与RaC)的总α粒子计数实现。^{222}Rn——α粒子能量5.489 MeV。RaA (^{218}Po)α粒子能量6.002 MeV，$T_{1/2}$=3.10 min；氡与RaA子体达到平衡时间取15 min。RaC (^{214}Bi)α粒子能量7.687 MeV，$T_{1/2}$=19.9 min；氡与其所有短寿命子体达到平衡取3 h。

近期，借助测谱技术的快速发展，α能谱法相对测氡浓度的方法获得广泛的应用。

3.1　电离电流法(电离室法、静电计法)

电离电流法是基于测量氡及其子体发射的 α 粒子在介质中引起的电离，进行氡浓度测量的方法。通常，将待测气体通过过滤器导入电离室，电离室收集 α 粒子产生的电离，用脉冲型电离室测定脉冲计数；或用电流型电离室测定电离电流；或用静电计测定收集的 α 粒子电量，测量被测氡气的浓度。因此该法有时也被称为电离室法，或静电计法。

将含 ^{222}Rn 与子体的待测气体导入电离室内，用经过刻度的静电计测量其电离电流，便可得到被测气体的氡浓度。

市售电离电流法测氡仪，采集待测氡样气的常用方法有如下两种。

3.1.1　真空采样法

将采样电离室预抽真空，用弹簧夹密闭。在采样地点通过氯化钙干燥管慢慢打开密封夹进行采样。采样结束后立即密闭采样器，并记录下采样时刻。静置 3 h 后，用静电计测量电离室的电离电流 I(测量时要在静电计的石英丝移动速度稳定后，开始测量石英丝的移动速度)。氡浓度由下式计算得出：

$$C_{Rn}=K(I-I_b)\ \mathrm{Bq/m^3} \tag{3.1.1}$$

式中：C_{Rn}——待测空气样品氡浓度，$\mathrm{Bq/m^3}$；

K——仪器刻度系数，$\mathrm{Bq/m^3}$/(格/min)；

I——取样 3 h 后测得的电离室电离电流，格/min；

I_b——电离室本底电流，格/min。

如果采样后至测量时刻静置时间不足 3 h 进行电离电流测量时，则采样时还应加子体过滤器，将进入电离室的样气中的子体过滤掉。计算氡浓度的式(3.1.1)应加入相应的修正系数。氡浓度计算公式为：

$$C_{Rn}=k(I(t)-I_b)R(t)\ \mathrm{Bq/m^3} \tag{3.1.2}$$

式中：$I(t)$——采样后静置 t 时刻后测得的电离室电离电流值，格/min；

$R(t)$——不饱和修正系数(见表 3.1.1)。

其他符号的意义不变。表 3.1.1 列出了文献[6]所计算的不同静置时刻 t 的 $R(t)$系数值，以及氡及其子体电离电流的相对值。应用修正系数 $R(t)$，可在取样后任意时刻进行电离电流测量。

应当指出，$R(t)$的计算中假定氡发射的 α 粒子全部在电离室内产生电离，而子体的 α 粒子有 1/2 在室内产生电离，而这相当于电离室几何尺寸比 α 粒子射程大许多倍。实际应用中应充分注意这一限定条件。

用悬丝式静电计测量，容积为 1 L 的电离室测氡的量程范围为 $1.85\times10^2\sim3.7\times10^6\ \mathrm{Bq/m^3}$。该法的灵敏度可达 $185\sim370\ \mathrm{Bq/m^3}$。

表 3.1.1 $R(t)$一对应静置时间 t 的修正系数[6]

氡引入电离室瞬间起算的时间 t/min	氡及其子体的电离电流(相对值)	按 3 h 后电离电流归一修正系数 $R(t)$
0	1 000	2.170
1	1.130	1.920
1.5	1.180	1.840
2	1.235	1.760
3	1.315	1.650
4	1.380	1.570
5	1.423	1.522
7	1.490	1.455
8	1.514	1.430
9	1.530	1.420
10	1.547	1.405
15	1.600	1.360
30	1.680	1.300
40	1.750	1.240
50	1.820	1.195
60	1.885	1.158
70	1.940	1.122
100	2.070	1.050
120	2.130	1.021
180	2.170	1.000

刻度

用液体镭源累积一定量的氡气。用双连球或抽气泵使气流通过扩散器中的液体标准镭源。控制适当的气流流量，一般约为 150～200 个气泡/min，约 10～20 min，将扩散器中原有的氡排除干净。然后立即将镭源封闭以累积可准确知道活度的氡气，记下封源时刻 T_t。

将待刻度的电离室，按图 3.1.1 所示的连接图，与封闭了足够时间的标准镭源联接起来。旋紧螺旋夹 3，用真空泵将电离室及氯化钙干燥管抽成真空，旋紧螺旋夹 1、2。

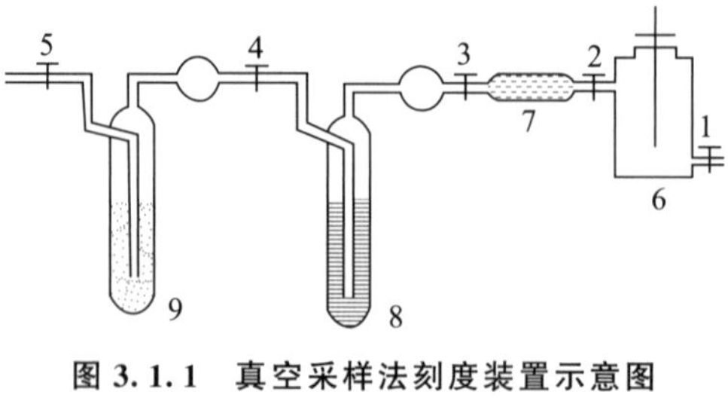

图 3.1.1 真空采样法刻度装置示意图

1、2、3、4、5—螺旋夹；6—电离室；7—$CaCl_2$ 干燥管；

8—扩散器(镭标准源溶液)；9—空气过滤器(氯化钡饱和溶液)

然后缓缓地依次旋开螺旋夹 2、3、4 和 5 使初始进气速度为 100～120 气泡/min。进气 15 min 后，加快进气速度，使总进气时间为 20 min。进气结束后，旋紧螺旋夹 2(扩散器前连接的空气过滤器是为了吸收空气中的酸雾和尘埃，保护^{226}Ra 标准溶液；氯化钙干燥管吸附的^{222}Rn 很少，可忽略不计)。

先打开 K_2，再打开 K_3，最后缓缓打开 K_4，并调节 K_4，使气泡产生速率适当(约 100～200 个气泡/min)。送气 5～10 min 后，可加快送气，使送气在约 15 min 内结束。结束后立即关闭 K_2，记下结束时刻 T_2。送气结束后 3 h，测量电离室的电离电流，则刻度系数 K 由下式计算得出。

$$K=\frac{A_{Ra}(1-e^{-\lambda t})}{V(I-I_b)} \tag{3.1.3}$$

式中：K——电离室的刻度系数，Bq/m^3/(格/min)；

I——电离室取样后的电离电流，格/min；

I_b——电离室本底电离电流，格/min；

$t=T_2-T_1$——氡累积时间；

λ——Ra 衰变常数；

V——电离室的容积，m^3；

A_{Ra}——镭源的活度，Bq。

注意：为使刻度系数 K 的测量准确、计算简单，电离室的容积应比扩散器容积大 6 倍以上，以保证扩散器内累积的氡被完全赶进电离室。例如，500 mL 电离室配用约 70 mL 的扩散器为宜。

3.1.2　换气采样法

用采样泵或双连球向电离室抽气或鼓气。当通过容器的样品空气体积大于电离室容积 5～7 倍以上时，结束取样。静置、测量、计算程序及方法，与 3.1.1 节真空采样法相同。

刻度

液体镭源封源的操作与真空采样法相同。但氡的转移按图 3.1.2 所示方法进行。该法一般采用两个电离室。电离室、液体镭源扩散瓶，氯化钙干燥管及双连球按图 3.1.2 所示连接。安装完毕后，轻轻压动双连球，使系统内空气流动速度在 200 气泡/min 左右，鼓气时间应不小于 20 min，以使系统内氡浓度分布均匀。然后将电离室封闭，静置 3 h 后测量电离电流。

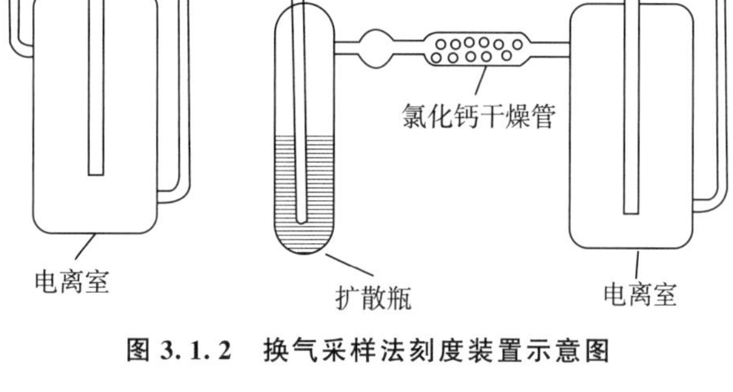

图 3.1.2　换气采样法刻度装置示意图

刻度系数 K 值按式(3.1.3)计算。但式中 V 是转移系统空间的容积，以 L 为单位。其由电离室的体积、镭源扩散瓶中存余体积，双连球、干燥管与管路体积之和构成。另外，由于采用两个电离室，K 值计算公式中电离电流测量值 I 取两个电离室电离电流的平均值。

由于换气采样法确定刻度系数 K 值时，系统体积难以准确测量，加之橡皮管对 ^{222}Rn 还有吸附作用，同时操作也较复杂，所以采用换气采样法测氡浓度的电离室，仍推荐用真空采样法转移氡方法进行刻度系数 K 值测定。

3.2 闪烁室(路卡斯室)法

这是以闪烁室为标志的氡浓度测量方法。测氡用的闪烁室是一个有光输出窗、内壁或/和腔内附加物的表面涂有硫化锌 ZnS(Ag)闪烁物质的器件。国外，将这种测氡闪烁室称作路卡斯(Lucas cell)室，而将用路卡斯室测量氡浓度的方法称作路卡斯室法。这是由路卡斯最先提出的一种氡浓度测量方法[7-10]。路卡斯室为圆柱型闪烁室。

20 世纪 50 年代末、60 年代初，与我国核工业诞生同步，铀矿大规模勘探与开采，产生了铀矿环境氡浓度监测的需求，我国大力开展以闪烁室法测氡为代表的早期氡浓度测量研制工作。研制成功性能优于圆柱型路卡斯室的，近球形闪烁室。该闪烁室在我国的大规模、长时期的广泛应用至今。在我国早批次行业标准中，EJ 378—89“铀矿山空气中氡及氡子体测定方法”中，闪烁室法测氡为推荐方法[4]。

3.2.1 工作原理

ZnS(Ag)闪烁体对 α 射线探测效率极高，而对 β 射线和 γ 射线则极不灵敏。氡是 α 辐射体。当将氡引入 ZnS(Ag)闪烁室后，其发射的 α 粒子射入室壁的 ZnS(Ag)闪烁材料涂层上诱发闪烁光。闪烁光通过光电转换、电讯号倍增放大，然后被记录分析。

氡浓度为 χ_{Rn} 的气体样品，在氡与其子体处于放射性平衡的条件下，单位时间放出 α 粒子的数目：

$$N=\chi_{Rn}\cdot V \tag{3.2.1}$$

式中：V——闪烁室容积，m^3；

χ_{Rn}——氡浓度，Bq/m^3。

测得的 α 计数率 n：

$$n=\chi_{Rn}\cdot V\cdot\varepsilon \tag{3.2.2}$$

式中：ε——测量装置的 α 探测效率。

于是，

$$\chi_{Rn}=\frac{n}{\varepsilon V}=\frac{n_s-n_b}{\varepsilon V} \tag{3.2.3}$$

式中：n_s——闪烁室内样气的计数率，计数/min；

n_b——闪烁室的本底计数率，计数/min。

测量装置的 α 探测效率 ε 为测量装置的重要技术参数。测定装置的探测效率是一项较困难的工作，为此，常常采用相对测量方法。将已知氡浓度的标准样气导入 ZnS(Ag)闪烁室，则由式(3.2.3)可得：

$$\frac{1}{\varepsilon}=\frac{\chi_{Rn}^{0}V}{n_{s}^{0}-n_{b}}\equiv K \tag{3.2.4}$$

式中：χ_{Rn}^{0}——标准气体的氡浓度；

n_{s}^{0}——相应的闪烁室内标准样气计数率。

于是，式(3.2.3)可改写作：

$$\chi_{Rn}=K\,\frac{n_{s}-n_{b}}{V} \tag{3.2.5}$$

该式便是闪烁室法相对测氡浓度的工作公式。系数 K 是氡浓度相对测定的转换系数——刻度系数，常称作“K”值。据待测气体样品的闪烁室计数率 n_s，据式(3.2.5)便可求出氡浓度 χ_{Rn}。

应当指出，闪烁室内氡样气的 α 粒子计数除氡衰变发射的 α 粒子之外，包括氡子体的贡献。氡子体形成的脉冲计数，与氡自身衰变的脉冲计数的比例关系，取决于测量方法，即测量等待时间、样品采集、处理模式等因素。

3.2.2　采样方式

ZnS(Ag)闪烁室法测氡浓度的采样方法主要有三种：真空采样法，换气采样法与流气采样法。

前两种方法的操作程序与电离室相同(参阅 3.1.2 节与 3.1.3 节)。第 3 种方法流气采样法可以是借助抽气泵的有源式；也可以是基于被测气体扩散流气的无源式两种采样模式。

3.2.3　测量方法

(1)平衡法

这是氡被收集到 ZnS(Ag)闪烁室内以后不断地衰变，对于取样时已滤除氡子体的样气，取样后等待 3 h 后，氡与其子体便“基本上”达到放射性平衡状态时进行 α 计数测量的方法。在此状态下所测得的 α 粒子计数中，约有 2/3 是氡子体的贡献。因此，平衡法可以给出最高的测量灵敏度。测量结果由下式给出：

$$\chi_{Rn}(\mathrm{Bq/m^3})=\frac{K(n_{s}-n_{b})}{V} \tag{3.2.6}$$

式中：χ_{Rn}——是被测样气的氡浓度，Bq/m³；

n_s——闪烁室样品计数率，计数/min；

n_b——闪烁室本底计数率，计数/min；

V——闪烁室容积，m³；

K——刻度系数，Bq · min。

(2)非平衡法

为缩短取样之后与开始测量之间的等待时间，在氡与其子体之间尚未达到放射性平衡之前便进行测量的方法。为此，对应于不同的取样时刻，等待时间和测量时间，需对刻度系数进行相应的修正。此时，测量结果为：

$$\chi_{Rn}(\mathrm{Bq/m^3})=\frac{K(n_{s}-n_{b})}{V}R(t) \tag{3.2.7}$$

式中各参数的意义与式(3.2.6)相同，$R(t)$是不饱和修正系数。部分$R(t)$值列于表3.2.1中。

表3.2.1 不饱和修正系数$R(t)$

氡气引入闪烁室后的时间 t/min	10	15	30	40	50	60	80	100	120	180
$R(t)$	1.40	1.36	1.29	1.24	1.19	1.15	1.09	1.05	1.02	1.00

(3)流气法

当待测样气充足时，可在稳定的采样流速条件下，采样、测量同时进行的测量方法。

闪烁室法的刻度方法见3.11节。

3.2.4 几种常用的闪烁室(仪)

(1)ST203型闪烁室与FD－125型氡钍射气分析器

ST203型闪烁室是我国在20世纪50至60年代研制成功的测氡浓度的闪烁室，在我国获得了极其广泛的应用。特别是在我国铀矿普查、开采工作中发挥了重要作用。ST203型闪烁室是由两个内表面涂ZnS(Ag)闪烁材料的有机玻璃半球组成的球形闪烁室。为了提高闪烁室探测α粒子的灵敏度，闪烁室腔内加有两个互相垂直的，表面也敷有ZnS(Ag)涂层的有机玻璃圆形光导隔板。理论与实验证实，光导隔板结构的闪烁室大大提高了探测氡子体发射的α粒子的探测效率。ST203型闪烁室的容积为500 mL。闪烁球置于金属保护外壳内。金属壳的内表面为反光层以提高闪烁光的收集效率。闪烁室设有光窗与光电倍增管光阴极耦合。闪烁室有两个气嘴可用于真空法，或流气法采样使用。图3.2.1示出ST203型闪烁室的结构示意。

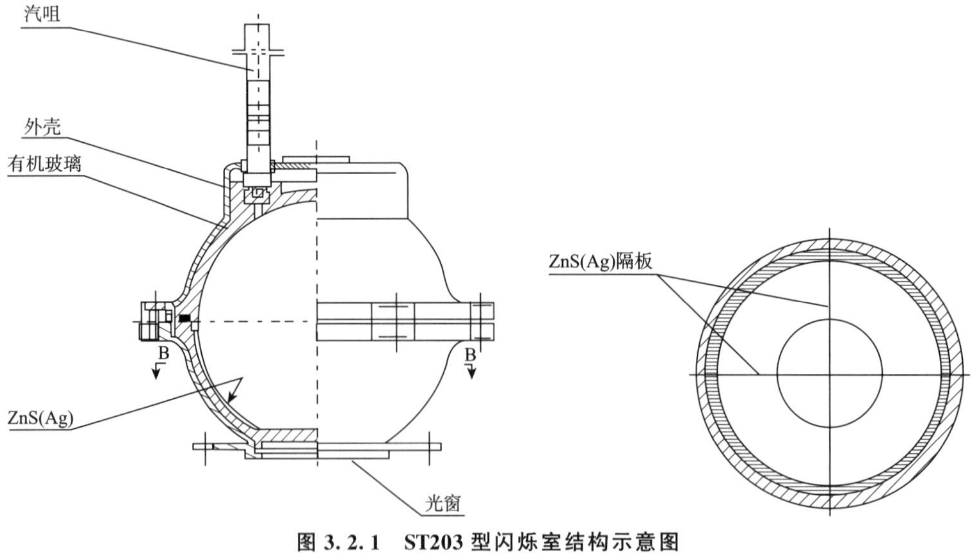

图3.2.1 ST203型闪烁室结构示意图

ST203型闪烁室多用于真空采样模式。采样前，将闪烁室内抽真空，然后将待测氡浓度的样气吸入闪烁室，基于平衡法原理，密封3 h后，待其中氡与子体达到“放射性平衡”后，测量其中RaA子体发射的α粒子计数率，依据刻度系数换算出氡浓度。

ST203 型闪烁室固有本底不大于 6 计数/min。对于取样后等待 1 h，测量 100 s 的工作模式，仪器的刻度因子约为(10 Bq/m^3)/(100s 计数)[0.13 pCi/(100 s 计数)]。氡浓度的测量下限约为 1.85 kBq/m^3。ST203 测氡灵敏度 1 cps/(0.96 Bq/L)[1 cps/(26 pCi/L)，或 2.3 cpm/(pCi/L)]。

FD—125 型氡钍射气分析器是配用 ST203 型闪烁室的国产闪烁室法测氡仪。该仪器主要用于坑道内氡浓度测定。FD125 配用 ST203 型闪烁室测氡推荐采用真空法取样。图 3.2.2示出抽气系统的设置图。FD125 的测量系统如图 3.2.3 所示。

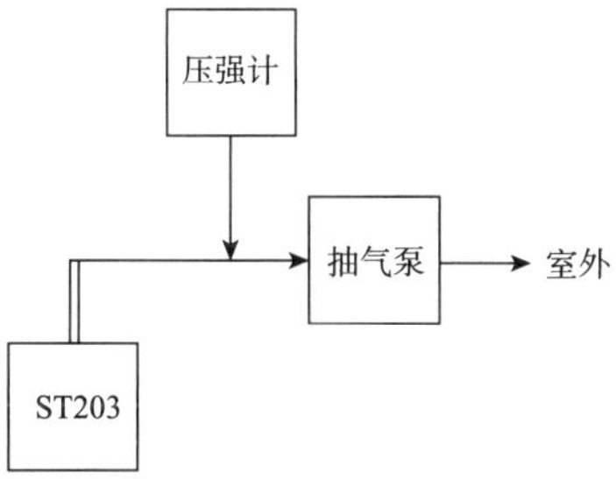

图 3.2.2　ST203 型闪烁室的抽气系统

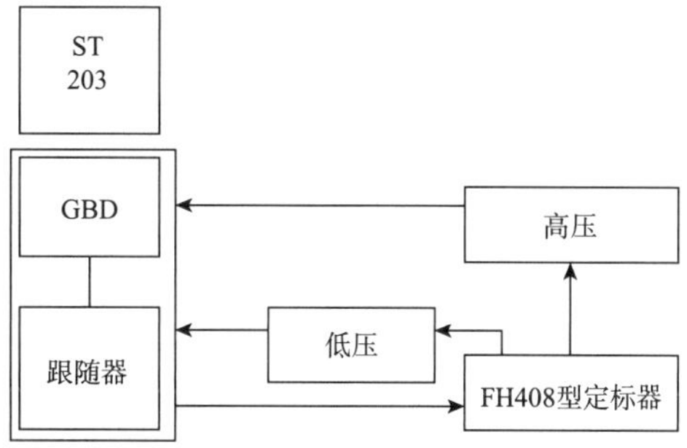

图 3.2.3　FD125 型氡钍射气分析器测量系统

(2)路卡斯室、ST202 型闪烁室与 FD118 型氡气仪

路卡斯室(Lucas cell)是国外惯用的测氡浓度闪烁室。常采用容积 100～200 mL；外壳用金属或塑料制成；光学窗为石英窗或玻璃窗。单阀门路卡斯室用真空法取样；双阀门闪烁室用真空法或换气法取样。

为获得高的导光效果，路卡斯室采用外表面镀铝的异丁烯(methacrylate)制作外壳。内表面为探测 α 粒子的 ZnS(Ag)闪烁材料涂层。室的一端是与光电倍增管耦合的光窗。闪烁室备有 O 型密封圈结构，便于室内清洗与重新涂层时便于拆卸。图 3.2.4 示出 PAF 型路卡斯室的结构示意。典型本底为≤1 cpm。PAF 型路卡斯室分为真空采样的单气嘴、与流气采样的双气嘴两种结构。表 3.2.2 列出 PAF 型路卡斯室规格与灵敏度。

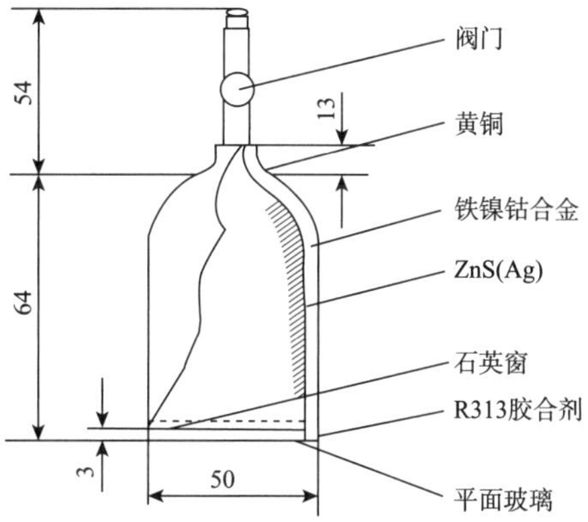

图 3.2.4　路卡斯室(Lucas cell)结构示意图

表 3.2.2 PAF 型路卡斯室规格

型号	尺寸	容积/L	灵敏度/[cpm/(Bq/m³)][cpm/(pCi/L)]
PAF－59	$\Phi 5'' \times 9''$	2.5	～0.3[9.9]
PAF－39	$\Phi 3'' \times 9''$	0.8	0.1[3.7]
PAF－22	$\Phi 2'' \times 4.5/8''$	0.167	～0.03[1，0]
ST202		0.5	～0.05[1.7]
ST203	闪烁室	0.5	～0.06[2.3]

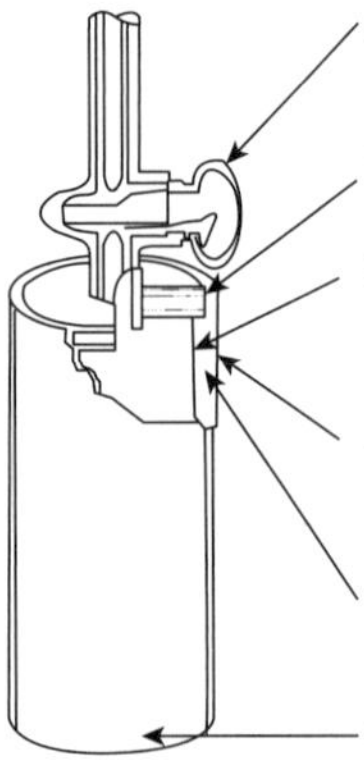

图 3.2.5 PAF 型路卡斯室结构示意图

ST202 型测氡闪烁室是国产路卡斯室，其为容积为 500 mL 的圆柱状测氡浓度的闪烁室。FD118 型闪烁射气仪是配用 ST202 型测氡闪烁室的测氡仪。

ST202 测氡灵敏度——0.05 cpm/(Bq/m³)，或 1.7 cpm/(pCi/L)　本底——6 cpm]

(3)KF－602 型测氡仪

闪烁室容积 100～300 mL，呈杯状。内壁贴有喷涂 ZnS(Ag)闪烁物质的聚酯塑料薄膜。取样时间 1～2 min。氡浓度按下式计算：

$$\chi_{Rn}=\frac{N(0\rightarrow 5)}{5K}\ \mathrm{Bq/m^3} \tag{3.2.8}$$

式中：χ_{Rn}——空气样品的氡浓度；

$N(0\rightarrow 5)$——取样结束后 0～5 min 时间间隔内的计数；

K——刻度系数，(Bq/m³)/(计数/min)。

本底升高时，可更换 ZnS(Ag)薄膜。测量下限约为 3.7 kBq/m³。不同容积的闪烁室的 K 值参见表 3.2.3。

表 3.2.3 KF－602 测氡仪的 *K* 值

V/mL	K/[(Bq/m³)/(计数/min)]
270	0.012 7
200	0.010～0.011
125	0.007

(4)NE 便携式氡监测仪

铀矿层埋在地下很深。NE 便携式氡监测仪是通过测地下氡的 α 放射性确定铀层的仪器。氡监测仪由两部分组成：α 探头及定标器。测量时，在地上打一孔。将顶端为 α 探头的探测棒插入测孔进行氡 α 测量。

该仪器的工作原理属闪烁室法氡测量。特殊设计的闪烁室为由 Φ25 mm ZnS(Ag) 闪烁体＋有机玻璃光导＋光电倍增管组成。α 探头长 317 mm。采用流气式工作原理。样气由顶端进入探棒环绕 ZnS(Ag)探测器，从后端排出。α 信号传送到位于地面上的定标器。测量周期 15、30 与 60 s。

该仪器探头前部置一^{241}Am α 粒子检验源，活度为 1.2 kBq(0.033 μCi)。测氡操作时，该检验源孔被一可旋转屏蔽片覆盖。

土壤手工打孔工具：标称管径 38 mm(1.5 英寸)；最大孔深：609 mm(24 英寸)。

该仪器 α 闪烁室探头的剖面图示于图 3.2.6。

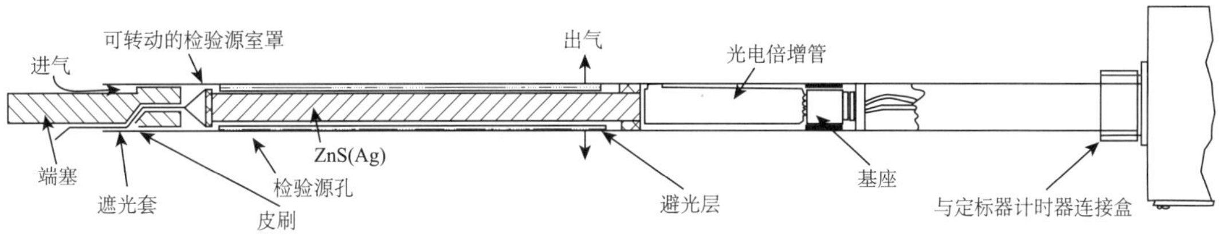

图 3.2.6　NE 便携式氡监测仪 α 探头的剖面图

(5)RD－200 型射气仪

RD－200 型射气仪是加拿大 EDA 公司生产的闪烁放射性射气仪。用于土壤层射气测量。

闪烁室为单入口密封型 ZnS(Ag)路卡斯室。路卡斯室几何尺寸：Φ53 mm×73 mm；灵敏面积为 14 350 mm^2；容积为 170 mL。

路卡斯室对氡及其子体的灵敏度为：

0.032(计数/min)/(Bq/m^3)[1.2(计数/min)/(pCi/L)](1 min 后)；

0.06(计数/min)/(Bq/m^3)[2.2(计数/min)/(pCi/L)](10 min 后)；

0.108(计数/min)/(Bq/m^3)[4.0(计数/min)/(pCi/L)](1 h 后)。

仪器配有一个校正用闪烁室，用于调整仪器的工作参数，以达到闪烁室的标准计数，偏差低于±5%。

由于氡子体^{218}Po 与^{214}Po 在 ZnS(Ag)表面沉积导致闪烁室的本底增高。本底＞20 计数/min 时，更换新的闪烁室。

(6)RM－1003 型射气仪

RM－1003 型射气仪也是加拿大 EDA 公司生产的路卡斯室氡气测量仪器[11]，其基本核性能与 RD－200 类似，RM－1003 加入简单的程序控制，并有数据存储电路。

RM－1003 型射气仪多用于土壤中氡的测定，方法是封闭循环测氡。其循环方式是：由孔底吸气，通过抽气胶环进入仪器的闪烁室，再到孔口封闭盖中。待整个封闭回路中的气体混匀后即可开始测量。图 3.2.7 是 RM－1003 仪测土壤中氡浓度的示意图，它使用的取样器是细管状的，尾部有一封闭碗，用于封闭孔口，防止大气进入测孔中气体稀释。取样器的头部装有过滤器，用于滤尘和消除湿气。

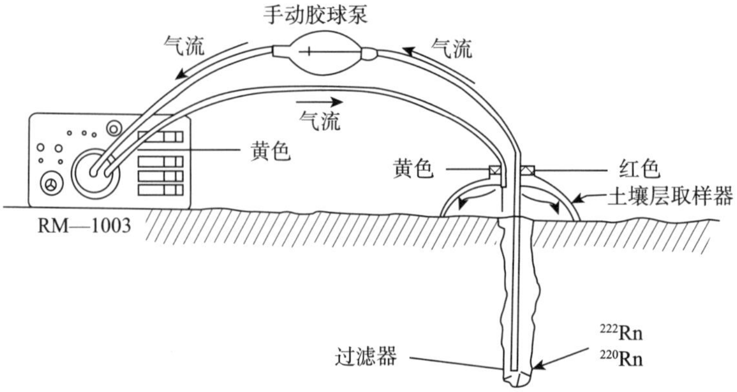

图 3.2.7　用 RM－1003 型射气仪进行土壤层测量示意图

用 RM－1003 型射气仪时，也可采用单向抽气的非循环抽气方法。此时仅用抽气装置把孔中气体抽入闪烁室内，没有循环混合的过程。图 3.2.7 示出单向抽气的非循环测量方法。另外，还可采用真空抽气方法，在图 3.2.7 的基础上，在进气通路上加上一个真空表和一个真空阀门；先用抽气泵将阀门以上的容器间抽到一定的真空度，然后开通真空阀门，在闪烁室的负压力作用下测孔中样气被吸入闪烁室内，然后再行测量。

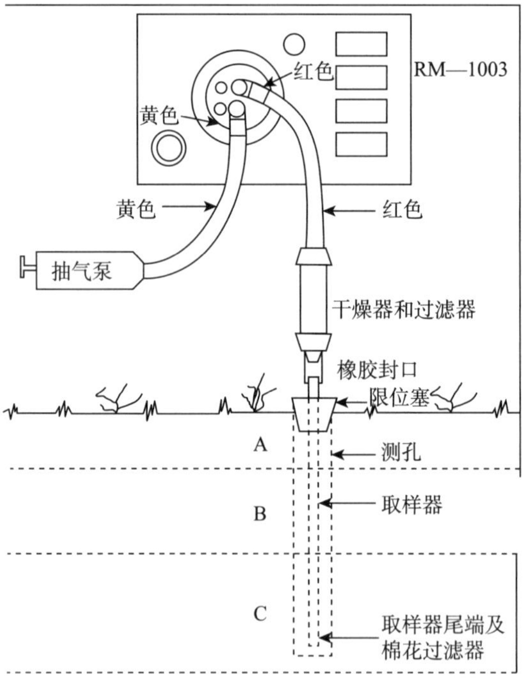

图 3.2.8　单向抽气的非循环测量方法

使用 RM－1003 型射气仪，配用脱水装置便可测量水样中的氡，图 3.2.9 示出一种较为简单的扩散型脱气装置。将水样装入 1 L 的塑料瓶中，其上部留出一定的空间。利用胶球送气，使封闭回路中的空气在闪烁室和样品瓶中通过水样循环，将溶于水样中的氡带入闪烁室内进行测量。

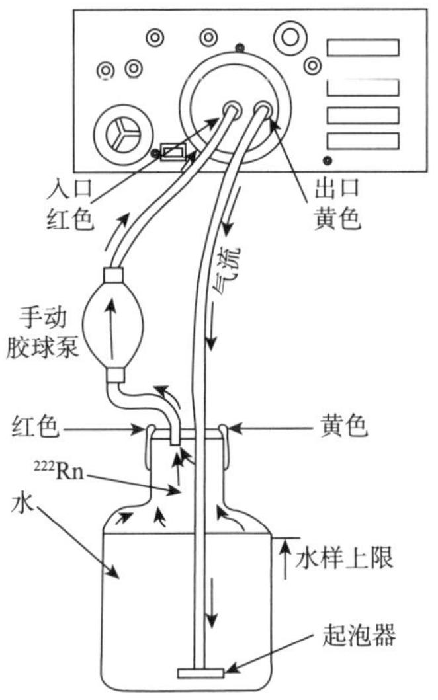

图 3.2.9　RM－1003 型射气仪用简单的脱气装置测量水样示意图

(7)RE279 型射气仪

这是一种配有手摇式抽气泵的轻便测氡仪[11]。该泵每转一圈的抽气量为 3.7 mL。整个气体循环系统的容积为 178 mL。因此转动 50 圈可完成气体交换过程；转动 100 圈即可混匀循环系统中的气体。

RE279 型射气仪测土壤中的氡时也采用封闭回路的循环抽气方法。但与 RM－1003 仪器所采用的抽气方法(图 3.2.9)正好相反。这种方式可以消除取样器尾端气孔的堵塞，因为取样器尾部的气孔是出气孔而不是进气孔。取样器插入孔中的部分是一根尾端有气孔的细金属管，上部尾端加接一个外径大于孔口的锥体，以封闭孔口。锥体内插入另一根长约 15 cm 的短管取气，整个取样器结构可避免外部大气进入孔中而造成样气稀释(见图 3.2.10)。

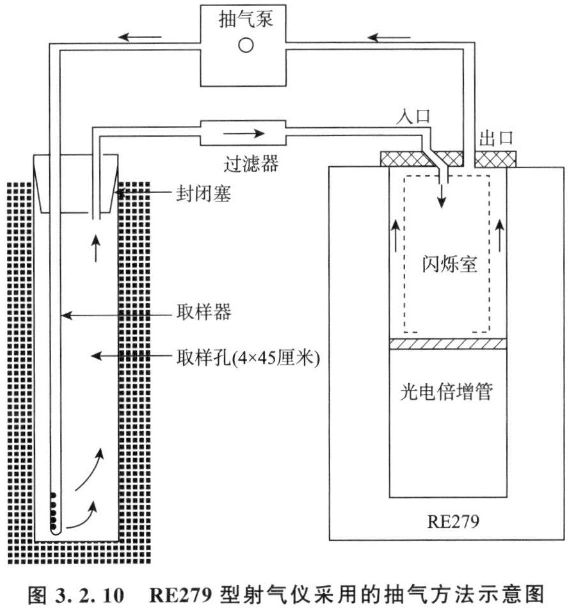

图 3.2.10　RE279 型射气仪采用的抽气方法示意图

对于浓度约为 5.55×10³ Bq/m³ 的氡浓度水平，路卡斯室的刻度系数约为(91.6 Bq/m³)/(计数/min)。

各种闪烁室测氡的测量下限为 3.7～3.7×10² Bq/m³。由于结构简单、价格低廉、使用方便，所以闪烁室测氡是井下氡浓度常规监测的主要方法之一。其主要缺点是不能在线获取氡浓度值，灵敏度较低，难以用于低氡浓度环境的氡的监测。

3.3 静电场法

静电场法测定^{222}Rn 浓度的理论依据，是基于大量实验，如文献[12]证实，^{222}Rn 衰变的子体^{218}Po(RaA)中超过 90%带正电。将待测样气置于容积限定的静电场中，则绝大部分 RaA 子体被收集于负电极表面。用质量厚度小于 RaA 发射的 α 粒子射程的金属薄膜制备负极，用 α 粒子探测器测量穿透负电极的 α 粒子总计数，判定待测气体的氡浓度。依据该原理发展成测定氡浓度的“静电场法测氡浓度实验方法”。该方法需经实验测定 α 粒子计数——氡浓度转换系数，属相对测量方法。

静电场法测氡浓度的探测装置，以其对样气采集方法(有源法——active；无源法——passive)，静电场的建立特征(外电源电场、驻极体)及所应用的探测器(ZnS(Ag)闪烁探测器、半导体探测器或热释光探测器等)的不同而呈现出多种多样的特点。

3.3.1 有源采样法

(1)有源流气测量方法

文献[13]报导了一种静电场有源连续测氡的方法。图 3.3.1 示出其原理示意。待测气体由泵抽入，经水蒸汽扑集阱滤除水蒸气；过滤器滤除氡子体；进入容积为 15 L，半径为 193 mm 的半球形氡测量室，经流量计排出。

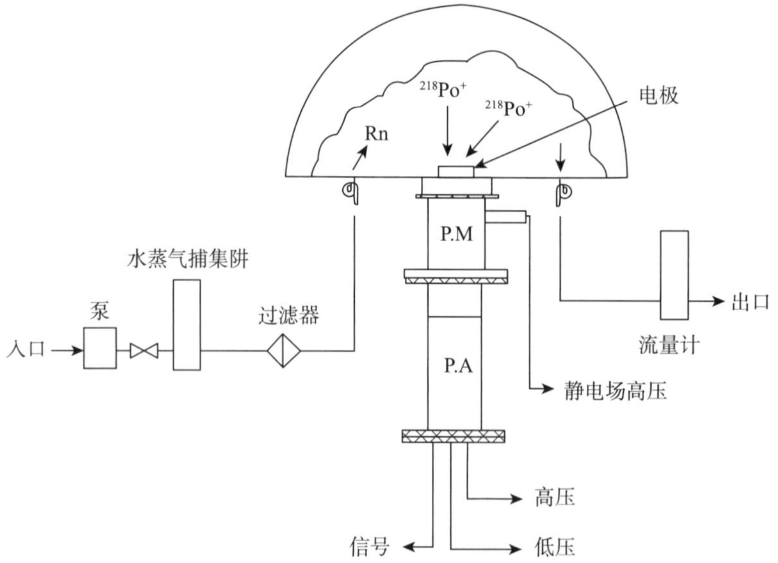

图 3.3.1 静电场有源连续测氡仪原理示意图

测量室球面为外加静电场正极，球中心为负极。在测量室中，^{222}Rn 衰变的带正电子体 ^{218}Po(RaA)，被中心负电极收集。负极为表面蒸铝 0.9 mg/cm^2 的麦洛膜，覆盖在 α 粒子探测屏表面。本例中负电极高度为 1.4 cm，静电场高压为 3 000 V；图 3.3.2 示出该静电场的理论计算分布。α 粒子探测器为 Φ38 mm ZnS(Ag(14.4 mg/cm^2)闪烁屏。泵流量为 0.5 L/min。

图 3.3.1 中水蒸气扑集阱的功能是滤除被测样气中的水蒸气，降低其湿度。图 3.3.3 示出水蒸汽低温扑集阱结构的断面图。制冷剂为 HCH_2CH_2OH，可制冷达 −20 ℃。

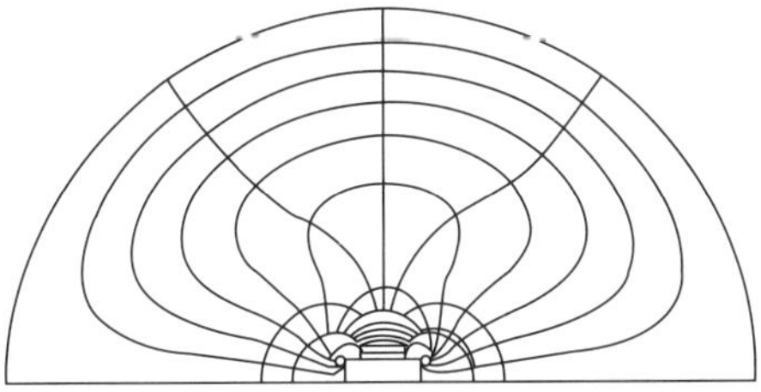

静电场电压＝−3 000.0 V；　负电极高度＝1.4 cm

图 3.3.2　静电场分布(计算值)

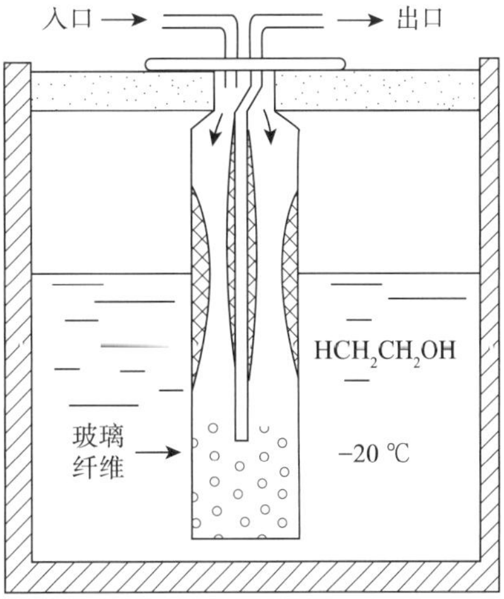

图 3.3.3　水蒸气扑集阱结构断面图

静电场高压的选取，借助子体收集效率与高压实验选定。图 3.3.4 示出氡测量仪探测效率——静电场高压关系曲线。由曲线可见，当静电场高压达到 3 000 V 时，对 RaA 子体的收集效率达到饱和。

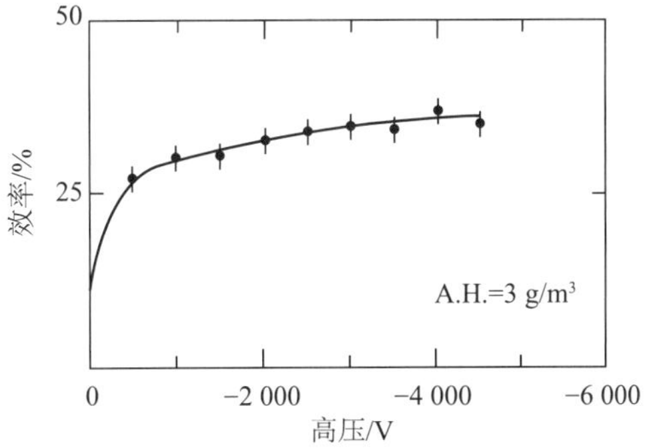

图 3.3.4　氡测量仪探测效率——静电场高压关系曲线

(＞−3 000 V 时进入坪区，绝对湿度 3 g/m^3)

图 3.3.5、图 3.3.6 与图 3.3.7 分别示出该测氡方法的氡测量仪效率——绝对湿度的响应；计数率(cph)——氡浓度(pCi/m^3)关系曲线图，与统计误差——氡浓度(pCi/m^3)的关系曲线。

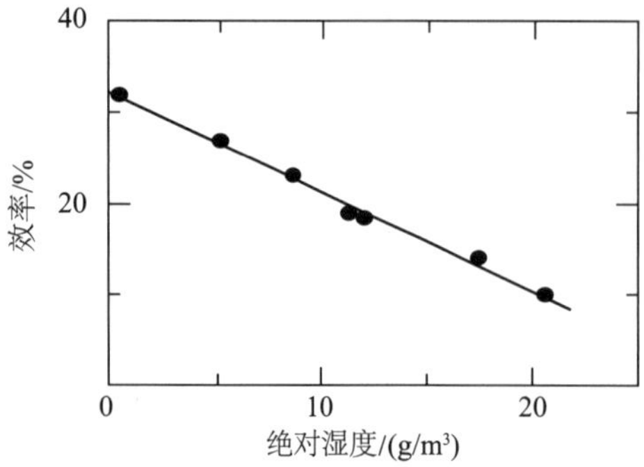

图 3.3.5 氡测量仪效率——绝对湿度的响应

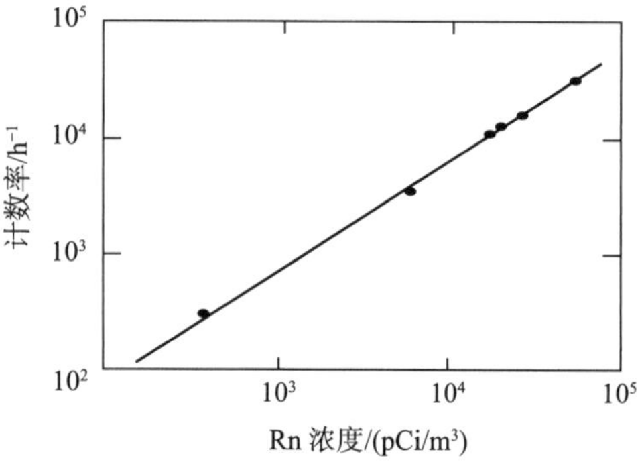

图 3.3.6 计数率(cph)——氡浓度(pCi/m³)关系曲线

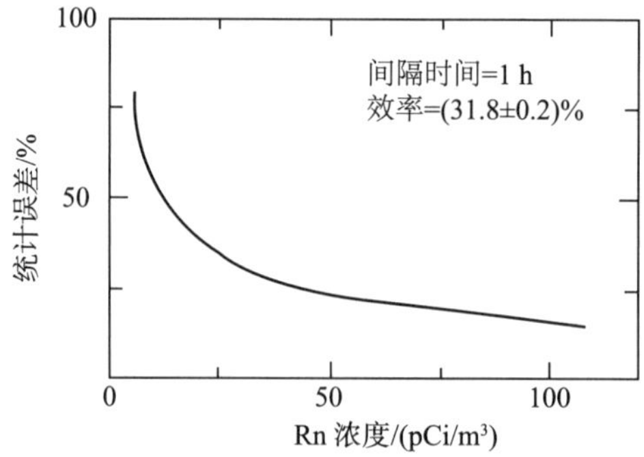

图 3.3.7 统计误差——氡浓度(pCi/m³)的关系曲线

该装置的灵敏度的误差主要来源是统计误差(统计涨落为主要限定因素):

100 pCi/m³　约 18%[探测效率:(31.8±0.2)%]

15 pCi/m³　约 50%[探测效率:(31.8±0.2)%]。

(2)有源静态测氡仪

图 3.3.8 示出静电场、有源采样、静态测氡仪原理结构[14]。探测器由一个容积为 5～15 L 的金属半球壳与球中心探测器构成。球心部位安置一个表面涂有 ZnS(Ag)涂层、半球型有机玻璃光导 α 探测屏。半球面 α 粒子探测屏外表面为一薄层导电金膜，用作测量室静电场的负极。中心半球的另一面为光导的光窗，与光电倍增管光阴极光学耦合。测量室金属外壳加正电压。

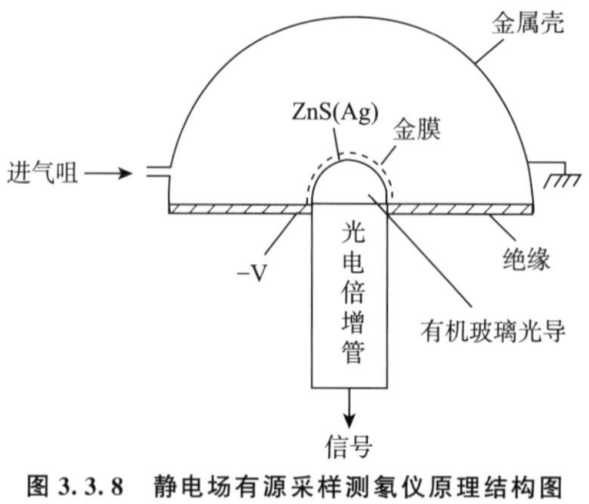

图 3.3.8 静电场有源采样测氡仪原理结构图

待测气体经过滤器、进气嘴充入半球状测量室内之后，氡衰变成带正电的 RaA 子体离子。这些带正电的 RaA 子体离子，在静电场的作用下被收集到负极——金膜上。被收集的 RaA 子体附着在电极表面。RaA 子体及其衰变后的 RaC 子体发射的 α 粒子，穿透金膜，在 ZnS(Ag)闪烁屏——光电倍增管系统中被探测。

金属半球壳外电极(正极)的几何半径的选定，应能保证由于布朗运动而沉积在正电极上的 RaA 子体，从壳壁上发射的 α 粒子，在给定的静电场内难以到达 α 探测屏，避免沉积于测量室外壁导致的"假"计数。

不同于流气法，静态法在一次性采样完成后搁置 3 h，待沉积在闪烁体金膜电极上的 RaA 和 RaC 的原子与氡原子，"基本上"达到放射性平衡状态后，再进行 α 计数测量。氡浓度按下式计算。

假定取样时刻为 $t=0$，则氡浓度 C_{Rn}可由下式计算得出：

$$C_{Rn}=\frac{N-N_b}{\varepsilon V(e^{-\lambda t_1}-e^{-\lambda t_2})} \tag{3.3.1$'$}$$

式中：N——t_1至 t_2时间间隔内记录的脉冲计数；

N_b——本底计数；

V——氡探测器的灵敏度体积，m^3；

λ——氡的衰变常数，s^{-1}；

ε——探测系统的 α 探测效率。

k——包括氡子体扩散损失在内的各种修正因子。

实际测量中，为了避免测定修正因子 k 的复杂程序，采用借助已知浓度的氡进行刻度获得刻度系数 K 的方法进行氡浓度测量。工作公式为：

$$C_{Rn}=K(N-N_b) \tag{3.3.1}$$

静电场、总 α 计数测氡浓度实验方法的不足是，当用作负电极的 α 探测器上累积的 RaD 子体足够多时，由于 RaF 发射的 α 粒子会使本底显著增高。这种情况发生在被测氡浓度太高，或探测器使用时间较长的时候。此时只得更换新的闪烁体。

3.3.2　无源扩散法

(1)无源扩散、ZnS(Ag)探测器测氡浓度

美国纽约大学医学中心环境医学院成功研制一种静电场无源扩散采样、ZnS(Ag)氡子体 α 粒子探测器的氡浓度测量仪器[15]。该仪器采用待测气体无源扩散采样，多孔泡沫塑料过滤子体；只允许无子体的含氡气体进入探测器灵敏体积的原理。其原理结构示于图 3.3.9。

探测器外壳为双层金属网直径 Φ15.24 cm 的半球壳，外部含氡样气可透过两层金属网间的多孔泡沫，扩散进入半球状灵敏体积。多孔泡沫滤除样气中氡子体。半球壳球心处为半径为 0.85 cm 的半球状的有机玻璃光导，其表面涂 ZnS(Ag)粉。ZnS(Ag)闪烁体膜外球面上包一层蒸铝麦洛膜。内金属网与麦洛膜铝箔之间加一静电场。麦洛膜铝箔接负极。扩散进入灵敏体积的待测气体，其中氡不断衰变生成 RaA 子体。子体的 80%以上是以正离子形式存在。在静电场作用下，被收集到麦洛膜电极上。这样，RaA 和随后衰变产生出来的 RaC 发射的 α 粒子，穿过麦洛膜被 ZnS(Ag)闪烁体——光电倍增管系统探测。因为 α 粒子的射程很短，所以麦洛膜蒸铝层厚度要很薄。依据计算，借助刻度系数便可求出氡浓度。

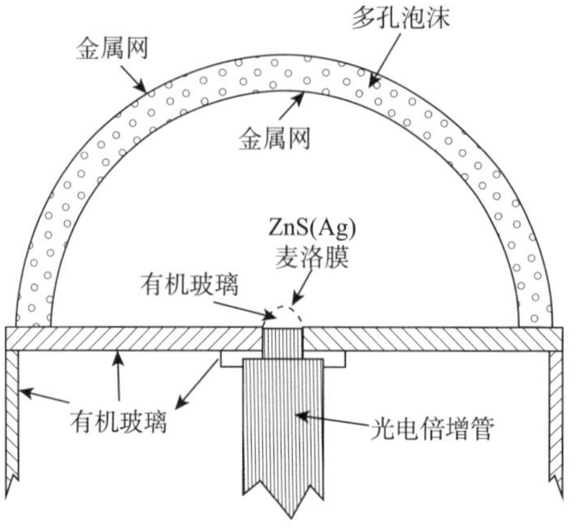

图 3.3.9　静电场无源扩散法测氡装置原理结构

①静电场电压坪

探测器灵敏体积中产生的^{218}Po(RaA)80%以上是以正离子形式存在，因而这部分离子被静电场吸引而朝阴极加速运动。收集效率依赖外加静电场。该电场与探测器半径的平方成反比。无源扩散法测氡装置收集效率—静电场高压关系具有“坪”特性，本装置的坪出现在 300 V 附近(见图 3.3.10)。因此，高于 300 V，探测器响应与电位无关。但是，该“坪”值与灵敏容积的半径关系很大。

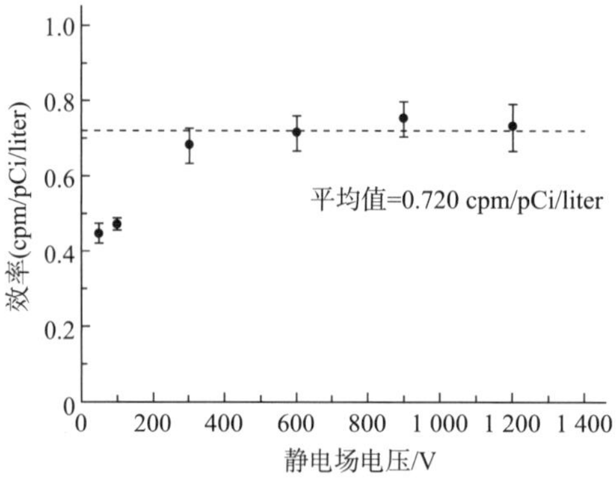

图 3.3.10　无源扩散法测氡装置收集效率—静电场高压关系

②响应时间测定

将测氡装置置入^{222}Rn 浓度已知、不变的环境中，约 30 min 后计数率达到平衡(见图 3.3.11)。

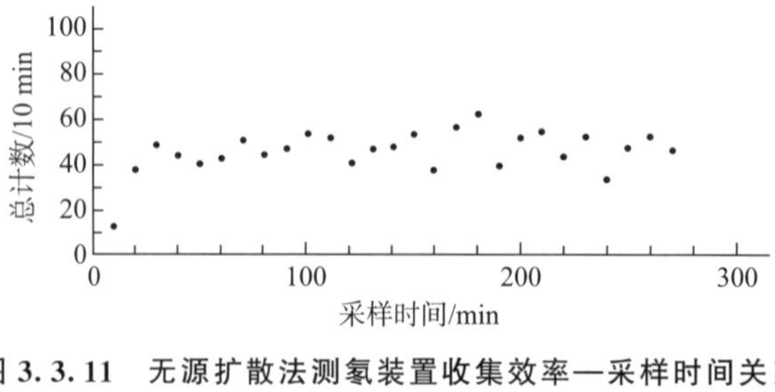

图 3.3.11　无源扩散法测氡装置收集效率—采样时间关系

无源扩散采样的弱点是装置的响应时间较长。探测器置入 ^{222}Rn 浓度不变的环境中，大约要经过 30 min 后才能建立有效的平衡。常选取的时间间隔为 40～60 min。

延迟响应是这类依靠扩散原理取样的仪器的一个共同缺点。因为氡扩散是一个连续过程，探测器一直处于工作状态，并不断提供测量地点氡浓度的动态变化情况。因此，本仪器可用作连续监测氡浓度，亦可作累积监测。

(2)无源扩散热释光探测器测氡浓度

文献[16，17]报道了一项塑料多孔泡沫过滤原有氡子体，热释光探测器测定氡子体 α 活度实现氡浓度测量的技术成果。其原理结构示于图 3.3.12。

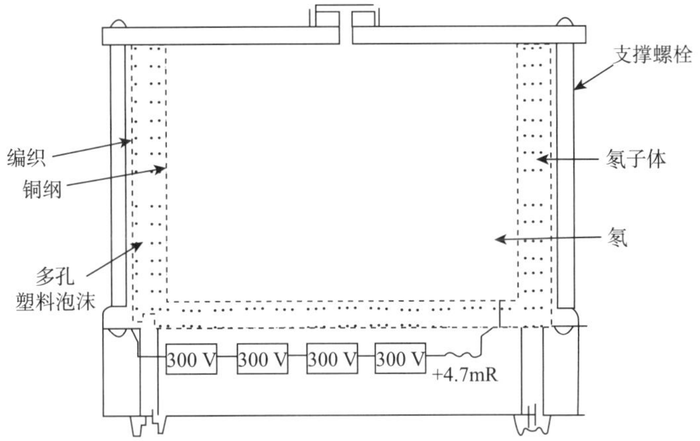

图 3.3.12　静电场法、无源扩散、热释光探测器环境氡浓度测量器结构示意图[16]

测量器为圆柱状：测量室容积：9.65 L。圆柱面与底面为双层金属网，两层网之间为 24 mm 厚多孔泡沫塑料(聚氨基甲酸酯泡沫 polyurethane foam)。顶板为金属板。顶板金属板中心处为探测器。

内网与位于顶板金属板中心的探测器金属窗之间加 1 200 V 电压。

探测器装入外径 8 mm、壁厚 0.8 mm 金属管内。金属管置于顶板金属板中心，之间有 3 mm 空气绝缘。探测器窗为 0.8 mg/cm^2 镀铝麦洛膜。麦洛膜铝膜铝层通过银接触环与静电场电路连通。内金属网为正极，探测器窗接负极。

热释光元件为 TLD－200(CaF_2 · Dy)。仪器中热释光探测器的安置如图 3.3.13 所示。

在 γ 本底为(2 mR/周)的环境中。0.1 pCi/L 的氡浓度信号是 γ 本底的 2.5 倍。

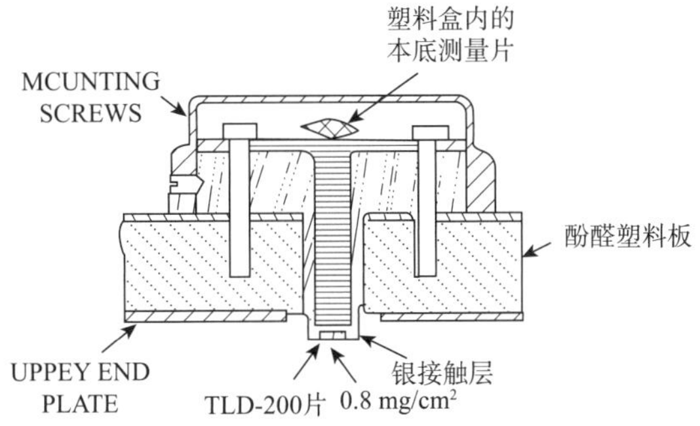

图 3.3.13　环境氡浓度测量器热释光探测器安置示意图[15]

(3)驻极体无源扩散固体径迹探测器测氡浓度

含有永久电偶极子或永久电荷的绝缘体称作驻极体。无源采样小室做成圆柱状金属筒，如图 3.3.14 所示。筒底设扩散窗和干燥剂盒。

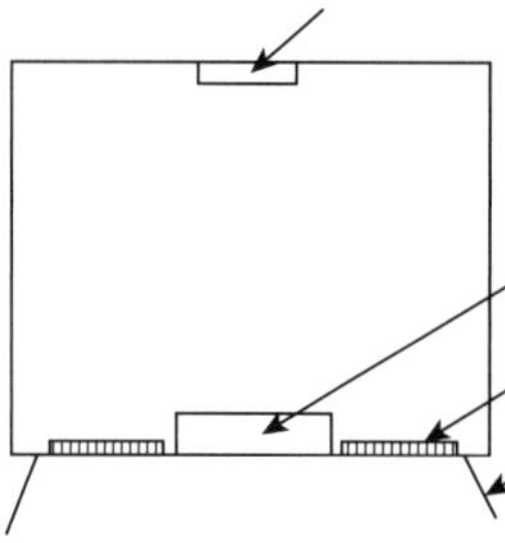

图 3.3.14 静电场无源扩散采样小室结构示意图

扩散窗由金属网和滤膜组成，滤膜滤除进入测量小室空气中的氡子体和气溶胶粒子，而含氡空气可扩散进入。采样小室上部的探测器组件由驻极体盒、CR-39 固体径迹探测器组成。在无源扩散采样小室内，由驻极体产生收集$^{218}Po^{+}$粒子的静电场，CR-39 固体径迹探测器连续记录氡子体衰变时发射的 α 粒子，实现氡浓度的积分测量[16,19,2]。

刻度

将待试无源驻极体采样小室置入体积为 0.758 m^3 的氡室，辐照 12～48 h 后取出。存放 3 h。待沉积到探测器上的短寿命氡子体完全衰变掉之后，对 CR-39 固体径迹探测器进行蚀刻和测读。在线性响应的范围内，CR-39 探测器上的径迹密度 T 应与氡浓度$C(t)$的时间积分即氡照射量 E_α 成正比：

$$T = R\int C(t)\mathrm{d}t = R \cdot E_\alpha \tag{3.3.2}$$

式中：R——响应因子。

由测读的 CR-39 径迹读数，及氡室提供的 E_α，由式(3.3.2)便可得到响应因子 R。

无源驻极体测氡的探测下限，取未受照射样品测读结果标准差的两倍值，LLD。于是，氡照射量的探测下限 LLD_E。

$$\mathrm{LLD}_E = 2\,\frac{SD}{R} \tag{3.3.3}$$

式中：SD——未受照射样品径迹密度的样准差。

CR-39 探测器本底径迹密度为：

$$\tau_f = (120 \pm 15)/\mathrm{cm}^2$$

对于 3.8 L 的采样小室，当驻极体收集表面直径 d 分别为 2 cm 和 3 cm 时，由式(3.3.3)确定的氡照射量探测下限分别为 6.4 Bq h/m^3 和 15 Bq h/m^3。氡浓度的探测下限 LLD_C 与采样周期 t 相关：

$$\mathrm{LLD}_C = \frac{\mathrm{LLD}_E}{t} \tag{3.3.4}$$

取 $t = 48$ h 时，3.8 L 采样小室，驻极体表面直径 d 分别为 2 cm 与 3 cm 时，相应的氡浓度探测下限分别为 0.13 Bq/m^3 和 0.31 Bq/m^3。

(4)无源扩散金硅面垒探测器测氡浓度

文献[18]报道了一种静电场法、无源扩散、金硅面垒探测器测氡浓度的成果。其静电场收集探测室容积为 3.46 L；α 粒子探测器为表面敷铝金硅面垒半导体探测器；$^{241}Am-\alpha$ 分辨率约 25%；对^{218}Po(RaA)6.002 MeV,^{214}Bi(RaC) 7.687 MeV α 粒子能量具有很好的分辨本领(见图 3.3.15)。

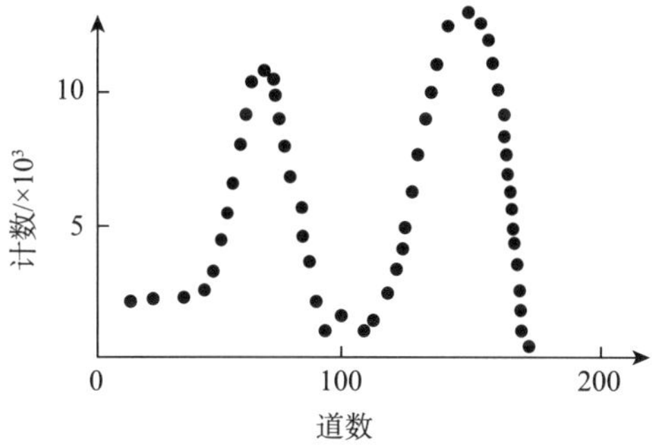

图 3.3.15　RaA、RaC α 粒子能量分辨图(测量时间 10 h)

计数率与场高压关系如图 3.3.16 所示。由图可见，高压从约为－800 V 时开始进入“坪”区。本装置选取静电场电压为(1 000±50)V，子体收集效率达到饱和。

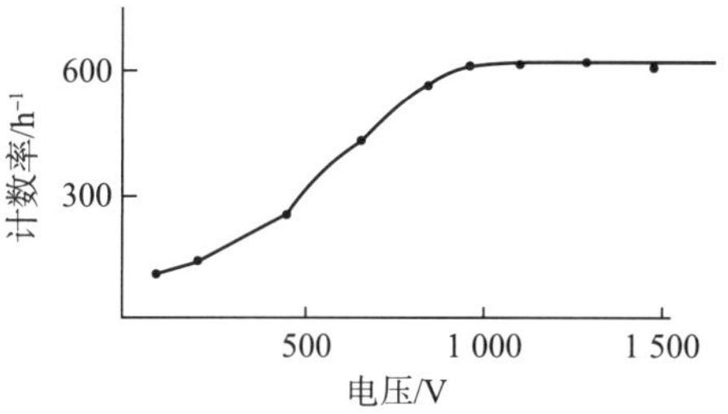

图 3.3.16　计数率随收集电压的变化

图 3.3.17 示出$^{218}Po\alpha$ 粒子与$^{214}Bi\alpha$ 粒子计数率随时间的动态过程：由图可见，$^{218}Po\alpha$ 粒子饱和收集，或计数率达到恒定约需 15～20 min；而$^{214}Bi\alpha$ 粒子饱和收集，或计数率达到恒定约需 3 h。

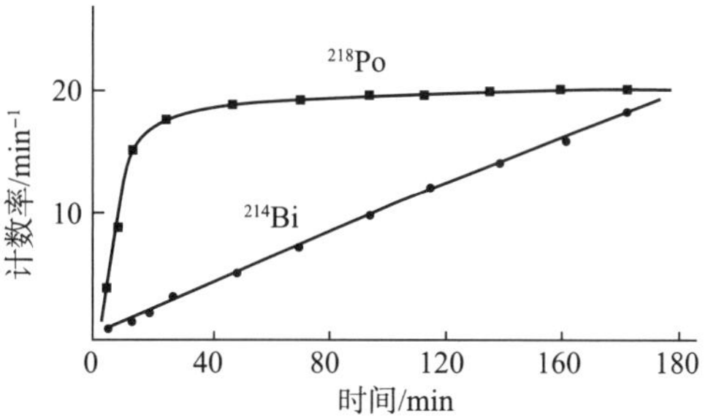

图 3.3.17　α 粒子计数率随时间的动态过程

测氡装置的线性响应区间由 0 至 10^4 Bq/m^3 量级，响应曲线示于图 3.3.18。

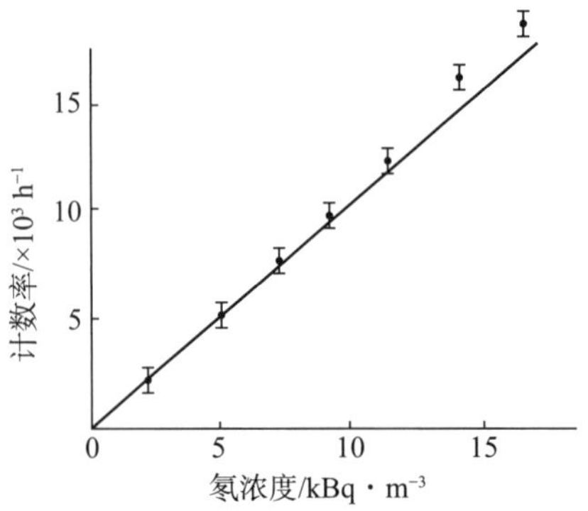

图 3.3.18 线性响应曲线

测氡装置经氡室刻度，刻度系数——$F=0.97$ cph/(Bq/m^3)。

(5)BH3102 型无源扩散连续氡测量仪

这是采用静电场法、无源扩散、ZnS(Ag)探测器，测氡与氡子体浓度的国产仪器。

自从 UNSCEAR1982 年报告公布了在人类所受到的天然辐射剂量当量中，氡与其子体的比例超过了一半之后，出于辐射防护目的，对公众场合氡与子体浓度超标报警的普及型仪器的需求也骤然兴起。

1988 年 12 月，应香港公司订制，北京核仪器厂研制成功无源扩散式静电场收集 ZnS(Ag)闪烁体氡与子体报警器。并于当年 6 月参加了在美国芝加哥举行的国际电子产品博览会，受到欢迎与好评。

空气中的氡与其子体同时存在，由于氡气源分布、环境气体流动等因素，决定了氡与氡子体浓度比例不同。通常用平衡因子 F 来描述。由于氡与子体皆对人体造成危害，因而本报警器不同于其他氡浓度测量仪(排除氡子体)与氡子体潜能测定仪(不考虑氡影响)，同时收集氡与氡子体，并进行探测。因此，本仪器测量结果是包括氡子体贡献的当量氡浓度。

无源扩散采样，不需要任何空气采样动力，完全借助氡及其子体的自然扩散，达到灵敏体积内的样气与外部气体不断交换达到平衡。

含待测氡与子体的样气扩散进入灵敏体积。原有的氡子体，与灵敏体积内的氡衰变新产生的氡子体，被加于收集极(负)与铜网(正、地)之间的静电场所收集。在收集极上被收集的 RaA、RaC′子体产生 α 衰变放出 α 粒子。后者有一部分透过收集极射入 ZnS(Ag)闪烁体产生闪烁光。通过光电倍增管、电子线路形成信号。若频率达到或超过对应预先设置的报警浓度阈值时，报警器便给出声光报警信号。

半球型铜网允许氡与子体自由扩散，同时与底面平面又限定了灵敏体积 V。铜网为静电场正极，接地。平面型麦洛膜中心极做收集极，接负电极。

测量室为直径 Φ150 mm 的半球；$V=883\ \text{cm}^3\approx 0.9\ \text{L}=9\times 10^{-4}\ \text{m}^3$。

ZnS(Ag)闪烁体直径 Φ16 mm，通过光导与 GDB20 光电倍增管耦合，将入射 α 粒子转换成电脉冲信号输出。

工作周期：8 min。

据 ICRP №.32 出版物、GB 4792—84 及美国 API 标准，选取当量氡浓度为 148 Bq/m^3

(4×10^{-12} Ci/L)为报警阈。当计数率达到对应报警浓度时，触发报警线路给出声响与光信号。图 3.3.19-1 示出 BH3102 型无源扩散连续氡测量仪的原理框图。

报警阈：148 Bq/m^3；

灵敏度：>1 cph/Bq·m^{-3}；

探测器：ZnS(Ag)闪烁体；

测量周期：30 min。

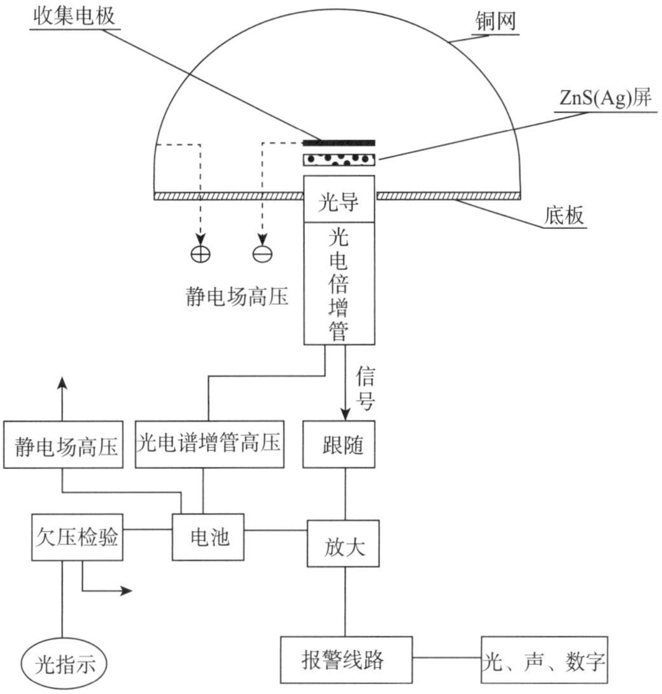

图 3.3.19-1　BH3102 型无源扩散连续氡测量仪框图

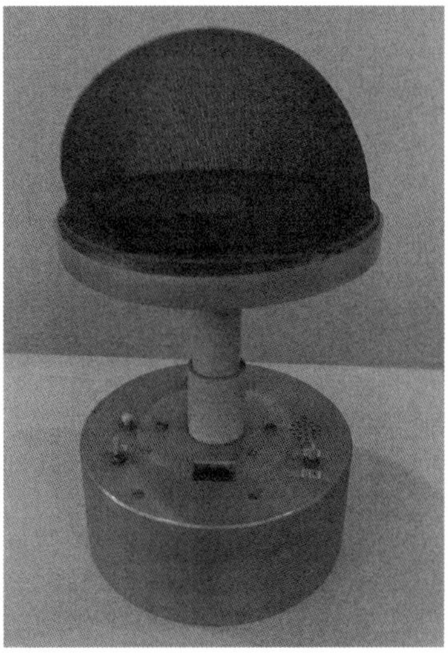

图 3.3.19-2　国产 BH3102 型无源扩散连续氡测量仪外形

(6)无源扩散热释光 α 探测器测氡仪(TA 公司)

氡探测器的采样盒为直径 8″、高 14″、容积为 9 L 的 PVC 管制成。中心为延伸到采样盒中心、含 TLD(1/8)″×(1/8)″×(0.015)″的静电场负极。TLD 可以是 LiF 或 CaF_2(CaF_2信号是 LiF 的 30 倍!)。图 3.3.20 为静电场法、无源扩散、热释光 α 探测器测氡仪结构示意图[20]。

TLD 探测器包括多个(0.015)″TLD 片,置于收集极之内用于探测 γ 本底,而对 α 粒子不灵敏。

图 3.3.21 是含 TLD 探测器单元的负电极散装图。探测器延伸杆外裹绝缘层。探测器窗厚 0.000 08″。TLD(2)为 γ 本底探测器。图 3.3.22 示出无源氡监测仪高压——时间特性。图 3.3.23 至图 3.3.25 分别示出计数率—静电场高压关系。

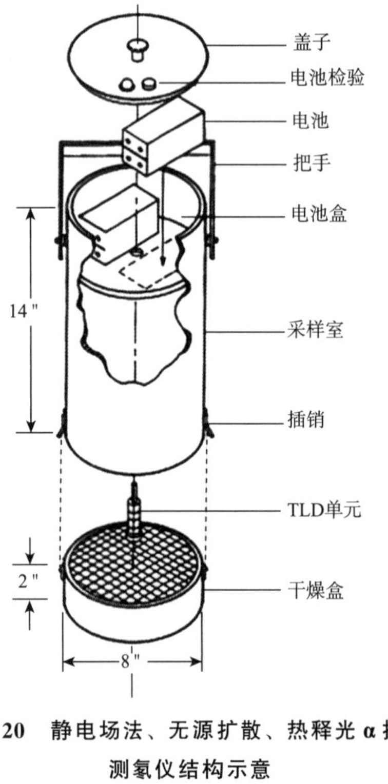

图 3.3.20 静电场法、无源扩散、热释光 α 探测器测氡仪结构示意

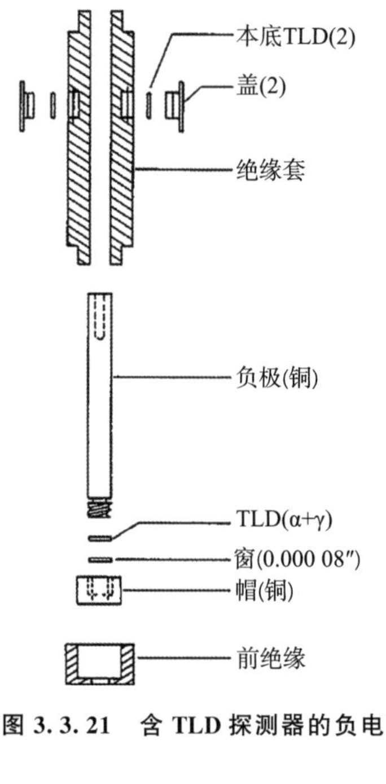

图 3.3.21 含 TLD 探测器的负电极散装图

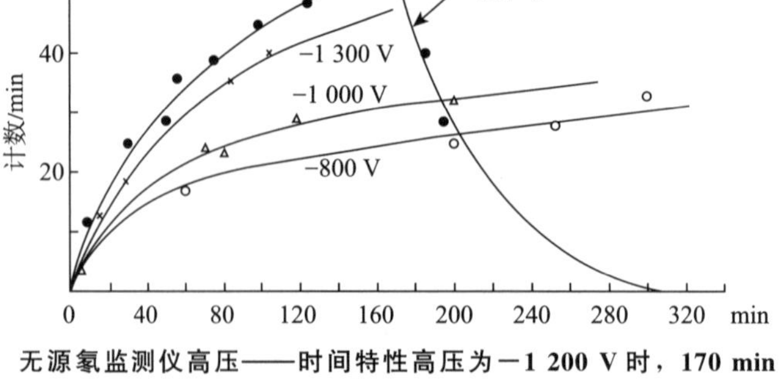

图 3.3.22 无源氡监测仪高压——时间特性高压为−1 200 V 时,170 min 时降为 0;衰减曲线示氡子体特性

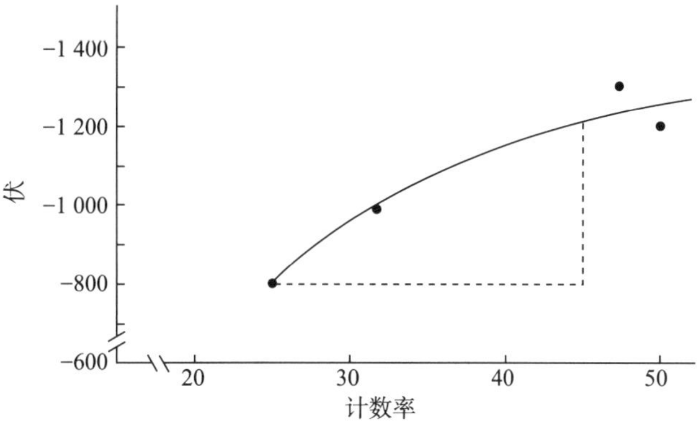

图 3.3.23　计数率——静电场高压关系(170 min/点)；每 100 V 计数率变化率为 13.5%

(7)驻极体测氡特例 1——驻极体排除氡子体氡浓度测量

驻极体[2]是近年来发展起来的、具有永久电偶极子的电解质材料，如聚四氟乙烯或四氟乙烯。该类材料经热处理后可永久带电。驻极体类似于磁铁永久带磁一样，是一种能长时间维持带电状态的电介质。

无源扩散、驻极体静电场滤除子体、仅测 ^{222}Rnα 方案(泰国)[21]

泰国和平利用原子能委员会与美国纽约大学医学中心环境医学研究院合作成功研制的一种用驻极体产生静电场、排除氡子体影响的无源扩散法采样，用 ZnS(Ag)闪烁屏探测氡衰变 α 粒子的氡浓度测量装置。

该装置的主要特点是采用驻极体提供静电场，而无需电池或直流电源。驻极体材料为 Fluoroethylene propylene(FEP)膜，一面镀厚 2.5 μm 铝。

驻极体加 5 000 V 高压充电 15～30 min，可维持 1 500～2 000 V 高压，达 100～300 d。

待测含氡样气首先进入一个蔽光小室，然后经探测室窗口扩散进入探测室。由于超过 90%的氡子体带正电，因此，由蔽光小室进入探测室的部分待测样气中的氡子体，及探测室内样气新产生的氡子体，皆被带负电的驻极体(electret)捕获。只有探测探测室内，由氡直接发射出来的 α 粒子被探测室的 ZnS(Ag)探测。

探测室结构保证被收集到驻极体上的子体发射的 α 粒子中，99%不能被 ZnS(Ag)记录。

光阴极上缚金属网与外壳连通接地，产生一个适当的轴向电场，并使光阴极维持地电位。这便于防止氡子体在光电阴极的沉积。

ZnS(Ag)涂在 Mylar 衬底上。为防止子体直接沉积在 ZnS(Ag)上，表面蒙有 7.0 mg/cm^2 麦洛(Mylar)膜。平均本底为(0.6±0.1)cph。响应时间约为 23 min。连续测量，每小时读数一次。

最灵敏样品为 160 cph/pCi·Rn；典型浓度 0.1 pCi/L 时，泊松计数误差±30%(1 h 计数)。

驻极体静电场 ^{222}Rn 探测室结构示意见图 3.3.24。

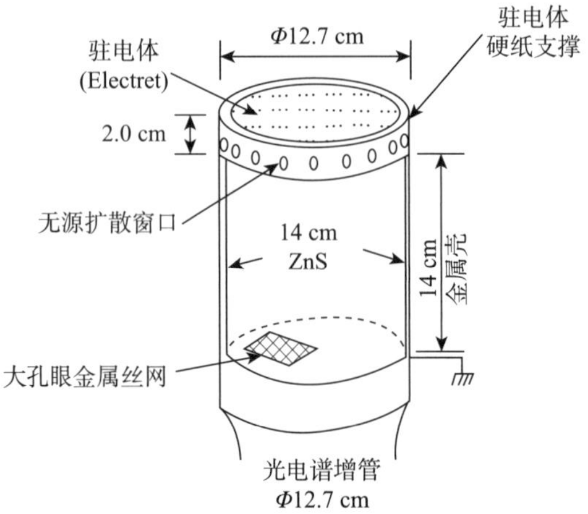

图 3.3.24 驻极体静电场滤除氡子体^{222}Rn 探测室结构示意图

(8)驻极体测氡特例 2——E－PERM 测氡仪(美国放射驻极体技术公司)

驻极体收集氡子体导致电压下降，测量下降值，依刻度系数获得氡浓度。

技术原理：

①驻极体离子腔采样器为含驻极体的离子腔。进行无源采样。离子腔内的驻极体为非常稳定的电导体塑料，它由既作为静电场又作为传感器的聚四氟乙烯(TEFLON)小片组成。氡气通过过滤孔扩散进入离子腔内，氡及其子体衰变发射的 α 粒子在空气中产生离子化的分子，而在腔内产生的离子被收集到驻极体上，导致驻极体表面电荷的减少。电荷减少的总量与在特定的时间间隔内和特定腔体积中发生的总的离子化程度有一定的函数关系。

②测量应用经刻度的 REI 的驻极体的电位读数仪 SPER-1 或 SPER-2 测定电位的变化而确定氡的浓度。

③特点：采样器无电源，无采样动力；测量一段时间内氡浓度的平均值；非在线测量；测量周期为 2～7 天。

3.4 活性炭盒法

活性炭是氡的强吸附剂。活性炭对氡具有良好的吸附性能及稳定的化学性能。几十年来，活性炭吸附氡的良好性能已被广泛用于铀矿普查勘探、环境氡浓度监测及实验室氡的研究工作中。1983 年 Cohen 等人提出活性炭盒法测氡方法[22]。活性炭盒法是目前测量室内氡最常用的累积测氡方法之一。活性炭盒法属无源采样、测量采样期间平均氡浓度的方法。活性炭盒法是国家标准 GB/T 14582—93[5]“环境空气中氡的标准测量方法”推荐的测量方法。

3.4.1 活性炭氡采集介质

(1)活性炭的主要特性

活性炭是用含炭为主，含有少量的氧、氢、硫等元素的物质作原料，经高温炭化和活化制成的疏水性吸附剂。其外观呈暗黑色，具有良好的吸附性能及稳定的化学性能、耐强酸和强碱，能经受水浸、高温和高压的作用而不易破碎，气流阻力小等特性。

活性炭拥有大量的形状各异、大小不同的细孔，其比表面积高达700～1 600 m^2/g。细孔可分作大孔、过渡孔和小孔，其相应的直径分别为 10^{-5}～10^{-3} cm、2×10^{-7}～10^{-5} cm及 2×10^{-7} cm。活性炭小孔容积约为0.15～0.90 mL/g，其表积约占单位质量吸附剂总面积的95%以上，因此活性炭内的小孔对气相吸附起决定性作用。物质对氡的吸附能力主要取决于其所含细孔的数量，特别是其中小孔的数量。

(2)活性炭的吸附机制

吸附剂与被吸附物之间的作用力可分为三种：分子间力、化学键力与静电引力。三种不同的作用形成三种不同的吸附类型。

影响吸附的因素主要有吸附剂的性质、吸附质的特性和吸附过程的操作条件等，而且与极性强弱有关。活性炭是一种非极性吸附剂，可以从极性溶液中吸附非极性，或极性小的溶质。因污染物极性较大，不易被吸附。吸附质pH高时，吸附效果也较差。

吸附剂吸附单位质量的吸附质时放出的总热量称作吸附热。吸附热越大，吸附受温度的影响也越大。由于活性炭吸附氡时的吸附热较大，因此，温度对活性炭吸附氡的过程影响也大。

(3)活性炭采集氡的方法

以活性炭为主体制成活性炭过滤器，或活性炭吸附器采集氡的方法可归为两种：

①有源法[微分法、瞬时法]　其主要特征是将活性炭用作过滤器，用抽气泵抽样气，样气通过活性炭过滤器，其中的氡被吸附。图3.4.1示出常用的活性炭有源法采样的示例。

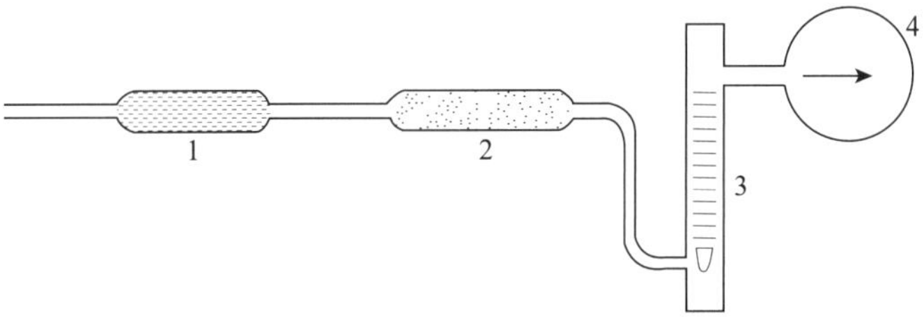

图3.4.1　活性炭吸附取样装置

1—干燥管；2—活性炭吸附管；3—流量计；4—抽气泵

将干燥管、活性炭吸附管、流量计和抽气泵按图3.4.1所示连接。以采样流速 v(m^3/min)采样 t(min)。

②无源法[积分法、长时间法]其主要特征是将活性炭用作吸附器，在无抽气动力的条件下，借助样气扩散，其中的氡被吸附。

(4)氡的解吸

有时，活性炭过滤器，或吸附器被用作氡吸附剂，或氡采集器。吸附了氡的活性炭在实验室内加热，将吸附的氡解吸附，再将解吸出来的氡导入测量装置，如前述电离室、闪烁室或静电场等进行氡浓度测量。到目前为止，活性炭吸附氡的解析主要采用加热法。将吸附了 ^{222}Rn 的活性炭吸附管置于解吸附炉内加温解吸。

图3.4.2示出活性炭解吸、闪烁室测氡的典型装置框图。吸附了氡的活性炭管按图与上游的无氡空气源、气流计、干燥器；及下游的缓冲器、闪烁室连接。闪烁室予抽成真

空。然后把活性炭管在高温炉内加热至 400 ℃，维持 15 min。用无氡空气缓慢地将从活性炭管中解吸出来的氡赶入闪烁室。随后取下闪烁室，存放 2.5～3 h，进行测量。

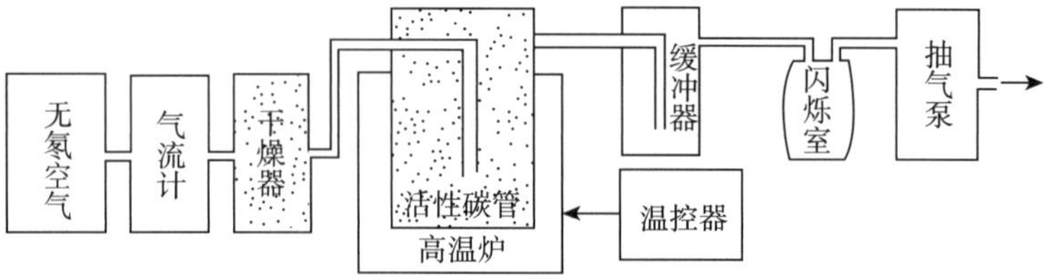

图 3.4.2　活性炭解吸、闪烁室测氡典型装置框图

图 3.4.3 示出与测氡电离室连用的活性炭解吸附典型装置框图。将盛有饱和氯化钙溶液的扩散器，与抽成真空的干燥管和电离室连接起来，拧紧螺旋夹 2，然后慢慢地打开螺旋夹 3 和 4，接通电源，调节炉温，使炉内温度在 15 min 左右升至 350 ℃。此时缓缓打开螺旋夹 2 和 1，控制进气速度为(100～120)气泡/min，进气 15 min 后，加大进气速度，直到扩散器内不再冒气泡为止。然后封闭电离室，静置 3 h 后进行测量。为了滤去大气内的^{222}Rn，在解吸附时，可在扩散器前再串接一个活性炭吸附管。

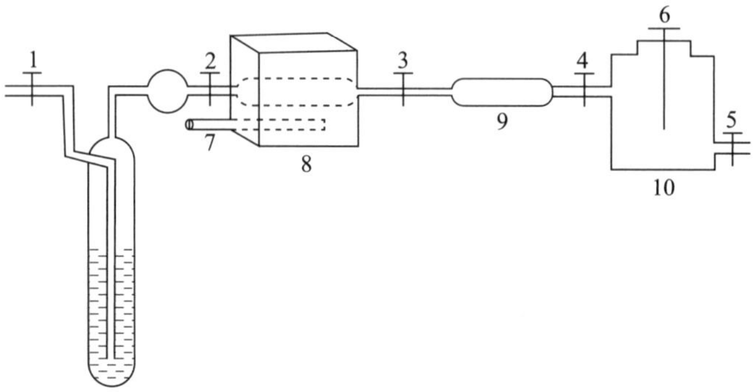

图 3.4.3　活性炭解吸、电离室测氡典型装置框图

1，2，3，4，5—螺旋夹；6—盛有氯化钙饱和溶液的扩散器；7—水银温度计；8—加温电炉；9—干燥管；10—电离室

(5)活性炭过滤器上氡的逸失

采集了氡的活性炭过滤器中吸附的氡的量，随存放时间而自然减少——逸失。实验观测到在不同条件下存放，逸失的速率不同。因此，对采集了氡的活性炭过滤器发射的 γ 计数测量中引入“有效半衰期”概念。有效半衰期反映出的过滤器上氡的衰减由两部分构成：氡的放射性衰变，其半衰期为 3.825 d(91.8 h)，及氡的逸失。对采集了氡的活性炭过滤器周期性地监测其发射的 γ 计数可以测定其有效半衰期。易见，所测之有效半衰期越接近氡的放射性衰变半衰期，则表明过滤器上氡的逸失越小[23]。

文献[24]对室温和室内压力条件下，不同密封手段；不同温度下，相同与不同密封手段；不同压力条件下，对活性炭过滤器的有效半衰期进行了测定，结果示于表 3.4.1。由表可见，所有条件下，氡的有效半衰期皆小于放射性半衰期(91.8 h)表明皆存在氡的逸失。但是，恰当的密封措施可以将氡的逸失减到极小，甚至完全避免。

表 3.4.1 活性炭盒吸附的氡的有效半衰期(放射性半衰期 $T_{Rn}=91.8$ h)

存放条件	有效半衰期/h	损失率/h^{-1}
A. 室温和室内压力		
无覆盖	68.1	0.26
塑料袋 0.254 mm	82.0	0.09
塑料或金属盖	89.4	0.02
B. 温度的影响(压力 101.3 kPa)		
无覆盖 0 ℃	75.8	0.16
无覆盖 60 ℃	37.4	1.1
塑料袋 0 ℃	89.4	0.02
塑料袋 60 ℃	63.9	0.33
塑料或金属盖 0 ℃	91.8	0
塑料或金属盖 60 ℃	88.0	0.03
C. 压力的影响		
塑料袋 27 ℃，101.3 kPa	81.1	0.10
塑料袋 27 ℃，57.3 kPa	67.6	0.27
塑料袋 27 ℃，29.3 kPa	67.0	0.28
塑料袋 4 ℃，57.3 kPa	76.6	0.15
塑料或金属盖 27 ℃，42.7 kPa	89.4	0.02

在低温条件下活性炭吸附效率提高。例如在－50 ℃时，其吸附能力比室温(22 ℃)提高 50 倍。因此，活性炭盒氡过滤器(吸附器)在使用中切忌日光曝晒。

(6)湿度对活性炭过滤器吸附量的影响

实验测定了湿度对活性炭过滤器吸附量的影响[24]。将活性炭过滤器置于相对湿度 100%的条件下若干小时至几天，然后称重，以确定被吸附的水的量。然后用它与干燥的活性炭过滤器同时采氡样，并随后测定其氡的吸附量。测量结果列于表 3.4.2。由表可见，过滤器长时间置于湿土中采样，所吸附的水分，平均地讲，会使氡吸附量减少 10%～15%。

表 3.4.2 吸附水对活性炭过滤器氡吸附量的影响

照射时间/h(100%湿度)		被吸附的水量/g	比值＝湿过滤器吸附的氡/干燥过滤器吸附的氡
25 ℃	7	4.2±1.0	1.06±0.07
	31	11.9±0.8	0.96±0.06
	67	16.3±2.3	0.86±0.08
20 ℃	24	3.7±0.1	0.98±0.01
	48	8.8±1.5	0.90±0.09
	72	12.1±0.3	0.93±0.05
	96	13.2±0.33.7±0.1	0.90±0.05

注：* 活性炭对氡的吸附有一定的吸附容量。当穿透炭层的样气的量超过一定限度时，氡即开始随样气透出炭层，而降低收集效率。所以活性炭吸附测氡应用中，必须使气体样品体积不超过预先估定的吸附容量。

在标准氡室，对活性炭进行了不同吸附时间、不同空气湿度的氡吸附实验。实验结果列于图 3.4.4；图 3.4.5 与图 3.4.6 中。所以活性炭盒法测氡浓度测量中，湿度对测量结果的影响必须进行必要的修正。

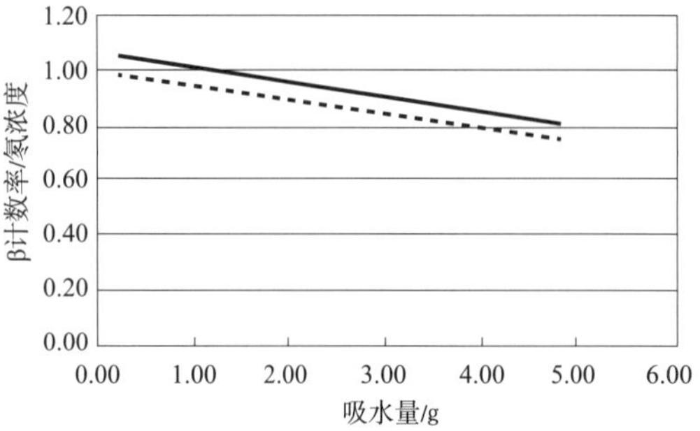

图 3.4.4　湿度影响 12 h
（12 h 吸水量对氡吸附的影响）

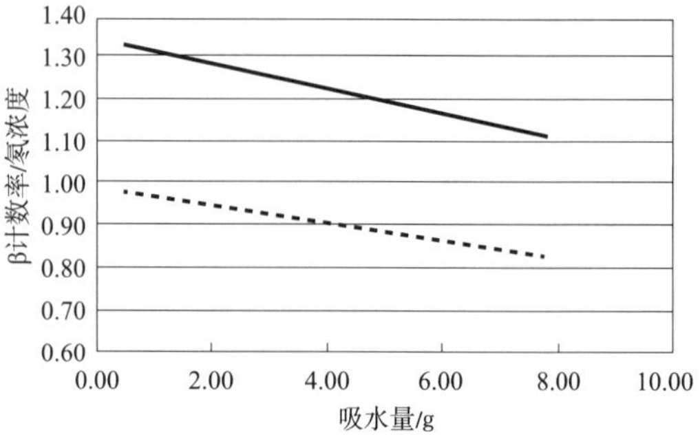

图 3.4.5　湿度影响
（24 h 吸水量对氡吸附的影响）

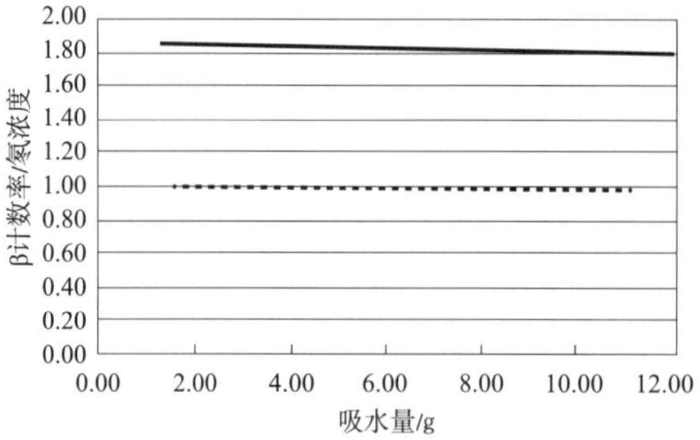

图 3.4.6　湿度影响
（48 h 吸水量对氡吸附的影响）

3.4.2　工作原理

利用活性炭作为过滤器，空气扩散进炭床内，其中的氡被活性炭吸附。被吸附的氡衰变产生的子体也沉积在活性炭内。

^{222}Rn 的半衰期为 3.823 d，其主要 γ 辐射子体 RaB(^{214}Pb)、RaC(^{214}Bi)的半衰期分别为 26.8 min、19.9 min。采样结束密封 3 h 后，^{222}Rn 与子体^{214}Pb、^{214}Bi 近似达到放射性平衡。随后对过滤器进行 γ 或 β 放射性测量，得到^{222}Rn 的放射性活度信息。

^{220}Rn 的半衰期短，为 55.8 s。深层土壤中的^{220}Rn 来不及释放到空气中。其子体^{212}Pb(ThB)的半衰期也只有 10.64 h，考虑到活性炭盒一般取样时间不应大于 6 d，因而，取样初始阶段样品中^{220}Rn 子体^{212}Pb(ThB)也已基本衰变完；加之活性炭吸附效应的饱和特性，因而采样结束后，从对过滤器进行的 γ 或 α、β 放射性测量中，难以获得^{220}Rn 的信息。

用 γ 能谱仪测量活性炭盒的氡子体特征 γ 射线峰或峰群强度，根据特征峰的面积计算氡浓度。用液体闪烁仪测量时，首先需将吸附在活性炭上的氡解吸到闪烁液中，然后对液体闪烁计数器进行 α、β 测量，确定氡的浓度。

活性炭测氡需要对吸附效率刻度。刻度一般在标准氡室进行。

通常，活性炭盒用塑料或金属制成圆柱型小盒，直径 6～10 cm，高 3～5 cm，内装 25～100 g 活性炭，盒的敞开面用滤膜封口。滤膜用于固定活性炭的同时，允许氡进入；阻挡外部氡子体进入采样器。活性炭盒结构示意见图 3.4.7。

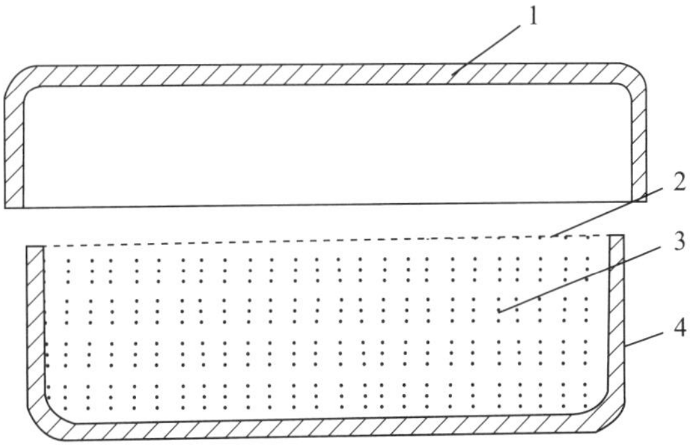

图 3.4.7　活性炭盒结构示意图

1—密封盖；2—虑膜；3—活性炭；4—炭容器

活性炭盒测氡采样周期一般为 2～7 d。暴露 3 d 时，探测下限可达 6 Bq/m^3。

3.4.3　数据读取方法

(1)测 α 法

由于 α 粒子在活性炭材料中的射程极短，由于活性炭材料对 α 的强烈自吸收效应，活性炭盒法无法借助 α 测量测定氡浓度。

但是，采用活性炭滤纸可以借助总 α 法实施氡浓度测定。文献[25]报道了不是用活性炭盒，而应用活性炭滤纸吸附氡的测氡仪“KF－601 氡钍仪”的研制成果。通过测定被活性炭滤纸吸附的氡发射 α 粒子测定氡浓度。α 粒子打到 ZnS(Ag)闪烁屏上产生光子。经光电倍增管完成光电转换、放大，在阳极负载上形成一个电压脉冲信号。再经电子学线路放大，成形并给出计数。

实验证明，在一定的温度条件下，被活性炭滤纸单位面积上所吸附的纯氡发射的 α 粒子，被测氡记录的脉冲数，与该滤纸吸附氡的饱和浓度成正比，即正比于环境空气中的氡浓度(见图 3.4.8)。

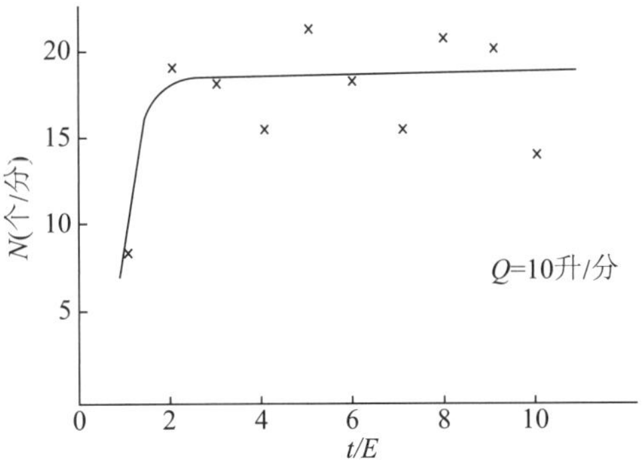

图 3.4.8　活性碳滤纸饱和浓度与取样时间的关系

被测样气进入活性炭滤纸之前，首先经过过滤器滤掉氡子体，再经干燥管去湿气。KF－601 氡钍仪的取样测量系统示意图示于图 3.4.9。

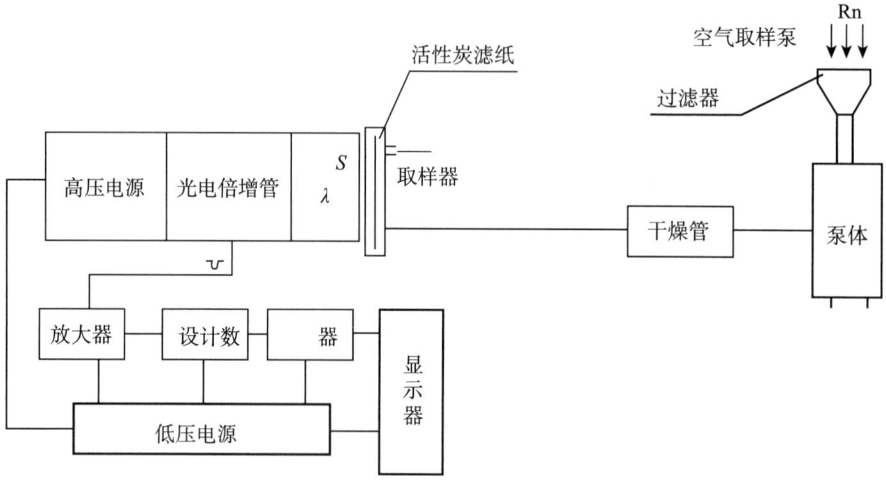

图 3.4.9　KF－601 氡钍仪取样测量系统示意图

氡浓度测量公式如下：

$$N = k(0.955)^{T-15}C \tag{3.4.1}$$

式中：C——被测气体中的氡浓度。Bq/m^3；

N——测量计数，计数/min；

k——刻度系数，计数/[$min(Bq/m^3)$]；

T——环境温度(℃)。

实验证明，用活性炭滤纸测^{222}Rn、^{220}Rn 浓度，在很大范围内可获得很好的线性关系(见图 3.4.10)。

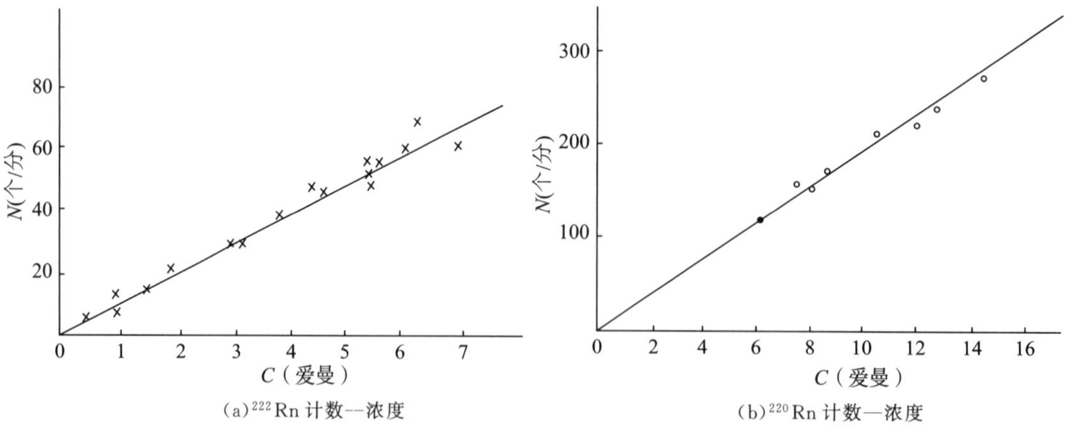

图 3.4.10　KF－601 氡钍仪计数与^{222}Rn、^{220}Rn 浓度的关系(1 爱曼＝1×10^{-10} Ci/L＝3.7 kBq/m^3)

为保证活性炭滤纸吸附氡或钍射气达到饱和程度，必须使取样空气具有足够体积。实验给出，达到饱和吸附的体积一般为 50 L。如果采样流速取 10 L/min，则应取样 5 min。

当空气中氡、钍射气共存时，则需先测出氡钍射气混合的总计数，然后等待数分钟(一般

3 min)让钍射气基本衰变完，再测氡射出的 α 计数，经计算得出氡钍射气各自的浓度。

本方法的最大弱点是灵敏度低，适合于高浓度氡、钍射气环境(kBq/m^3 量级以上)的测量。测氡的灵敏度为 0.74 kBq/m^3，而测钍射气的灵敏度为 1.11 kBq/m^3。

(2)测 β 法

吸附了氡的活性炭盒，在实验室条件下，通过测定氡子体 RaB 和 RaC 的 β 辐射，确定氡浓度的方法[26]。RaB 和 RaC 的半衰期分别为 26.8 min 与 19.9 min。

常用塑料闪烁体与光电倍增管组成的闪烁探头及定标器进行 β 计数测量。

瑞典生产的 2413 型活性炭吸附取样器便是采用 β 法进行氡浓度测定的仪器[23]。它主要用于野外土壤层氡气的测定。其工作原理示意图示于图 3.4.11。

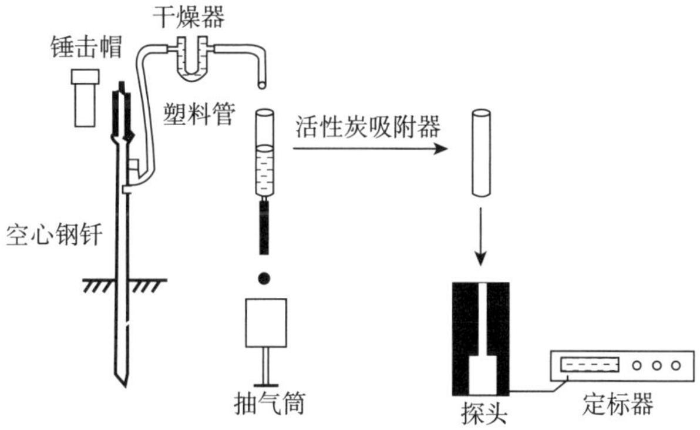

图 3.4.11　活性炭盒法取样原理及测量过程示意图

注：左上角锤击帽是保护空心钢钎的部件

使用时，先将空心钢钎敲入土层内，空心钢钎长 130 cm。钢钎的通气出口通过塑料管与抽气筒上的干燥器(内装硅胶)相接。抽出的气体先进入干燥器，去潮气之后进入活性炭吸附器，然后排出。活性炭盒用素烧塑料管制成，内装颗粒度在 1～3 mm 间的工业用活性炭。活性炭盒重 7 g，长 100 mm，灵敏体积直径为 17.8 mm。管壁应尽可能的薄，以减少对 β 的辐射的吸收。

活性炭盒氡子体 RaB 和 RaC 被测 β 辐射，与采样结束后测量时间增长与衰减的关联示于图 3.4.12。

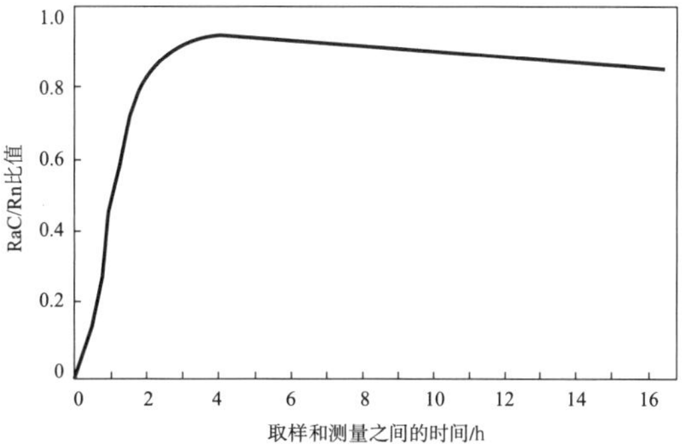

图 3.4.12　活性炭盒 RaC 随时间增长和衰减曲线

由图 3.4.12 可见，取样后，约经 4 h 后，辐射强度达到饱和值，之后，缓慢下降。一般情况下，取样后 4～8 h 内测量为宜。

该仪器的灵敏度为 92.5 Bq/m^3，适用于氡浓度较高的环境中。

(3)测 γ 法

测量吸附了氡的活性炭盒所发射的 γ 辐射，以确定氡浓度。

文献[23，27]报道了一种用活性炭盒采样、NaI(T1)闪烁探测器测定 γ 辐射强度，确定氡浓度的测量系统。该系统主要由带罩杯的活性炭吸附器及测量装置组成。

活性炭盒内装粒度 0.5～3 mm 的活性炭 11.5 g 及 2.5 g 硅胶。活性炭盒高 48 mm，直径约 33 mm。内口径为 22 mm。用弹性化学纤维隔层(Φ30 mm，蓬松厚度 5 mm)封口，并配有密封盖。容器由高密度聚乙烯制成。采样时，活性炭盒被装进一个杯底有圆孔的塑料罩杯内。罩杯的作用是在土壤层内的测孔中，造成一个集气空间，并使活性炭盒进气口与孔底土壤表面保持一定距离，以减小土壤水分和钍对吸附器的影响。罩杯的杯口直径为 73 mm，杯高 80 mm，杯底直径为 58 mm，其上的圆孔直径约 33 mm。

γ 强度测量值的修正

①氡子体放射性平衡修正

用活性炭氡盒采集样品时，为使氡与其子体达到放射性平衡状态，一般需采集 10 个半衰期的时间，即约 30 天。但通常皆达不到如此长的采集要求。为此，对活性炭盒所测之 γ 强度值，应进行氡子体放射性平衡修正。表 3.4.3 列出了不同采集时间的该修正系数值 F_A[20]，该修正系数的作用是将所有未达到放射性平衡的活性炭盒 γ 强度测量值，归一到平衡时的值。

表 3.4.3　活性炭盒放射性平衡修正系数值 F_A(不同采样时间)

	5 天	6 天	7 天	8 天	9 天	10 天	11 天	12 天	13 天	14 天
0 时	0.596	0.663	0.719	0.765	0.804	0.837	0.864	0.886	0.905	0.921
2 时	0.602	0.668	0.723	0.769	0.807	0.839	0.866	0.888	0.907	0.922
4 时	0.608	0.673	0.727	0.772	0.810	0.842	0.868	0.890	0.908	0.923
6 时	0.614	0.678	0.731	0.776	0.813	0.844	0.870	0.891	0.909	0.924
8 时	0.620	0.683	0.735	0.779	0.816	0.846	0.872	0.893	0.911	0.926
10 时	0.625	0.687	0.739	0.783	0.819	0.849	0.874	0.895	0.912	0.927
12 时	0.631	0.692	0.643	0.786	0.821	0.852	0.876	0.896	0.913	0.928
14 时	0.637	0.697	0.647	0.789	0.824	0.853	0.877	0.898	0.915	0.929
16 时	0.642	0.701	0.751	0.792	0.827	0.855	0.879	0.899	0.916	0.930
18 时	0.647	0.706	0.755	0.795	0.829	0.858	0.881	0.901	0.917	0.931
20 时	0.653	0.710	0.758	0.798	0.832	0.860	0.883	0.902	0.929	0.932
22 时	0.658	0.715	0.762	0.801	0.834	0.862	0.885	0.904	0.920	0.933
24 时	0.663	0.719	0.765	0.804	0.837	0.864	0.886	0.905	0.921	0.934

续表

	15 天	16 天	17 天	18 天	19 天	20 天	21 天	22 天	23 天	24 天
0 时	0.934	0.945	0.954	0.962	0.968	0.973	0.978	0.981	0.985	0.987
2 时	0.935	0.946	0.955	0.962	0.969	0.974	0.978	0.982	0.985	0.987
4 时	0.936	0.947	0.955	0.963	0.969	0.974	0.978	0.982	0.985	0.987
6 时	0.937	0.947	0.956	0.963	0.969	0.975	0.979	0.982	0.985	0.988
8 时	0.938	0.948	0.957	0.964	0.970	0.975	0.979	0.983	0.985	0.988
10 时	0.939	0.949	0.957	0.965	0.970	0.975	0.979	0.983	0.986	0.988
12 时	0.940	0.950	0.958	0.965	0.971	0.976	0.980	0.983	0.986	0.988
14 时	0.941	0.951	0.959	0.966	0.971	0.976	0.980	0.983	0.986	0.988
16 时	0.942	0.951	0.959	0.966	0.972	0.976	0.980	0.984	0.986	0.989
18 时	0.942	0.952	0.960	0.967	0.972	0.977	0.981	0.984	0.986	0.989
20 时	0.943	0.953	0.961	0.967	0.973	0.977	0.981	0.984	0.987	0.989
22 时	0.944	0.953	0.961	0.968	0.973	0.977	0.981	0.984	0.987	0.989
24 时	0.945	0.954	0.962	0.968	0.973	0.978	0.981	0.985	0.987	0.989

②氡子体衰变修正

活性炭盒终止采集样品的时刻，与 γ 强度的测量时刻之间的时间间隔，不可能一致。为此，必须对活性炭盒采样终止，至开始测量的这一时间段，γ 强度测量值进行衰变修正，归一到活性炭盒终止采样的“零”时刻值。

γ 强度测量值 N_T 归一值公式：

$$N_0=\frac{N_T}{F_A F_D} \tag{3.4.2}$$

式中：N_0——减去本底的经过平衡和衰变修正的 γ 强度测量值；

N_T——减去仪器本底的测量值；

F_A——放射性平衡修正系数；

F_D——衰变修正系数。

表 3.4.4 列出了该修正系数 F_D的值。

表 3.4.4　活性炭盒衰变修正系数值 F_D(不同间隔时间)

	0 天	1 天	2 天	3 天	4 天	5 天	6 天	7 天	8 天
0 时	1.000	0.834	0.696	0.581	0.484	0.404	0.337	0.281	0.235
1 时	0.992	0.828	0.691	0.576	0.481	0.401	0.334	0.279	0.233
2 时	0.985	0.822	0.685	0.572	0.477	0.398	0.332	0.277	0.231
3 时	0.978	0.816	0.680	0.568	0.473	0.395	0.329	0.275	0.229
4 时	0.970	0.809	0.675	0.563	0.470	0.392	0.327	0.273	0.228

续表

	0天	1天	2天	3天	4天	5天	6天	7天	8天
5时	0.963	0.803	0.670	0.559	0.466	0.389	0.325	0.271	0.226
6时	0.956	0.797	0.665	0.555	0.463	0.386	0.322	0.269	0.224
7时	0.949	0.791	0.660	0.551	0.459	0.383	0.320	0.267	0.222
8时	0.941	0.785	0.655	0.547	0.456	0.380	0.317	0.265	0.221
9时	0.934	0.779	0.650	0.542	0.452	0.377	0.315	0.263	0.219
10时	0.927	0.774	0.645	0.538	0.499	0.375	0.313	0.261	0.217
11时	0.920	0.768	0.640	0.534	0.446	0.372	0.310	0.259	0.216
12时	0.913	0.762	0.636	0.530	0.442	0.369	0.308	0.257	0.214
13时	0.906	0.756	0.631	0.526	0.439	0.366	0.306	0.255	0.213
14时	0.900	0.751	0.626	0.522	0.436	0.363	0.303	0.253	0.211
15时	0.893	0.745	0.621	0.518	0.432	0.361	0.301	0.251	0.209
16时	0.886	0.739	0.617	0.514	0.429	0.358	0.299	0.249	0.208
17时	0.880	0.734	0.612	0.511	0.426	0.355	0.296	0.247	0.206
18时	0.873	0.728	0.607	0.507	0.423	0.353	0.294	0.245	0.205
19时	0.866	0.723	0.603	0.503	0.420	0.350	0.292	0.244	0.203
20时	0.860	0.717	0.598	0.499	0.416	0.347	0.290	0.242	0.202
21时	0.853	0.712	0.594	0.495	0.413	0.345	0.288	0.240	0.200
22时	0.847	0.707	0.589	0.492	0.410	0.342	0.285	0.238	0.199
23时	0.841	0.701	0.585	0.488	0.407	0.340	0.283	0.236	0.197
24时	0.834	0.696	0.581	0.484	0.404	0.337	0.281	0.235	0.196

(4)测γ谱法

用γ谱仪测量活性炭盒氡子体特征γ射线峰(或峰群)强度。根据特征峰面积可计算出氡浓度[27,28]。

活性炭盒采样；采样结束3 h后进行测量；活性炭盒称量，以计算水分吸收量；借助γ谱仪测定活性炭盒氡子体特征γ射线峰(或峰群)面积。测量几何条件与刻度条件一致。

氡浓度计算：

$$C_{Rn}=\frac{kn_r}{t_1{}^b \cdot e^{-\lambda_{Rn} t_2}} \tag{3.4.3}$$

式中：C_{Rn}——氡浓度，Bq/m³；

k——采样1 h的刻度系数，Bq/m³/(计数/min)；

n_r——特征峰(峰群)对应的净计数率，计数/min；

t_1——采样时间，h；

b——累积指数，为0.49；

λ_{Rn}——氡衰变常数，7.55×10^{-3}/h；

t_2——采样时间中点至测量开始时刻之间的时间间隔，h。

文献[29]报道了活性炭盒 γ 能谱法，测定氡浓度的实例。活性炭盒壳体为 Φ105 mm×60 mm 圆柱型容器。内装 148 g 活性炭。为测量混凝土或类似光滑表面上的氡的释放量，将过滤器密封在表面上，与表面接触的外边缘用可塑材料密封。测土壤中的氡气时，将活性炭盒插进土壤 1 cm 深，周围封以 2 cm 厚的浮土。采样结束后，用塑料或金属帽密封开口端，送实验室测量。

测量是在采样终止 5 h 后进行，以便使氡子体与氡达到放射性平衡。多道分析器的积分阈应包含下列 γ 辐射：

^{214}Pb(RaB)——0.242 00 MeV，0.295 22 MeV 和 0.351 93 MeV

^{214}Bi(RaC)——0.609 31 MeV

图 3.4.13 示出文献[29]用 HPGeγ 谱仪所测^{214}Pb(RaB)——0.242 00 MeV，0.295 22 MeV和 0.351 93 MeV；^{214}Bi(RaC)——0.609 31 MeVγ 谱线。上图为样品谱；下图为无活性炭样品盒时，铅屏蔽材料的本底谱。由图中有样品(上图)与无样品(下图)对比，明显观测出^{214}Pb(RaB)——0.242 00 MeV，0.295 22 MeV 和 0.351 93 MeV；^{214}Bi(RaC)——0.609 31 MeV γ 谱线的效应。

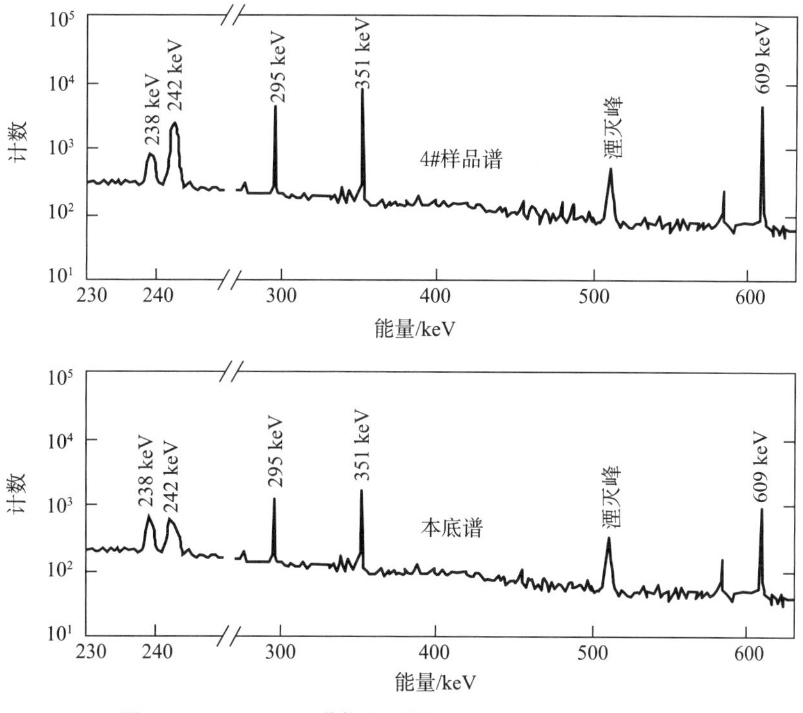

图 3.4.13　HPGeγ 谱仪所测^{214}Pb(RaB)、^{214}Bi(RaC)γ 谱

图 3.4.14 示出文献[30]用 NaI(T1)γ 谱仪所测^{214}Pb(RaB)、^{214}Bi(RaC)γ 谱。

氡的释放量的计算：

$$J=\frac{N\lambda_1^2}{kS(1-e^{-\lambda_2 t})(e^{-\lambda_2 T_1}-e^{-\lambda_2 T_2})}\ \mathrm{Bq/min\cdot m^2} \tag{3.4.4}$$

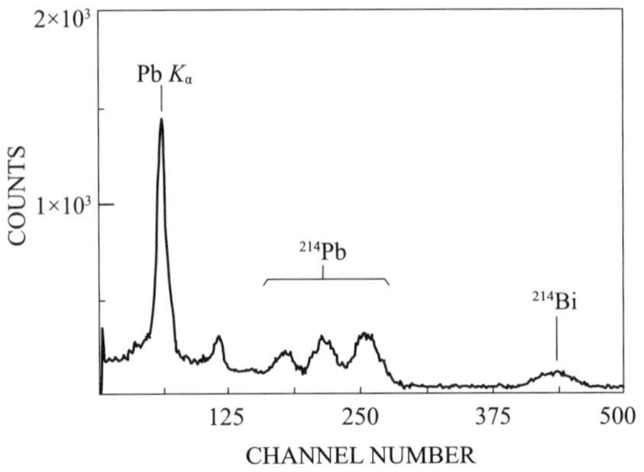

图 3.4.14　NaI(Tl)γ 谱仪所测 ^{214}Pb(RaB)、^{214}Bi(RaC)γ 谱

式中：N——减去本底后的测量净计数；

J——氡的释放量，Bq/min・m^2；

K——刻度系数，计数/min・Bq；

S——活性炭盒的面积，m^2；

$\lambda_1\lambda_2$——衰变常数，分别分 1.26×10^4 min^{-1}，7.55×10^{-3} h^{-1}；

t——采样时间；

T_1——采样结束后至计数开始的时间，h；

T_2——采样结束后至计数结束的时间，h。

实验测定，活性炭盒的刻度系数约为：$k=(5.3\pm0.2)$计数/min・Bq。

3.5　双滤膜相对法

双滤膜法是有源采样，测量采样期间氡浓度的实验方法。双滤膜法测氡浓度是 1964 年由法国图卢兹大学 Fontan 提出并发展起来的测氡浓度的实验方法[31]。双滤膜法测氡浓度的直接测量结果是出口滤膜的总 α 计数。

用该计数乘以实验装置的刻度系数(计数——氡浓度转换系数)[(Bq/m^3)/(计数)]，便可获得被测气体中氡的浓度。因此，该法为相对测量氡浓度的方法。

易见，双滤膜相对法测氡装置用于测氡之前须经刻度，获得刻度系数。然后在严格按照刻度时的运行参数(采样流速、采样时间、等待时间、测量时间、滤膜过滤效率等)进行采样，采样结束后，测量读数乘以刻度系数得到氡浓度测量结果；在我国双滤膜相对法测氡浓度实验方法的研究与仪器研制起始于 20 世纪 80 年代初期[32]。

3.5.1　工作原理

双滤膜相对法测氡浓度实验方法的原理为：抽气泵开动后，含氡待测气体经入口虑膜(A)进入衰变筒(B)。样气中原有的氡子体被入口滤膜收集而从待测样气中滤除。待测气体中氡气随待测样气穿过入口滤膜进入衰变筒，

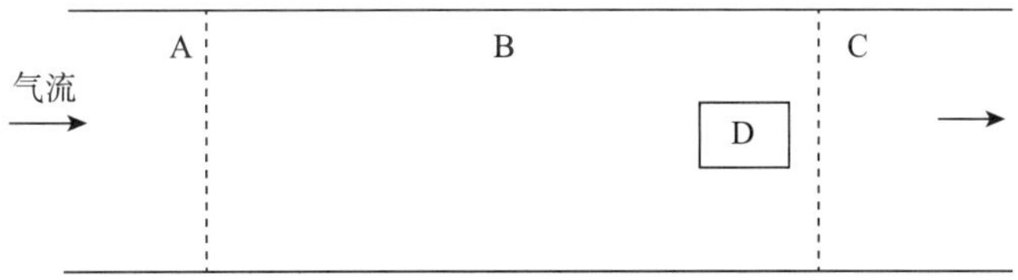

图 3.5.1　双滤膜法测氡浓度原理示意图

A—入口滤膜；B—衰变筒；C—出口滤膜；D—探测器

含氡待测样气从透过入口滤膜进入衰变筒 B 时刻起，^{222}Rn 不断衰变生成新子体。在渡越衰变筒的过程中，新生的氡子体被空气中大分子团吸附后，成为放射性气溶胶，在衰变筒 B 出口处被出口滤膜 C 收集。

收集于滤膜 C 上的氡子体发射的 α 粒子，由 α 粒子探测器 D 测出其 α 粒子计数。由该 α 粒子计数与刻度系数相乘，得到被测气体中的氡浓度。

滤膜 C 的 α 粒子计数取决于采样空气流速；衰变筒 B 的长度；在 A、C 滤膜之间衰变筒 B 内壁上，氡子体损失的速率；C 滤膜收集氡子体的效率；α 粒子的探测效率以及样气中氡的浓度相关。该相关关系通过刻度，借助刻度系数体现。图 3.5.1 示出双滤膜测氡浓度实验方法的原理示意。

在与刻度仪器的相同条件下（即 t、q、T_1、T_2），待测氡浓度的气体给出的计数为 $N(t, T_1 \rightarrow T_2)$，则其氡浓度 C_{Rn}：

$$C_{Rn} = KN(t, T_1 \rightarrow T_2) \tag{3.5.1}$$

式中：t——采样时间，min；

q——采样流速，L/min；

T_1、T_2——采样结束时刻起算的，测量计数起始、终止时刻，min；

K——对应实验参数 t、q、T_1、T_2 的刻度系数，(Bq/m^3)/计数。

3.5.2　刻度

双滤膜法测氡浓度实验方法采用流气法刻度方法。

(1)刻度装置

在无法借助氡室进行刻度时，采用实验室刻度装置进行刻度。双滤膜法测氡浓度实验方法，实验室刻度装置主要由氡气源、无氡氮气源、混气瓶、流量计与抽气泵组成。图 3.5.2 为双滤膜法测氡流气法实验室刻度装置示意图。

氡气源多用液体镭源标准浓度氡发生器提供“浓缩”氡气（详见 3.11.2(2)节）。气球是不含氡的氮气源。混气瓶的功能是借助调节供氮量，配制出约定浓度的标准氡气。流量计测定气流量率。抽气泵为流气动力。

(2)刻度

清洗　用无氡气体清洗双滤膜装置（衰变筒）。开启抽气泵，调节流量率至设定值，常用(30～40)L/min。衰变筒清洗需无氡气体流量不少于(3～5)倍衰变筒容积。

采样　抽气泵正常工作、流量计指示 q 正常的条件下，3～5 min 钟后，插入出口滤膜开始采样 t min。

结束采样　采样结束时，关闭抽气泵。

测量　取出出口滤膜，用 α 粒子探测装置进行 $T_1 \to T_2$ 时间间隔的 α 计数（T_1 与 T_2 由采样结束时起算），得 $N(t, T_1 \to T_2)$。

(3)刻度系数 K，$(\mathrm{Bq/m^3})$/计数

$$K = \frac{C_{\mathrm{Rn}}}{N(t, T_1 \to T_2)} \tag{3.5.2}$$

式中：$N(t, T_1 \to T_2)$ ——采样 t min 后，出口滤膜在 $T_1 \to T_2$ 时间间隔内的计数(净)；

C_{Rn}——标准氡气的约定浓度，$\mathrm{Bq/m^3}$。

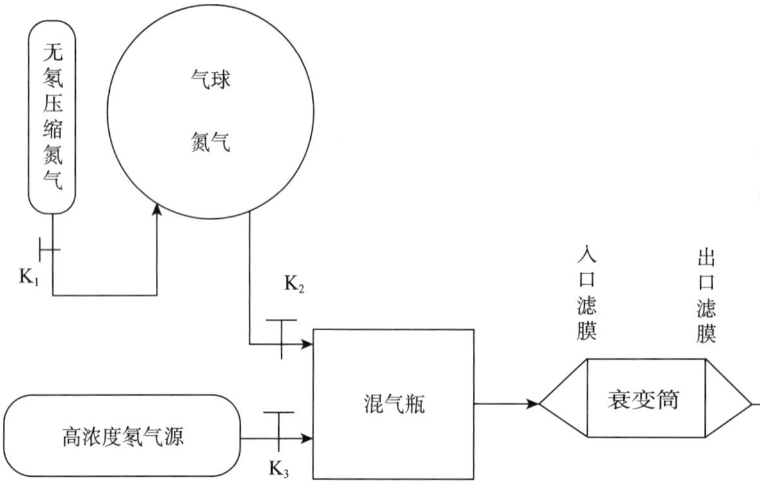

图 3.5.2　双滤膜法测氡流气法刻度装置示意图

3.5.3　双滤膜相对法测氡浓度的方法的优点

(1)不要求氡与其子体间建立放射性平衡。双滤膜相对测氡法的最大特点是测量结果不受氡与子体所处的放射性平衡程度的影响；不受子体结合态比例，子体带电的比例的影响。

(2)运行参数补偿。双滤膜相对法测氡实际操作中采样流速是重要参数。采样流速的稳定性直接影响测量结果的稳定。但是由于采样流速效果的补偿，致使采样流速的适量波动 20%～30%对测量结果影响不大。因为采样流速的变化导致两种互相抵消的效应：流速减小，定时采样量减少，即进入衰变筒的氡原子数随流速的减小成线性地减少；但是流速减小，氡原子在 A、C 滤膜之间停留时间延长，氡进行衰变的时间加长，这导致出口滤膜 C 上的 α 粒子计数增大。该关系基本上是线性的。另外，氡在 A、C 滤膜之间的渡越时间一般为几分钟量级，与 $^{222}\mathrm{Rn}$ 的半衰期 3.825 d 相对占比极小，因而测量结果重复性好。

(3)测量结果与气象条件无关。为兼顾充分衰变，减小测量结果的统计涨落，减小湍流及分子扩散导致的氡子体在衰变筒壁上的损失，合理选取采样流速、衰变筒的容积与形状、入、出口滤膜的尺寸是重要的，直接影响双滤膜方法测氡浓度装置的测量效果。

矿井内测氡浓度曾常用 $\Phi 50\ \mathrm{mm} \times 500\ \mathrm{mm}$ 的圆柱型衰变筒进行双滤膜相对法测量。以 5～110 L/min 流速取样 5 min，等待 1 min 后测量 5 min。在此条件下，测氡浓度的探测下限约为 $(1.85 \sim 3.7) \times 10^2\ \mathrm{Bq/m^3}$。测钍射气浓度时，以 10 L/min 流速取样 10 min，

等待 3 h 后测量 100 min，测钍射气浓度的探测下限为$(7.4\pm3.7)\times10^2$ Bq/m^3。

文献[33]EJ/T 20216—2018 为我国制定的环境氡浓度双滤膜测量仪行业标准。

3.5.4　重要应用实例

(1) 双滤膜相对测氡装置——宾夕法尼亚氡测量高塔

文献[34] H. Newtein 等人于 1971 年，在美国宾夕法尼亚州(Pennsylvana)，费城(Philadelphia)的西北，建立了一套庞大的双滤膜相对法测氡高塔装置。该装置设在 KYW－WFIL300 m(1 000 ft)高的电视塔上。分别在离地面 660 171 m 与 267 m(20 ft、200 ft、570 ft 和 890 ft)处设立了四套双滤膜相对法测氡装置。

双滤膜衰变筒容积为 0.71 m^3(25 ft^3)。

筒长(出口——入口滤膜间距)：2.44 m(8 ft)。

筒直径为 0.61 m(2 ft)。

入口滤膜直径与衰变筒直径一样，均为 Φ61 cm(2 ft)。

出口滤膜直径 Φ100 mm(4 in)。

探测器：ZnS(Ag)α 闪烁屏 Φ125 mm　4 mg/cm^2(厚)　RCA－8055。

采样时间：$t=1$ h。

计数时间：$T_1\rightarrow T_2$也为 1 h。

采样流速取：189 L/min(7 ft^3/min)。

本底：30/h。

灵敏度(测量下限)：最低可探测的氡浓度为 0.37 Bq/m^3，总不确定度为 15%。

刻度：液态镭源 Radium　Chloride 通气泡

　　误差约 4%　　每两星期一次

测量误差：约 6%(包括密度修正、滤膜过滤效率、子体损失及探测器误差)

氡浓度为 3.7 Bq/m^3(10^{-13} Ci/L)量级时，计数率约为 1 000/h 量级；统计涨落约 3%

表 3.5.1　四个高度上的各装置的平均刻度系数，α 计数及氡浓度*

高度/m(ft)	$K=C/V$ 刻度系数/(mBq/m^3 计数) [×(10^{-17} Ci/L)/计数]	N(α 计数)	C 氡浓度/(Bq/m^3) [×(10^{-15} Ci/L)]
6(20)	3.07(8.30)	1 810	5.55(150)
60(200)	3.53(9.55)	1 070	3.77(102)
171(570)	2.98(8.05)	1 040	3.11(84)
267(890)	1.09(7.95)	930	2.74(74)

注：* 数据源自 1970 年 6 月的 23 个好天气测量值。

表 3.5.1 列出了四个高度上各装置的刻度系数，α 测量计数及相应的氡浓度。表 3.5.1 中所列的各高度上的测氡双滤膜装置的刻度系数略有差异。其原因是 α 粒子探测器的探测效率稍有不同。探测效率约为 25%(即 4π 效率)。

图 3.5.3 示出上述四个高度上测氡装置 23 天监测 24 h 按小时计的平均氡浓度值。图 3.5.4示出氡浓度值与风向的关系。第Ⅱ象限的氡浓度最低。这是大西洋的影响，因为

测氡塔在大西洋西北方向，离海岸 120 km 的地方。这也正好说明海上大气中氡的浓度要比陆上低。

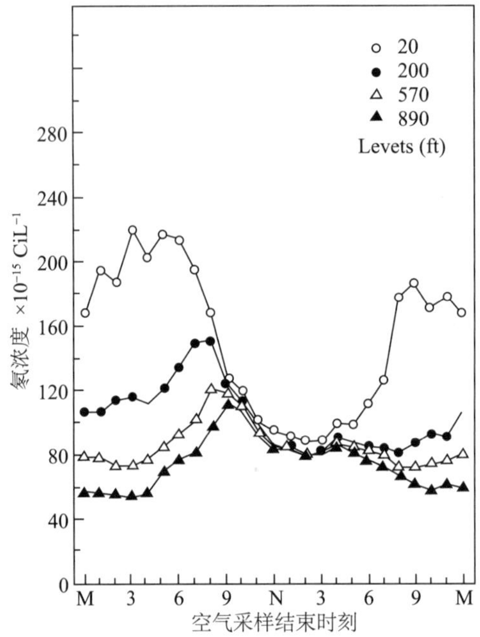

图 3.5.3　四个高度上测氡装置 23 天监测按小时计的平均氡浓度值(1970 年 6 月)

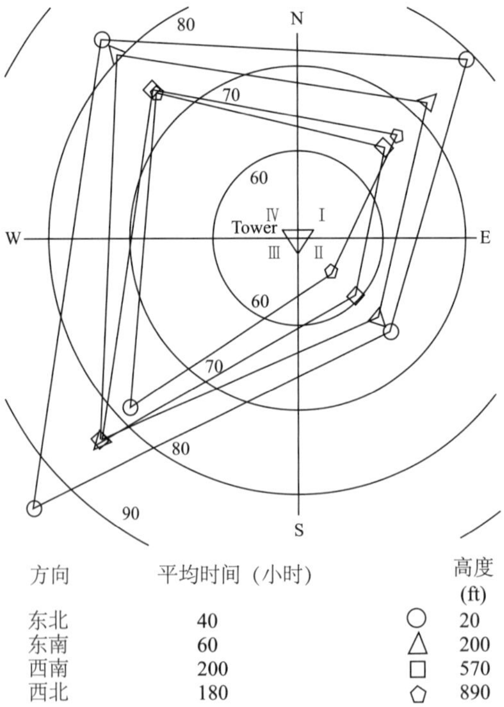

图 3.5.4　氡浓度值与风向的关系($Ci/L\times10^{-15}$)

(2)双滤膜相对测氡装置——Socorro 测氡装置

S. D. Schery 等人于 1980 年 4 月在新墨西哥州 Socorro 建成了一套，对^{222}Rn具有高度选择性的双滤膜相对法测氡装置[35]。该装置测氡的灵敏度优于 0.37 Bq/m^3。

采样流速：50～300 L/min，可调。

采样时间：t＝60 min。

测量时间：T＝60～120 min。

结构参数：

Tn 衰变室　Φ25 cm×30 m。

　　10 个减速片 Φ23 cm　使 Tn 充分“死”去。

Rn 衰变室　Φ76 cm×132 cm 的铝筒。

　　体积 V＝0.6 m^3。

入口滤膜为四块，合计 1 800 cm^2。

出口滤膜直径 Φ100 mm。

　　衰变筒直径为 0.76 m 通过锥台过渡到出口滤膜直径 Φ100 mm。

探测器：Φ140 mm　ZnS(Ag)　低本底光电倍增管。

　　闪烁屏与滤膜之间具有 1 cm 的间距，且该间距可调。

本底：1 cpm　30～100 min。

　　Tn 衰变室渡越时间 6 min(理论计算 10 min，q＝100 L/min)。

刻度：①用装有已知浓度氡气的气象气球；

　　②用铀矿石，在稳定条件下产生 100 pCi/min^{222}Rn；

　　精度约 10％。

测量下限(灵敏度)(^{222}Rn)：0.37 Bq/m^3(10^{-14} Ci/L)。

误差：＜10％。

该装置的一个独特的特点是去钍射气影响。在双滤膜衰变筒的入口滤膜之前，加了一个长 30 m，直径为 25 cm 的筒(称作钍射气衰变筒)。因为钍射气的半衰期只有 55 s，其子体 ThA(^{216}Po)的半衰期更短，为 0.15 s，然后生成无 α 活性的^{212}Pb。所以进入钍射气衰变筒的钍射气，渡越衰变筒到达氡衰变筒入口滤膜时，可以认为基本上已衰变完。双滤膜法测量计数皆由^{222}Rn提供。

应用上述装置，1979 年 8 月对 Socorro 地区进行了一周的监测，结果给出，在离地面 1 m 高处，该地区氡的平均浓度为 14.8 Bq/m^3 水平。但单次测量值在 2.6～37 Bq/m^3 之间。

装置刻度采用铀芯氡发生罐，其氡产生率超过 3.7 Bq/min，对于环境氡的研究，这种氡发生罐已足够了。这种在线刻度方法的准确度优于 10％。图 3.5.5 示出该双滤膜相对测氡装置的原理结构。

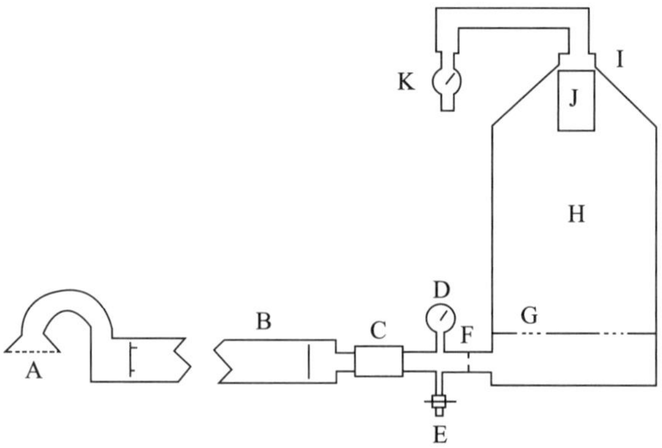

图 3.5.5　Socorro 双滤膜相对测氡装置原理图

图中：A——采样入口网，装有粗孔屏和过滤器以清除空气中的各种杂物；

B——钍射气衰变筒，长 30 m，直径为 25 cm。其作用有二：一是使样气进入双滤膜测氡系统之前，绝大部分钍射气衰变掉，去除钍射气对氡浓度测量的干扰；另一个作用是气流经规则的长管后更加均匀有序；

C——气泵；

D——气压表；

E——辅助入口阀门，刻度时注入标准浓度氡用；

F——易更换的预滤膜，用于清除样气中的尘埃；

G——由四片组成入口滤膜，总面积为 1 800 cm^2；

H——衰变筒，容积为 0.60 m^3，直径为 0.76 m 的铝容器接一锥形出口；

I——Φ10 cm 的出口滤膜；

J——Φ14 cm 的闪烁屏，其与 I 之间留有 1 cm 可调间隙；

K——流量计。

图 3.5.6 示出用该装置连续六昼夜对 Socorro 地区户外氡浓度测量的结果。由图可清晰地看到户外氡浓度昼夜变化的“马鞍形”规律。

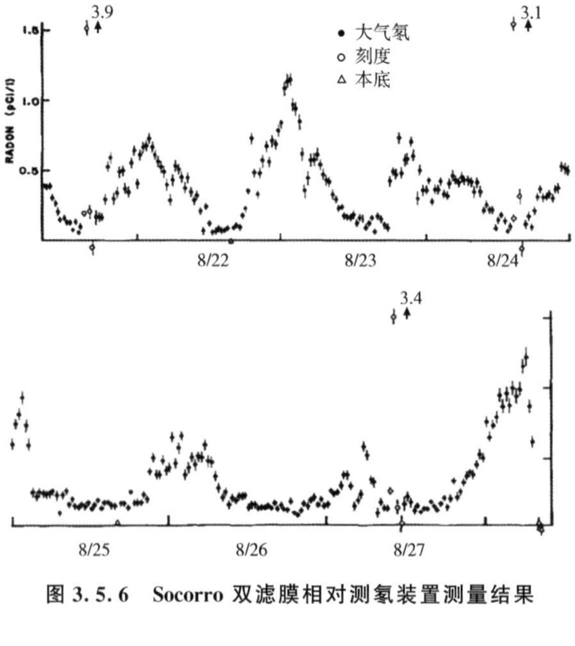

图 3.5.6　Socorro 双滤膜相对测氡装置测量结果

(3)FJ-13 型双滤膜相对测氡仪

FJ-13 型测氡仪是国产早期双滤膜相对测氡仪产品[36]。

衰变室容积：$V=15.3$ L。

采样流速：30 L/min。

采样时间：$t=30$ min。

本底：1 cpm。

刻度系数：

$K=0.46$ Bq/m^3/计数(测量时间 $T_1=1$ min；$T_2=30$ min)；

$K=0.27$ Bq/m^3/计数(测量时间 $T_1=1$ min；$T_2=60$ min)。

灵敏度估算($T_2=30$ min)(95%置信度)：

$$N_{\min}=1.96\sqrt{\frac{2\times(30-1)}{0.46}}\approx 22.0$$

$$C_{Rn}=K\cdot N_{\min}(\text{计数})=0.46\times 22.0\approx 10\ \text{Bq/m}^3/\text{计数}$$

(4)自动双滤膜法测氡仪——FD－129 型氡钍射气测定仪

FD－129 型氡钍射气测定仪是 1985 年投产的国产双滤膜相对测氡仪产品。

文献[38]报道了 1985 年完成的双滤膜相对法采样，借助能谱法对氡钍射气进行快速测定的成果。出口滤膜自动更换；

探测灵敏度通常在 0.4～185 Bq/m^3 范围[37]。

3.6 气球法

气球法测量氡浓度，是 20 世纪 70 年代由我国原核工业国营 711 矿与清华大学共同研创的测量氡浓度的实验方法。气球法属有源采样，测量采样时间段待测气体中氡浓度的实验方法。气球法测量氡浓度的方法的基本原理与双滤膜相对法相似，是用气球替代双滤膜相对法衰变室的变异。气球法测氡浓度的同时，过滤样气中原有氡子体的入口滤膜，常被用于氡子体浓度的测定。迄今，据文献资料，气球法测量氡浓度是我国独有的氡浓度测量方法。

测量氡浓度的气球法在我国获得了广泛的应用。气球法是我国国家标准“环境空气中氡的标准测量方法”GB/T 14582—93[5]推荐的测量氡浓度的方法；并制定了规范气球法测氡的“氡及子体测量规范”EJ/T 605—1991[39]及“铀矿山空气中氡及其子体测定方法”EJ 378—89等核行业标准[4]。

3.6.1 工作原理

气球法的工作过程可概括为：

(1)借助采样泵，将含氡与氡子体的待测气体，经入口滤膜滤除原有氡子体后、注入气球。

(2)关闭采样泵，样气在气球中滞留，氡衰变产生新的氡子体。

(3)滞留一段时间后，借助采样泵将气球内的待测样气由气球中、经出口滤膜抽出。

同时，样气在气球中滞留时间段内新产生的氡子体被出口滤膜过滤采样；

(4)测量出口滤膜上的 α 放射性等四个阶段[40]。

对出口滤膜上的 α 放射性测量计数，借助计数—氡浓度刻度系数(K 值)，计算出被测气体中的氡浓度值，即：

$$C=KN \tag{3.6.1}$$

式中：C——被测气体的氡浓度，Bq/m^3；

N——出口滤膜的 α 计数；

K——刻度系数，$Bq/(m^3 \cdot 计数)$。

3.6.2 装置

气球法测氡装置由入口滤膜氡子体过滤器、流量计、抽气泵、气球与出口滤膜构成的采样系统，及 α 放射性测量仪器构成。图 3.6.1 示出气球法测氡装置采样系统原理结构的示意图。

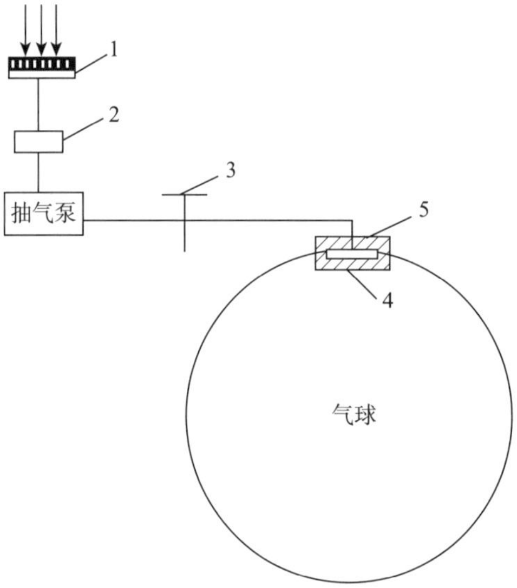

图 3.6.1　气球法测氡装置采样系统原理结构示意图

1—入口子体过滤器；2—流量计；3—调节阀；4—出口滤膜；5—出口采样头

矿井下测量用的气球一般用对氡溶解度小的橡胶制成。充气后体积约 16 L。充气时间一般不超过 3 min，排气时间约 30 s。如充气后停留 10 min，并在排气开始后第 1～6 min 测量。气球法测氡灵敏度约为 $7(Bq/m^3)$/计数。探测下限为 3.7×10^2 Bq/m^3(10 pCi/L)。

增加气球容积能有效地提高灵敏度。如采用 1 m^3 的大气球和 $\Phi50$ mm 的半导体探测器时[36]，测氡下限可达 0.2 Bq/m^3(0.005 pCi/L)。因此，气球法亦可用于环境大气氡的测量。

GB/T 14582—93[5]给出气球法测氡与氡子体潜能浓度探测下限的典型值：氡 2.2 Bq/m^3。

3.6.3 刻度

气球法是测量氡浓度的相对测量方法。与所有其他的相对测氡浓度方法同样，气球法测氡浓度的装置或仪器必须经过实验刻度。求出单个计数对应的氡浓度值，即刻度系数，俗称“K 值”。

(1)直接刻度法

气球法测氡仪从氡发生器中取样。按照选定的测量程序得出计数 N。由于氡的浓度已知，由下式求出刻度系数 K：

$$K=\frac{C}{N} \tag{3.6.2}$$

式中：C——标准氡气发生器给出的氡的浓度。

(2)间接刻度法

当对刻度的精度要求不苛刻时，实际测量中，也采用与已刻度的仪器比对进行相对刻度，即间接刻度法。常用的方法有两种：

①用已知刻度系数的闪烁室或电离室与气球同时采样。由闪烁室或电离室给出氡样的浓度 C。据气球法所测计数 N，代入式(3.6.2)，即可得出气球法刻度系数 K。

②进行气球法测定后，用塑料袋收集从气球内排出的含氡样气。然后，再将其转移到已知刻度系数的闪烁室或电离室内，测得其中的氡浓度 C，由公式得到气球法刻度系数 K。

不同的气球的刻度系数是不同的。因此，更换新气球后应重新进行刻度。

(3)刻度系数与空气湿度的关联

实验证实[41]，气球法的刻度系数，在空气相对湿度大于 95%时，与相对湿度的变化无明显关系。但当相对湿度小于 95%时，刻度系数将随相对湿度的变化而变化。此时，应对不同的湿度范围分别确定其不同的刻度系数。文献[41]实验测出了湿度在 38%～100%范围内，刻度系数随湿度的变化曲线。结果示于图 3.6.2。

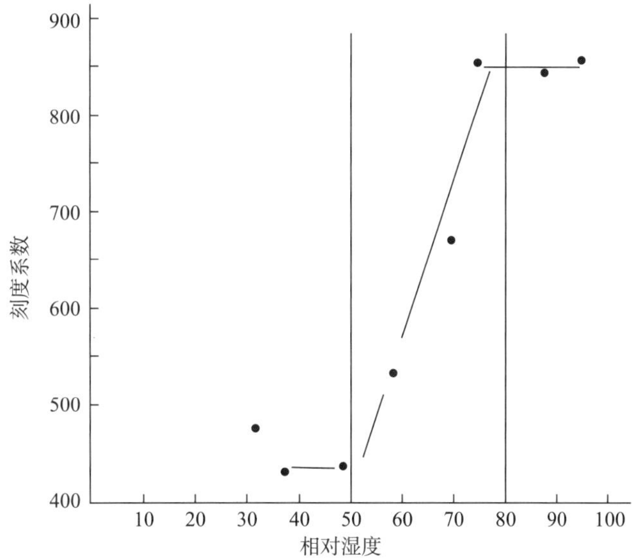

图 3.6.2　气球法测氡浓度刻度系数随湿度的变化曲线

由图 3.6.2 可见，湿度影响极为明显，特别是湿度在 50%～80%之间更为突出。

文献[41]给出氡浓度相同，温度相同(25 ℃)，但相对湿度不同的样气实验测量的结果。四种相对湿度分为 67%、77%、89%与 94%。用同一个气球，在同样的采样、等待与测量时间程序下操作，所得之第(4→7)min 的计数 $n(4\rightarrow7)$列于表 3.6.1 中。

表 3.6.1 不同相对湿度(温度为 25 ℃)下气球法测氡计数

相对湿度/%	气球法测氡计数 $n(4\rightarrow7)$		样品数
	平均值	标准差	
67	148	28	4
77	198	24	3
89	282	27	3
94	311	26	3

由表 3.6.1 可见，在地表空气中，当氡浓度一定时，气球法测氡计数 $n(4\rightarrow7)$随含氡空气的湿度增大而增大。25 ℃情况下，相对湿度由 67%增大至 94%时，气球法所测氡计数 $n(4\rightarrow7)$由 148 增加到 311，即增加了 110%！这说明在地表空气中，相对湿度对气球法测氡浓度结果有极大影响。因此，忽视刻度系数适用的相对湿度条件，将会因实际的相对湿度与刻度时的差异，而带来不可忽视的误差。

3.6.4 国标推荐的气球法测氡和马尔科夫法测潜能程序

GB/T 14582—93"环境空气中氡的标准测量方法"[5]推荐，把气球法测氡浓度和马尔科夫法测子体潜能联合起来，一次操作用 26 min，即可得到被测样气的氡浓度及其子体 α 潜能浓度。其时间程序示于图 3.6.3。

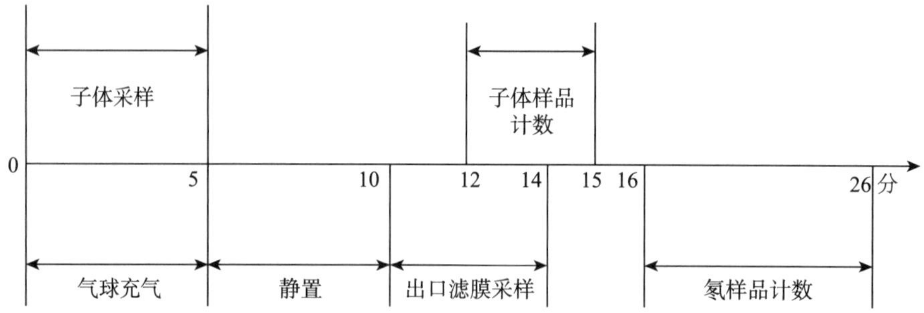

图 3.6.3 气球法测量的时间程序

测量程序：

(1)装入口、出口滤膜，连接采样设备；

(2)在 0～5 min 内用压气泵以流速 40 L/min 向气球充气；同时，入口子体采样头子体采样；

(3)取下入口子体采样头，置于计数器上；5～10 min 充气气球静置。期间，将气球出口连接到抽气泵入口；

(4)在 10～14 min，以流速 50 L/min 气球排气，同时出口滤膜采样；

(5)在 12～15 min 时间间隔，完成入口滤膜的 α 放射性测量(子体 α 潜能浓度测量)；

(6)在 16～26 min 时间间隔，测量出口渡膜的 α 放射性(氡浓度测量)；

(7)氡浓度计算，C_{Rn}(Bq/m^3)：

$$C_{Rn}=K_{Rn}(N_{Rn}-10N_b) \tag{3.6.3}$$

式中：K_{Rn}——气球法刻度系数；

N_{Rn}——出口渡膜的 α 测量计数(16～26 min)；

N_b——仪器的本底计数率(计数/min)。

(8)马尔科夫法 α 潜能浓度计算，C_{Pot}(nJ/m^3)：

$$C_{pot}=K_{pot}(N_{pot}-3N_b) \tag{3.6.4}$$

式中：K_{pot}——马尔科夫法刻度系数；

N_{pot}——入口滤膜的 α 测量计数(12～15 min)；

N_b——仪器的本底计数率(计数/min)。

3.6.5　方法评价

气球法测量氡浓度实验方法[42]

(1)忽略了子体在气球内的扩散、吸附损失估算；

(2)要求准时测量环节较多；如采样体积 V；采样时间 t——要求较严，且影响测量结果；

(3)抽气与排气气流的层流、紊流、涡流状态影响被忽略，因而扩散与重力沉降导致的子体损失为不确定因素；

(4)国标 GB/T 13163—91"氡及氡子体测量仪与监测仪一般要求"[43]推荐：空气泵须在过滤器的下游方向。气球法采样时，空气泵为压气泵，此时，采样泵在过滤器上游；

(5)气球法是测量氡浓度的实验方法。利用滤除待测样气中氡子体入口滤膜，进行子体潜能的测量，不属于气球法测氡浓度实验方法的构成要件。

3.6.6　FT636 型气球法测氡仪

FT636 型气球法测氡仪，是国产用于环境氡浓度测定的高灵敏度便携式测氡仪。仪器由装有换向阀门的采样器，和 Φ50 mm 金硅面垒半导体 α 探测器的测量仪器两部分组成。采样器配有 200 L 采样气球、流量计、采样头和样品环等配件。采样器的结构示意图示于图 3.6.4。

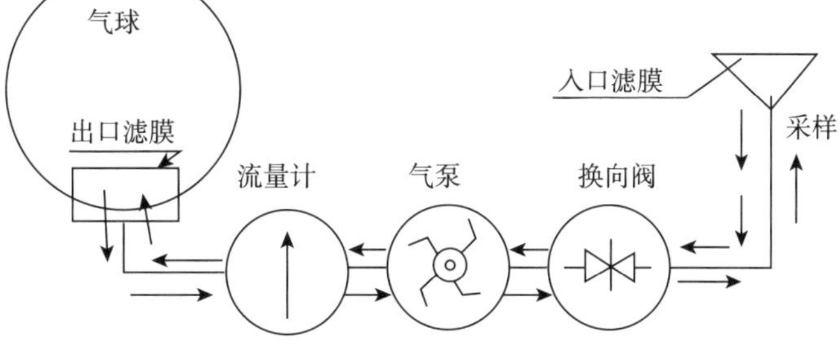

图 3.6.4　FT636 型气球法测氡仪采样器结构示意图

图中，气球法测氡仪采样器的换向阀，可很方便地转换采样和排气方向。α 粒子探测仪的方框图示于图 3.6.5。

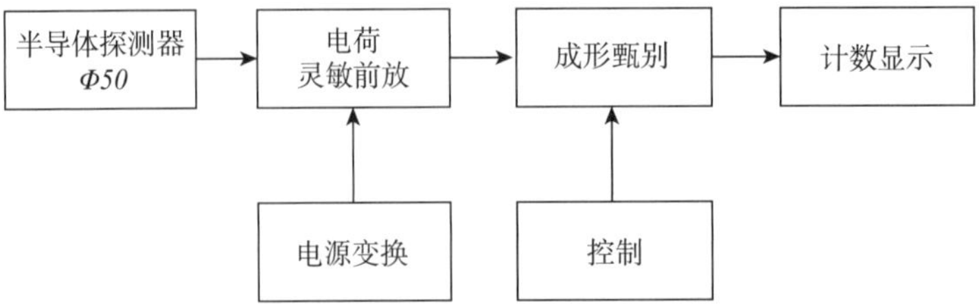

图 3.6.5　FT636 型气球法测氡仪 α 测量仪器框图

按 3.6.4 节规定的程序进行充气、等待、排气、采样及测量。由出口滤膜读数测定氡浓度；由入口滤膜读数测定氡子体潜能。仪器采用直接刻度法进行刻度，图 3.6.6 为刻度装置示意图。

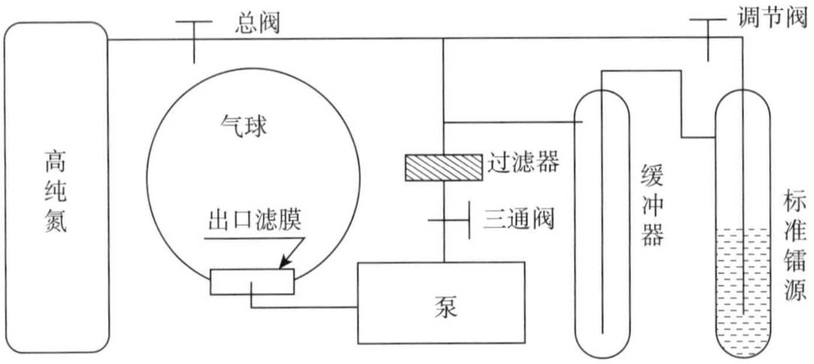

图 3.6.6　FT636 型气球法测氡仪刻度装置示意图

刻度之前用高纯氮气多次冲洗刻度装置，降低本底减小大气中氡对标定的影响。标定操作程序应严格遵守图 3.6.3 的规定。由已知氡浓度，及所测计数，据式(3.6.2)算出刻度系数。

FT636 型气球法测氡仪

测氡灵敏度：1.85 Bq/m^3(5×10^{-14} Ci/L)；

测子体潜能灵敏度：3.5 nJ/m^3(21 MeV/L)；

本底：<1/10 min；

测量误差：约±30%(相对氡 18 Bq/m^3)；

测量周期：26 min(完成氡浓度与子体潜能测定)。

3.7　径迹蚀刻法与热释光剂量计法

径迹蚀刻法是用固体径迹探测器进行氡的累积浓度测量的方法。20 世纪 80 年代初，随着稳定性好、灵敏度高的固体径迹探测新型材料聚丙烯二甘醇碳酸酯(CR-39)的出现，以及德国 kfk 测氡杯的成功设计，使径迹蚀刻探测器在环境氡浓度测量的研究与应用中得到了突破性的进展。径迹蚀刻测氡浓度的方法是我国“环境空气中氡的标准测量方法”国家标准 GB/T 14582—93 推荐的测量方法[5]。

3.7.1 工作原理

重带电粒子(如裂变碎片、α粒子)射入绝缘体时，由于电离作用，在绝缘体内留下作用痕迹——“潜迹”。潜迹是普通光学显微镜下观察不到的 10^{-8} cm 量级的微孔。借助化学蚀刻可扩大损伤径迹，使潜迹线度扩大到 10^{-3} cm 量级，形成能在普通光学显微镜下观测的孔状径迹。如果再进一步借助加音频高压电场的化学蚀刻——即电化学蚀刻，则“潜迹”就会形成线度 10^{-3}～10^{-2} cm 量级的亚微观“树状”径迹。经电化学蚀刻的径迹可以在一般阅读器上观测。每一个径迹就对应一个重带电粒子“探测事件”[44]。

径迹蚀刻法测氡方法，是氡及其子体发射的α粒子轰击聚碳酸脂膜固体径迹探测器基片[如 CR-39]时，产生亚微观型损伤径迹；通过化学蚀刻或电化学蚀刻扩大径迹，用显微镜显像、自动计数装置，或径迹扫描仪进行计数的测氡浓度的方法[45,46]。

径迹蚀刻法测氡方法是无源式采样，测定采样期间内氡及其子体α潜能平均浓度的方法。因为测氡空腔体积较小，扩散面积较大，空腔内的氡浓度很快与外界氡浓度达到平衡。所以，可以认为径迹密度与氡浓度成正比。实验证实，固体径迹探测器对α粒子强度的响应为线性关系，即单位面积上的径迹数与氡浓度和暴露时间的乘积成正比。借助刻度系数可将单位面积上的径迹数转换成氡浓度。

暴露 20 d，其探测下限可达 2.1×10^{3} Bq·h/m^{3}。径迹蚀刻测氡探测器，由聚碳酸脂片或 CR-39，置于一定形状的采样器内组成，如图 3.7.1 所示。

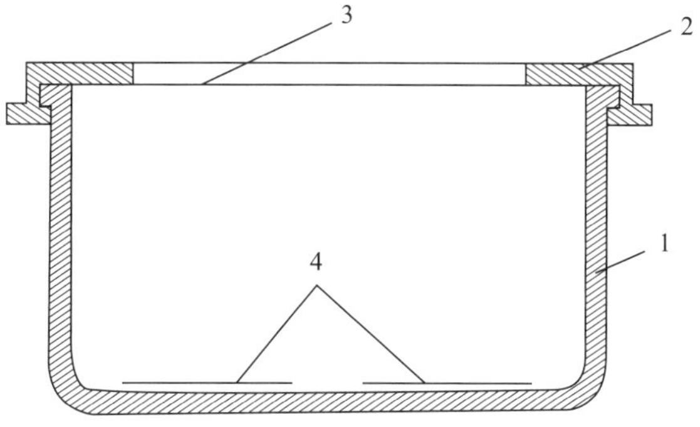

图 3.7.1 径迹蚀刻法采样器结构示意图

1—采样盒；2—压盖；3—滤膜；4—径迹蚀刻探测器(聚碳酸酯基片)

3.7.2 采样

因为在空气中同时存在具有α放射性的氡，及其短寿命子体 RaA 和 RaC′。固体径迹探测器对它们的响应是同等的，即它们的径迹难以区分。为了把氡与其子体区分开来，径迹蚀刻法采样器由(见图 3.7.1)加滤膜的封盖、塑料或铝制容器，及内置径迹蚀刻探测器(CR-39 聚碳酸脂膜片)构成。覆盖滤膜的作用是过滤空气中原有的氡子体。通过滤膜扩散到测量杯中的氡及其随后衰变产生的子体，衰变发射的α粒子被径迹探测器记录。

文献[46]推荐的采样盒为直径 60 mm、高 30 mm 的塑料盒。在圆盒的一个端面装上滤纸，另一端装上固体径迹探测器基片。样气经滤纸扩散进入采样盒时，原有氡子体被阻挡在滤纸上，进入采样盒的纯氡及氡随后衰变新生成的子体衰变发射α粒子，使另一端的

聚碳酸酯基片受到 α 粒子照射，从而给出待测环境空气氡浓度信息。

将切好的 Φ26 mm 探测器片固定在采样盒的底部，每盒装样品 2～3 片。片子的厚度差异应该保持在 10%以内。装好的采样器密封在塑料袋内与外部空气隔绝。

对于环境空气监测，采样器应放在距地面 1 m 以上不易受人扰动的地方。对于室内氡监测应按规定的室内标准采样条件进行。采样器在开始采样前与采样结束后都应密封保存。

记录内容应完整，包括样品编号，测量布样地点。开始与停止采样时间，样品的包装运输以及其他需要的情况。

3.7.3 蚀刻

(1)蚀刻液配制

制备 5.07 mol/L 的 KOH 溶液，并以 1∶2 体积比与 C_2H_5OH 混合制成化学蚀刻液。再将该液以 1∶0.36 体积比与 C_2H_5OH 混合，制成电化学蚀刻液。

(2)化学与电化学蚀刻

①抽取 20 mL 化学蚀刻液加入到装有样品的烧杯中，并将烧杯编号后放入恒温器内在 70 ℃温度下放置 10 h。化学蚀刻结束后，用清水将蚀刻片子洗净、晾干。

②测出蚀刻后的蚀刻片厚度。将厚度相近的蚀刻片作为一组，固定在同一蚀刻槽内。每个槽注入 8 mL 电化学蚀刻液、插上电极。

③将蚀刻槽置于恒温器内，加上电压，以 20 kV/cm 计(如片厚 200 μm，则为 400 V)，在频率为 1 kHz，60 ℃条件下放置 2 h。然后取出蚀刻片用清水洗净、晾干。

④蚀刻完的蚀刻片在显微镜下可观测到梅花形径迹。在显微镜下或用自动计数装置测读单位面积上的平均径迹数。一般测读 20 个视野以上。

3.7.4 刻度

将待刻度的蚀刻探测器表面覆盖滤膜，置于氡浓度为 C_{Rn} 的标准氡室内，暴露一定时间 T，取出探测器按上述规定的蚀刻程序对探测器蚀刻，读出单位面积净径迹数，即可得到氡浓度刻度因子 F_R[44]：

$$F_R = \frac{n_R}{T \cdot C_{Rn}} \tag{3.7.1}$$

式中：F_R——氡浓度刻度因子，Tc/[cm² · (Bq/m³) · h]；

n_R——覆盖滤膜的蚀刻片单位面积净径迹数，Tc/cm²；

T——采样持续时间，h；

C_{Rn}——标准氡室氡浓度，Bq/m³。

在制备样品时，取出其数量不低于使用总数 5%的探测器作为控制探测器，用于测定探测器贮存、运输期间受到的照射，测定本底值 n_b。则氡浓度：

$$C_{Rn} = \frac{n - n_b}{F_R \cdot T} \tag{3.7.2}$$

式中：C_{Rn}——累积取样时间内的环境氡平均浓度(Bq/m³)；

n——径迹密度(Tc/cm²)，Tc——径迹数；

n_b——本底径迹密度(Tc/cm²)；

F_R——刻度因子，Tc/[cm²/Bq·h/m³]；

T——暴露时间，h。

3.7.5 实例

(1)文献[46]将探测器置入已知浓度的氡源箱中进行不同剂量的照射，然后取出聚碳酸酯基片进行蚀刻处理，测得径迹密度。共进行了五个不同氡浓度的照射，氡浓度变化范围 $2.34\times10^3\sim1.67\times10^3$ Bq/m³。得到的结果示于图 3.7.2。

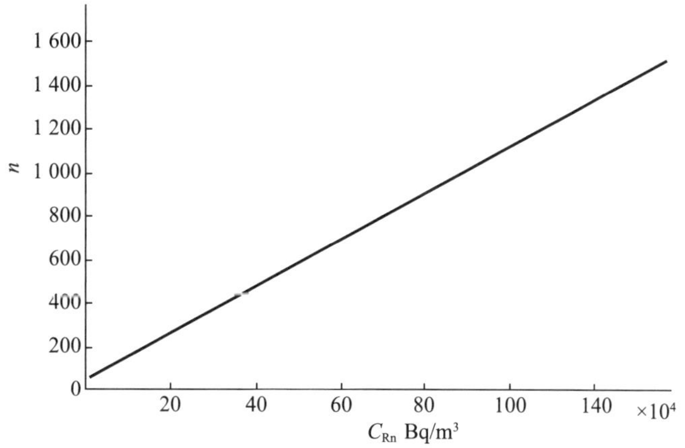

图 3.7.2　无源式环境氡累积探测器刻度曲线

根据实验数据拟合的直线方程式：

$$n=36.38+10.44\times10^{-4}C_{Rn}T \tag{3.7.3}$$

相关系数 $r=0.9983$。

由相关系数的显著性检验，在自由度 $N-2=3$ 时，$r\geqslant0.959$ 的拟合直线，其线性置信度≥99%，因此刻度直线的线性置信度>99%。由式(3.7.2)与式(3.7.3)比较可得：

氡浓度刻度因子：$F_R=10.44\times10^{-4}$ Tc/[cm²·(Bq/m³)·h]

本底径迹：$n_b=36.38$ Tc/cm²

环境氡平均浓度即可由下面公式给出：

$$C_{Rn}=\frac{n-36.38}{10.44\times10^{-4}T} \tag{3.7.4}$$

氡浓度探测下限为：2.1×10^3(Bq/m³)h。由误差分析可得，在环境氡浓度为 38 Bq/m³ 情况下，累积取样 4 个月，该无源式环境氡累积探测器的测量相对误差≤25.1%。

(2)RADOSYS 固体径迹自动测量系统

氡室(Radobath)径迹单元是一个自动探测器处理设备。其内部材料是不锈钢，外部材料是抗热、抗蚀刻液的塑料(ABS)。内置 32 个固定器框架，同时固定 432 个探测器。CR-39 片只用于氡测量。

蚀刻剂：25%NaOH 溶液；

蚀刻温度：90 ℃；

蚀刻时间：4 h；

同时显影的探测器数：432 个；

蚀刻剂容量：5 000 g；

典型本底(CR-39 片)：0.1 Tc/mm^2；

尺寸：10 mm×10 mm×1 mm；

求值时间(每个探头)：平均 60 s；

径迹识别能力：单个和重叠径迹，达到 150 Tc/mm^2；

径迹分析域：47 mm^2。

固体径迹法具有方便、易保存、可连续测量的优点。从近年联合国原子辐射效应科学委员会(UNSCEAR)报告发表的室内氡浓度调查结果来看，α 径迹探测器的应用率逐年增加，已成为环境氡测量的主要手段之一[47,48]。

3.7.6 热释光剂量计法测氡

前述径迹蚀刻法测氡原理与方法也适用于热释光剂量计法测氡。为此将图 3.7.1 径迹蚀刻法采样器结构中"4"——径迹蚀刻片换成热释光剂量片即可[3,11,49,50]。

热释光剂量计法测氡采样可用无源扩散与有源采样两种方法。

文献[51]报道了一种无源扩散热释光剂量计测氡方法。采用超薄型(2 mg/cm^2) $CaSO_4$ · Tm 热释光剂量元件(TLD)测量氡及其子体的 α 粒子，制成热释光测氡采样器。

TLD 片的规格为 2.5 cm×5.0 cm 长方形片。其一半夹在厚度为 0.3 mm 的黑纸中，以屏蔽 α 粒子，只受 β+γ 射线辐照。令其为 TLD2；另一半裸露于空气中，其对 α、β、γ 皆灵敏，令其为 TLD1。TLD1+TLD2 置于一端开口的封闭盒内。开口端蒙上无纺布，以便滤掉样气中原有的氡子体，只允许氡进入采样盒内。TLD1、TLD2 的信号差值给出被测样气中氡浓度信息。

文献[50]报道了一种有源采样的热释光剂量计测氡方法。图 3.7.3 示出其取样器结构示意。

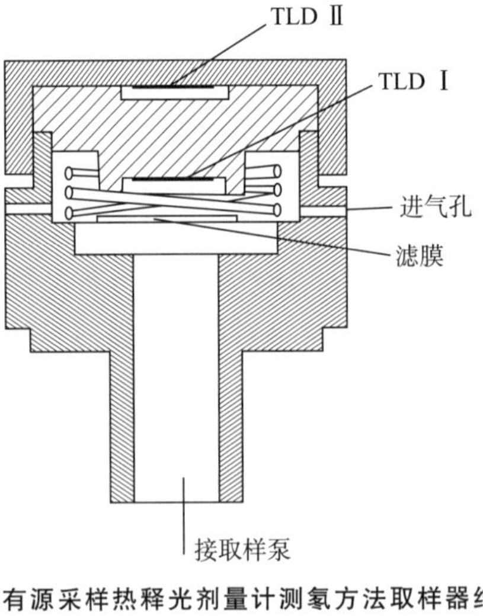

图 3.7.3 有源采样热释光剂量计测氡方法取样器结构示意图

取样器内装有一片滤膜和两片 TLD 片。抽气泵工作时，空气中的氡子体与其他微尘沉积在滤膜上。进入采样器的氡衰变产生的子体发射的 α 粒子，由靠近滤膜的(距离约 2 mm)的热释光片 TLDⅠ记录。另一片 TLDⅡ记录 γ 本底。由于 TLDⅠ和 TLDⅡ对 γ 的响应一致，所以两片热释光片的读数之差就是进入取样器的氡衰变子体的响应。本方法中的热释光片也选用高 α/γ 比的超薄型 $CaSO_4 \cdot Tm$ 热释光剂量元件[55]。

辐照后的热释光剂量片的信号读出程序，依所用的热释光剂量元件使用方法确定。

更多关于热释光剂量计法测氡的信息可参阅文献[1，52，53，54]。

3.8　α 卡法

3.8.1　工作原理

α 卡法测氡方法，是加拿大卡尔顿大学的 J. W. 卡特和 K. 比尔教授，用 α 卡测定土壤内氡浓度的异常，寻找铀矿而发展起来的测氡方法[55,56]。将一种薄膜材料——α 卡置于一容器中，容器下端开口，埋置于土壤中。埋置期间，容器内空气中氡衰变的一部分子体，扩散沉集到 α 卡上。然后取出 α 卡，用仪器测量 α 卡上氡子体发射的 α 粒子计数。据刻度系数，便可由测量 α 粒子计数得出土壤内氡的浓度[11]。早期，加拿大阿尔法核子公司研制的 α 卡及测量 α 强度的仪器，作为寻找铀矿的方法曾被广泛应用。

图 3.8.1 是加拿大阿尔法核子公司生产的 α 卡实物照片。α 卡是两片 50.8 mm×44.5 mm 的塑料薄片。中间开孔，两塑料片之间夹有一层镀铝的聚酯薄膜。该薄膜的厚度应足够小，以使大部分 α 粒子能穿透，这样可提高仪器探测 α 粒子的效率。含塑料薄片的 α 卡，悬吊在探杯内，探杯开口朝下埋入测坑中，测坑上口用塑料布封好，α 卡在孔中收集氡子体的时间可取 3 h 或一夜，一般说有 10 余小时就足够了。图 3.8.2 示出 α 卡埋设和悬吊的示意。

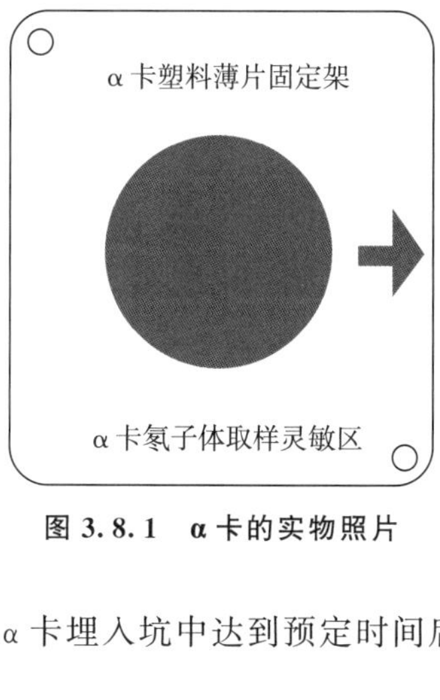

图 3.8.1　α 卡的实物照片

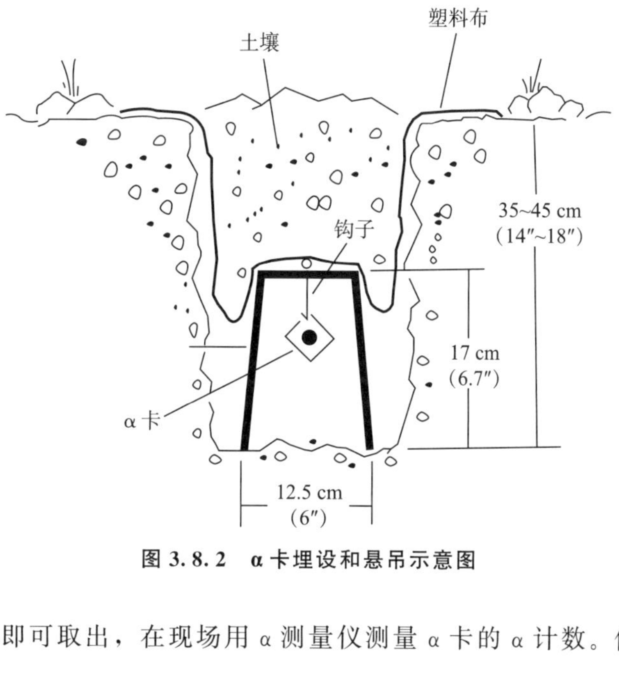

图 3.8.2　α 卡埋设和悬吊示意图

α 卡埋入坑中达到预定时间后即可取出，在现场用 α 测量仪测量 α 卡的 α 计数。借助刻度系数计算出被测氡浓度。α卡可反复使用。

3.8.2 α卡法改进 1——FT140 型测氡仪

FD－140 型测氡仪是采用改进的 α 卡法测氡原理研制的国产 α 杯式测氡仪。其对 α 卡的一个改进是加大样品的采集面积，由面积较小的氡子体采样园片，改为内外表面采集氡子体的采样杯。大大增大了氡子体收集有效表面[57]。第二个改进是配用凹凸形大面积 α 粒子探测闪烁体，大大提高了对氡子体发射的 α 粒子的探测效率。这两项改进使 FD－140 测氡灵敏度比国内外同类型仪器高出三倍以上，达≥0.8 cpm/(Bq/m^3)[≥30 计数/min/爱曼 *em*]。图 3.8.3 示出 FD－140 高灵敏度测氡仪的结构示意。探测器为凹凸形 ZnS(Ag)闪烁体；表面积为 330 cm^2(取样杯有效面积为 320 cm^2)；对^{239}Puα 检验源的 2π 探测效率≥70%；本底≤15 cpm (70%效率时)。

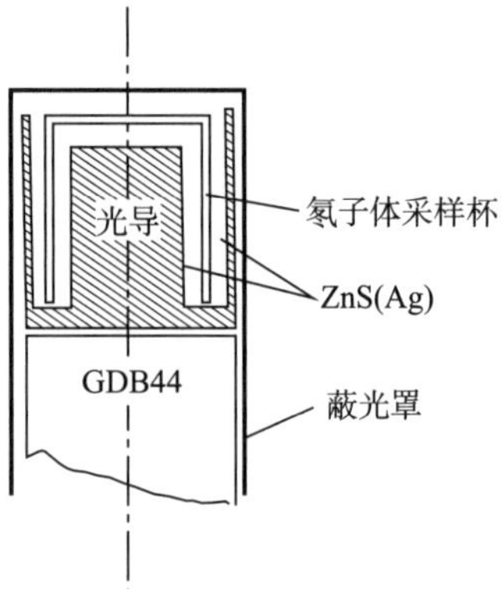

图 3.8.3 FD－140 型高灵敏度测氡仪结构示意图

使用时应首先在测点处挖一大约 Φ60 cm×50 cm 的坑，然后将取样杯插入取样杯外罩中，将取样杯外罩口朝下，放入布点坑内，盖上一块塑料布，周围培上土压住密封。4 h 后，将取样杯从坑内取出，插入测量探头内进行测量。

3.8.3 α卡法改进 2——带电 α 卡法

α卡法测氡方法中，α卡对氡子体的收集基于氡子体的扩散。1981 年 J.W 卡特等人，基于氡的短寿子体在初始态呈带正电离子状态，而提出带负电 α 卡测氡的方法[58]——带电 α 卡法测氡子体测氡法。氡子体在电场作用下加速向 α 卡漂移，提高 α 卡收集氡子体的效率。

α卡用聚脂薄膜制成，置于塑料杯中密封，使氡与短寿命子体达到平衡。然后加－300 V 电压于卡上，4 h 后从塑料杯中取出 α 卡，测定卡的 α 粒子计数。

带电 α 卡测氡的方法，大大提高了方法灵敏度，带电 α 卡测氡灵敏度比一般 α 卡法高 7～8 倍。表 3.8.1 列出了自然 α 卡法与带电 α 卡法灵敏度的对比。

核工业七所用带电 α 卡法于环境氡测量，灵敏度约(370～480)Bq/m^3(10～13 pCi/L)。

表 3.8.1 自然 α 卡法与带电 α 卡法灵敏度对比

次序	自然 α 卡(埋杯 7 h)/(计数/3 min)	带电 α 卡(埋杯 7 h)/(计数/3 min)
1	204	1 603
2	214	1 614
3	218	
平均	212	1 608

为确定 α 计数与氡浓度的对应关系，α 卡也需进行刻度，图 3.8.4 示出该刻度曲线。

同一条件下，带电 α 卡的计数率与所加电压相关，其实际测量的关系曲线示于

图 3.8.5。由图可见，电压高于 300 V 收益不显。

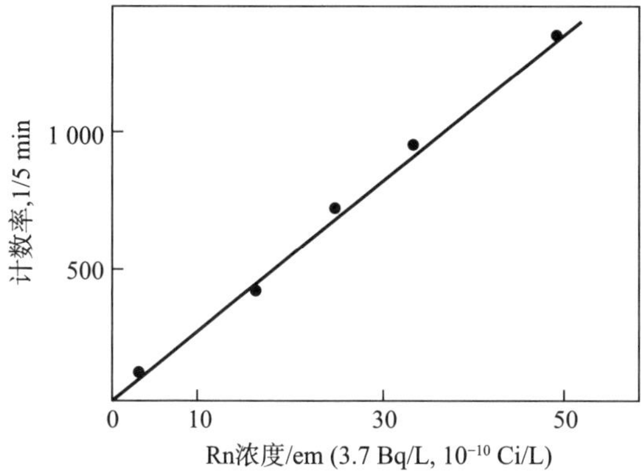

图 3.8.4　计数率—Rn 浓度关系

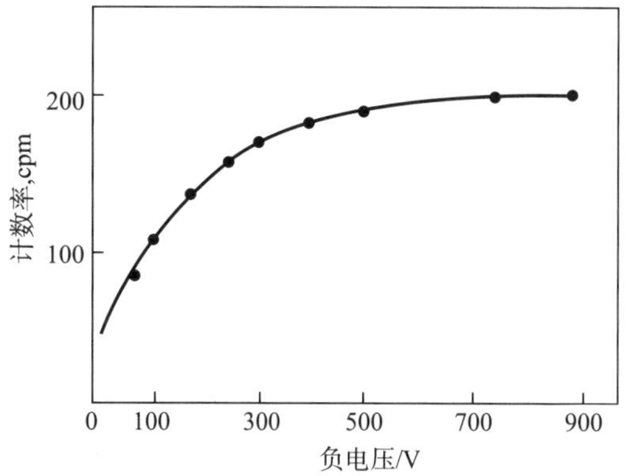

图 3.8.5　带电 α 卡法 α 计数率—所加负电压关系

3.8.4　α 卡法改进 3——α 硅半导体氡探测仪

α 硅半导体氡探测仪是对 α 卡法又一改进。α 硅半导体氡探测仪直接将探测器的表面用作 α 卡实时测量。α 硅半导体氡探测仪是 1975 年发展起来的累积氡测量方法成果[11]。加拿大阿尔法核子公司与美国科罗拉多洲丹佛市的一家公司相继研制成商品 α 硅半导体氡探测仪。

α 硅半导体氡探测仪用一个探杯限定被测样气的容积。探杯的底部为 α 硅半导体探测器。探测器仅探测探杯内的氡衰变时放出的 α 粒子。

加拿大阿尔法核子公司生产的 α 硅半导体氡探测仪由一个 Φ38～51 mm，长 355.6 mm 的管状体组成。管的底部，凹进处安置一个硅探测器。当仪器置入待测氡浓度的气体环境中后，约半小时后扰动达到平衡。1 h、1 d 或 1 个星期后，可累积足够的 α 计数，然后进行读数。

在探测器空腔内氡达到状态平衡的时间是很短的。图 3.8.6 示出这相关数据。横坐标表示时间，由零至两小时；纵坐标表示测量计数。如果每个探测器的计数特性相同，则计数-时间应与图中虚直线所示。图示各曲线斜率不同说明实验所用的探测器的探测器效率不同；另外，各曲线在初始阶段都有下凹，说明氡浓度随时间而存在不断增长的过程。因此，建议将开始采样的时刻，从探测器埋入土壤后延迟 20 min，以减小建立平衡的时间的影响。

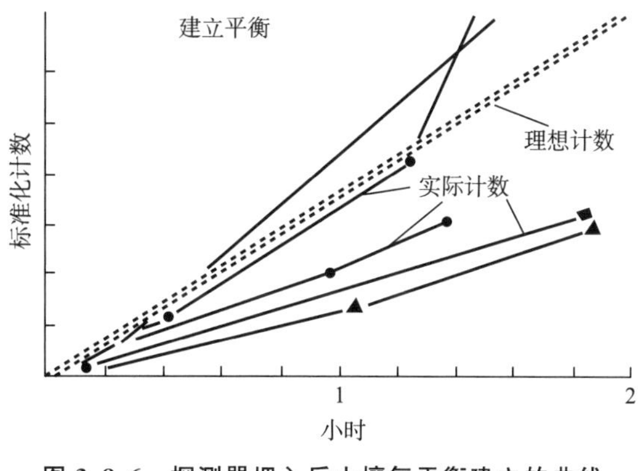

图 3.8.6　探测器埋入后土壤气平衡建立的曲线

大量露水和其他现象(如降雨、降雪)能部分地封闭土壤的上表层，从而影响土壤中氡的浓度。影响大小取决于土壤类型及探杯(管)所处的微环境。图 3.8.7 示出降雨期间氡特性变化的一种情况。若纵坐标仍表示计数，则降雨期间氡浓度的增高显示为曲线的“超线性”。假若用纵坐标表示计数率，不变氡浓度显示为水平直线。降雨期间氡浓度的增高显示为明显的上冲数据。数据给出该上冲值比降雨前后大 2～3 倍。

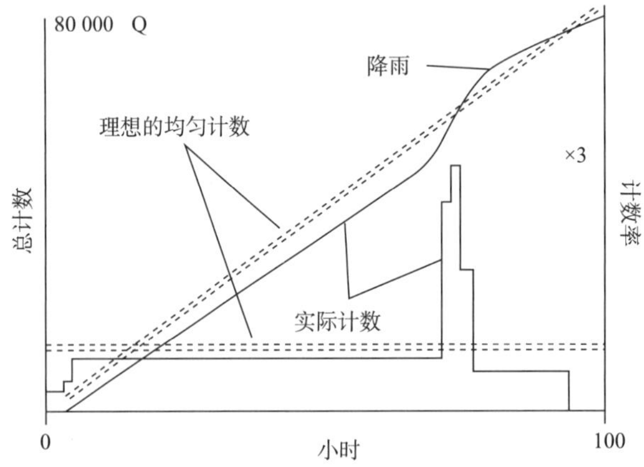

图 3.8.7　降雨对 α 计数影响的示例

400 型 α 测氡仪

400 型 α 测氡仪是具有筒状外形的累积测氡仪器。外壳尺寸为 Φ5.1 cm×35 cm。内装有电子电路与电池。仪器底部有一个直径为 4.5 cm、深 6.4 cm 的空间。探杯总容积为 98 cm^3。仪器底部至探测器的距离足够大，因此硅探测器只记录进入仪器探杯中的氡及其子体产物衰变时发射的 α 粒子，不记录土壤层表面上的氡子体发射的 α 粒子。也就是说，该仪器的结构使仪器不记录能量小于 1 MeV 的任何 α 粒子。能量为 5 MeV 的 α 粒子，在空气中的运动距离超过 3.5 cm 时，其能量便降低到不能被记录的水平。

400 型 α 测氡仪采用的探测器为硅扩散结型 α 粒子探测器。灵敏面积为 400 mm^2。反向电压约 40 V。探测器的密封窗很薄。为保护目的，仪器底部加装了一个塑料隔网。硅探测器可靠的工作环境温度应低于 40 ℃。下限温度取决于所用电池，约−15 ℃～20 ℃。

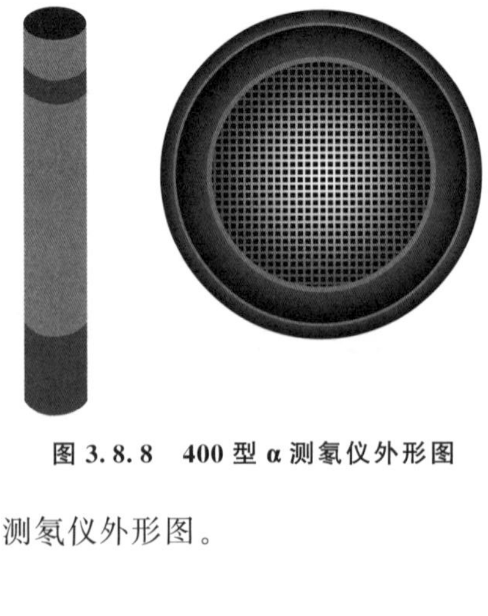

图 3.8.8　400 型 α 测氡仪外形图

图 3.8.8 示出 400 型 α 测氡仪外形图。

3.9 α 能谱法

首先，应特别指明，α 能谱法测氡浓度方法，不是待测含氡样气采集氡浓度信息的新方法。α 能谱法是前述电离室法、静电场法等采集了氡浓度的滤膜，读取总 α 计数方法，改为读取 α 能谱的改进。

3.9.1 ^{222}Rn、^{220}Rn 浓度 α 能谱法测量原理

测定氡(^{222}Rn、^{220}Rn)浓度的 α 能谱法，是依据^{222}Rn 的短寿命子体 RaA、RaB、RaC 中，RaA(^{218}Po)发射 6.002 MeV，RaC′(^{214}Po)发射 7.687 MeV 的 α 粒子；^{220}Rn 的短寿命子体 ThA、ThB、ThC、ThC′中，ThA(^{216}Po)发射 6.779 MeV，ThC(^{212}Bi)发射 6.090 MeV，ThC′(^{212}Po)发射 8.784 MeV 的 α 粒子(表 3.9.1、图 2.1.2-1、图 2.1.2-2)，分别或同时测定不同能量的 α 粒子，借助刻度系数获得^{222}Rn、^{220}Rn 浓度的实验方法[59]。

表 3.9.1　氡^{222}Rn、^{220}Rn 与其短寿命子体发射的 α 粒子

序号	能量/MeV	分支比/%	注(母体、半衰期)
1	5.489	100	^{222}Rn—3.823 d(气态)
2	6.002	100	RaA—3.10 min
3	5.512	0.04	RaC—19.9 min
3′	7.687	99.99	RaC′—1.64×10^{-4} s
4	6.288	100	^{220}Rn—55.8 s(气态)
5	6.779	99.986	ThA—0.150 s
6	6.090	33.7	ThC—60.54 min
6′	8.784	66.3	ThC′—3.00×10^{-7} s

3.9.2 ^{222}Rn、^{220}Rn 子体 α 能量的理论期望谱与实验谱

RaA(^{218}Po)—6.002 MeV，RaC′(^{214}Po)—7.687 MeVα 粒子谱；ThA(^{216}Po)—6.779 MeV、ThC(^{212}Br)—6.090 MeV，ThC′(^{212}Po)—8.784 MeVα 粒子能谱的理论期望谱示于图 3.9.1。

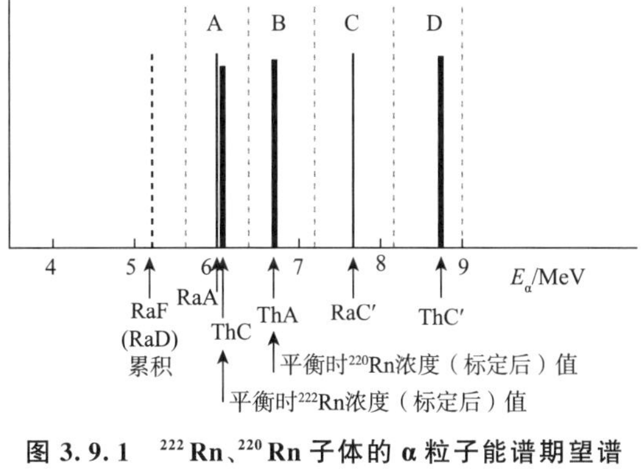

图 3.9.1　^{222}Rn、^{220}Rn 子体的 α 粒子能谱期望谱

但是实际测量到的α粒子能谱。与期望谱相比，α粒子谱线出现明显的向低能端的“拖尾”现象(见图3.9.3，图3.9.3)。α谱产生拖尾和影响其形状的主要原因：

①α粒子在沉积物自吸收；

②滤纸差别产生的沉积分布差异；

③收集时间的差异；

④湿度变化；

⑤α粒子在空气中路径差异；

⑥α粒子在探测器死层路径差异。

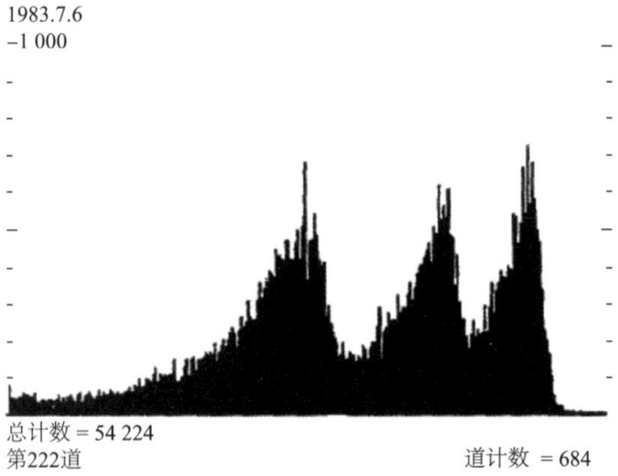

图3.9.2 沉积在滤膜上的$^{222}Rn/^{220}Rn$子体α粒子多道谱仪实测谱

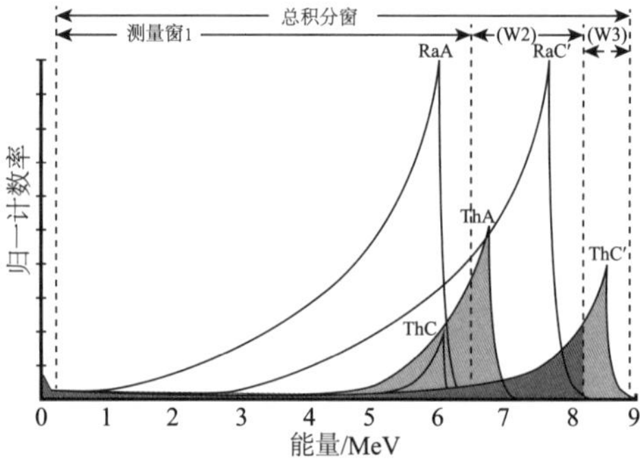

图3.9.3 沉积在滤膜上的$^{222}Rn/^{220}Rn$子体α粒子多道谱仪实测谱成分解析

3.9.3 测^{222}Rn、^{220}Rn浓度“α谱三能段法”

α能谱法测^{222}Rn、^{220}Rn浓度出现的早期，依据沉积在滤膜上^{222}Rn、^{220}Rn子体的α粒子实验能谱(见图3.9.2)的提示，采用“α谱三能段法”(见图3.9.3中W1、W2与W3)。

W1段——(据图估值)0.2～6.5 MeV

W2段——(据图估值)6.5～8.2 MeV

W3段——(据图估值)8.2～8.9 MeV

该法比“总α计数法”有了实质性的改进。但“α谱三能段法”有两个不足。

一个不足是将ThA(6.779 MeV)与RaC(7.687 MeV)发射的α粒子划在同一能段——W2；

另一个不足是将长寿命子体RaD衰变的“本底”α(5.3045 MeV)与RaA发射的α(6.002 MeV)划在同一能段——W1。

上述两个“不足”导致测^{222}Rn、^{220}Rn浓度“α谱三能段法”，无法分割ThA与RaC变化动态过程及各自的贡献；没有消除^{222}Rn长寿命子体RaD(5.304 5 MeVα粒子)累积导致测量本底不断增高的干扰。因此，测^{222}Rn、^{220}Rn浓度“α谱三能段法”没能获得广泛应用。

3.9.4 测^{222}Rn、^{220}Rn浓度“α谱四能段法”

在“α谱三能段法”的基础上发展出了测^{222}Rn、^{220}Rn浓度“α谱四能段法”。

四能段法四段谱的能量范围的设定——6 MeV 至 9 MeV 的 α 粒子。“α 谱四能段法”的能量段设置：

A 段——5.40～6.40 MeV　或　6.00～6.75 MeV

B 段——6.75～7.50 MeV

C 段——7.50～8.25 MeV

D 段——8.25～9.00 MeV

表 3.9.2 列出“四能段法”测氡原理中氡、钍射气短寿命子体发射的 α 粒子的参数；图 3.9.4示出四能段法测氡与钍射气浓度谱线结构示意，及测平衡 ^{222}Rn 浓度实验谱。

表 3.9.2　“四能段法”测氡原理中 ^{222}Rn 与 ^{220}Rn 短寿命子体发射的 α 粒子

段№	能量/MeV	分支比/%	注(母体、半衰期)
A	^{218}Po(RaA)[A 段]6.002	100	RaA—3.10 min
	^{212}Bi(ThC)[A 段]6.090	33.7	ThC—60.54 min
B	^{216}Po(ThA)[B 段]6.779	99.986	ThA—0.150 s
C	^{214}Po(RaC′)[C 段]7.687	99.96	RaC′—1.64×10^{-4} s
D	^{212}Po(ThC′)[D 段]8.784	66.3	ThC′—3.00×10^{-7} s

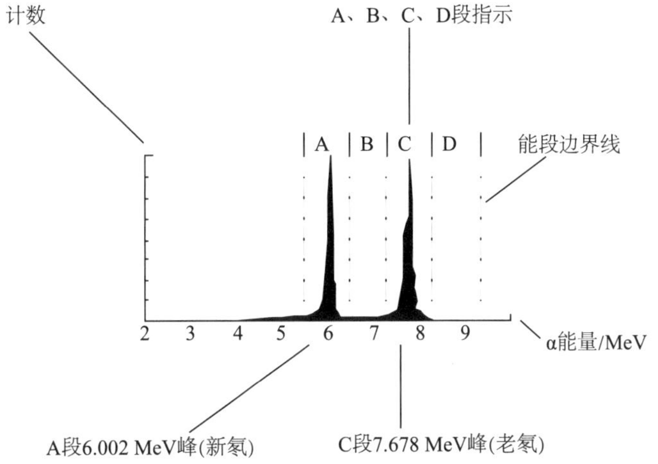

图 3.9.4　“α 谱四能段法”测平衡 ^{222}Rn 浓度实验谱

3.9.5　α 能谱法测氡优点

(1)实时性——实时监测氡浓度变化[测量周期内的浓度变化]；

(2)瞬时性——发现氡 ^{222}Rn 浓度变化仅仅借助 ^{218}Po(RaA)浓度变化[$T_{1/2}=3.05$ min]，忽略 ^{214}Po 干扰氡 ^{222}Rn 监测[借助 ^{216}Po 监测，$T_{1/2}=160$ ms]；

(3)RaD(^{210}Pb)本底排除！借助能量甄别，排除探测器金属膜上长寿命子体 RaD 聚集导致本底不断增高的影响。同时，其他能量 α 粒子干扰也被能量甄别排除；

(4)装置快速复原。由于 RaA(^{218}Po)与 ThA(^{216}Po)的寿命极短，所以测量装置可快速恢复到新样品的测量的初始状态。

3.9.6 α能谱法测氡仪 RAD7

RAD7 是近年来研制成功的 α 能谱法测氡较成功的商品测氡仪。RAD7 是对含^{222}Rn、^{220}Rn样气，抽气采集、流气、静电场原理收集其衰变子体、α 能谱法探测各子体 α 计数、借助刻度系数测定^{222}Rn、^{220}Rn 浓度的氡检测仪[60]。RAD7 采用"α 谱四能段法"测^{222}Rn、^{220}Rn 浓度。

检测仪以 1 L/min 流速采样，收集静电场为灵敏容积 0.7 L、内表面为导体覆层的半球。半球中心处为 PIPS 型 α 粒子探测器。半球内表面相对于中心探测器加+2 000～2 500 V 高压在探测室内建立静电场。探测器为静电场负极，收集带正电的^{222}Rn、^{220}Rn 子体。

依据^{218}Po(RaA、6.002 MeV)α 粒子探测，确定^{222}Rn 浓度；依据^{216}Po(ThA、6.779 MeV) α 粒子探测，确定^{220}Rn 浓度。

仪器可工作于连续(流气)或自动抓样两种模式。

量程：0.1～20 000 pCi/L (3.7～740 000 Bq/m^3)

灵敏度：0.01 cpm/(Bq/m^3)[例 40 Bq/m^3 场合，0.4 cpm. 或 6 计数/15 min]

固有本底：<1 cph [0.01 pCi/L][室外氡水平：0.10～1.00 pCi/L]

(1)工作原理

RAD7 仪器配用 256 道谱仪；采用"α 谱四能段法"测^{222}Rn、^{220}Rn 浓度。RAD7 ^{222}Rn、^{220}Rn浓度测量能区为 6～9 MeV。在测量能区内设置 A、B、C、D 四个测量段。

A 段——(测量窗)6.00～6.75 MeV[RaA-6.002、ThC-6.090 MeV]

快速抓样查寻氡^{222}Rn 源 仅测 RaA[61]

B 段——(测量窗)6.75～7.50 MeV[ThA-6.779 MeV]

快速抓样测氡^{220}Rn 源 仅测 ThA

C 段——(测量窗)7.50～8.25 MeV[RaC′ 7.687 MeV]

连续测氡^{222}Rn。与 A 区计数相加计算氡^{222}Rn 浓度。改善测量结果统计性

D 段——(测量窗)8.25～9.00 MeV[ThC′ 8.784 MeV]

8.784 MeV(10.64 h+60.54 min)

D 段，每 66.3 个 8.784 MeV 计数，对应 A 段 33.7 个 6.090 MeV 计数[分支比!]

为了提高测量质量，除上述 6～9 MeV 标称测量能区之外，RAD7 的实际工作能区为 0～10 MeV。

设置监测窗：

E 段——(监测窗)，监测>9.00 MeV 信号区间的信号(正常情况下永为零计数的监测窗)；

H 段——(监测窗)，监测<6.00 MeV α 本底，及噪声。

[α 本底：如 RaD(^{210}Pb)22.26 a→β→β→RaF(^{210}Po)，5.304 5 MeV]

(2)^{222}Rn 与子体放射性平衡时 α 能谱及测量

初始无^{222}Rn；向测量室内输入含^{222}Rn 样气。

现象——"A 段"开始计数；最初约 5 min，计数率迅速增大，后接近一个稳定水平。10 min 后，RaA(^{218}Po)与母体^{222}Rn 近似达到放射性平衡。此时，几乎所有计数皆集中于"A 段"[6.002 MeV，$T_{1/2}$=3.05 min，100%,]显示"A 段"的单峰谱线；总计数率继续增

大，但增速缓慢；“C 段”出现计数。1～2 h 后，“C 段”计数率越来越大。约 3 h 后，RaC′(^{214}Po)、RaA(^{218}Po)与母体^{222}Rn 近似达到放射性平衡。

^{222}Rn 浓度恒定时，3 h 后，“A 段”的 RaA 峰与“C 段”的 RaC 峰计数率近乎相等。

^{222}Rn 与其子体达到放射性平衡时，α 粒子理论期望能谱示于图 3.9.5，实验能谱示于图 3.9.6。A、C 段双峰谱线，双峰面积近乎相等。因为^{222}Rn 是电中性的惰性气体，不能被吸附到固态 α 探测器的表面。因此，^{222}Rn 直接发射的 5.489 MeV 的 α 粒子不出现在谱中。

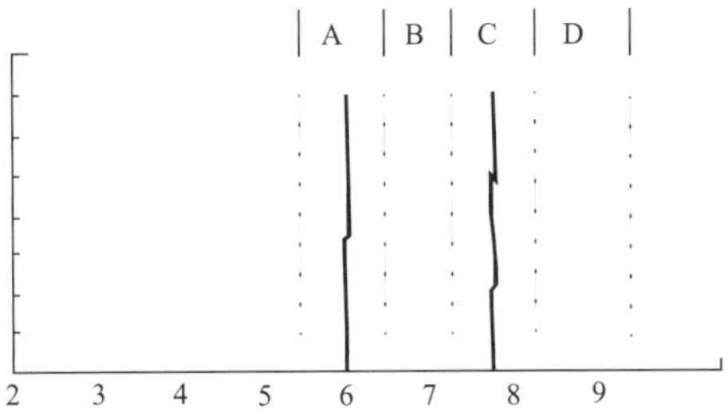

图 3.9.5　^{222}Rn 与子体放射性平衡时 α 粒子期望能谱

[完全平衡时，“A 段”峰——6.002 MeV(^{218}Po)、“C 段”峰——7.687 MeV(^{214}Po)高度相同]

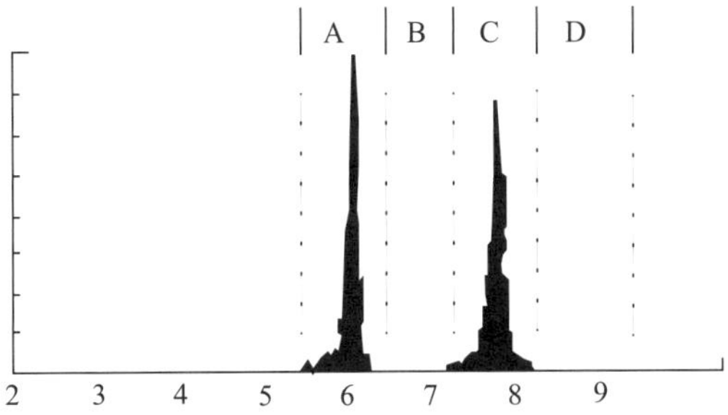

图 3.9.6　^{222}Rn 与子体达到放射性平衡时 α 粒子实验能谱

(氡浓度恒定，采样 3 h 后，“C 段”的计数率与“A 段”的计数率近似相等)

除上述 α 能谱测氡之外，也可借助 γ 能谱进行氡浓度测量。文献[3]介绍了测定氡子体发射的 γ 谱实施氡密度测定的方法。应当指明，由于 γ 能谱的测定较复杂，因此其实际应用较少。

(3)^{220}Rn 与子体放射性平衡时的 α 能谱及测量

初始无^{220}Rn；向测量室内输入含^{220}Rn 样气。

现象——“B 段”开始计数；ThA(^{216}Po)的半衰期为 0.145 s，因此 ThA(^{216}Po)与测量室内^{220}Rn 射气之间几乎没有任何时间延迟，而处于放射性平衡状态。ThA(^{216}Po)发射的 α 粒子能量 6.779 MeV，“B 段”显示计数；ThB(^{212}Pb)β 衰变，其半衰期为 10.64 h，与^{220}Rn 达到放射性平衡需数天时间。反应生成核 ThC(^{212}Bi)，半衰期 60.54 min，以 34%分支比放出能量 6.090 MeV 的 α 粒子(“A 段”)；以 66%分支比，通过 β 衰变，生成 ThC′(^{212}Po)，瞬即($T_{1/2}=3.00\times10^{-7}$ s)放出能量 8.784 MeV 的 α 粒子(“D 段”)。因此，^{220}Rn 采样数十小时后，除“B 段”计数外，“A 段”与“D 段”同时出现计数，且[A/D]段计数比为[33.7%/66.3%]，如图 3.9.7 所示。

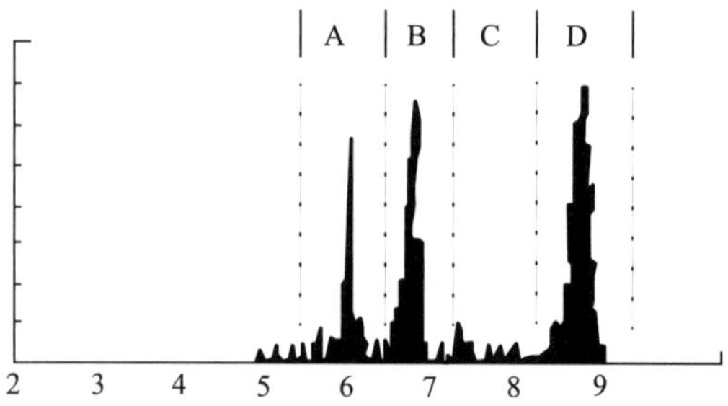

图 3.9.7 ^{220}Rn 与子体放射性平衡时 α 粒子实验能谱

含 ^{220}Rn 空气不间断地采样超过 12 h，“A 段”计数率约等于“D 段”计数率的一半[34%/66%]

“B 段”—6.779 MeV ^{216}Po(ThA)；“A 段”—6.090 MeV ^{212}Bi(ThC)；“D 段”—8.784 MeV ^{212}Po(ThC′)

(4) ^{222}Rn、^{220}Rn 动态能谱

①新 ^{222}Rn 能谱——氡采样不超过 1h 的 ^{222}Rn 能谱[见图 3.9.8(a)]

“A 段”6.002 MeV(RaA(^{218}Po)新氡)；

“C 段”7.687 MeV 计数刚刚开始增长，计数率远低于“A 段”

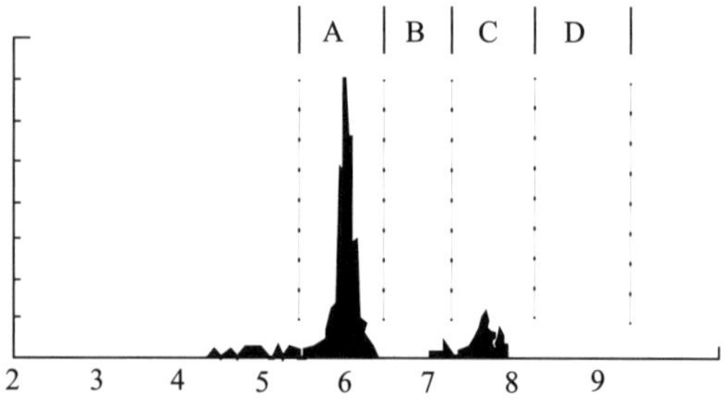

图 3.9.8(a) 新 ^{222}Rn α 能谱

②老 ^{222}Rn 能谱——用无氡空气清洗 10 min 以后的仪器图谱[见图 3.9.8(b)]

“C 段”7.687 MeV(RaC′(^{214}Po)老氡)

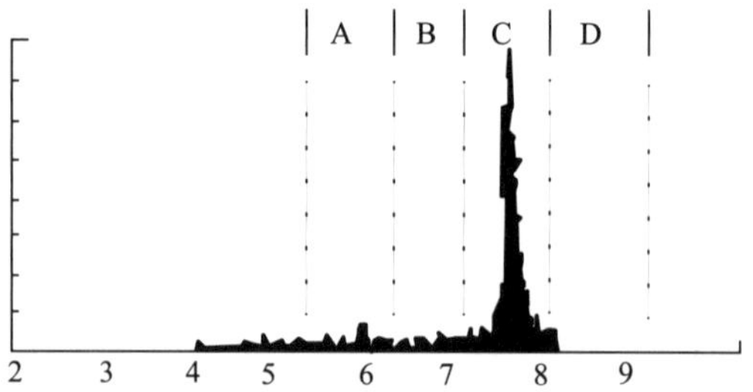

图 3.9.8(b) 老 ^{222}Rn α 能谱

③新 ^{220}Rn 能谱——不间断地含 ^{220}Rn 空气采样[见图 3.9.8(c)]

“B 段”6.78 MeV　^{216}Po(ThA)

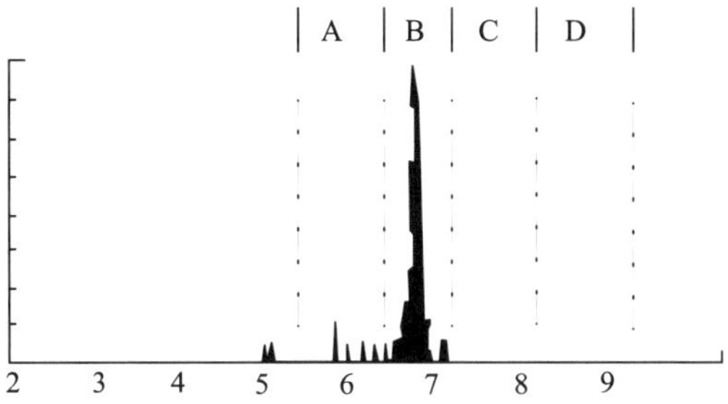

图 3.9.8(c) 新^{220}Rn α 能谱

④老^{220}Rn 能谱[见图 3.9.8(d)]——结束漫长不间断地含钍射气空气采样后，钍射气在“B 段”的峰立即消失；其余的“A 段”“D 段”两个峰，以半衰期 10.6 h 衰减。“A 段”计数率约等于“D 段”计数率的一半。

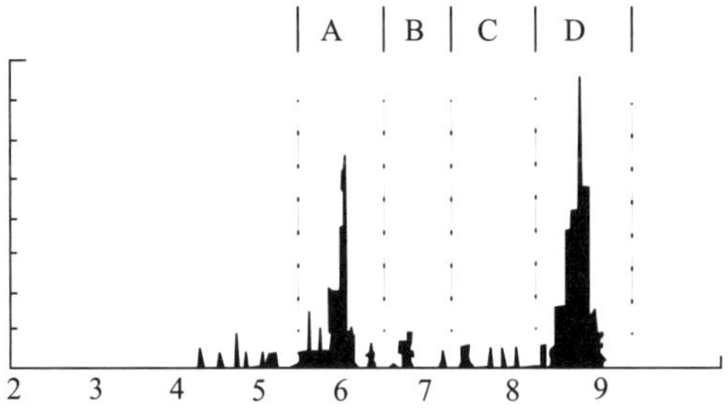

图 3.9.8(d) 老^{220}Rn α 能谱

⑤新^{222}Rn 与新^{220}Rn 能谱[见图 3.9.8(e)]

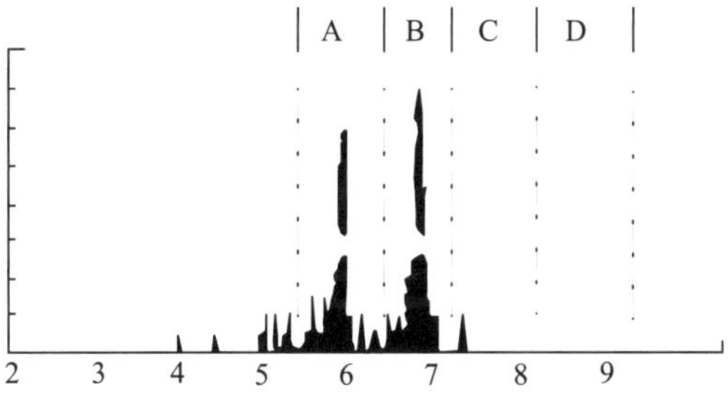

图 3.9.8(e) 新^{222}Rn 与新^{220}Rn α 能谱

⑥平衡^{222}Rn 与新^{220}Rn 能谱[见图 3.9.8(f)]

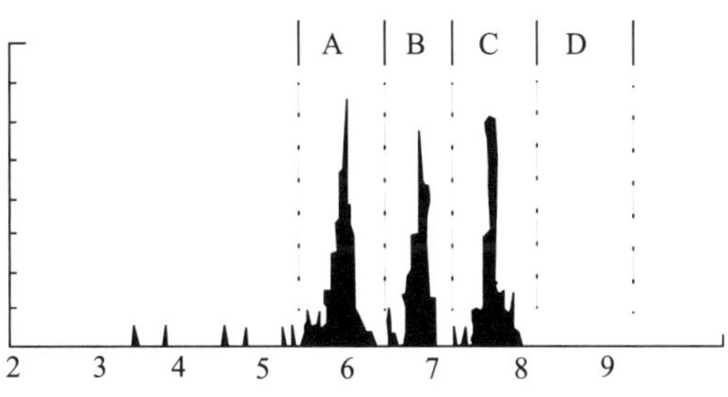

图 3.9.8(f) 平衡氡^{222}Rn 与新^{220}Rn α 能谱

⑦平衡^{222}Rn与平衡^{220}Rn能谱[见图 3.9.8(g)]

“A 段”的计数率大致等于“C 段”的计数率(RaC′)加“D 段”计数率的一半；

“A 段”：6.002 MeV ^{218}Po(RaA)+6.090 MeV ^{212}Bi(ThC′)；

“B 段”：6.779 MeV ^{216}Po(ThA)；

“C 段”：7.687 MeV^{214}Po(RaC′)；

“D 段”：8.784 MeV ^{212}Po(ThC′)。

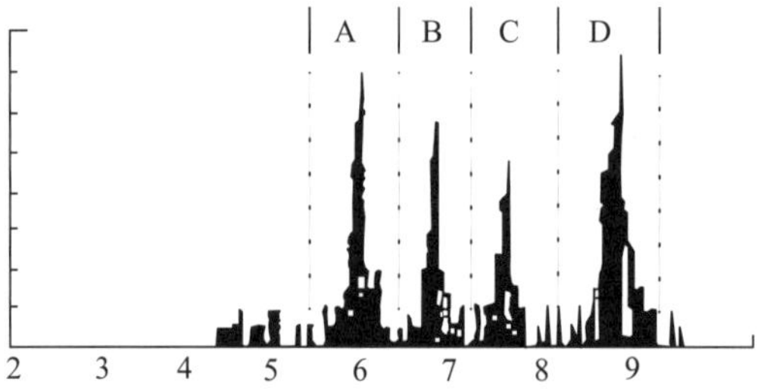

图 3.9.8(g)　平衡^{222}Rn 与平衡^{220}Rn α 能谱

⑧平衡^{222}Rn与老^{220}Rn能谱[见图 3.9.8(h)]

“A 段”计数率约等于“C 段”计数率加“D 段”计数率的一半。

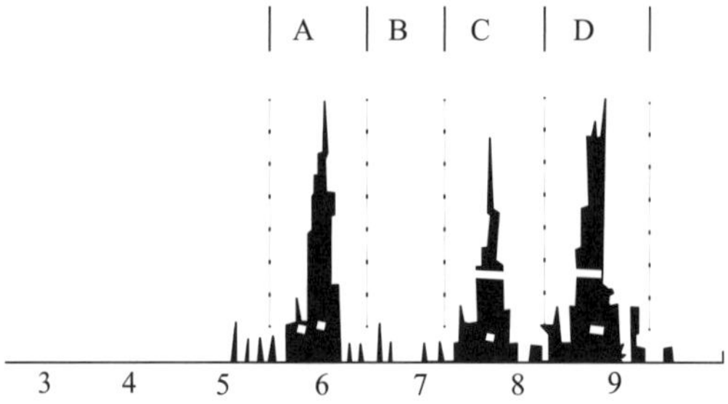

图 3.9.8(h)　平衡^{222}Rn 与老^{220}Rn α 能谱

⑨老^{222}Rn与老^{220}Rn能谱[见图 3.9.8(i)]

与图 h 谱相似，但是“A 段”计数率不到“D 段”计数率的一半。

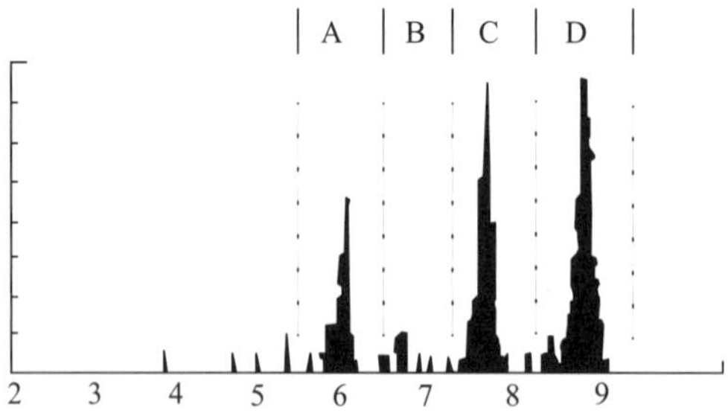

图 3.9.8(i)　老^{222}Rn 与老^{220}Rn α 能谱

⑩新^{222}Rn与老^{220}Rn能谱[见图 3.9.8(j)]

与图 3.9.8(i)老钍射气谱相似，但是“A 段”计数率远远高于“D 段”计数率的一半。

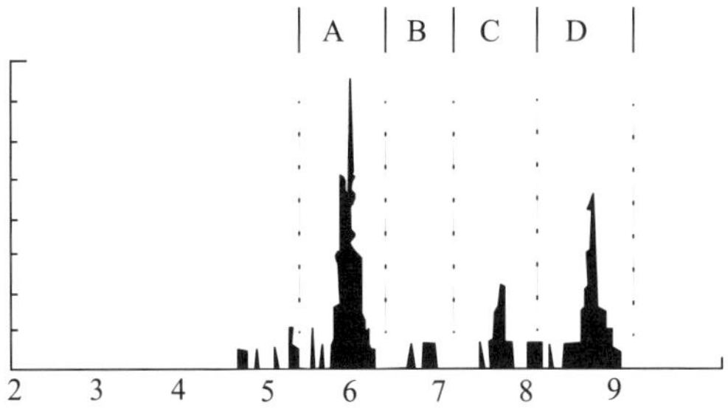

图 3.9.8(j)　新^{222}Rn与老^{220}Rn α 能谱

⑪老^{222}Rn与新^{220}Rn能谱[见图 3.9.8(k)]

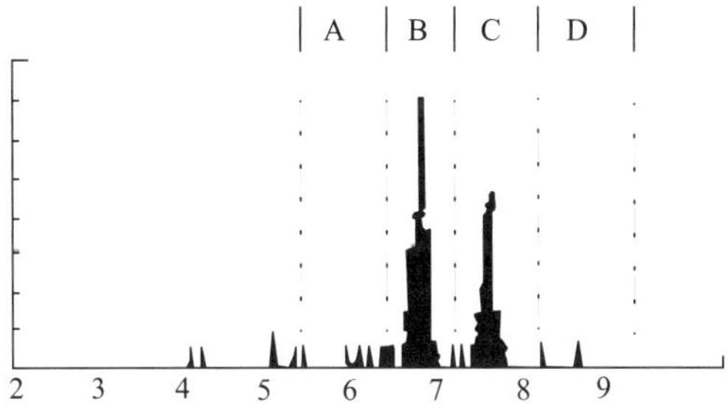

图 3.9.8(k)　老^{222}Rn与新^{220}Rn α 能谱

(5)刻度

①瞬时(抓样)氡浓度 C_{Rn}

$$C_{Rn}=K_1\frac{R_A}{t} \tag{3.9.1}$$

式中：R_A——A 段 RaA(^{218}Po)，6.002 MeV α 粒子计数；

t——测量时间；

K_1——瞬时(抓样)氡浓度刻度系数。

$$K_1=\frac{t\cdot C_{Rn标}}{R_{A标}} \tag{3.9.2}$$

式中：$R_{A标}$——标准氡 A 段 RaA(^{218}Po)，6.002 MeV α 粒子计数；

t——测量时间；

$C_{Rn标}$——标准氡浓度。

②长时间(连续采样)氡浓度 C_{Rn}

$$C_{Rn}=K_2\frac{R_A+R_C}{t} \tag{3.9.3}$$

式中：R_A——“A 段”RaA(^{218}Po)，6.002 MeV α 粒子计数；

R_C——“C 段”RaC′(^{214}Po)，7.687 MeV α 粒子计数；

t——测量时间；

K_2——长时间(连续采样)氡浓度刻度系数。

$$K_2=\frac{t\cdot C_{Rn标}}{R_{A标}+R_{C标}} \tag{3.9.4}$$

式中：$R_{A标}$——标准氡 A 段 RaA(^{218}Po)，6.002 MeV α 粒子计数；

$R_{C标}$——标准氡 C 段 RaC′(^{214}Po)，7.687 MeV α 粒子计数；

t——测量时间；

$C_{Rn标}$——标准氡浓度。

标准氡标定 总准确度±5%。

文献[62]报道了采用 α 能谱法测定氡与子体浓度的实验成果。

3.10 低浓度氡液体闪烁计数法

1983 年，文献[77]报导了一项用液体闪烁体，可测定极低氡浓度的实验方法成果。

^{222}Rn 在低温有机溶剂内溶解度很高。用一低速泵将 10 L 待测空气，通过冷却到－78 ℃(干冰加丙酮洛)的 20 mL 溶液。采样结束后，将溶液倒入预先装有 2 mL 浓缩荧光体(PPO－40 g/L；POPOP－5 g/L)的通用液体闪烁体测量杯中。至少等待 3 小时后，待氡与子体达到放射性平衡后，在液体闪烁计数器上测量 α 计数。

刻度应在同样条件下进行，测定 α 计数效率，与采样的收集效率。

通常，采样 10 L，冷却温度为－78 ℃时，测定^{222}Rn 浓度的探测下限可达 0.04 Bq/m^3。

3.11 氡浓度相对测量的刻度

氡浓度相对测量仪器的标志性特点是必须拥有一个将仪器读数转换成氡浓度的转换系数——刻度系数(俗称“K”值)。严格说来，每一台氡浓度相对测量仪器都必须经过刻度，获取其专有的“刻度系数”，并且在仪器使用过程中，借助刻度实验，对该刻度系数经常进行必要的修正[63]。

氡浓度相对测量仪器的刻度由标准浓度氡获取，与刻度方法两部分组成[43,11]。

3.11.1 定量氡^{226}Rn 的获取

(1)氡的累积

将液体^{226}Ra 源封闭一定时间来获取少量定量氡气，配制成标准浓度氡气，用于小量标准浓度氡测量的刻度。

^{226}Ra 衰变产生^{222}Rn。初始($t=0$)^{226}Ra 原子核数为 $N_{Ra}(0)$，据(1.1.9)式，t 时刻^{222}Rn 的核数 $N_{Rn}(t)$为：

$$N_{Rn}(t)=\frac{N_{Ra}(0)\lambda_{Ra}}{\lambda_{Rn}-\lambda_{Ra}}(e^{-\lambda_{Ra}t}-e^{-\lambda_{Rn}t}) \tag{3.11.1}$$

式中：$N_{Rn}(t)$——累积 t 时刻后，产生的^{222}Rn 的原子数；

$N_{Ra}(0)$——^{226}Ra 初始原子数；

λ_{Ra}、λ_{Rn}——分别为^{226}Ra、^{222}Rn 的衰变常数；

t——^{222}Rn 累积时间。

考虑到 $\lambda_{Ra}\ll\lambda_{Rn}$[$\lambda_{Ra}=8.2303\times10^{-10}$/min；$\lambda_{Rn}=1.26\times10^{-4}$/min]，^{222}Rn 累积时间 t 与^{226}Ra 的半衰期相比可忽略不计，即 $N_{Ra}(0)\approx N_{Ra}(t)\equiv N_{Ra}$。所以，计算^{226}Ra 源累积 t

时间，^{222}Rn 累积量的(3.11.1)式可简化为：

$$N_{Rn}(t)=N_{Ra}\frac{\lambda_{Ra}}{\lambda_{Rn}}(1-e^{-\lambda_{Rn}t}) \qquad (3.11.1)'$$

氡核数随时间 t 的累积数($T_{1/2}$——^{222}Rn 半衰期)

t 取不同值时，$1-e^{-\lambda t}$ 的变化：

Ra	$1-e^{-\lambda t}$
$t=T_{1/2}$	$1-e^{-\lambda t}=1-e^{-0.693}=0.5$
$t=2T_{1/2}$	$1-e^{-\lambda t}=1-e^{-0.693\times 2}=0.75$
$t=3T_{1/2}$	$1-e^{-\lambda t}=1-e^{-0.693\times 3}=0.85$
$t=10T_{1/2}$	$1-e^{-\lambda t}=1-e^{-0.693\times 10}=0.999\ 022$

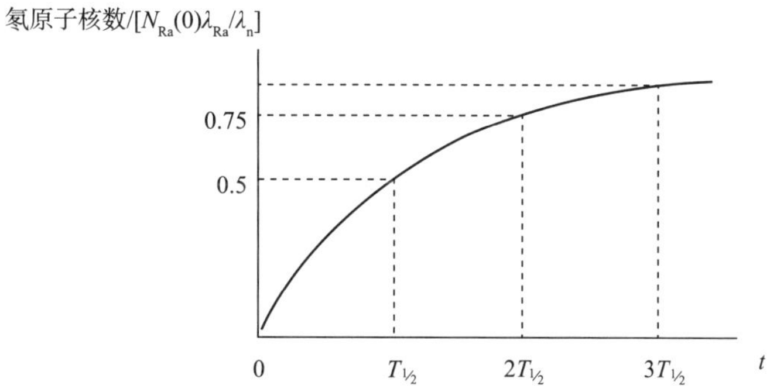

图 3.11.1　氡原子核数累积曲线

实际上，氡测量实验中氡的累积时间，$t\ll T_{1/2}$，所以氡累积式(3.11.1)′可进一步简化为：

$$N_{Rn}(t)=N_{Ra}(0)\frac{\lambda_{Ra}}{\lambda_{Rn}}(1-e^{-\lambda_{Rn}t})\cong N_{Ra}(0)\lambda_{Ra}t \qquad (3.11.2)$$

(2)氡产生率

累积氡放射性活度：

$$A_{Rn}(t)=\lambda_{Rn}N_{Rn}(t)\cong N_{Ra}(0)\lambda_{Ra}\lambda_{Rn}t \qquad (3.11.3)$$

累积氡浓度：

$$C_{Rn}(t)=\frac{A_{Rn}(t)}{q}=\frac{N_{Ra}(0)\lambda_{Ra}\lambda_{Rn}}{q}t \qquad (3.11.4)$$

式中：$A_{Rn}(t)$——累积时间 t 时，氡的放射性活度；

$C_{Rn}(t)$——累积时间 t 时，氡的放射性活度浓度；

$N_{Ra}(0)$——初始 ^{226}Ra 的核数；

t——累积时间；

q——采样流量。

例 $^{226}Ra\ M = 2.710 \times 10^{-6}$ g

①^{226}Ra 累积 24 h 的^{222}Rn 原子数：

$t = 24 \times 60 = 1\,440$ min，

氡^{222}Rn 原子核数：

$$N_{2Rn}(1\,440\ \text{min}) = N_{1Ra}(0)\,\frac{8.230\,3 \times 10^{-10}}{1.26 \times 10^{-4}}(1 - e^{-1.26 \times 10^{-4} \times 1\,440})$$

$$= N_{1Ra}(0) \times 6.532\,0 \times 10^{-6} \times 0.166\,3$$

$$= N_{1Ra}(0)1.086\,3 \times 10^{-6}$$

对于$^{226}Ra\ M = 2.710 \times 10^{-6}$ g 的源，

$N_{1Ra}(0) = 2.710 \times 10^{-6} \times 2.664 \times 10^{21} = 7.219 \times 10^{15}$

$N_{2Rn}(1\,440\ \text{min}) = N_{1Ra}(0) \times 1.084 \times 10^{-6} = 7.219 \times 10^{15} \times 1.086\,3 \times 10^{-6} = 7.842 \times 10^{9}$

②^{226}Ra 累积 24h 的^{222}Rn 放射性活度

$A_{2Rn}(1\,440\ \text{min}) = \lambda_{2Rn} N_{2Rn}(1\,440\ \text{min})$

$$= \frac{2.097 \times 10^{-6} \times 7.842 \times 10^{9}}{3.7 \times 10^{10}} = 4.331 \times 10^{-7}\ \text{Ci} = 1.602\,5 \times 10^{4}\ \text{Bq}$$

3.11.2 标准浓度氡发生器

(1) 液体^{226}Ra 源获取定量氡

用双连球或抽气泵使气流通过扩散器中的液体^{226}Ra 标准镭源。控制适当的气流流量(通常取 150～200 个气泡/min)10～20 min，使扩散器中原有的氡排除干净，然后立即密闭标准镭源以积累氡气，记下密闭的时刻(T_1)。

将抽空的待刻度仪器，如闪烁室或电离室，与干燥管和已密闭了足够时间的标准镭源联接。

先打开 K_3，再打开 K_2，最后缓缓打开并调节 K_4，使气泡产生速率 150～200 个气泡/min，送气 5～10 min 后，可加快送气，使送气在～15 min 内结束。结束后立即将 K_2 并闭，记下此结束时刻(T_2)。

则氡累积时间：$t = T_2 - T_1$。

M(g)克^{226}Ra 中所含的^{226}Ra 原子核数；

$$N_{Ra} = \frac{M(\text{g})}{226} \times A_0$$

式中：A_0——阿伏伽德罗常数(6.02×10^{23})。

据氡的累积量为(3.11.2)式，M(g)克^{226}Ra 源，氡活度与累积时间 t 的关系：

$$A_{Rn}(t) = \lambda_{Rn} N_{Rn}(t) \cong N_{Ra}(0)\lambda_{Ra}\lambda_{Rn} t = \frac{M(\text{g})}{226} A_0 \lambda_{Ra}\lambda_{Rn} t$$

$$A_{Rn}(t) = M(\text{g}) \times 4.599\,9 \times 10^{6}\ t(\text{min})\text{Bq} \tag{3.11.5}$$

式中：$A_{Rn}(t)$——氡产生率(活度)；

M(g)——^{226}Ra 源以克为单位的量；

A_0——阿伏伽德罗常数(6.02×10^{23})。

送气结束后 3 h，将待刻度仪器放在给定的仪器上测量其 α 放射性。获取静态取样类待刻度仪器(如闪烁室)的刻度系数。

扩散器的规格选取：

扩散器的体积应和取样容器(闪烁室或电离室)的体积匹配。使闪烁室体积与扩散器体积的比值大于 7，才能使氡的转移完全。例如，对于 500 mL 的闪烁室。使用约 70 mL 的扩散器较为合适。

用于获取定量氡的镭源，除液体镭源之外，也用含镭固体粉末源。实验数据表明，液体镭源具有更好的氡气脱出效果。

(2)液体 ^{226}Ra 源标准浓度氡发生器

文献[64]报导了 №1—1.084×10^{-6} g；№2—2.710×10^{-7} g 与№3—1.259×10^{-7} g 三个 ^{226}Ra 液体标准源制作的三个标准浓度氡发生器。标准浓度氡发生器的结构框图示于图 3.11.2。

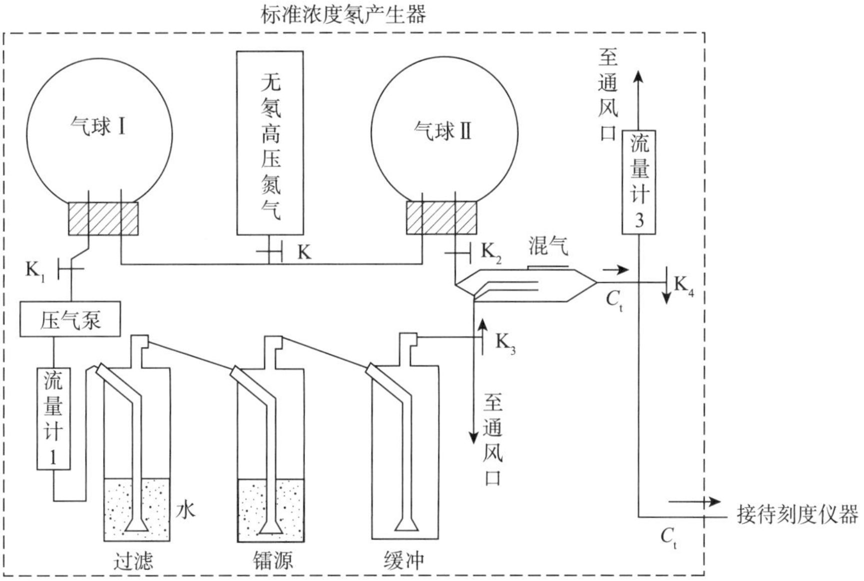

图 3.11.2　液体 ^{226}Ra—标准浓度氡发生器框图

有 1 000 mL 扩散瓶三个，第一个扩散瓶为过滤器，内充净水 300 mL 左右；第二个为液体镭源瓶，用作氡气源，液体镭源溶液也取 300 mL 左右为宜；第三个扩散器为空瓶，用作缓冲瓶。

过滤瓶的作用是对氡载气进行过滤，同时加湿，防止由于长时间工作而使镭液体减少。缓冲瓶主要是在载氡气流过大时收集由镭源瓶带出的源液体(或液珠)。流量计计量氡载气流速，本标准浓度氡发生器采用流量(500～600)mL/min 的载气流速为宜。开启压气泵，将液体镭源内累积的氡赶除。通常，将累积氡排净时间不应少于 20 min。此后，可认为液体镭源的氡产生率达到动态平衡，等于镭源中镭的衰变率。压气泵将载气压入源瓶，以正压方式将氡气赶出。气球Ⅰ、Ⅱ分别为氡载气和混合气的无氡本底气体源，它们由无氡高压氮气瓶不断充气，通过气球Ⅰ、Ⅱ减压。

源采用 0.5 L/min 载气流速。用压气泵在源瓶上游，将载气压入源瓶，以正压方式将氡气赶出，防止高浓度氡污染气泵。无氡氮气进入混气瓶与氡发生器提供的“浓缩”氡气混合，配制成设定浓度 C_t、设定流量(流量计 3)的标准氡气。转动转向开关 k_4，标准氡气与待刻度仪器联通。

另外，待刻度仪器采用抽气泵供气，以保证在被采样之前不通过采样泵，符合国际电工委员会有关标准要求。符合 IEC 有关标准的要求[43]。

气球Ⅰ、Ⅱ分别为氡载气和混合气的无氡本底气体源。它们由无氡高压氮气瓶不断充气。这样通过气球Ⅰ、Ⅱ减压，为实验消除了因操作失误而可能导致的液体镭源溅出的事故隐患。

液体^{226}Ra－标准浓度氡发生器提供的浓度由^{226}Ra－的量 M(g)与”流量计 3”提供的流量 q(t)，依据式(3.11.4)计算获得。如№1—1.084×10^{-6} g；№2—2.710×10^{-7} g 与№3—1.259×10^{-7} g 三个^{226}Ra 液体标准源制作的三个标准浓度氡发生器，q=30 L/min 得到的标准浓度氡列于表 3.11.1 中。

由(3.11.5)式得出 M(g)克^{226}Ra 源的衰变率(放射性活度)即^{222}Rn 的产生率(放射性活度)。

$$A_{\mathrm{Rn}}(t)=M(\mathrm{g})\times 4.5999\times 10^{6}\ t(\mathrm{min})\mathrm{Bq}$$

式中：$A_{\mathrm{Rn}}(t)$——氡产生率(活度)；

M(g)——^{226}Ra 源以克为单位的量。

或

$$A_{\mathrm{Rn}}(t)=M(\mathrm{g})\times 1.2432\times 10^{-4}\ t(\mathrm{min})\mathrm{Ci}$$

假若所产生的氡全部析出，使用无氡本底气体与其混合，便可配置出各种具有约定真值氡浓度的标准气。若载氡标准气的气流速度为 q(L/min)，则氡标准气浓度 C_{Rn}为：

$$C_{\mathrm{Rn}}=\frac{A_{\mathrm{Rn}}}{q}=4.5999\times 10^{9}\ \frac{M(\mathrm{g})}{q(\mathrm{L/min})}t(=1\ \mathrm{min})$$

$$=4.5999\times 10^{9}\ \frac{M(\mathrm{g})}{q(\mathrm{L/min})}\mathrm{Bq/m^3}$$

或

$$C_{\mathrm{Rn}}=\frac{A_{\mathrm{Rn}}}{q}=\frac{M(\mathrm{g})\times 1.2432\times 10^{-4}}{q(\mathrm{L/min})}t(=1\ \mathrm{min})$$

$$=\frac{M(\mathrm{g})\times 1.2432\times 10^{-4}}{q(\mathrm{L/min})}(\mathrm{Ci/L}) \tag{3.11.6}$$

式中：M(g)——^{226}Ra 的量，g；

q(L/min)——载氡标准气的气流速度，L/min。

例 1 $M=1\ \mu\mathrm{g}$，

q=30 L/min，则

$$C_{\mathrm{Rn}}=4.603\times 10^{9}\ \frac{1\times 10^{-6}}{30}\mathrm{Bq/m^3}=153[\mathrm{Bq/m^3}][=4.15\ \mathrm{pCi/L}]$$

q=100 L/min 时，

$$C_{\mathrm{Rn}}=46.0\ \mathrm{Bq/m^3}[=1.24\ \mathrm{pCi/L}]$$

例 2 $M=1\times 10^{-7}$ g，

q=20 L/min 时，

$$C_{\mathrm{Rn}}=15.3\ \mathrm{Bq/m^3}[=4.15\times 10^{-13}\ \mathrm{Ci/L}]。$$

由上可见，为获得与典型环境相近的标准氡浓度氡气，对于 30～100 L/min 流速条件下，镭源量选取 $1\times10^{-7}\sim1\times10^{-6}$ g 之间为宜。

例 3　液体镭源氡发生器

表 3.11.1　液体镭源氡发生器[64]　(q=30 L/min)

序号	^{226}Ra 源/g	氡浓度约定真值 C_{t0}	
		Bq/m^3	10^{-12} Ci/L
1	1.084×10^{-6}	166.24	4.493
2	2.710×10^{-7}	41.55	1.123
3	1.259×10^{-7}	19.52	0.527 3

例 4　实验用 1# 液体镭源，$M(g)=(4.98\pm1.0\%)\times10^{-5}$ g

氡产生率：

$$I_{Rn}(1^{\#}\text{源})=7.671\times10^4\times4.98=3.82\ \text{Bq/s}=229.2\ \text{Bq/min}$$

例 5　实验用 2# 液体镭源，$M(g)=7.20\times10^{-4}$ g

氡产生率：

$$I_{Rn}(2^{\#}\text{源})=55.2\ \text{Bq/s}=3\,314\ \text{Bq/min}$$

例 6　^{226}Ra 18.9×10^4 Bq(5.11 μCi)氡产生率

$$Rn=\frac{0.693}{3.82\times24\times60}18.9\times10^4\ \text{Bq}=23.81\ \text{Bq/min}$$

取 q=5 L/min　(稀释流速)。氡浓度

$$\Psi_{st(5)}=\frac{23.81}{5}=4.762\ \text{Bq/L}=4762\ \text{Bq/m}^3$$

取 q=40 L/min　(稀释流速)。氡浓度

$$\Psi_{st(40)}=\frac{23.81}{40}=593.3\ \text{Bq/m}^3$$

例 7　^{226}Ra　9.953×10^4 Bq(2.69 μCi)氡产生率

取 q=40 L/min　(稀释流速)。氡浓度

$$\Psi_{st(40)}=313.4\ \text{Bq/m}^3$$

(3)固体^{226}Ra 源标准浓度氡发生器

除普遍采用液体镭源氡发生器刻度射气仪。近几年来也开始采用固体镭盐氡发生器来标定各种氡气测量仪器。

①GD－L1 型流气式固体氡源——核工业部第六研究所制

用含^{226}Ra 的高射气系数(96%～98%)固体物质为原料制成，用于氡室及仪器刻度。可产生稳定氡浓度气流；也可间断提供所需的不同量的氡。可用于实验室及现场测氡仪器调试、刻度与检验。

镭活度：$10^4\sim10^7$ Bq；

氡连续产生率：$(1\sim10^3)$Bq/min；

氡产生率的不确定度：<±5%；

源体积：<100 mL；

工作温度：−10 ℃～40 ℃；

环境湿度：1%～100%；

重量：1.5 kg；

外观尺寸：400 mm×150 mm×100 mm。

②美国能源部刻度射气仪的装置

刻度装置内封装有四种不同含量的^{226}Ra 源，作为氡源。这些源的含量如下：

3.7×10^{6} Bq(100 μCi)^{226}Ra

3.7×10^{5} Bq(10 μCi)^{226}Ra

3.7×10^{4} Bq(1 μCi)^{226}Ra

3.7×10^{3} Bq(0.1 μCi)^{226}Ra

这四种源分别涂在离子交换树脂过滤器上。各自封闭在有阀门的容器内。刻度装置具有一整套氡气输送系统，相应的阀门、温度、湿度监测和调节部件。该刻度装置能自动保持恒定的氡气和湿度水平。美国能源部研制的这种刻度装置是一种较复杂的实验室设备，专门用于刻度铀矿勘探射气仪以及其它各种测氡仪器。

③加拿大(Pylon 公司)标准氡源——Rn－150 型氡气标准源、1025 型氡气或钍射气标准源

Rn－150 型氡气标准源是一个筒状结构体。图 3.11.3 为 Rn－150 型标准源外形图；图 3.11.4 示出 Rn－150 型标准源内部结构示意。标准源内封装有两个独立的固体镭源：A 源和 B 源。

A 源的活度为(4 440±56)Bq[120 000±1 500 pCi](额定)，氡源容积 18.645 L，用于刻度氡探测器和闪烁室等氡测量系统；用 A 源刻度时，在正常温度、压力和温度条件下，刻度精度为±4%。氡气源计量取样值(4.440±0.056)Bq[(120.0±1.5)pCi]；计量取样体积 18.8 cm^{3}；顺序取样的氡值变化低于 1%(每 10 次取样)。

图 3.11.3　Rn－150 型标准源外形图

B 源自成系统(见图 3.11.3)，用于刻度过滤器型的环境氡监测仪器。该源能连续提供的总氡量为 3.7 Bq/(min·L) (100 pCi/min/L)。刻度精度为±4%。

A 和 B 两源可同时使用。A 源每日最多可取刻度样 50 次。Rn－150 型标准源的尺寸为 Φ36 cm×30 cm，重量为 2 kg。

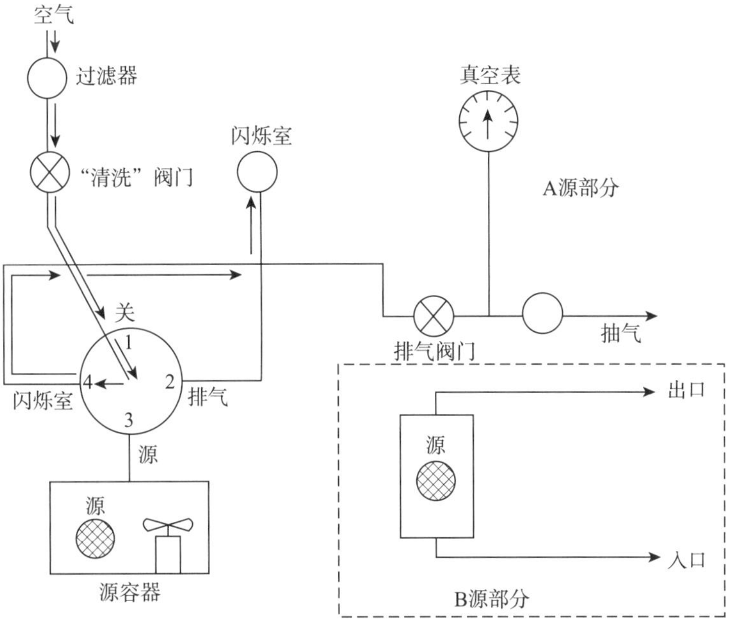

图 3.11.4　Rn－150 型标准源的内部结构示意图

④加拿大(Pylon 公司)固体射气源：1025Rn－222－5 型源和 1025Tn－220－5 型源

1025Rn－222－5 型源为氡源，1025Tn－220－5 型源为钍射气源(见图 3.11.5)。这两种源用于刻度铀矿勘探和环境监测的射气测量仪器。1025Rn－222－5 型氡源的放射性活度为 9.25×10^4 Bq(2.5 μCi)，能连续提供的氡量为 1.85 Bq/min/L(50 pCi/min/L)(最小)。通过源的气流为 0～5 L/min。

图 3.11.5　1025^{222}Rn－5 型源和 1025^{220}Tn－5 型标定源

3.11.3　氡室

由于液体^{226}Ra 源标准浓度氡发生器、固体^{226}Ra 源标准浓度氡发生器，不能准确的刻度累积氡测量系统，以及同时对多台仪器进行刻度，20 世纪 70 年代后期发展起来新型氡源——"氡室"[65-67]。"氡室"用于在各种条件下能准确测量，并控制氡及其子体的浓度和状态，能模拟各种含氡环境条件(氡浓度、氡子体浓度及状态，气溶胶浓度及粒径分布，温度、湿度和风速等)的氡试验设施。"氡室"是对氡和氡子体测量仪器进行试验和刻度的试验装置和计量标准。

由于测量对象——氡及其子体的不稳定性，作为计量标准和试验设施，氡室具有许多独特的特点。氡及其子体的不稳定性，除了其放射性衰变的半衰期很短之外，还在于氡是气体，而氡子体是气溶胶。气溶胶的物理状态(结合态或自由态，结合态的粒径分布、荷电状态等)易受环境因素的影响而变化。因此，要控制、并准确测定这一不稳定对象的状态比较复杂。它需要综合运用核物理、通风、空调和气溶胶等多学科的原理、技术与手段，并借助多种复杂仪器设备来实现。

国外从上世纪 70 年代起，开始陆续建立了一些氡室。后经不断完善，已成为氡计量与研究的有力手段。其中，美国环境测量实验室(EML)[68]、美国矿山局丹佛研究中心(DRC)[69]、英国国家辐射防护局(NRPB)[70]和澳大利亚国家辐射实验室(ARL)[71]等四个实验室的氡室被经济合作与发展组织(OECD)认定为 4 个国际性地区刻度中心。另外，美国为治理铀尾砂引起的环境放射性污染，实施一个长期补救行动计划，在大江克欣也建立了一个氡室(GJPO)[72]。加大拿埃利奥特湖实验室建立的氡室(ELL)，经两次改建已于 1986 年建成了设备先进的国家氡钍射气刻度试验装置[73,74]。此外，瑞典为对氡法找矿用的各种探测器进行刻度研究也建有氡室。

我国于 1990 年在核工业第六研究所也建成了高水平的氡室，并已确认为国家一级计量标准，已成为亚太地区的氡计量中心。

(1)氡室的构成

氡室可以分为箱体、浓度控制、温湿度控制及监测系统四个部分。图 3.11.6 示出我国核工业总公司第六研究所的氡室结构示意。

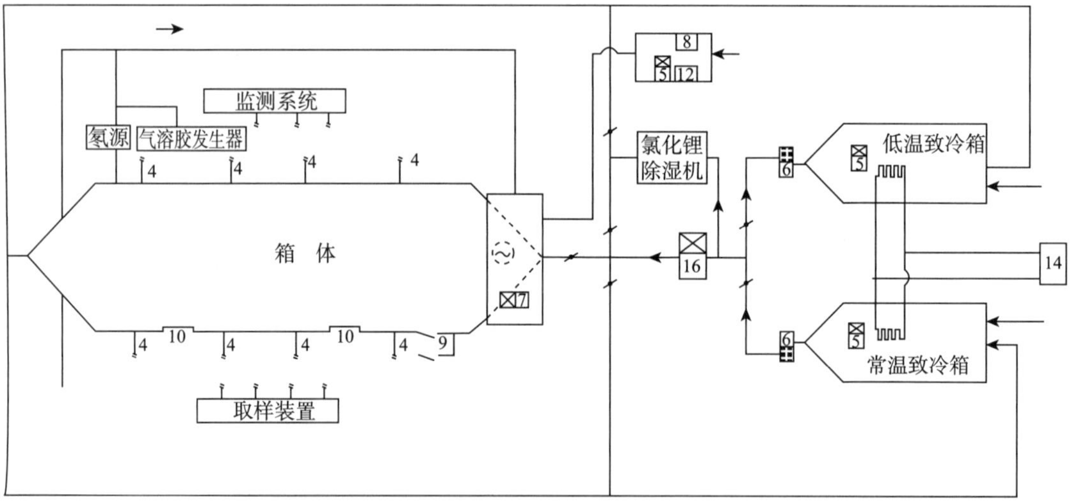

图 3.11.6　氡室结构示意[53]

4—通气孔；5—加湿器；6—风扇(机)；7、16—加热器；8—致冷器；

9—双道门；10—观察窗；12—干燥器(除湿器)；14—压缩冷冻机

①箱体

这是氡室的结构主体，是提供标准参数氡的环境，它是一个长、宽、高分别为 4.5 m、

1.5 m、2.0 m 的大容器，其容积为 13.5 m^3。全部采用 2 mm 厚的钢板焊接，分三段用螺丝及密封橡皮连接而成。箱体两端通过锥形过渡段分别与进出风管相连，箱体前壁和后壁上有口径不同的 24 个通气孔，用作取样或进气孔。前壁上还设有两个观察窗口。另外还有四个电缆通过孔，以便在氡室内使用电器。

②氡源

氡源是三个高射气系数的固体镭源。其含镭量分别为 3.7×10^6 Bq，6×10^5 Bq 及 6×10^4 Bq。都是流气式的，射气系数高达 96%～98%以上，并在很宽的温度（−10 ℃～40 ℃）、湿度（1%～100%）范围内保持恒定，因而能稳定地产生出所需的氡量。

③气溶胶源

由于氡子体主要与亚微米级的气溶胶粒子结合，因而氡室着重控制该粒径的气溶胶的浓度。用一个分散度的气溶发生器产生亚微米级 0.086～0.37 μm，单分散度的 DOP 或 NaCl 等成分的其他气溶胶。气溶胶源与无油空气压缩机和管道构成气溶胶系统[75]。

④风流系统

风流系统包括贯穿风流和循环风流两个系统，各有大小两套管路，大管路用变频调速的离心式风机为动力，小管路用变压调速的轴流式小风扇为动力。

⑤温度、湿度控制系统

温度调节用加热器和致冷器实现。湿度调节采用加湿器、除湿机和氯化锂除水湿机。当需要较低湿度时，使用氯化锂除湿机效率较高。用 O 所示系统有两套温湿度调节系统。5、6、7、8、12 为小系统，13、14、15、16 与 17 是大系统。

⑥监测系统

该系统包括氡浓度、氡子体浓度、气溶胶及气象参数的监测。

a. 氡监测　由 KF－605 型闪烁室连续测氡仪；FD－125 型闪烁氡、钍测量仪；FD－105 型电离室测氡仪及 FT－648 型双滤膜绝对测氡仪来实现氡浓度监测。标准方法是用 ST－203 型闪烁室间断取样，在 FD－125 型闪烁氡、钍测量仪测量。

氡监测系统曾参加澳大利亚经办的亚太地区国家氡测量比对，获得了较好的结果。

b. 氡子体监测　由加拿大 α 核子公司生产的 700 系列、和 EDA 公司的 WL－30 仪器进行氡子体连续测量。标准测量方法是用微孔滤膜间断取样，按托马斯“三段法”，FJ－13，KF－602 半导体 α 测定仪，及 ZnS(Ag)闪烁体 α 测定仪，实现氡子体浓度监测。标准 α 源取 ^{241}Am 一级标准 α 面源。

c. 气溶胶监测　由尘埃粒子计数器，样品经稀释后测定。分别测粒径 0.3 μm、0.5 μm、1.0 μm 和 2.0 μm 以上的粒子浓度；日产 P－5L 数字尘埃计数器及粒径分布测定仪，监测全部亚微米级的气溶胶及其粒径分布。

d. 气象参数等的监测　温、湿度监测采用 EWE 系列数字温湿度仪，DWS－P 型温湿度传感器。风流流量监测用热球风速仪。氡室内外的压差监测用空盒气压计和恒温补偿微压计。

(2)氡室系统

①工作系统如图 3.11.7 所示。

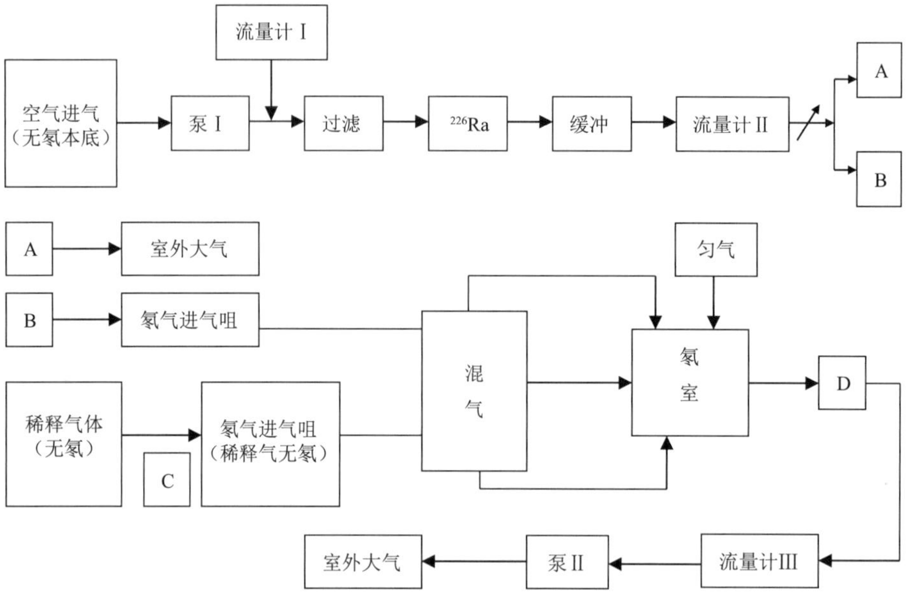

图 3.11.7　氡室工作系统原理框图

②氡室结构原理如图 3.11.8 所示。

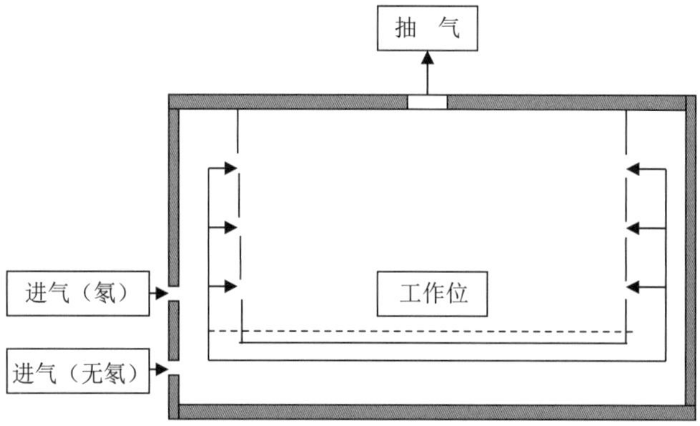

图 3.11.8　氡室结构原理框图

表 3.11.2 列出了几个主要氡室的结构资料(附后)；表 3.11.3 列出几个氡室的技术参数(附后)。

表 3.11.2　部分氡室结构资料

氡室		六所	ARL	DRC	ELL	EML	GJPO	NRPB
箱体	体积/m^3	13.5	7.2×2	4	30	19.4	24.4	43
	内壁材料	钢	铜	钢涂漆	不锈钢	铝	白铁	镀锌钢
氡源		高射气系数 固体氡源	铀矿石镭盐溶液	固体氡源	高射气系数 固体氡源	溴化镭固体	固体氡源（吸附于 $Fe(OH)_3$ 上的镭）	固体氡源 镭盐溶液
氡监测	连续	流气闪烁室 （KF605）	流气闪烁室	流气闪烁室	脉冲电离室 静电收集闪烁室 双滤膜测量仪	流气闪烁室	闪烁室	流气闪烁室
	抓样	闪烁室（FD125） 绝对测氡（FT648）	闪烁室	闪烁室	闪烁室	脉冲电离室	闪烁室	闪烁室
氡子体监测	连续	700 系列 氡子体 连续测量仪	半导体 α 探测仪	闪烁 α 探测仪	半导体 α 探测仪 β 探测仪	半导体 α 探测仪	半导体 α 探测仪	半导体 α 探测仪
	抓样	闪烁 α 测仪 （FJ413）	半导体 α 探测仪、 闪烁 α 探测仪	闪烁 α 探测仪	半导体 α 探测仪	半导体 α 探测仪	半导体 α 探测仪	半导体 α 探测仪
气溶胶发生器		—	蒸发—凝聚式	喷咀式 蒸发—凝聚式	喷咀式 振孔式	蒸发—凝聚式	喷咀式	超声波式 蒸发—凝聚式
气溶胶监测	浓度	—	凝聚核计数器	凝聚核计数器	凝聚核计数器	凝聚核计数器	凝聚核计数器	凝聚核计数器
	粒径	—		扩散式	扩散式 微分电迁移式	电迁移式	扩散式	扩散式 电迁移式

表 3.11.3　几个氡室内的技术参数

参数氡室	氡浓度/(Bq/m^3)	氡子体浓度/WL	气溶胶浓度(粒径)/($1/cm^3$)	换气次数/(次/min)	温度/℃	相对湿度/%
中国	100～40 000	0.02～5	10^3～10^5	0.006～0.06	15～35	40～98
ARL	1 000～60 000		10^3～10^5(0.1 μm)	0.004～0.056	20	50
DRL	370～3.7×10^5		5×10^3～2×10^5(≥0.07 μm)	0.019		
ELL	180～3.7×10^4	0.02～10	10^3～10^6(亚 μm～μm)	0～1	10～35	5～99
EML	50～3 300		4×10^3～10^5(≥0.075 μm)	0.03～0.8	0～45	20～90
GJPO	37～3.7×10^4		10～10^6(亚 μm)	0.004～0.17	0～45	−10 ℃(露点)～100
NRPB	≥2 000		≤3×10^4(0.1～0.3 μm)	0.003～0.05		

注：中国——核工业总公司第六研究所；
ARL——澳大利亚国家辐射实验室；
DRC——美国矿务局丹佛研究中心；
ELL——加拿大埃利奥特湖实验室；
EML——美国环境测量实验室；
GJPO——美国大江克欣铀尾矿补救行动计划办公室；
NRPB——英国国家辐射防护局。

(3)8505－Ⅰ型氡室(Radon room 或 Radon chamber)

8505－Ⅰ型氡室是国产容积为 1 000 L 双层结构(1988 年 5 月 16 日通过部级鉴定)的氡室[63,66]。

氡室提供 28 Bq/L 至 76 Bq/L 浓度的氡；

固体面型镭源活度为(60495±3%)Bq；

氡室铝板吸附　氡室为光面的铝板结构，由饱和曲线(见图 3.11.9)看铝板对氡的吸附可以忽略不计。

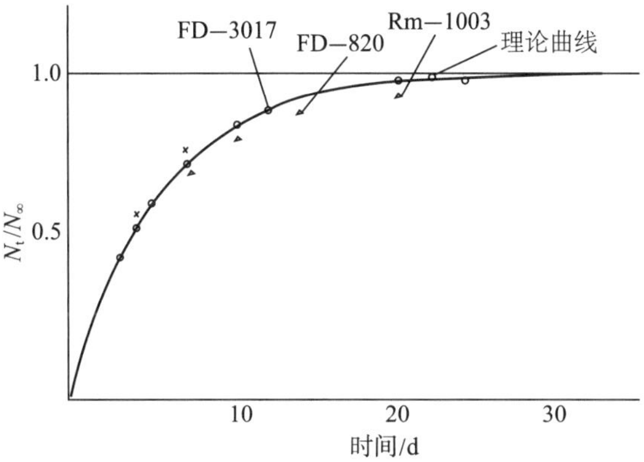

图 3.11.9　氡的理论和氡室检验饱和曲线对比图

氡室中氡浓度均匀性　由于在不同方位上安装了小电风扇，每次测量前一般要鼓风数分钟，经试验证明，氡可达到均匀分布。氡室各部位的检测结果也很接近，误差一般在±5%以下(见表 3.11.4)。

表 3.11.4　氡室中氡分布均匀度检测(FD—3016)

检测位置	刻度系数　pCi/L/cpm		
	测量值	平均值	相对误差/%
左中—左下	2.53　2.73　2.58　2.71　2.67　2.66　2.71	2.66	2.3
右中—右下	2.39　2.55　2.64　2.67　2.48 2.69　2.53　2.57　2.37　2.63	2.55	−1.8
左上—左下	2.86　2.96　2.80	2.87	10
上—下	2.84　2.81	2.83	8.6

注：氡室右侧有三个气嘴(暂称右上，右中，右下)，左侧有三个气嘴(中间两个并列，可当一个用，称左上、左中、左下)。氡分布均匀度检测，起码有 15 种方案，例如，上—上，中—中，下—下，左中—左下，右中—右下和左下—左下等。

3.11.4　刻度方法

氡浓度相对测量仪器惯常使用的的刻度方法有五种：真空抓样法、循环采样法、流气法、无源扩散法和间接刻度法[63,76]。

(1)真空抓样法

真空抓样法刻度相对测氡仪，是将待刻度仪器的探测器(如闪烁室、电离室)予抽真空，然后与提供定量氡的氡源联通，将已知氡量的氡吸入待刻度的探测器。真空抓样法可采用液体镭源氡气源、固体镭源氡气源或氡室。多次测量后，按公式计算刻度系数。

真空抓样法刻度系数计算：

$$K_{Rn}=\frac{M_{Ra}A_0\lambda_{Ra}(1-e^{-\lambda_{Rn}t})}{226V_0 n}\ (\mathrm{Bq/m^3})/\text{计数} \qquad (3.11.7)$$

符号意义同前。

真空法刻度连接图见图 3.11.10。

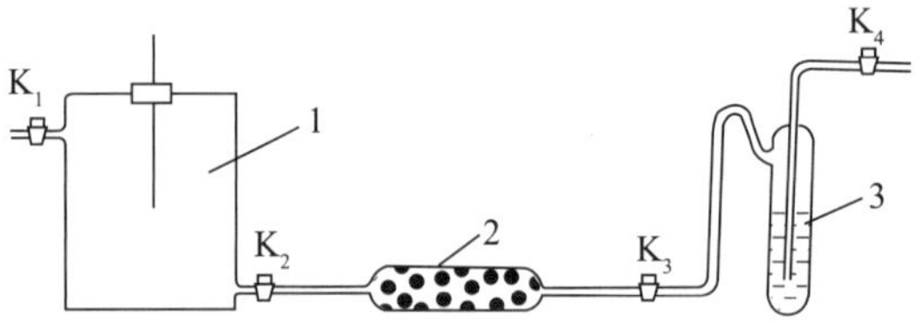

图 3.11.10 真空法刻度连接图[64]

1—待刻度仪器的探测器(电离室或闪烁室)；2—干燥器；3—液体镭标准源

K_1、K_2、K_3、K_4 均为开关，可为螺旋夹或玻璃旋塞

FD—3017 仪采用真空法刻度。

(2)循环采样法

液体镭氡气源，封闭一定时间 t，累积一定量氡。定量氡源、装待刻度仪器探测器的灵敏容器，及连接管组成封闭循环系统。包括被刻度仪器容积的系统容积是确定、已知的。通过循环动力使系统内的空气循环。进行多次测量，按公式计算出刻度系数。循环法刻度多采用液体镭氡气源，也可选用固体镭氡气源或氡室。

以循环采样法刻度测氡闪烁室为例。图 3.11.11 示出其原理图。

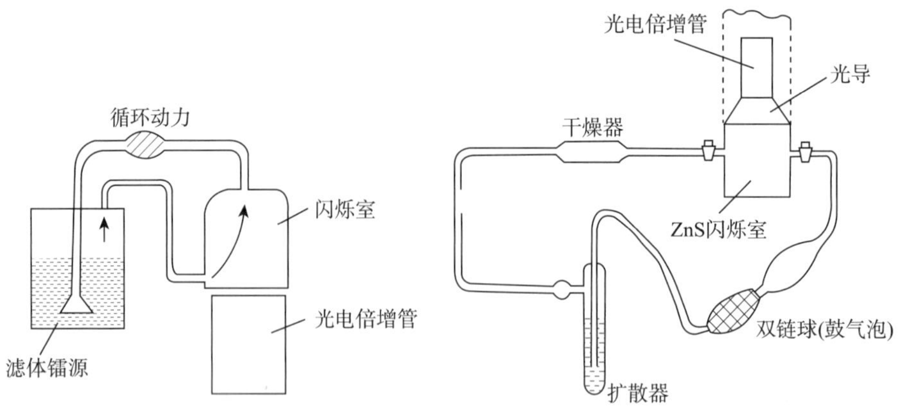

图 3.11.11 液体镭源循环采样法刻度闪烁室连接示意图[63]

刻度系数由下式给出：

$$K_{Rn}=\frac{M_{Ra}A_0\lambda_{Ra}(1-e^{-\lambda_{Rn}t})}{226V_0 n}\ \mathrm{Bq/m^3}(\text{计数}) \qquad (3.11.8)$$

式中：M_{Ra}——液体镭源中的镭量(g)；

V_0——循环系统的总容积(L)；

n ——读数；

$(1-e^{-\lambda_{Ra}t})$——氡的积累因子；

t ——氡累积时间；

λ_{Rn}、λ_{Ra}——分别为^{222}Rn、^{226}Ra的衰变常数；

A_0——阿伏伽德罗常数。

[爱曼＝100 pCi/L]

FD－3016、FD－820、FD－118G 和 Rm－1003 等四种射气仪(测氡仪)采用循环采样法刻度。

(3)流气法

流气法中采用氡源提供氡产生率已知的氡气，与无氡气体混合调制成所需的标准浓度氡气，输给待刻度仪器，然后排入大气。图 3.11.12 示出流气法刻度方法原理框图。双滤膜相对法测氡仪器采用流气法刻度方法，详见 3.5.2 节。

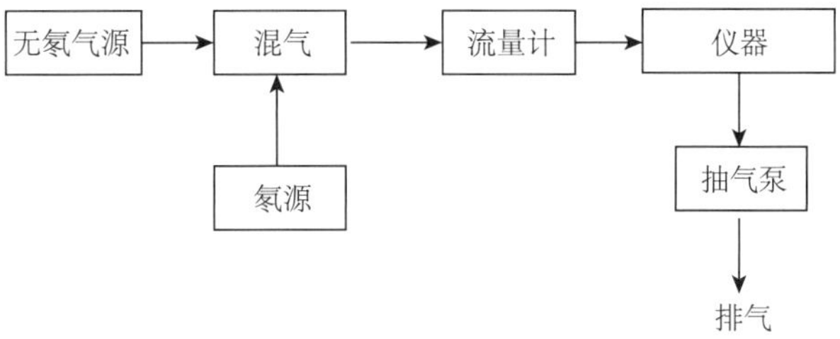

图 3.11.12　流气法刻度方法原理框图

(4)无源扩散法

无源扩散法刻度氡浓度相对测量仪器的方法，是指将装有待刻度仪器探测器的容器置入氡浓度已知的氡气环境中进行测量。此处“无源”指无采样动力，或气泵。自由扩散法主要选用氡室作氡气源。氡室内的氡逐步地扩散到探测器中，然后对探测器进行测量数次，取平均，按公式计算刻度系数。无源扩散法主要用于累积测氡的方法，如径迹法、活性炭法、α 卡法等的刻度。

(5)间接刻度

在对氡浓度相对测量仪器刻度实践中，当对刻度准确度要求不是特别苛刻时，常采用间接刻度的方法。

①间接刻度法　将待刻度闪烁室与已知刻度因子的闪烁室串联取样。各闪烁室内的氡浓度相同，根据已知刻度因子的闪烁室求得被测样气的浓度，进而得出待刻度闪烁室的刻度因子。

间接刻度方法，所得之刻度因子的误差比原已知的刻度因子的不确定度加大。当需要对多个闪烁室进行刻度时，间接刻度工作可批量进行，工作效率大大提高。

②α 源刻度法　α 源刻度法主要用于仪器工作状态检查。但当 α 源可换算成当量铀或当量镭时，该方法也可用于定量刻度氡浓度测量仪器，而且很可能是今后刻度射气仪的重要方向。

3.11.5 刻度实例

(1)电离室与闪烁室刻度系数 K 的测定

将已知放射性活度 A_{Ra} 的 ^{222}Ra 标准镭源封闭 t(d)时间获取定量氡。容器内累积的 ^{222}Rn 的活度 A_{Rn} 可由式(3.11.1)′求出。

$$A_{Rn}=\lambda_{Rn}N_{Rn}$$
$$A_{Ra}=\lambda_{Ra}N_{Ra}$$
$$A_{Rn}=A_{Ra}(1-e^{-\lambda_{Rn}t})$$

式中：A_{Ra}——^{226}Ra 的放射性活度，Bq；

λ——^{222}Rn 的衰变常数，d^{-1}；

t——在扩散器内 ^{222}Rn 的累积时间，d；

A_{Rn}——累积的 ^{222}Rn 的放射性活度，Bq。

将累积时间 t 的氡，用真空法赶入预抽真空的待刻度电离室；静置 3h 后，测出电离电流，则电离室的刻度系数 K 为：

$$K=\frac{A_{Ra}(1-e^{-\lambda t})}{V(I_c-I_b)}(\mathrm{Bq/m^3})/(\text{格}/\mathrm{min}) \tag{3.11.9}$$

式中：I_b——电离室的本底电流，格/min；

I_c——引入 ^{222}Rn，静置 3h 后的总电离电流，格/min；

V——待刻度电离室的灵敏体积，m^3。

将累积时间 t 的氡，用真空法赶入预抽真空的待刻度闪烁室；静置 3h 后，测出闪烁室的计数(cpm)。刻度原理示意图示于图 3.11.13 中。则闪烁室的刻度系数 K 为：

$$K=\frac{A_{Ra}(1-e^{-\lambda t})}{V(n_c-n_b)}(\mathrm{Bq/m^3})/(\mathrm{cpm})$$

式中：n_b——闪烁室的本底计数率，cpm；

n_c——引入 ^{222}Rn，静置 3h 后闪烁室计数率，cpm；

V——待刻度闪烁室的灵敏体积，m^3。

测量完毕，应立即用真空泵排净电离室、闪烁室内的 ^{222}Rn 样气。

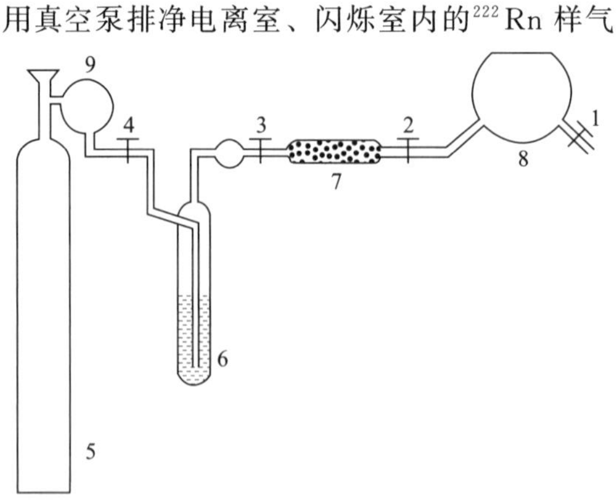

图 3.11.13 测 ^{222}Rn 闪烁室刻度原理示意图

1、2、3、4—螺旋夹；5—无氡氮气；6—扩散器；7—干燥管；8—闪烁室；9—压力表

(2) 8505－Ⅰ型氡室测定十种测氡仪的刻度系数

1987 年 10 月建立了 8505－Ⅰ型氡室[66]。氡室容积 1 000 L，用于氡浓度测量仪器的刻度。借助 8505－Ⅰ型氡室对十种商品测氡仪进行刻度，其结果列于表 3.11.5。

表 3.11.5　十种测氡仪器的刻度系数

<table>
<tr><th rowspan="2">序号</th><th rowspan="2">探测器(厂家)</th><th rowspan="2">单位</th><th colspan="3">刻度系数</th><th rowspan="2">备注</th></tr>
<tr><th>Bq/L</th><th>E_m</th><th>pCi/L</th></tr>
<tr><td>1</td><td>FD－3016(上海厂)</td><td>cpm</td><td>0.10</td><td>0.026</td><td>2.6</td><td></td></tr>
<tr><td>2</td><td>FD－820(重庆厂)</td><td>cpm</td><td>0.10</td><td>0.027</td><td>2.7</td><td></td></tr>
<tr><td>3</td><td>Rm－1003(加拿大厂)</td><td>cpm</td><td>0.10</td><td>0.035</td><td>3.5</td><td></td></tr>
<tr><td>4</td><td>FD－118G(北京核仪器厂)
该仪器五档：Ⅰ×3=150 格；
Ⅱ×10=500 格；
Ⅲ×30=1 500 格；
Ⅳ×100=5 000 格；
Ⅴ×300=15 000 格</td><td>格</td><td>0.48</td><td>0.13</td><td>13</td><td>自然格
Ⅰ－0.4 em
Ⅱ－1.3 em
Ⅲ－4.0 em
Ⅳ－13 em
Ⅴ－40 em</td></tr>
<tr><td>5</td><td>FD－3017(263 厂)</td><td>cpm</td><td>0.23</td><td>0.061</td><td>6.1</td><td></td></tr>
<tr><td>6</td><td>α 仪(加拿大)</td><td>cph</td><td>0.07</td><td>0.019</td><td>1.92</td><td></td></tr>
<tr><td>7</td><td>FD－841(五所)</td><td>cpm</td><td>0.05</td><td>0.015</td><td>1.48</td><td></td></tr>
<tr><td>8</td><td>α 卡(三所)</td><td>cpm</td><td>0.82</td><td>0.22</td><td>22.04</td><td></td></tr>
<tr><td rowspan="3">9</td><td>α 卡(加拿大)</td><td>cpm</td><td>0.89</td><td>0.24</td><td>24.05</td><td></td></tr>
<tr><td>活性炭 BJS－390(三所)</td><td rowspan="2">cps
(30 d)</td><td>0.58</td><td>0.15</td><td>15.70</td><td></td></tr>
<tr><td>活性炭 MS－3(美国)</td><td>0.79</td><td>0.21</td><td>21.41</td><td></td></tr>
<tr><td rowspan="3">10</td><td rowspan="3">SSNTD－7801 型(三所)</td><td rowspan="3">T/mm^2
(30 d)</td><td>0.06</td><td>0.017</td><td>1.73</td><td>类似加塑料布</td></tr>
<tr><td>0.06</td><td>0.015</td><td>1.51</td><td>类似吊片</td></tr>
<tr><td>0.07</td><td>0.019</td><td>1.91</td><td>一般埋片</td></tr>
</table>

1 em(爱曼)$=10^{-10}$ Ci/L=3.7 Bq/L$=10^2$ pCi/L

其中，FD－3106、FD－820、Rm－1003、FD－118G 与 FD－3017 采用快速刻度法；而其余采用循环法刻度。

文献[4]规定了闪烁室法、电离电流法及气球法为我国铀矿山空气中氡及氡子体的优选方法。

参考文献

［1］ Yang Fujia, Tang Chiayong. A General Formula for the Measurement of Concentrations of Radon and Thoron Daughters in Air[J]. Health Physics, 1978, 34(May): 501-503.

［2］ 朱昌寿，尚兵. 室内空气中氡(^{222}Rn)的测量[J]. 中国环境卫生，2002，5(01)：164-172.

［3］ 林莲卿. 空气中氡-222的测定技术[J]. 核电子学与探测技术，1989，9(5)：299.

［4］ EJ 378—89 铀矿山空气中氡及氡子体测定方法[S].

［5］ GB/T 14582—93 环境空气中氡的标准测量方法[S].

［6］ В. И. Баранова, справочник по радиаметрии[M]. Москва, 1957: 77.

［7］ Lucas H. F., The Review of Scientific Instruments[J]. 1974, 28: 347.

［8］ George A. C., Scintillation Flasks for the Determination of Low Level Concentrations of Radon, Proceedings of the Ninth Midyear Topical Symposium of the Health Physics Society[C]. 1976: 116-119.

［9］ Manual on Radiological Safety in Uranium and Thorium Mines and Mills, IAEA and Safety Series №43, pp24-27.

［10］ Aitken J. H., Baker E. G., Lee J., et al. Continuous and Grab Sampling Determinations of Radon Concentrations[J]. HASL-325, 1977: 17-19.

［11］ 吴慧山，周镭庭，李璀明，等. 放射性测量新技术(第二集)气体普查方法[M]. 北京：地质出版社，1984.

［12］ 邱小平，曹达阳，于涛. 利用静电收集^{218}Po实现连续测氡[J]. 核电子学与探测技术，2000，20(2)：120.

［13］ 饭田孝夫，An Electrostatic Radon Monitor for the Continuous Measurement of Environment Radon，名古屋大学工学部，1985，9.

［14］ 汲长松. 环境氡测量仪器评述，全国第二届室内环境研讨会论文集[C]. 北京，1998.

［15］ Henry Spitz and McDonald E. Wrenn, Design and Application of A Continuous Digital-Output Environmental Radon Measuring Instrument[J]. 1977, HASL-325: 48-64.

［16］ Cowper G., Davenport M. R., An Instrument for The Measurement of Long-term Average Levels, IAEA-SM-229/100, (1978).

［17］ Stephen S. Friedland, Lyle Rathbun, Allen M. Goldstein, Radon Monitoring: Uranium Mill Field Experience with a Passive Detector[J]. IEEE Transactions on Nuclear Science, 1980, NS-27(1): 704.

［18］ 邱小平，曹达阳，于涛. 利用静电收集^{218}Po实现连续测氡[J]. 核电子学与探测技术，2000，20(2)：120.

［19］ 田志恒，左富琪，肖德涛，等. 测量氡析出率的驻极体收集法[J]. 核电子学与探测

技术，1992，12(1)：17.
[20] Stephen S. Friedland，Lyle Rathbun，Allen M. Goldstein，Radon Monitoring：Uranium Mill Field Experience with a Passive Detector[J]. IEEE Transactions on Nuclear Science，1980，NS-27(1)：704.
[21] Passaporn Chittaporn，Merril Eisenbud and Naomi H. harley，A Continuous Monitor for The Measurement of Environment Radon[J]. Health Physics，1981，41(2)：405.
[22] Cohen B. L.，et al. Theory and Practice of Radon Monitoring with Charcoal Adsorption[J]. Health Physics，1983，45：501.
[23] ROAC System for Uranium Exploration[R]. Power Engineering Consultants(PEC) Corporation，1980. 9.
[24] Counfess R. J.，Program Report[J]. 1977，9(2)：133-154.
[25] 王明昌，王瑞凯. KF－601 氡钍仪[J]. 铀矿冶，1987，2.
[26] Radon Sampler 2413[R]. Studsvik Energiteknik AB S-61182，NYKoPing，1978.
[27] 活性炭吸附氡子体 γ 测量仪[S]. EJ/T824－1994.
[28] 建筑物表面氡析出率的活性炭测量方法[S]. GB/T 16143—1995.
[29] 连琦，王旭辉，等. HPGe 探测器分析室内空气活性炭盒氡样品的研究[J]. 核电子学与探测技术，1986，24(4)：338.
[30] Шлшкин В. Л.，ПруткинаМ. И.，Эманирование радиоактированных руд и минералов[М]. М：Атомиздат，1979.
[31] Fontan J.，The Quantitative Determination of Gaseous Radio elements Which Yield Radioactive Daughter Products[J]. University of Toulouse ANL-TRANS-45，1964.
[32] 谭彩云，陈伯显，等. 双滤膜能谱法氡钍射气快速测定[J]. 核电子学与探测技术，1985，5(1).
[33] 王婷婷，汲长松，张庆威，等. 环境氡浓度双滤膜测量仪：EJ/T 20216—2018[S].
[34] Newstein H.，Cohen L. D. and Krablin R.，An Automatic Atmospheric Radon Sampling System[J]. Atmospheric Environment. 1971：Vol 5：823-831.
[35] Schery S. D.，Gaeddert D. H. and Wilkening M. H.，Two-filter Monitor for Atmospheric ^{222}Rn[J]. Rev. Sci. Instr.，1980 March：51(3)：338-343.
[36] 秦长珠，孟文斌. 双滤膜和闪烁室法测氡的刻度与比对[C](辽宁省劳动卫生研究所). 氡和氡子体测量与危害评价学术讨论会，太原，1988.
[37] Renoux A，et al. [J]. Health Physics，1979，39：291.
[38] 谭彩云，陈伯显，等. 双滤膜能谱法氡钍射气快速测定[J]. 核电子学与探测技术，1985；5(1).
[39] EJ/T 605—1991 氡及子体测量规范[S].
[40] 陈志恒，吕冬初，等. 用气球法测定大气环境中氡钍浓度(原油印报告)[J]. 核技术，1983，3：4-8.
[41] 曲曰声. 相对湿度对气球法测氡的影响[J]. 辐射防护，Vol. 10，№2(1990，3)p118.
[42] 陈志恒，杨福家，汤家镛，等. 大气中氡气及其子体的测量[J]. 核技术，1982：

№1：13-19.

［43］ 汲长松，罗风群. 氡及氡子体测量仪与监测仪，一般要求：GB 13163—91[S].

［44］ Price P. B. et al.，Proceedings of the International Topical Conference on Nuclear Track Registration in Insulating Solids and App[M]. Clermont-Ferrand，6-9，Section IV pp. IV 18，1969，May.

［45］ 陈竹舟，李学群，沙连茂. 环境放射性监测与评价[M]. 太原：中国辐射防护研究院，1991.

［46］ 李先杰，王明昌. 环境氡累积测量[C]. 氡和氡子体测量与危害评价学术讨论会，太原，1988.

［47］ Robert L. Fleischer and Antonio Mogro-Campero，Track Detectors For Environmental Radon Studies，Radon Concentrations In The Ground. INIS-mf-6530.

［48］ Frank A. L.，Benton E. V. and Cassou R.，Radon and Daughter Measurements with Active and Passive Devices Using Track Etch Detectors[J]. HASL-325；1977：6-8.

［49］ 龚岳存，刘宋元，王淑敏，等. 无源采样器测量氡累积浓度 [C]. 氡和氡子体测量与危害评价学术讨论会，太原，1988.

［50］ 张怀钦，苏静玲，姚婉元，等. 测量空气中氡及子体的可携式装置[C]. 氡和氡子体测量与危害评价学术讨论会，太原，1988.

［51］ 龚岳存，刘宋元，王淑敏，等. 无源采样器测量氡累积浓度 [C]. 氡和氡子体测量与危害评价学术讨论会，太原，1988.

［52］ Andreas C. George，A Passive Environmental Radon Monitor[J]. HASL-325：25-30.

［53］ Perdue P. T.，Dickson H. W. and Haywood F. F.（Health and Safety Research Division Oak Ridge National Laboratory），Radon Monitoring Instrumentation[J]. Health Physics，1980，39(1)：85-88.

［54］ Cowper G.，Davenport M. R.（Canada），An Instrument for The Measurement of Long-term Average Levels[J]. IAEA-SM-229/100，1978.

［55］ 周智新，黄刚. 超薄型 $CaSO_4$：Tm 热释光剂量元件的制作与应用[J]. 核技术，1980(5).

［56］ Card J. W.，Bell K.，Radon Decay Products and Their Application to Uranium Exploration[J]. CIM，1979.

［57］ 葛静霞，华荣洲，牛建华，等. FD－140 型高灵敏测氡仪及其应用[J]. 核电子学与探测技术，1992，12(2)：97-101.

［58］ 华荣洲，葛静霞. 带电 α 卡及其找铀矿试验[J]. 核科学与工程，1984，4(3)：286.

［59］ 张纯祥，赵资智，罗达玲，等. α 能谱法测定氡子体浓度[J]. 核仪器与方法，1981. 3：33.

［60］ RAD7 型测氡仪手册[M]. 美国 DURRIDGE 公司.

［61］ 周建斌，王磊，童运福. 一种新型测氡仪—α 谱仪的性能与应用研究[J]. 核电子学与探测技术，2011，31(7)：823.

［62］ 邱小平，曹杨达，于涛. 利用静电收集 ^{218}Po 实现无源连续测氡[J]. 核电子学与探测

技术. 2000，(2)：11.
[63] 吴慧山，林玉飞，白云生，等. 氡测量方法与应用[M]. 北京：原子能出版社，1995.
[64] 汲长松. 环境氡浓度绝对测量[J]. 核技术，1987，(6)：41.
[65] 丘寿康，等. 氡及氡子体刻度与试验装置[R]. 衡阳：核工业第六研究所，1989，12.
[66] 吴慧山，李国栋，林玉飞，等. 8505—Ⅰ型氡测量标定装置(氡室)[C]. 氡和氡子体测量与危害评价学术讨论会，太原，1988，3.
[67] 周剑良，丘寿康，肖更生，等. 标准氡刻度室的初步建立和调试[C]. 氡和氡子体测量与危害评价学术讨论会，太原，1988.
[68] Fisenne I. M. , et al. Radon inter-comparisons at EML(Jan. 1983 and Feb. 1984)[R]. EML，1985. Feb. ：436.
[69] Droullard R. F. , et al. Radiation Hazard Test Facility at The Denver Research Center[R]. PB-84-190248，1984.
[70] Miles J. , The NRPB Radon Environmental Chamber and Its Use in International Comparisons[C]. Workshop on Radon Monitoring in Radon protection, Environmental Radioactivity and Earth Sciences，1989，Apr. ：3-14.
[71] Solomon S. B. , The Australian Radiation Laboratory Radon Test Chamber Appendix 2 of The Protocols of Asian/Australasian Regional Inter-calibration and Inter-comparison Programme for Radon [R]. ARL，1987 Sep-Nov.
[72] Langner Jr. G. H. , et al. Operating Manual for The Radon-daughter Chamber[R]. GJ/TMC-18，1985 Jan.
[73] Bigu J. , A Walk-in Radon/Thoron Test Facility[R]. CANMET Division Report MRP/MRL，1983：83-80.
[74] Bigu J. , A Preview of The National Radon/Thoron Test Facility [R]. CANMET Division Report M&ET/MRL 87-(op)，1986.
[75] 刘宏章，陈宏君，曹慧，等. 气溶胶对氡室氡浓度影响的探讨[J]. 核电子学与探测技术，2011，31(7)：772.
[76] 国防科工委科技与质量司组织编写. 电离辐射计量[M]. 北京：原子能出版社，2002.
[77] Prichard H. M, A solvent extraction technique for the measurement of 222Rn at ambient air concentrations[J]. Health Physics，1983，45(2)：493-499.

第4章 氡浓度绝对测量方法

按物理学中关于“测量”的定义，“测量”就是对某个可以表征一个物理现象或系统的固定的物理常数做定量测定，或是对描述一个可以反复再现的物理状态所必需的参量做定量测定的实验过程。

测量分相对测量与绝对测量[1]。第3章中讲述的氡浓度测量方法皆为相对测量方法，因为直接测量值须经过刻度系数转换才能得出所需要的氡浓度值。同时，第3章中介绍了当今认知度较高且市场上有相对应的仪器产品支持的10种氡浓度相对测量方法。

绝对测量，也称直接测量，是指通过直接测量一个或数个基本量而求得未知量的过程[2]。据此，氡浓度绝对测量方法应当是不需刻度、通过测量基本量直接获得氡浓度值的实验方法。

此处所谓基本量，在国际单位制中，是指以下的七个：长度 l(m)、质量 m(kg)、时间 t(s)、电流 I(A)、热力学温度 T(K)、物质的量 n(mol)和光强度 I_v(cd)。

此处“绝对”一词不涉及精密度或精确度的内容。

迄今，文献报道的氡浓度绝对测量实验方法的成果有3种。它们是：静电场绝对测氡实验法[3]、闪烁室绝对测氡实验法[4,5]与双滤膜绝对测氡实验法[6]。

4.1 静电场绝对测氡实验方法

4.1.1 工作原理

静电场绝对测氡法氡的测量原理与静电场相对法相同(见3.3节)。

待测气体借助扩散机制，透过泡沫(Teflon)进入测量室时，原有子体被滤掉。测量室内氡钍射气衰变新产生的子体带正电而被驻极体静电场负极吸引，并收集于驻极体表面上。采样一定时间后，测量驻极体上收集的氡子体的α放射性活度。借助对采样时间与测量时间间隔内子体衰变修正；测量室子体收集效率；探测器α探测效率参数，计算出氡、钍射气浓度，实现对被测氡浓度的绝对测定[3]。

本方法采用无源扩散取样；驻极体(Electret)静电场收集氡子体；聚氨基甲酸酯(Polyurethane)泡沫过滤进气子体；直接测量驻极体收集的子体α活度。

本方法以双滤膜绝对测氡法为标准方法，予以验证。

4.1.2 实验方法

图4.1.1示出用于环境氡连续测量(驻极体)静电场氡钍射气浓度测量装置结构示意图。

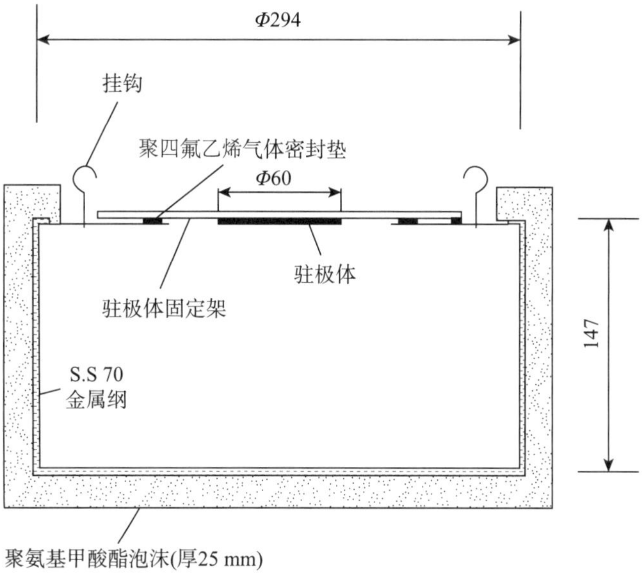

图 4.1.1　静电场^{222}Rn、^{220}Rn 浓度绝对测量装置结构示意图

测量室容积为 10 L，聚氨基甲酸酯泡沫厚 25 mm。驻极体带电相当于 2 000～3 000 V 电池。干燥条件下，^{222}Rn、^{220}Rn 在测量室内衰变而产生的子体中，70%被收集于驻极体上。采样 3 h 后，测量室内^{222}Rn、^{220}Rn 达到放射性平衡，进行 α 计数测量。

4.1.3　氡浓度计算公式

$$C=\frac{0.45X}{EF_eZV}(\text{pCi/L}) \tag{4.1.1}$$

式中：C——^{222}Rn、^{220}Rn 浓度，pCi/L；

X——采联 t_s 后，t_1 至 t_2 时间间隔内的 α 计数；

E——α 探测效率；

t_1——从采样结束至开始测量计数的时间间隔；

t_2——从采样结束至终止测量计数的时间间隔；

t_s——采样时间；

Z——与时间 t_s 关联的 t_1、t_2 衰变修正因子 $Z(t_s,\ t_1\rightarrow t_2)$；

V——测量室容积(L)；

F_e——子体收集效率(被收集子体与在探测室内产生的子体总数之比)。

4.1.4　参数

(1)α 探测效率 E

通常取值：$E=40\%$。

(2)子体收集效率 F_e

由实验测定，驻极体收集效率为：$F_e=70\%$。

收集效率 F_e的实验测定给出：

①F_e与相对湿度相关；

氡的收集效率由68%下降至38%，当相对湿度由15%上升至75%时。

钍射气收集效率由78%下降至67%，当相对湿度由78%下降至23%时。

②F_e与t_s无关；

③F_e与驻极体电荷密度无关；

④F_e与驻极体大小有关，为获得适当的F_e，驻极体直径不能小于4 cm。

实验数据表明静电场绝对测氡实验方法与双滤膜法绝对测氡方法结果一致性好。

静电场绝对测氡实验方法是无源扩散、透过泡沫过滤氡子体、测量室内外氡、钍射气浓度达到平衡、然后再过适当时间，测量室内氡与子体达到放射性平衡再进行测量的平衡法。因而本方法需较长时间才能达到平衡。

采样约8 min后，测量装置的测量室内浓度达到测量室外浓度的91%；

约20 min后，测量室内、外浓度才达到相等。

本底：6 cph。

采样$t_s=3$ h，测量$t_1 \rightarrow t_2=(2 \rightarrow 182)$ min时，^{222}Rn的最低探测限为：

$$1.2\ Bq/m^3 (0.032\ pCi/L);$$

采样$t_s=3$ h，测量$t_1 \rightarrow t_2=(3 \rightarrow 20)$ h时，^{220}Rn的最低探测限为：

$$4.1\ Bq/m^3 (0.11\ pCi/L)。$$

该测量装置适用于环境和住宅^{222}Rn、^{220}Rn的测量。

4.2 闪烁室绝对测氡实验方法

4.2.1 工作原理

闪烁室绝对测氡实验方法测氡工作原理，与闪烁室相对测氡实验方法相同。氡^{222}Rn与其衰变产生的短寿命子体RaA与RaC′皆发射α粒子，后者在涂有闪烁材料的闪烁室壁上产生闪烁信号而被探测(详见3.2节)。闪烁室绝对测氡实验方法无需刻度。

闪烁室绝对测氡实验方法采取连续多个时间间隔内探测α获取多组计数。以此对采样、测量过程中^{222}Rn探测、子体沉积、级联衰变等效应，实施定量估算，获得被测气体的氡浓度[4,5]。对测量结果进行了多项实验验证。

文献[4，5]报道的闪烁室绝对测氡实验方法，连续5次2 000 s α测量计数，应用理论与实验获取的氡子体沉积比、衰变因子参数；借助理论推导的含有采样流速、闪烁室容积、α探测效率参数的公式，直接计算得出被测气体中的氡浓度。

4.2.2 实验方法

(1)符号与定义

实验序号：n——现周期的2 000 s采样、测量序号；

$n-1$——前1周期2 000 s采样、测量序号；

$n-2$——前2周期2 000 s采样、测量序号；

$n-3$——前3周期2 000 s采样、测量序号；

$n-4$——前 4 周期 2 000 s 采样、测量序号。

C_{Rn}——氡浓度，pCi/L；

E——α 计数效率，cps/dps；

$t=2\ 000$ s(采样时间)；

V——闪烁室容积，L；

X_n——第 n 周期测量，氡净计数；

X_{n-i}——第 $n-i$ 周期测量，氡净计数；

Y_n——第 n 周期测量，总(氡+氡子体)净计数；

Y_{n-i}——第 $n-i$ 周期测量，总(氡+氡子体)净计数。

(2)氡子体沉积比 k——同一测量周期中氡子体计数，与氡计数之比

$$k=\frac{\text{氡子体计数}}{\text{氡计数}}\quad（\text{同周期测量}）$$

即：

$$k=\frac{Y_n-X_n}{X_n} \tag{4.2.1}$$

式中：
$$X_n=0.037C_{Rn}(\text{pCi/L})\cdot V(\text{L})\cdot E\cdot t(\text{s}) \tag{4.2.1$'$}$$

本实验装置：E 平均等于 0.51 cps/dps；$V=0.515$ L；$t=2\ 000$ s。

代入式(4.2.1)′得：

$$X_n=19.4C_{Rn} \tag{4.2.2}$$

将式(4.2.2)代入式(4.2.1)，氡子体沉积比：

$$k=\frac{Y_n-X_n}{X_n}=\frac{Y_n}{X_n}-1=\frac{Y_n}{19.4C_{Rn}}-1 \tag{4.2.3}$$

用已知浓度 C_{Rn}的样气，未污染的闪烁室，以 4 L/min 流速采样、测量 2 000 s，得 Y_n。由式(4.2.3)得出氡子体沉积比 k 值。k 实验值结果列于表 4.2.1。

表 4.2.1　氡子体沉积比 k 实验值

C_{Rn}/(pCi/L)	Y_n	X_n	k
22.6	732	438	0.671
22.8	755	442	0.708
23.6	832	458	0.816
25.2	865	489	0.769
27.1	884	526	0.681
28.6	944	555	9.791
28.9	985	561	9.758
29.0	964	563	0.712
29.2	1011	566	0.786
29.3	1006	568	0.771

据表 4.2.1，得到 k 的平均值，$k=0.74$。相对标准误差±2%。

补充近似实验证明，采样流速在 1～9 Lpm 区间，k 值变化不大！

(3)衰变因子 f

衰变因子 f 是用没有氡子体沉积的闪烁室，用已知氡浓度的样气通气、测量 2 000 s 获得放射性总计数 Y_n；然后立刻用无氡空气或氮气冲洗闪烁室，并连续测定数次 2 000 s 计数[5]。则：

f_1=(第 $n-1$ 次 2 000 s 采样、测量沉积的放射性的测量计数)/

$Y_n-X_n=kX_n$=(第 n 次 2 000 s 采样沉积子体的放射性测量的计数)

f_2=(第 $n-2$ 次 2 000 s 采样、测量沉积的放射性的测量计数)/

(第 n 次 2 000 s 采样沉积子体的放射性测量的计数)

f_3=(第 $n-3$ 次 2 000 s 采样、测量沉积的放射性的测量计数)/

(第 n 次 2 000 s 采样沉积子体的放射性测量的计数)

应用 $k=0.74$；X_n 按式(4.2.2)计算；上述方法测定的沉积子体衰变因子 f 实验值与理论值列于表 4.2.2。

表 4.2.2　沉积子体衰变因子 f

	f_1	f_2	f_3	f_4	f_5
理论值	0.476	0.300	0.176	0.090	0.043
实验值	0.551	0.349	0.217	0.117	0.048

(4) α 平衡方程式

假定：①2 000 s 内，氡浓度不变；

②α 粒子源自氡 ^{222}Rn、RaA 与 RaC′；

③三种来源的 α 粒子探测效率相等；

④α 粒子探测效率与核在闪烁室内的位置无关；

⑤氡子体沉积比 K，与氡浓度无关；

⑥氡在闪烁室的渡越时间很短，约 10 s 或更短，因此，由氡产生的所有 RaA 核，在其衰变之前，或掠过闪烁室表面；或沉积到闪烁室表面。

在上述条件下，对采样、测量 2 000 s 现周期，及前各周期；借助沉积子体的衰变因子 f_1、f_2……，可列出 α 平衡方程式：

$$Y_n=X_n+kX_n+f_1kX_{n-1}+f_2kX_{n-2}+f_3kX_{n-3}+\cdots$$

$$Y_{n-1}=X_{n-1}+kX_{n-1}+f_1kX_{n-2}+f_2kX_{n-3}+f_3kX_{n-4}+\cdots$$

$$Y_{n-2}=X_{n-2}+kX_{n-2}+f_1kX_{n-3}+f_2kX_{n-4}+f_3kX_{n-5}+\cdots$$

……

上述第 1 个方程的物理含义——第 n 周期(即现周期)2 000 s 采样、测量，总 α 计数 Y_n，是闪烁室内：

①第 n 周期(即现时周期)2 000 s 采样、测量，氡的净计数 X_n；

②第 n 周期 2 000 s 采样、测量，沉积氡子体的 α 计数 kX_n；

③前各周期，沉积氡子体的 α 计数贡献(f_1kX_{n-1}，f_2kX_{n-2}…)之和。

类似，列出 $n-1$、$n-2$、…各周期总 α 计数 Y_{n-1}；Y_{n-2}…等方程。

4.2.3 氡浓度计算公式

$$X_n = AY_n - BY_{n-1} - CY_{n-2} - DY_{n-3} - EY_{n-4} - FY_{n-5} \tag{4.2.4}$$

式中：

$A = 1/h$；

$B = f_1 w/h$；

$C = (f_2 w - f_1^2 w^2)/h$；

$D = (f_3 w - 2f_1 f_2 w^2 + f_1^3 w^3)/h$；

$E = [f_4 w - (2f_1 f_3 + f_2^2)w^2 + 3f_1^2 f_2 w^3 - f_1^4 w^4]/h$；

$F = [f_5 w - (2f_1 f_4 + 2f_2 f_3)w^2 + (3f_1^2 f_3 + 3f_1 f_2^2)w^3 - 4f_1^3 f_2 w^4 - f_1^5 w^5]/h$；

$h = 1 + k$；

$w = k/(1+k)$；

$k = 0.74$。

将 f_n 实验值(见表 4.2.1)代入式(4.2.4)得：

$$X_n = 0.576Y_n - 0.135Y_{n-1} - 0.054Y_{n-2} - 0.021Y_{n-3} - 0.006Y_{n-4} - 0.000Y_{n-5} \tag{4.2.5}$$

将 f_n 理论值(见表 4.2.1)，代入式(4.2.4)得：

$$X_n = 0.576Y_n - 0.117Y_{n-1} - 0.050Y_{n-2} - 0.013Y_{n-3} - 0.003Y_{n-4} - 0.000Y_{n-5} \tag{4.2.6}$$

将式(4.2.5)或式(4.2.6)代入式(4.2.2)($X_n = 19.4C_{Rn}$)得氡浓度工作公式：

$$C_{Rn} = 0.029\,7Y_n - 0.007\,0Y_{n-1} - 0.002\,8Y_{n-2} - 0.001\,1Y_{n-3} - 0.000\,3Y_{n-4} \tag{4.2.7}$$

4.2.4 实验验证

对上述闪烁室绝对测氡实验方法进行了实验验证。闪烁室连续绝对测氡浓度实验框图示于图 4.2.1。闪烁室容积为 515 mL。

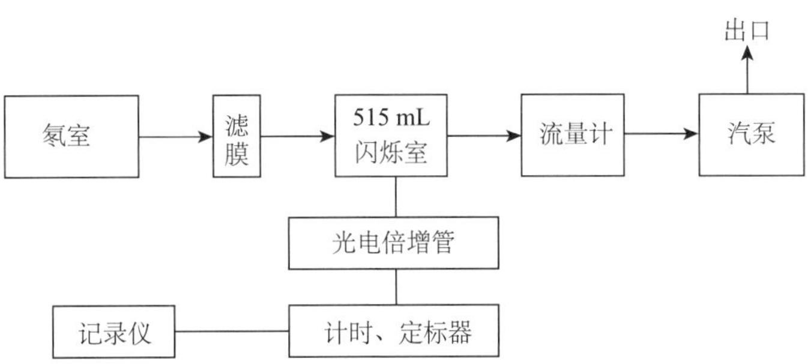

图 4.2.1　闪烁室连续绝对测氡浓度框图

(1)定值氡浓度样气突然接入实验

无氡空气突然接入定值氡浓度样气。闪烁室测量值列于表 4.2.3。取第 3 测量周期为例，$n=3$。则 $Y_3 = 1\,279$，$Y_2 = 1\,123$，$Y_1 = 864$。

据式(4.2.7)：

$$C_{Rn}=0.0297\times1279-0.0070\times1123-0.0028\times864-0=27.4\ \text{pCi/L}$$

表 4.2.3 氡浓度突增过程实验

周期，n	氡浓度/(pCi/L)	Y_n	测量值/(pCi/L)
0	0	0	0
1	≈25	864	25.6
2	≈25	1 123	27.0
3	≈25	1 279	27.4
4	≈25	1 395	28.1
5	≈25	1 421	27.7
6	≈25	1 475	28.4

(2)定值氡浓度样气突然归零实验

定值氡浓度样气突然，如第 5 次取样结束，变成零氡浓度样气实验。闪烁室测量值列于表 4.2.4。取第 7 周期为例，$n=7$。

$$Y_7=325\quad Y_6=475\quad Y_5=1340\quad Y_4=1387\quad Y_3=1374$$

式(4.2.7)为：

$$C_{Rn}=0.0297(325)-0.0070(475)-0.0028(1340)-0.0011(1387)-0.0003(1374)=0.6\ \text{pCi/L}$$

表 4.2.4 氡浓度突降过程实验

周期，n	氡浓度/(pCi/L)	Y_n	测量值/(pCi/L)
1	～25	1 382	—
2	～25	1 419	—
3	～25	1 374	—
4	～25	1 387	—
5	～25	1 340	24.3
6	0	475	−1.1
7	0	325	0.6
8	0	142	−1.3
9	0	71	−0.7
10	0	34	−0.4
11	0	17	−0.2
12	0	0	−0.3

上述实验结果是闪烁室绝对测氡方法成功的实验验证。

静电场(无源扩散、驻极体静电场)绝对测氡实验方法、与闪烁室法绝对测氡实验方法等两种实验方法，从理论到实验都已经成功。主要不足是采样时间太长(3 h；2 000 s)，实际应用困难，而没有获得推广。

4.3　双滤膜绝对测氡实验方法

1969 年，托马斯(Jess W. Thomas)将双滤膜法测氡浓度的过程中作用要素，依据其各自的规律进行了计算；然后将其作为因子，建立了双滤膜法测氡浓度的公式——托马斯公式[6]。依据该公式，双滤膜法测氡浓度实验方法中，将出口滤膜的总 α 测量计数，代入托马斯公式，直接获得被测样气中氡的浓度。整个测量过程不再需要刻度与刻度系数。在准确意义上实现了氡浓度的绝对测量。“托马斯双滤膜绝对测氡浓度公式”是确立双滤膜法氡浓度绝对测量实验方法的理论基础[7-9]。

由托马斯推导的双滤膜法测氡浓度公式通常称作“托马斯公式”。

托马斯氡浓度绝对测量方法的测量结果，不受氡与其子体放射性平衡程度的影响。

托马斯双滤膜测氡浓度公式经实验验证成立[6]。

与静电场绝对测氡法、闪烁室绝对测氡法的出现，对包括我国在内的测氡技术领域“平静”形成强烈反差，托马斯双滤膜绝对测氡浓度方法的出现，在我国引起很大反响。据粗略估计，20 世纪 80 年代，我国从事“双滤膜绝对测氡浓度方法”研究、“绝对测氡浓度装置”研制的科研院所、高等院校与核仪器生产企业近 20 家。期间，曾组织过两次全国规模的双滤膜测氡浓度仪器的比对。这种热烈局面，与同时期国外对该方法几乎无人“问津”，也形成强烈的反差。这一特殊形势也大大推动了我国研究双滤膜绝对测氡浓度方法的工作。文献[10，11]报道了当时我国专家推导出的类似于托马斯公式的绝对测氡浓度的公式，并获得了部分应用[12,35]。

20 世纪 80 年代初，我国原“核工业(北京)核仪器厂”组建了专门从事托马斯双滤膜测氡浓度装置及仪器研制的团队。借助自制的液体镭源标准氡发生器，以及与原核工业第六研究所标准氡室合作，对“托马斯双滤膜测氡浓度公式”所含各参数进行了大量实验，获得大量实验成果。其中包括：

①同一次测量，测量参数不同(自洽性)；

②同一测量环境，多台同一结构、同样运行参数(一致性)；

③同一测量环境，多台结构参数、运行参数不同(普适性)；

④用已知氡浓度的标准氡气，进行“托马斯双滤膜测氡浓度公式”测量，测定固有误差，验证测量的可靠性。

大量实验结果证实，在统计涨落误差范围内，测量结果与参考值完全符合。实验测量结果再次证实了托马斯绝对测氡浓度公式的正确。

研制团队同时研制成多种“氡浓度绝对测量仪器”，获得广泛应用。

国标 GB/T 14582—93 “环境空气中氡的标准测量方法”[13]规定双滤膜绝对测氡浓度方法与双滤膜相对测氡浓度方法同为我国环境空气中氡浓度测量的标准测量方法。

标准推荐条件下，双滤膜法测氡的探测下限达 3.3 Bq/m^3。

本节将介绍我国双滤膜绝对测氡浓度方法研究与仪器研制的主要成果。

4.3.1　工作原理

含氡样气穿过入口滤膜 A 时，原有氡子体被滤除，进入衰变室 B。在衰变室 B 中，由入口滤膜 A，向出口滤膜 C 的渡越过程中，^{222}Rn 衰变产生的新子体，被出口滤膜 C 收集。由托马斯公式依据出口滤膜 C 的 α 粒子计数得出氡浓度。

上述过程中包含 3 个动态过程：

采样中，样气渡越衰变室，^{222}Rn 衰变与子体产生的动态过程；采样中，出口滤膜上 RaA、RaB、RaC 子体累积的动态过程，与采样结束后，出口滤膜上 RaA、RaB、RaC 子体衰变的动态过程与 α 粒子探测。

(1)采样中样气渡越衰变室 ^{222}Rn 衰变与 RaA 子体产生动态过程

待测含氡样气穿过入口滤膜 A 进入衰变室 B 时(见图 4.3.1)，样气中原有的氡(^{222}Rn)子体被入口滤膜 A 全部过滤。因此，透过入口滤膜 A 进入衰变室的样气中仅含 ^{222}Rn，而不含 ^{222}Rn 的任何子体。

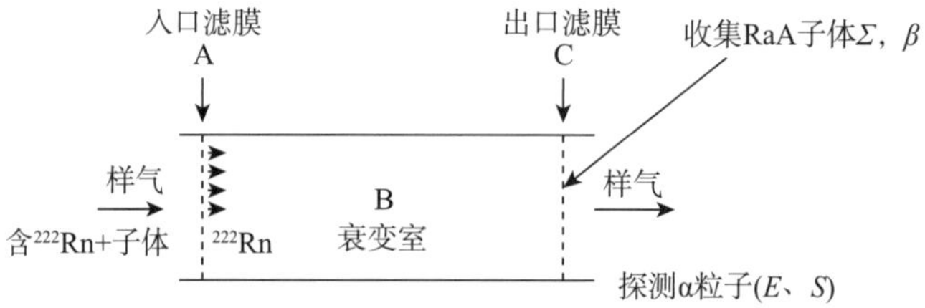

图 4.3.1　双滤膜绝对测氡浓度原理

样气从穿过入口滤膜 A 时刻开始，在衰变室内，由入口滤膜至出口滤膜的渡越过程中，^{222}Rn 以 $T_{1/2}=3.823$ d 的半衰期衰变产生 RaA(^{218}Po)子体。由于样气从入口滤膜 A，穿过衰变室 B，到达出口滤膜 C 的渡越时间，远小于 RaA 子体的半衰期(3.10 min)①。因此可以认为，样气在由滤膜 A 至 C 的渡越过程中，RaA 衰变生成 RaB(^{214}Pb)子体原子数极少。

样气在衰变室内，由入口滤膜至出口滤膜间的渡越时间 t_d：

$$t_d=\frac{V}{q} \tag{4.3.1}$$

式中：q——采样流速；

V——衰变室容积。

渡越过程中，子体 RaA 原子数 $n_2(t)$在 Δt 时间间隔内的变化(增长)：

$$\Delta n_2(t)=\lambda_1 n_1(t)\Delta t \tag{4.3.2}$$

式中：t——样气渡越时间($t=0\rightarrow t_d$)；

$\Delta n_2(t)$——t 时刻衰变室内产生的 RaA 核数；

$n_1(t)$——t 时刻衰变室内 ^{222}Rn 核数；

$\lambda_1 n_1(t)\Delta t$——Δt 时间间隔内、衰变室内 ^{222}Rn 衰变的核数；

λ_1——^{222}Rn 的衰变常数，1.258×10^{-4}/min。

对式(4.3.2)积分，得 t_d时刻(出口滤膜处!)RaA 子体原子数：

---

① 注：如 FT626($V=40$ L，$q=120$ L/min)，$t_d=40/120=20$ s；FT648($V=15$ L，$q=40$ L/min)，$t_d=15/40=22.5$ s；CM-CDY($V=8$ L，$q=15$ L/min)，$t_d=8/15=32.0$ s。渡越时间皆为 20 s 左右。

$$n_2(t_d)=\lambda_1 n_1(t_d)t_d \quad 或 \quad n_2(t_d)=\lambda_1 n_1 \frac{V}{q} \tag{4.3.2'}$$

式中：$n_1(t_d)$——^{222}Rn 的原子数不变，$n_1(t_d)\equiv n_1$。

式(4.3.2)′表明，在采样、渡越过程中，子体 RaA 的核数 $n_2(t_d)$是渡越时间 t_d的线性函数。考虑到采样时，样气匀速通过衰变室，因此，子体 RaA 的核数沿衰变室轴向的分布也是线性的。该结果示于图 4.3.2。

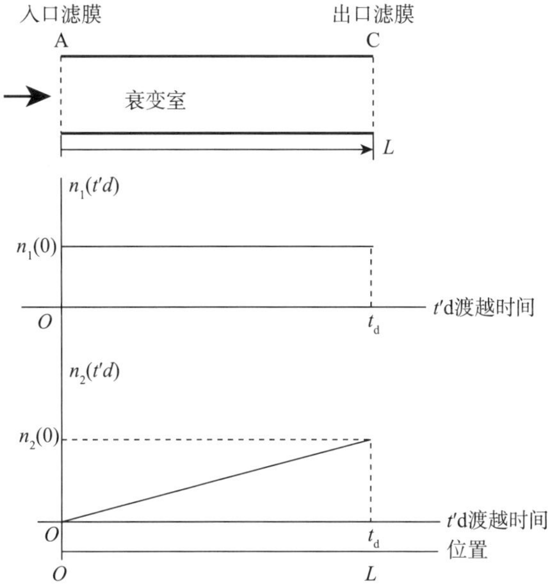

$n_1(t_d)$——^{222}Rn 核总数随渡越时间 t_d的变化

$n_2(t_d)$——RaA 核总数随渡越时间 t_d(或衰变室轴向位置)的变化

图 4.3.2　采样过程中^{222}Rn、RaA 子体原子数浓度沿衰变室轴向的分布

渡越过程中 RaA 子体的产生，与^{222}Rn 的衰变是同一事件的两个方面，RaA 子体的产生数就是^{222}Rn 的衰变数。样气通过入口滤膜的时刻记作 $t'=0$。此时^{222}Rn 的浓度为 $\chi(t'=0)$。在渡越过程中，^{222}Rn 浓度随时间的变化为：

$$\chi(t'_d)=\chi(0)e^{-\lambda_1 t'_d} \tag{4.3.3}$$

式中：λ_1——氡^{222}Rn 的衰变常数；

t——由样气通过入口滤膜起算的时间，$t(0\rightarrow t_d)$。

例如，若取 $t_d=\frac{1}{3}\min$，则 $\frac{\chi(\frac{1}{3}\min)}{\chi(0)}=e^{-1.258\times10^{-4}\times\frac{1}{3}}=0.999\ 96$

即，样气从穿过入口滤膜进入衰变室，至到达出口滤膜的时间间隔(1/3 min)内，^{222}Rn 的浓度减小仅为十万分之四。因此，为简化讨论，忽略渡越过程中的衰变导致的^{222}Rn 核数的减少，即在采样、渡越过程中，衰变室内氡^{222}Rn 的浓度是不变的。该结果示于图 4.3.2。

(2)采样中出口滤膜上 RaA、RaB、RaC 子体累积的动态过程

采样中，出口滤膜处，未衰变的^{222}Rn 核随样气穿过滤膜，离开衰变室。

渡越过程中产生的 RaA 子体，以气溶胶的形态存在，通过出口滤膜 C 时，绝大部分

RaA 子体被滤出而沉积于滤膜 C 上。

出口滤膜上，RaA 子体不断被收滤而聚集；同时，以 $T_{1/2}=3.05$ min 的半衰期衰变成 RaB 子体核。后者又以 $T_{1/2}=26.8$ min 的半衰期衰变成 RaC 子体核。在出口滤膜上发生一个 RaA 子体不断沉积，同时又以 RaA 为母体的递次衰变过程。

设定衰变室容积 V(L)；衰变室长度 L(cm)；采样流速 q(L/min)；t_d为由入口滤膜至出口滤膜样气渡越时间。采样过程中，出口滤膜上 RaA、RaB 及 RaC 子体的活度，与采样时间 t'之间的关联关系：

采样时间 $t'=0$ 时，在出口滤膜上，RaA、RaB、RaC 的核数：

$$N_2(t'=0)=0;\ N_3(t'=0)=0;\ N_4(t'=0)=0 \tag{4.3.4}$$

抽滤开始，出口滤膜上，RaA、RaB、RaC 的核数变化可用下述方程组描述：

$$\Delta N_2(t')=n_2(t_d)\cdot q\Delta t'-\lambda_2 N_2(t')\Delta t'$$
$$\Delta N_3(t')=\lambda_2 N_2(t')\Delta t'-\lambda_3 N_3(t')\Delta t'$$
$$\Delta N_4(t')=\lambda_3 N_3(t')\Delta t'-\lambda_4 N_4(t')\Delta t' \tag{4.3.5}$$

式中：$N_2(t')$、$N_3(t')$、$N_4(t')$——分别为 RaA、RaB、RaC 子体，采样 t'时刻，出口滤膜上总核数；

$\Delta N_2(t')$、$\Delta N_3(t')$、$\Delta N_4(t')$——分别为 $\Delta t'$ 时间间隔内，总核数 $N_2(t')$、$N_3(t')$、$N_4(t')$的增量。

①RaA 子体核在出口滤膜上的聚集

$$\frac{dN_2(t')}{dt'}=(\lambda_1 n_1 \frac{V}{q})q-\lambda_2 N_2(t')$$
$$\frac{dN_2(t')}{dt'}+\lambda_2 N_2(t')=(\lambda_1 n_1 \frac{V}{q})q \tag{4.3.6}$$

方程的解为($R\equiv\frac{\lambda_1 n_1 V}{q}$)：

$$N_2(t')=C_1+\int Rqe^{\lambda_2 t'}dt'e^{-\lambda_2 t'}=C_1+\frac{R}{\lambda_2}qe^{\lambda_2 t'}e^{-\lambda_2 t'}=\frac{R}{\lambda_2}q+C_1 e^{-\lambda_2 t'} \tag{4.3.7}$$

据初始条件：$N_2(t'=0)=0$

$$C_1=-\frac{R}{\lambda_2}q$$

由此：

$$N_2(t')=\frac{R}{\lambda_2}q(1-e^{-\lambda_2 t'})$$
$$N_2(t')=(\frac{\lambda_1 n_1 V}{q})\frac{q}{\lambda_2}(1-e^{-\lambda_2 t'}) \tag{4.3.8}$$

采样时刻 t'，出口滤膜上 RaA 的总活度浓度：

$$A_2(t')=\lambda_2 N_2(t')$$
$$A_2(t')=(\frac{\lambda_1 n_1 V}{q})q(1-e^{-\lambda_2 t'}) \tag{4.3.9}$$

②RaB 子体核在出口滤膜上的聚集

$$\frac{\mathrm{d}N_3(t')}{\mathrm{d}t'}=\lambda_2 N_2(t')-\lambda_3 N_3(t')$$

$$\frac{\mathrm{d}N_3(t')}{\mathrm{d}t'}=\frac{\lambda_1 n_0 V}{q}(1-e^{-\lambda_2 t'})-\lambda_3 N_3(t')$$

$$\frac{\mathrm{d}N_3(t')}{\mathrm{d}t'}=R(1-e^{-\lambda_2 t'})-\lambda_3 N_3(t') \tag{4.3.10}$$

$$\frac{\mathrm{d}N_3(t')}{\mathrm{d}t'}+\lambda_3 N_3(t')=R(1-e^{-\lambda_2 t'})$$

方程的解为：

$$N_3(t')=[C_1+\int R(1-e^{\lambda_2 t'})e^{-\lambda_3 t'}\mathrm{d}t']e^{-\lambda_3 t'}$$

$$=(C_1+\frac{R}{\lambda_3}e^{\lambda_2 t'}-\frac{R}{\lambda_3-\lambda_2}e^{(\lambda_3-\lambda_2)t'})e^{-\lambda_3 t'} \tag{4.3.11}$$

$$=(C_1 e^{-\lambda_3 t'}+\frac{R}{\lambda_3}-\frac{R}{\lambda_3-\lambda_2}e^{-\lambda_2 t'})$$

据初始条件：$N_2(t'=0)=0$，

$$C_1=\frac{R}{\lambda_3-\lambda_2}-\frac{R}{\lambda_3}=\frac{\lambda_2 R}{(\lambda_3-\lambda_2)\lambda_3}$$

由此：

$$N_3(t')=\frac{\lambda_1 n_1 V}{\lambda_3 q}(1-\frac{\lambda_3}{\lambda_3-\lambda_2}e^{-\lambda_2 t'}-\frac{\lambda_2}{\lambda_2-\lambda_3}e^{-\lambda_3 t'}) \tag{4.3.12}$$

采样时刻 t'，出口滤膜上 RaB 的总活度浓度：

$$A_3(t')=\lambda_3 N_3(t')$$

$$A_3(t')=\frac{\lambda_1 n_1 V}{q}(1-\frac{\lambda_3}{\lambda_3-\lambda_2}e^{-\lambda_2 t'}-\frac{\lambda_2}{\lambda_2-\lambda_3}e^{-\lambda_3 t'}) \tag{4.3.13}$$

③RaC 子体核在出口滤膜上的聚集

$$\frac{\mathrm{d}N_4(t')}{\mathrm{d}t'}=\lambda_3 N_3(t')-\lambda_4 N_4(t')$$

$$\frac{\mathrm{d}N_4(t')}{\mathrm{d}t'}=\frac{\lambda_1 n_1 V}{q}[1+\frac{\lambda_2}{\lambda_3-\lambda_2}e^{-\lambda_3 t'}-\frac{\lambda_3}{\lambda_3-\lambda_2}e^{-\lambda_2 t'})]-\lambda_4 N_4(t')$$

$$\frac{\mathrm{d}N_3(t')}{\mathrm{d}t'}+\lambda_4 N_4(t')=R[1+\frac{\lambda_2}{\lambda_3-\lambda_2}e^{-\lambda_3 t'}-\frac{\lambda_3}{\lambda_3-\lambda_2}e^{-\lambda_2 t'}] \tag{4.3.14}$$

方程的解为：

$$N_4(t')=[C_1+R\int(1+\frac{\lambda_2}{\lambda_3-\lambda_2}e^{-\lambda_3 t'}-\frac{\lambda_3}{\lambda_3-\lambda_2}e^{-\lambda_2 t'})\mathrm{d}t]e^{-\lambda_4 t'}$$

$$=C_1 e^{-\lambda_4 t'}+\mathrm{Re}^{-\lambda_4 t'}[\frac{e^{\lambda_4 t'}}{\lambda_4}+\frac{\lambda_2 e^{(\lambda_4-\lambda_3)t'}}{(\lambda_3-\lambda_2)(\lambda_4-\lambda_3)}-\frac{\lambda_3 e^{(\lambda_4-\lambda_2)t'}}{(\lambda_3-\lambda_2)(\lambda_4-\lambda_2)}] \tag{4.3.15}$$

据初始条件：$N_2(t'=0)=0$，

$$C_1=-R\left[\frac{1}{\lambda_4}+\frac{\lambda_2}{(\lambda_3-\lambda_2)(\lambda_4-\lambda_3)}-\frac{\lambda_3}{(\lambda_3-\lambda_2)(\lambda_4-\lambda_2)}\right]$$
$$=R\left[\frac{1}{\lambda_4}+\frac{\lambda_2+\lambda_3-\lambda_4}{(\lambda_4-\lambda_3)(\lambda_4-\lambda_2)}\right]$$
$$=R\frac{-\lambda_2\lambda_3}{\lambda_4(\lambda_4-\lambda_3)(\lambda_4-\lambda_2)} \tag{4.3.16}$$

由此：

$$N_4(t')=\frac{\lambda_1 n_1 V}{\lambda_4 q}\left[1-\frac{\lambda_3\lambda_4}{(\lambda_2-\lambda_3)(\lambda_2-\lambda_4)}e^{-\lambda_2 t'}-\frac{\lambda_2\lambda_4}{(\lambda_3-\lambda_2)(\lambda_3-\lambda_4)}e^{-\lambda_3 t'}-\frac{\lambda_2\lambda_3}{(\lambda_4-\lambda_3)(\lambda_4-\lambda_2)}e^{-\lambda_4 t'}\right] \tag{4.3.17}$$

采样时刻 t'，出口滤膜上 RaC 的总活度：

$$A_4(t')=\lambda_4 N_4(t')$$

$$A_4(t')=\frac{\lambda_1 n_1 V}{q}\left[1-\frac{\lambda_3\lambda_4}{(\lambda_2-\lambda_3)(\lambda_2-\lambda_4)}e^{-\lambda_2 t'}-\frac{\lambda_2\lambda_4}{(\lambda_3-\lambda_2)(\lambda_3-\lambda_4)}e^{-\lambda_3 t'}-\frac{\lambda_2\lambda_3}{(\lambda_4-\lambda_3)(\lambda_4-\lambda_2)}e^{-\lambda_4 t'}\right] \tag{4.3.18}$$

$\chi=\lambda_1 n_1$——氡的活度。

图 4.3.3 示出采样过程中，出口滤膜上子体 RaA、RaB、RaC 及 Σ(RaA+RaB+RaC)的累积规律图示。

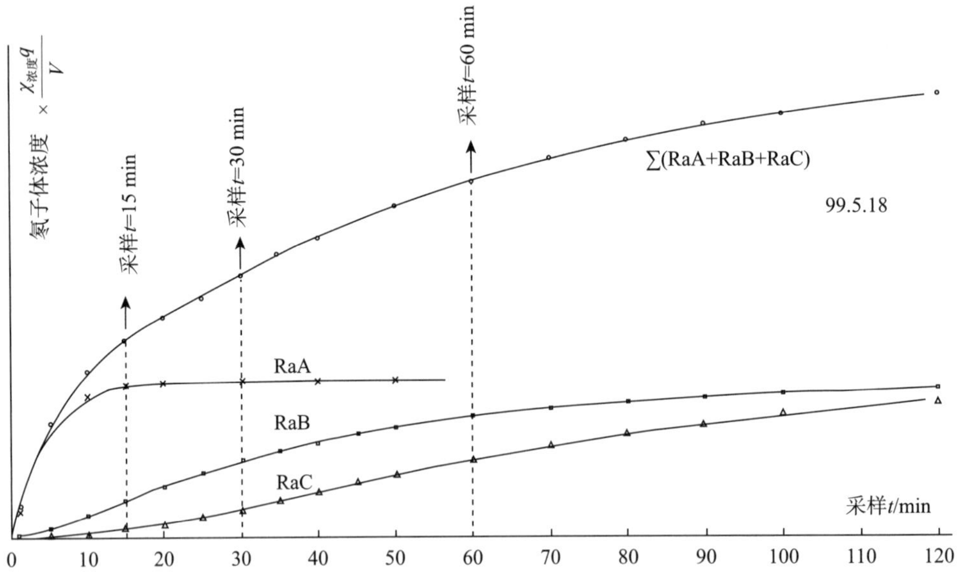

图 4.3.3 采样过程中出口滤膜上氡子体累积规律图示

表 4.3.1　采样过程中出口滤膜聚积子体活度表($\lambda_1 n_1 V/q$)

t/min	$A_2(t)$ (RaA)	$A_3(t)$ (RaB)	$A_4(t)$ (RaC)	$\sum_{2}^{4} A_i$
0.25	0.055 23	0.000 004	—	0.055 23
0.5	0.107 41	0.000 73	—	0.108 14
1	0.203 29	0.003 10	0.000 003	0.206 39
2	0.365 25	0.010 36	0.000 24	0.375 86
3	0.494 28	0.020 79	0.000 75	0.515 82
4	0.597 09	0.034 25	0.001 67	0.633 01
5	0.678 99	0.050 06	0.003 06	0.732 11
10	0.896 96	0.142 30	0.018 05	1.057 31
15	0.966 92	0.238 97	0.046 11	1.252 00
20	0.989 38	0.328 92	0.084 76	1.403 06
25	0.996 59	0.409 57	0.130 96	1.537 12
30	0.998 91	0.480 94	0.181 90	1.661 75
35	0.999 65	0.543 84	0.235 46	1.778 95
40	0.999 89	0.599 14	0.289 87	1.888 90
45	0.999 96	0.647 76	0.343 85	1.991 57
50	0.999 99	0.690 49	0.396 47	2.086 95
60	1	0.761 02	0.495 15	2.256 17
70	1	0.815 48	0.582 88	2.398 36
80	1	0.857 53	0.658 74	2.516 27
90	1	0.890 01	0.723 01	2.613 02
100	1	0.915 07	0.778 12	2.693 19
120	1	0.949 38	0.856 995	2.806 38
140	1			

(3)采样结束后出口滤膜上 RaA、RaB、RaC 子体衰变的动态过程

设采样结束的时刻($T=0$)出口滤膜上 RaA、RaB、RaC 的放射性活度分别为：A_{RaA}^0、A_{RaB}^0、A_{RaC}^0。采样结束后，各子体的放射性活度与时间 T 的关系：

$$A_{\mathrm{RaA}}(T)=A_{\mathrm{RaA}}^0 e^{-\lambda_{\mathrm{RaA}}T}$$

$$A_{\mathrm{RaB}}(T)=A_{\mathrm{RaA}}^0 \frac{\lambda_{\mathrm{RaB}}}{\lambda_{\mathrm{RaB}}-\lambda_{\mathrm{RaA}}}(e^{-\lambda_{\mathrm{RaA}}T}-e^{-\lambda_{\mathrm{RaB}}T})+A_{\mathrm{RaB}}^0 e^{-\lambda_{\mathrm{RaB}}T}$$

$$A_{\mathrm{RaC}}(T)=A_{\mathrm{RaA}}^0 \frac{\lambda_{\mathrm{RaB}}\lambda_{\mathrm{RaC}}}{\lambda_{\mathrm{RaB}}-\lambda_{\mathrm{RaA}}}\left[\frac{e^{-\lambda_{\mathrm{RaA}}T}-e^{-\lambda_{\mathrm{RaC}}T}}{\lambda_{\mathrm{RaC}}-\lambda_{\mathrm{RaA}}}+\frac{e^{-\lambda_{\mathrm{RaB}}T}-e^{-\lambda_{\mathrm{RaC}}T}}{\lambda_{\mathrm{RaA}}-\lambda_{\mathrm{RaB}}}\right]+$$

$$A_{\mathrm{RaB}}^0 \frac{\lambda_{\mathrm{RaC}}}{\lambda_{\mathrm{RaC}}-\lambda_{\mathrm{RaB}}}(e^{-\lambda_{\mathrm{RaB}}T}-e^{-\lambda_{\mathrm{RaC}}T})+A_{\mathrm{RaC}}^0 e^{-\lambda_{\mathrm{RaC}}T} \tag{4.3.19}$$

式中：λ_{RaA}、λ_{RaB}、λ_{RaC}——分别为 RaA、RaB、RaC 的衰变常数。

将 λ_{RaA}、λ_{RaB}、λ_{RaC} 的数值代入方程组(4.1.19)得：

$$A_{\mathrm{RaA}}(T)=A_{\mathrm{RaA}}^0 e^{-0.227\,3T}$$

$$A_{\mathrm{RaB}}(T)=A_{\mathrm{RaA}}^0(0.128\,4)(e^{-0.025\,86T}-e^{-0.227\,3T})+A_{\mathrm{RaB}}^0 e^{-0.025\,86T}$$

$$A_{\mathrm{RaC}}(T)=A_{\mathrm{RaA}}^0(0.004\,517\,8)[0.192\,1e^{-0.227\,3T}+0.009\,321e^{-0.025\,86T}-$$

$$0.2014e^{-0.03519T}+A_{RaB}^{0}(3.7748)(e^{-0.02586T}-e^{-0.03519T})+$$
$$A_{RaC}^{0}e^{-0.03519T} \qquad (4.3.19)'$$

不同采样时间 t 的数值计算结果及曲线分别示于表 4.3.2～表 4.3.4 和图 4.3.4～图 4.3.6。

$A_{RaA}^{0}-A_{RaB}^{0}-A_{RaC}^{0}$为取决于采样时间 t(采样结束)时刻 RaA、RaB、RaC 的滤膜上的初始($T=0$)活度浓度。其值由式(4.3.19)给出。$t=15$ min、30 min、60 min 时的 $A_{RaA}^{0}-A_{RaB}^{0}-A_{RaC}^{0}$值列于表 4.3.2 中。

表 4.3.2　$t=15$ min、30 min、60 min 的 $A_{RaA}^{0}-A_{RaB}^{0}-A_{RaC}^{0}$值

t/min	A_{RaA}	A_{RaB}	A_{RaC}	单位
15	0.967 0	0.239 0	0.046 0	$\frac{\chi_{Rn}q}{V}$
30	0.998 9	0.480 9	0.181 9	
60	1	0.761 0	0.495 2	

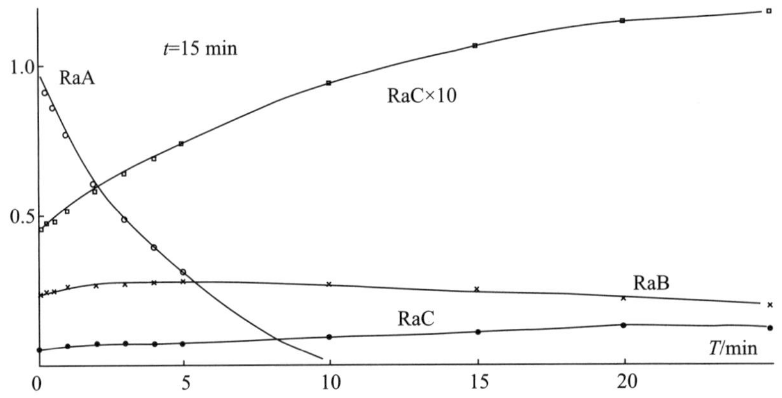

图 4.3.4－1　采样结束后出口滤膜上氡子体活度随时间的变化　$t=15$ min

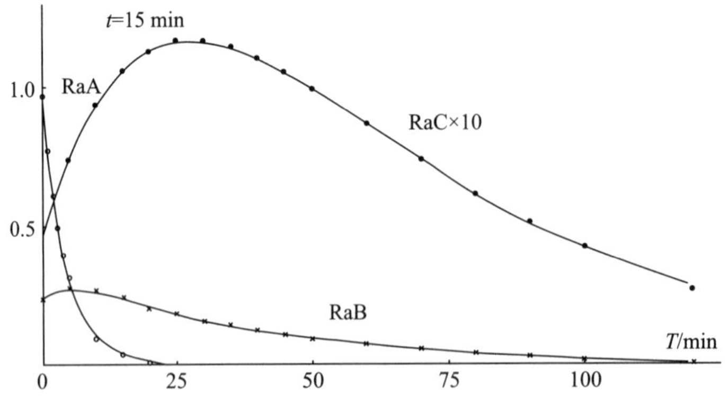

图 4.3.4－2　采样结束后出口滤膜上氡子体活度随时间的变化　$t=15$ min

表 4.3.3　采样结束后出口滤膜上子体活度变化(t=15 min)

单位：($\lambda_1 n_1 \frac{V}{q}$)

T/min	A_{RaA}	A_{RaB}	A_{RaC}
0	0.967 0	0.239 0	0.046 0
0.25	0.913 6	0.243 5	0.047 7
0.5	0.863 1	0.247 7	0.049 3
1	0.770 4	0.255 0	0.052 5
2	0.613 8	0.266 1	0.058 5
3	0.489 0	0.272 4	0.064 1
4	0.389 6	0.277 5	0.069 4
5	0.310 4	0.279 3	0.074 3
10	0.099 64	0.267 6	0.093 9
15	0.031 99	0.242 3	0.106 5
20	0.010 27	0.215 2	0.113 8
25	0.003 297	0.189 8	0.117 0
30	0.001 054	0.167 0	0.117 0
35	0.000 34	0.146 8	0.114 8
40	0.000 11	0.129 1	0.110 8
45	0.000 04	0.113 4	0.105 8
50	0.000 01	0.099 7	0.100 0
60	0	0.076 9	0.087 4
70		0.059 4	0.074 6
80		0.045 9	0.062 6
90		0.035 4	0.051 9
100		0.027 3	0.042 5
120		0.016 3	0.027 9

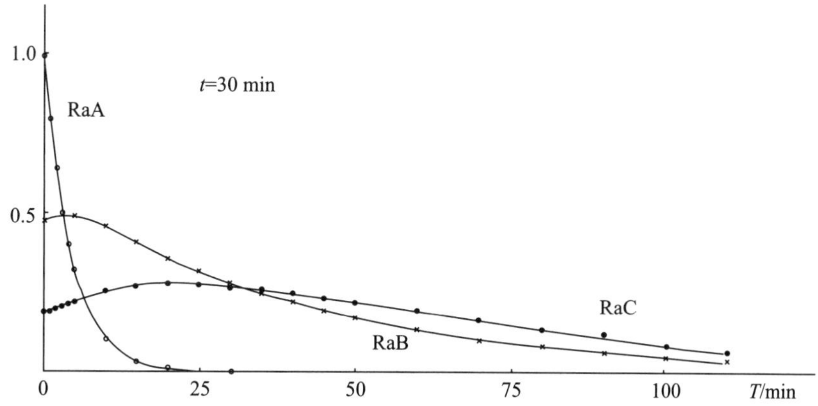

图 4.3.5　采样结束后出口滤膜上氡子体活度随时间的变化 t=30 min

表 4.3.4　采样结束后出口滤膜上子体活度变化（t=30 min）

单位：($\lambda_1 n_1 \frac{V}{q}$)

T/min	A_{RaA}	A_{RaB}	A_{RaC}
0	0.998 9	0.480 9	0.181 9
0.25	0.943 7	0.484 1	0.184 4
0.5	0.891 6	0.486 9	0.187 0
1	0.795 8	0.491 4	0.191 8
2	0.634 1	0.497 1	0.201 1
3	0.505 2	0.498 8	0.209 6
4	0.402 5	0.497 6	0.217 5
5	0.320 7	0.494 1	0.224 7
10	0.102 9	0.457 1	0.252 1
15	0.033 0	0.409 1	0.267 5
20	0.010 6	0.361 8	0.273 6
25	0.003 4	0.318 7	0.272 8
30	0.001 1	0.280 3	0.266 8
35	0.000 3	0.246 3	0.257 2
40	0.000 1	0.216 5	0.245 1
45	0	0.190 2	0.231 4
50		0.167 2	0.216 7
60		0.129 1	0.186 7
70		0.099 7	0.157 7
80		0.076 9	0.131 3
90		0.059 4	0.108 3
100		0.045 9	0.088 2
120		0.027 3	0.057 5

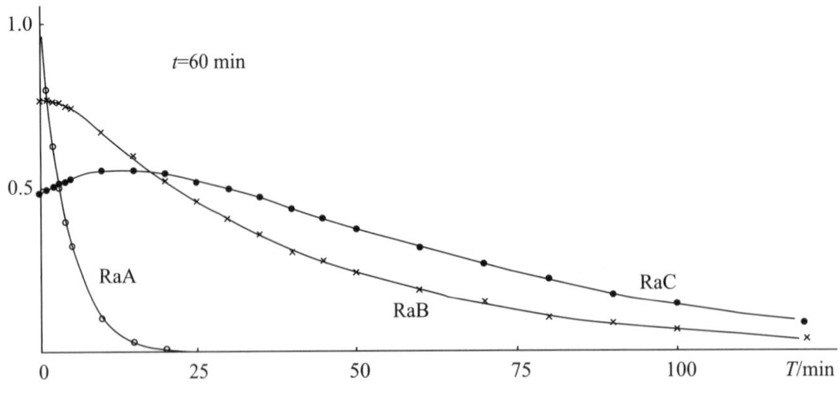

图 4.3.6　采样结束后出口滤膜上氡子体活度随时间的变化　t=60 min

表 4.3.5　采样结束后出口滤膜上子体活度变化（t=60 min）

单位：($\lambda_1 n_1 \frac{V}{q}$)

T/min	A_{RaA}	A_{RaB}	A_{RaC}
0	1	0.761 0	0.495 2
0.25	0.944 77	0.762 4	0.497 6
0.5	0.892 59	0.763 4	0.499 7
1	0.796 71	0.764 4	0.504 0
2	0.634 75	0.763 1	0.511 7
3	0.505 72	0.758 0	0.518 6
4	0.402 91	0.750 3	0.524 6
5	0.321 01	0.740 3	0.529 9
10	0.103 04	0.673 5	0.545 2
15	0.033 08	0.599 2	0.546 0
20	0.010 6	0.528 8	0.536 0
25	0.003 4	0.465 4	0.517 9
30	0.001 1	0.409 2	0.494 6
35	0.000 4	0.359 7	0.467 7
40	0.000 1	0.316 1	0.438 7
45	0	0.277 7	0.408 8
50		0.244 0	0.378 8
60		0.188 4	0.320 6
70		0.145 5	0.267 3
80		0.112 3	0.220 3
90		0.086 7	0.179 9
100		0.066 96	0.145 8
120		0.039 9	0.094 0

由 $T_1 \to T_2$ 时间间隔内，RaA 与 RaC 子体的衰变总和：

$$\Sigma_{RaA}(T_1 \to T_2) = \int_{T_1}^{T_2} A_{RaA}(T)\mathrm{d}T \tag{4.3.20-1}$$

$$\Sigma_{RaC}(T_1 \to T_2) = \int_{T_1}^{T_2} A_{RaC}(T)\mathrm{d}T \tag{4.3.20-2}$$

以 t=15 min 为例，由式(4.3.20-1)得：

$$\Sigma_{RaA}(T_1 \to T_2) = \frac{\chi_{Rn} q}{V} 0.967\,0 \int_{T_1}^{T_2} \mathrm{e}^{-0.227\,3T}\mathrm{d}T$$

$$= \frac{\chi_{Rn} q}{V}\left(\frac{0.967\,0}{-0.227\,3}\right)\left(\mathrm{e}^{-0.227\,3T_2} - \mathrm{e}^{-0.227\,3T_1}\right)$$

$$=\frac{\chi_{\mathrm{Rn}}q}{V}4.254\,3(\mathrm{e}^{-0.227\,3T_2}-\mathrm{e}^{-0.227\,3T_1})$$

例 1 $T_1=0$ min $T_2=0.5$ min

$$\Sigma_{\mathrm{RaA}}(0\to0.5\ \mathrm{min})=\frac{\chi_{\mathrm{Rn}}q}{V}(0.457\,0)$$

例 2 $T_1=0$ min $T_2=1$ min

$$\Sigma_{\mathrm{RaA}}(0\to1\ \mathrm{min})=\frac{\chi_{\mathrm{Rn}}q}{V}4.254\,3(1-0.796\,71)=\frac{\chi_{\mathrm{Rn}}q}{V}(0.864\,6)$$

例 3 $T_1=0$ min $T_2=15$ min

$$\Sigma_{\mathrm{RaA}}(0\to15\ \mathrm{min})=\frac{\chi_{\mathrm{Rn}}q}{V}4.254\,3(0.892\,59-0.033\,08)=\frac{\chi_{\mathrm{Rn}}q}{V}(3.656\,6)$$

例 4 $T_1=1$ min $T_2=15$ min

$$\Sigma_{\mathrm{RaA}}(1\to15\ \mathrm{min})=\frac{\chi_{\mathrm{Rn}}q}{V}4.254\,3(0.796\,71-0.033\,08)=\frac{\chi_{\mathrm{Rn}}q}{V}(3.248\,7)$$

由例 1 与例 2 的结果可见，取样结束后 0.5 min 至 1 min 时间间隔内，滤膜累积的 RaA 子体衰变掉其初始值[$T_1=0$ min；($\frac{\chi_{\mathrm{Rn}}q}{V}4.254\,3$)]。

$$\frac{0.864\,6-0.457\,0}{4.254\,3}=0.095\,8=9.58\%$$

由上述描述可知，采样结束后，出口滤膜上存在 α 与 β 两类衰变。氡浓度绝对测量方法基于 α 粒子的探测。

收集在出口滤膜 C 上的 RaA 子体衰变发射 α 粒子，成为 RaB(^{214}Pb)子体。RaA 的 β 衰变所占分支比仅为 0.04%，可忽略不计(见 2.1.2)；RaB 以 26.8 min 的半衰期衰变发射 β 粒子，成为 RaC(^{214}Bi)子体；后者以 19.9 min 的半衰期衰变发射 β 粒子生成 RaC′(^{214}Po)核；RaC 的 α 衰变分支比<0.1%，也忽略不计。RaC′核以 1.64×10^{-4} s 的半衰期“瞬间”衰变放出 α 粒子。由于 RaC′核的半衰期极短，RaC′的 α 衰变，从时间上可以看作是 RaC(^{214}Bi)核同时放出 β、α 粒子的衰变。RaC′之后的氡子体 RaD 的衰变，因半衰期很长而被作为氡(^{222}Rn)衰变的长寿命子体而不予考虑(见 2.6.5)。

由上可见，发射 α 粒子的^{222}Rn 短寿命子体为 RaA(^{218}Po)与 RaC′(^{214}Po)。

采样结束后，测定出口滤膜上的 α 粒子计数 X，由 X，及测量仪器的相关结构、运行参数值，据托马斯双滤膜绝对测氡浓度公式得出被测样气中的氡浓度。

4.3.2 托马斯公式

托马斯双滤膜绝对测氡浓度公式[6]：

$$C_{\mathrm{Rn}}=\frac{(16.65)X}{EVZF_{\mathrm{f}}}\mathrm{Bq/m^3}\left[=\frac{(0.450)X}{EVZF_{\mathrm{f}}}\mathrm{pCi/L}\right] \tag{4.3.21}$$

式中：X——测量出口滤膜的 α 粒子计数；

E——α 粒子探测器的探测效率(曾称作 4π 探测效率)；

V——衰变室的容积，L；

Z——衰变修正因子；

F_f——扩散修正因子。

由托马斯公式可见，除 α 粒子计数测量值 X 之外，包含有 E、V、Z 与 F_f 等四个物理参数。

(1)衰变修正因子 Z

衰变修正因子 Z 是考虑前述三个动态过程中，采样时间 t、采样结束至开始探测出口滤膜 C 上 α 粒子计数的时间间隔 T_1，与测量结束时刻 T_2 对测量结果 X 的影响的修正的因子。所以 Z 是含有 t、T_1、T_2 三个变量的函数。衰变修正因子 Z 由级联衰变方程组计算得出。

衰变修正因子 Z 值计算(t，$T_1 \to T_2$)　Z 与采样时间 t、测量计数时间 $T_1 \to T_2$ 的函数关系：

$$Z = 4.504AF + 164.69BG - 93.31CH \tag{4.3.22}$$

式中：

$$A = e^{-\lambda_2 T_1} - e^{-\lambda_2 T_2}$$
$$B = e^{-\lambda_3 T_1} - e^{-\lambda_3 T_2}$$
$$C = e^{-\lambda_4 T_1} - e^{-\lambda_4 T_2}$$
$$F = 1 - e^{-\lambda_2 t}$$
$$G = 1 - e^{-\lambda_3 t}$$
$$H = 1 - e^{-\lambda_4 t}$$

部分 Z 值计算结果列于表 4.3.6 中[6]。

表 4.3.6　部分常用衰变修正因子 $Z(t, T_1, T_2)$ 值

t/min	T_1/min	T_2/min	Z
5	1	6	1.672
5	1	15	2.597
5	1	30	3.411
5	1	100	6.314
10	1	6	2.312
10	1	15	3.803
10	1	30	5.424 527
10	1	100	11.068
15	1	6	2.656
15	1	15	4.634
15	1	30	7.070
15	1	100	15.281
15	0.5	10	4.004
15	0.5	15	4.881
15	0.5	50	10.309

续表

t/min	T_1/min	T_2/min	Z
15	0.5	30.5	7.552
15	0.5	60.5	12.003
15	0.5	1 000 s	5.151
15	0.5	2 000 s	7.752
15	0.5	4 000 s	12.462
30	1	30	11.720 932
30	1	60	19.183 734
30	2	32	11.437
30	0.5	10	5.544
30	0.5	15	7.240
30	0.5	30	12.249 23
30	0.5	30.5	12.344
30	0.5	50	17.816
30	0.5	60	20.535
30	0.5	60.5	20.570
30	0.5	1 000 s	7.791
30	0.5	2 000 s	13.013
30	0.5	4 000 s	21.714
60	1	31	20.229
60	1	61	33.690 78
60	1	60	32.118
60	0.25	60.5	34.539
60	2	62	32.822
60	0.5	10	8.351
60	0.5	15	11.441
60	0.5	30	20.378 43
60	0.5	30.5	20.632
60	0.5	50	29.625
60	0.5	60	34.003
60	0.5	60.5	34.184
60	0.5	1 000 s	12.453
60	0.5	2 000 s	21.692
60	0.5	4 000 s	35.827

注：

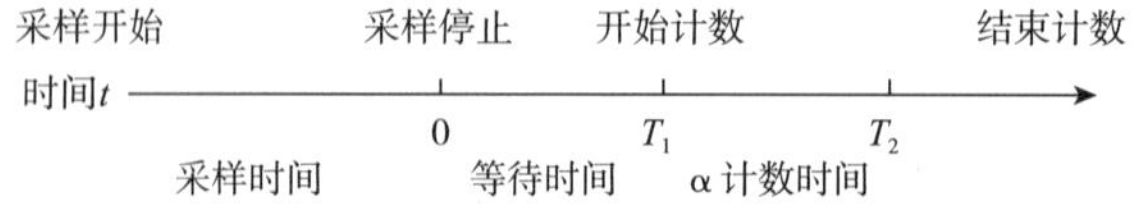

图 4.3.7　采样时间 t 与测量时间 T 的关联关系

(2)扩散修正因子 F_f

①气溶胶粒子的扩散损失

氡衰变产生的子体是带电的原子核。其在空气中，很快地附着在空气中的分子或分子团上生成气溶胶粒子。直径小于 0.1 μm 的气溶胶粒子与空气原子和分子相类似，在空气中呈悬浮状态。它们服从布朗运动的规律，不断地扩散。扩散运动随粒子粒径的减少而增剧。估算给出，直径 d=0.01 μm 的气溶胶粒子，在 t=100 s 的时间内，平均扩散 3 mm；而 d=1.0 μm 的气溶胶粒子，t=100 s 的时间内，平均扩散 0.08 mm。

气溶胶粒子的扩散导致采样过程中，部分气溶胶粒子拥有垂直于采样束流方向的速度分量，而向衰变室壁沉积而损失。

②扩散修正因子 F_f确定方法

样气在由入口滤膜 A 向出口滤膜 C 的渡越过程中(见图 4.3.1)，不断产生 RaA 子体。由于布朗运动，产生的 RaA 子体具有垂直于气体整体层流运动方向的运动速度分量，而向衰变室 B 的室壁沉积。扩散修正因子 F_f是样气渡越过程中，对到达出口滤膜 C 的 RaA 子体比例扩散损失进行补偿的修正因子。F_f是参数($\mu = \pi DL/q$)的函数。

其中：π=3.141 6；

D——扩散常数，对 RaA 原子取 0.085 cm^2/s；

L——衰变室长度，cm；

q——采样流速，cm^3/s。

可见，扩散修正因子 F_f与入口滤膜与出口滤膜之间的距离(衰变室长度)L、采样流速 q 以及扩散系数 D 相关。表 4.3.7 列出对应部分 μ 值的 F_f值。

表 4.3.7　扩散损失修正因子 F_f

μ	F_f	μ	F_f
0.005	0.877	0.25	0.420
0.008	0.849	0.30	0.384
0.01	0.834	0.35	0.349
0.02	0.778	0.40	0.324
0.03	0.737	0.45	0.302
0.04	0.705	0.50	0.282
0.05	0.678	0.60	0.248
0.06	0.654	0.70	0.220
0.07	0.633	0.80	0.197
0.08	0.614	0.90	0.178
0.09	0.596	1.00	0.162
0.10	0.580	1.50	0.110
0.12	0.551	2.00	0.083
0.14	0.525	2.50	0.067
0.16	0.502	3.00	0.056
0.18	0.481	4.00	0.042
0.20	0.462	5.00	0.033

为了减少由于扩散而导致的衰变筒壁对氡子体气溶胶的吸附效应，文献[14]推荐了一种沿衰变筒内壁通惰性气体，以隔离气溶胶与筒壁的结构。该措施大大降低了扩散损失。

(3)探测效率 E

式中探测效率 E 是 α 粒子探测器，对被探测的 ^{222}Rn、^{220}Rn 子体发射的 α 粒子的探测效率。

4.3.3 托马斯实验

(1)Jess W. THOMAS and PHILIP C. Le CLARE 双滤膜实验装置

为了对托马斯绝对测氡浓度公式进行实验验证，文献[6]设计了专门的实验装置。装置主要有液体镭氡发生器，与双滤膜氡取样装置，以及出口滤膜 α 粒子测量仪器组成。图 4.3.7示出 Jess W. THOMAS and PHILIP C. Le CLARE 双滤膜实验装置的框图。出口滤膜 α 粒子测量仪器未包括在图中。

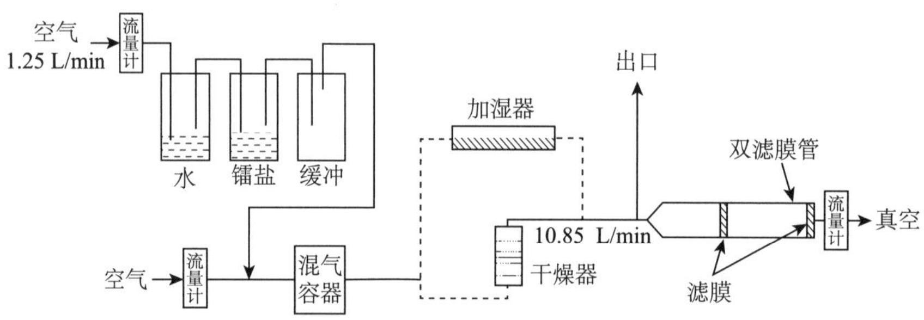

图 4.3.7 Jess W. THOMAS and PHILIP C. LeCLARE 双滤膜实验装置框图

液体镭源氡发生器的氡产生率为：87 900 pGi/min；

双滤膜采样流速：$q=168.3\ cm^3/s$　10.1 L/min(文中计算值)；

10.85 L/min(图标值)；

α 粒子测量仪器的探测效率为 $E=0.344$(^{239}Pu-α 源)

衰变室　容积：$V=0.530$ L

长度{入口一出口滤膜间距}：$L=52$ cm

内径：$\Phi 36$ mm

采样时间：$t=5$ min

测量时间：$T_1=1$ min　$T_2=6$ min

$$Z=1.672\ (t=5\ \text{min},\ T_1=1\ \text{min},\ T_2=6\ \text{min})$$

$$F_f=0.610$$

$$\mu=\frac{\pi DL}{q}=\frac{3.14\times 0.085\times 52.0}{168.3}=0.082$$

(2)实验结果

17 轮测量平均结果(经本底、95%置信水平修正)：

$$X=236\pm5.7$$

据托马斯双滤膜公式(4.3.21)：

$$C_{Rn}=(572\pm32)\ \text{pCi/L}\ [(21.2\pm1.2)\text{kBq/m}^3]$$

不确定度：～6%

(3)参考值

对上述液体镭源氡发生器，NBS 理论计算值为：

$$C_{Rn}=570\ \text{pCi/L}$$

托马斯绝对测氡浓度实验的测量值，在误差范围内与理论计算值一致。

结论：托马斯(Jess W. Thomas)通过双滤膜氡(^{222}Rn)浓度测量实验，依据托马斯双滤膜绝对测氡浓度公式得到的氡浓度值，在误差范围内与理论值一致，从而实验验证了托马斯绝对测氡浓度公式的正确性，创立了氡浓度双滤膜绝对测量实验方法。

4.3.4　托马斯公式的系统误差

托马斯绝对测氡浓度实验(4.3.3)，验证了托马斯绝对测氡浓度公式在(572±32) pCi/L [(21.16±1.18)kBq/m^3]“高浓度”量程的正确性。

在探索将托马斯绝对测量氡浓度公式，扩展应用于比原实验浓度低 3 个量级的大气环境(典型氡浓度约 10 Bq/m^3 量级)“低浓度”量程的过程中，文献[15]通过大量实验观测到托马斯绝对测氡浓度公式在该量程中，测量结果存在“负值”系统误差。表 4.3.8、表 4.3.9 中列出了 FT626 与 FT648 两种测氡仪各 1 组典型实验结果[16-18]。

表 4.3.8　托马斯公式 FT626 测氡系统误差测定[17]

序号	标准镭源/μg	氡浓度参考值/(Bq/m^3)	X (30，0.5～60.5)	托马斯公式		$\Sigma\beta S$ 修正	
				测量值/(Bq/m^3)	误差/%	测量值/(Bq/m^3)	误差/%
1	0.271 0	41.55	536	40.07	−3.6	42.79	+3.0
2	0.125 9	19.52	284	18.21	−6.7	19.44	−0.4
3	0.125 9		279	18.19	−6.8	19.42	−0.5
4	0.125 9		304	18.30	−6.3	19.54	+0.1
			平均值		−5.85		+0.55
5	氮气本底		19/h				

注：$V=38.2$ L；$L=104$ cm；$q=30$ L/min；$t=30$ min；$T_1=0.5$ min；$T_2=60.5$ min；[$\Sigma\beta S=0.936\ 5$]。

表 4.3.9　托马斯公式 FT648 测氡系统误差测定[18]

（氡浓度参考值—166.24 Bq/m³）

序号	X_0（30，0.5～30.5）	托马斯公式		ΣβS 修正	
		测量值/（Bq/m³）	误差/%	测量值/（Bq/m³）	误差/%
1	487	158.3	−4.8	163.7	−1.5
2	484	157.3	−5.4	162.7	−2.1
3	492	159.9	−3.8	165.4	−0.5
4	502	163.2	−1.8	168.8	+1.5
5	481	156.3	−6.0	161.7	−2.7
6	502	156.2	−1.8	168.8	+1.5
7	486	158.0	−5.0	163.4	−1.7
8	482	156.7	−5.7	162.1	−2.4
9	510	166.8	+0.2	171.5	+3.2
10	512	166.4	+0.1	172.1	+3.5
平均	494	160.51	−3.4	166.02	−0.12

注：V=14.8 L；L=78 cm；q=35 L/min；t=30 min；T_1=0.5 min；T_2=30.5 min；[$\Sigma\beta S$=0.967]。

表 4.3.8 与表 4.3.9 中，以液体镭源氡发生器提供的标准浓度氡气进行实验。托马斯测氡公式给出的结果的固有误差一律为负值。这是测量中存在系统误差的指示。

将托马斯公式扩展应用于大气环境“低浓度”量程时，测量结果系统误差的分析：

(1)负值系统误差的出现，表明除 E、V、Z、F_f 四项修正，尚存在其他被忽视的测量计数损失因素；

(2)系统误差平均值(−5.85%；−3.4%)，超过托马斯验证实验误差(572−570)/570=0.4%(见 4.3.3 节)。

消除负值系统误差措施：

(1)引入滤膜过滤效率 Σ 修正

Σ——滤材过滤效率；托马斯公式默认滤膜过滤效率 Σ=100%。

(2)引入滤膜自吸收系数 β 修正

β——滤材自吸收因子；托马斯公式不考虑滤膜对 α 粒子自吸收的效应，即默认自吸收修正因子 β=1。

(3)引入确定探测效率 E 的能谱修正因子 S

S——能谱修正因子；托马斯公式中探测效率 E 直接采用以 ^{239}Puα 源测定的结果。不考虑 ^{239}Puα 粒子能量 E_α=5.155 4 MeV，73.7%；5.142 9 MeV，15.1%；5.104 6 MeV，11.5%；而 ^{222}Rn 子体 E_α=6.002 MeV；7.687 MeV，^{220}Rn 子体 E_α=7.81 MeV 的差异；

显然，上述 3 个导致测量结果系统偏差因素在“高浓度量程”测量中，由于测量结果的“高计数”；或者过滤效率 Σ、自吸收修正因子 β 的“负”效应，与 ^{239}Puα 源取代 ^{222}Rn 子体源的“正”效应的相互抵偿，而没有对测量结果形成明显效果。

为消除测量环境级较低氡浓度、托马斯绝对测氡公式的系统误差，需要引入与过滤效率 Σ、自吸收特性 β、以及量化由于用 $^{239}Pu\alpha$ 源取代 ^{222}Rn 子体源对探测效率 E 的定量修正。

文献[15]引进与上述 3 个误差因素相对应的 3 个物理参数 S、Σ、β，对托马斯绝对测量值 X，在 E、V、Z、F_f 四项物理参数的基础上，增加了 S、Σ、β 物理参数，对托马斯绝对测氡浓度公式进行物理参数扩展。

表 4.3.10 列出了观测到托马斯公式存在系统误差实验的相关参数。

表 4.3.10　观测到系统误差实验参数

项目	氡浓度/(Bq/m³)	q/(L/min)	衰变室		
			容积/L	长/cm	直径/cm
托马斯实验	(21.16±1.18)×10³	10.1*	0.530	52	3.6
40 L 衰变室实验	41.55 19.52	30 120	38.2	104	24.0
15 L 衰变室实验	166.24	35	14.8	78	18.0

注：* 10.1 L/min=168.3 cm³/s。

4.3.5　扩展的托马斯公式

参数扩展后的托马斯公式为[15-17]：

$$C_{Rn}(Bq/m^3)=\frac{16.65}{(ES)VZF_f\Sigma\beta}X \tag{4.3.23}$$

式中：C_{Rn}——氡浓度，Bq/m³；

X——$T_1\sim T_2$ 间隔的总 α 计数；

E——α 粒子探测器探测 ^{222}Rn 子体 α 粒子的(4π)探测效率，%；

V——衰变室的容积，L；

Z——与 t、$T_1\sim T_2$ 相关的衰变修正因子；

F_f——扩散修正因子；其物理意义是新生子体到达出口滤膜的份额，%；

Σ——扩展参数 1，采样滤膜的过滤效率，%；

β——扩展参数 2，采样滤膜对 α 粒子的自吸收修正，%；

S——扩展参数 3，能谱修正系数(对用 $^{239}Pu\alpha$ 粒子代替 ^{222}Rn 子体 α 粒子测量的 E 的修正系数)。

4.3.6　扩展的托马斯公式参数

(1)滤膜过滤效率 Σ

取两张质量厚度相近的出口滤膜，重叠在一起。进行氡钍射气子体采样。采样后测量第一层滤膜和第二层滤膜在同一时间间隔内的计数 n_1 和 n_2，则滤膜过滤效率 Σ[18,19]：

$$\Sigma=\frac{n_1-n_2}{n_1} \tag{4.3.24}$$

对国产 LXGL－15－1 型滤布，当比流速在 4.3～1.1 L/min·cm^2(对应 120～30 L/min)时，过滤效率 Σ 测量值取值在 0.78～0.985 之间。

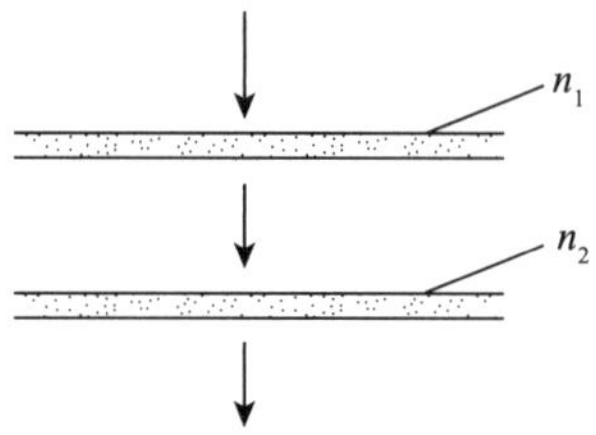

图 4.3.9 过滤效率测定计数示意

(2)滤膜自吸收系数 β[20]

①α 源厚样品自吸收理论估算[20]

A_m——样品比放射性，Bq/g（单位质量放射性核素所含的放射性活度），每次衰变发射一个 α 粒子；

t_m——样品质量厚度；

S——样品面积；

R——α 粒子在样品中的射程。

在距放射源表面 x 处，dx 薄层中，只有以 O 为顶点、R 为半径、顶角 θ 的圆锥部分(见图 4.3.10)发射的 α 粒子，才能够穿过样品到达表面而发射出来。其比例为：

$$\omega=\frac{\Omega(\theta)}{4\pi}\int_0^{\theta}\sin\theta \mathrm{d}\theta\int_0^{2\pi}\mathrm{d}\varphi=\frac{1}{2}(1-\cos\theta)=\frac{1}{2}(1-\frac{x}{R}) \tag{4.3.25}$$

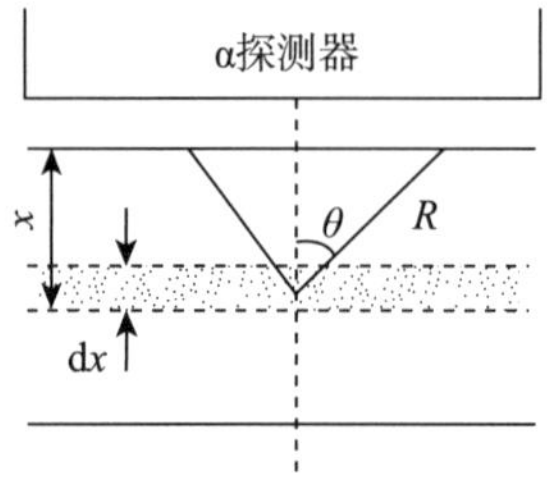

图 4.3.10 α 粒子自吸收图示

距放射源表面 x 处，dx 薄层发射的 α 粒子，能够射出样品表面的粒子数为：

$$\mathrm{d}I(x)=A_m S\mathrm{d}x\omega=\frac{1}{2}A_m S(1-\frac{x}{R})\mathrm{d}x$$

整个厚度为 t_m 的样品，单位时间内能从样品表面发射出来的 α 粒子总数：

$$I(t_m)=\int_0^{t_m}\mathrm{d}x=\int_0^{t_m}\frac{1}{2}A_m S(1-\frac{x}{R})\mathrm{d}x=\frac{1}{2}A_m S t_m(1-\frac{t_m}{2R})$$

$$I(t_m)=\frac{1}{2}A_m S t_m-\frac{1}{4}A_m S\frac{t_m^2}{R} \tag{4.3.26}$$

* 当 $R\gg t_m$ 时，即不存在自吸收效应。

$$I(t_m)=\frac{1}{2}A_m S t_m$$

* 式(4.2.4)中的第二项是由于射程 R 小于 t_m、或与 t_m 同量级而导致的 α 粒子发射减少的自吸收效应。

* 假若要求自吸收效应小于 0.01 时，

$$\frac{1}{2}A_m S t_m\times 0.01\gg\frac{1}{4}A_m S\frac{t_m^2}{R}\quad t_m<0.02R$$

对国产 LXGL－15－1 型滤布，当比流速在 4.3～1.1 L/min・cm²（对应 120～30 L/min）时，自吸收系数 β 测量值取值在 0.86～0.930 之间[20]。

例　^{234}U—$\alpha(E_\alpha=4.77\ \mathrm{MeV})$在铀中的射程 $R=19\ \mathrm{mg/cm^2}$。为使自吸收占的比例不超过 0.01，源厚度 t_m 应：

$$t_m \leqslant 0.02\times 19\ \mathrm{mg/cm^2}=380\ \mu\mathrm{g/cm^2}$$

这相当于线厚度 0.2 μm

＊若 ^{234}U 混在沙土里，则射程 $R=5\ \mathrm{mg/cm^2}$。则 $t_m=100\ \mu\mathrm{g/cm^2}$ 或 0.4 μm。

结论：只有源物质极薄的样品(厚度≤1 μm 时)，自吸收的影响方可忽略，否则应进行自吸收修正。

②自吸收系数 β 测定方法

a. 美国辐射防护标准方法[20]

取两张同型号、质量厚度较接近的滤膜。一张装在子体取样探头上作收集子体用；另一张作盖滤膜测量用。氡子体收集在滤膜上，等待 30 min，用 α 测量仪测定其 α 放射性得计数 C_1。测滤膜反面 α 放射性得计数 C_2。用一张未采样的同型号的、质量厚度相近的滤膜，覆盖采样滤膜正面后，测定其 α 放射性得计数 C_3。则自吸收系数 β：

$$\beta=\frac{2C_1}{2C_1+C_2-C_3} \tag{4.3.27}$$

式中：C_1——子体采样后，等待 30 min 后的 α 放射性计数；

C_2——滤膜反面的 α 放射性计数；

C_3——用一张未采样的同型号、质量厚度相近的滤膜覆盖采样滤膜正面后的 α 放射性计数。

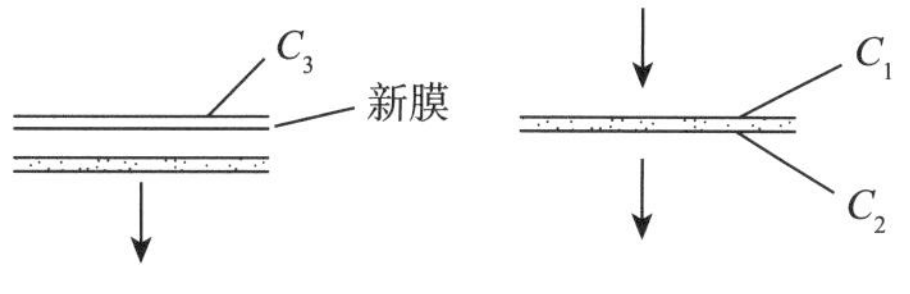

图 4.3.11　自吸收系数 β 的测定计数示意

上述 C_1、C_2 与 C_3 测量要求"快速"进行。文献[20]推荐每次测量 40 s；翻转滤膜与盖滤膜操作 20 s。这样，测一个循环仅需 3 min[参见 1.4.2(2)]。

b. 原苏联方法

称得一批滤膜的重量，计算出该批滤膜的平均质量厚度 a(mg/cm²)；

用"双层法"测得滤膜的透过系数 k；制取 RaC′源，经实测，算出 α 粒子在该滤膜内的射程 δ(mg/cm²)，据式(1.4.2)计算自吸收系数 β[参见 1.4.2(1)]。易见，该方法较为繁杂。

(3)能谱修正系数 S

①能谱修正的必要

托马斯公式中 E 是 α 探测器探测氡子体 α 粒子的探测效率。为获取该参数的数值需用标准氡子体 α 源实验测定。鉴于迄今还没有氡子体标准源可供使用，探测效率 E 常选用

^{239}Pu(E=5.155 4 MeV，73.3%；5.142 9 MeV；15.1%)进行测量。而^{222}Rn子体发射的α粒子(E=6.002 MeV；7.687 MeV)、^{220}Rn子体发射的α粒子(E=7.81 MeV)与^{239}Pu不同。该差异导致用^{239}Pu α源测定的探测效率参数E，与氡子体α源的探测效率E'的偏离。必须引入能谱修正因子S对此加以修正。图4.3.12a示出^{239}Pu α粒子脉冲幅度分布谱；图4.3.12b示出氡子体α粒子与^{239}Pu α粒子脉冲幅度分布谱的差异。

图中$m-n$——表示^{239}Pu标准源其右侧谱的计数总和占α发射率80%的阈(道数)；

$p-q$——表示氡子体α谱其右侧谱的计数总和，占总计数80%的阈(道数)。

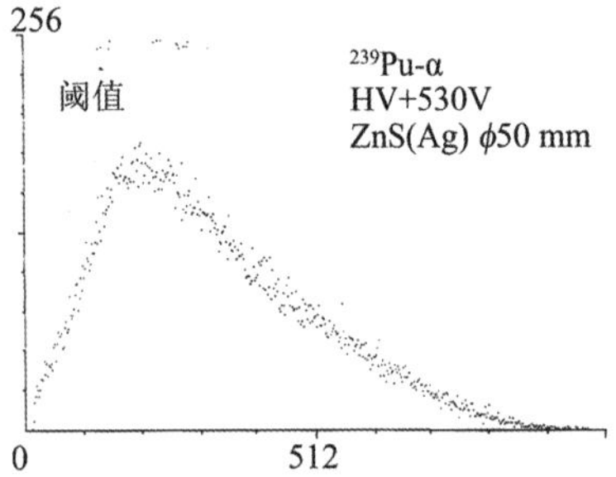

图 4.3.12a　^{239}Pu α粒子脉冲幅度分布谱

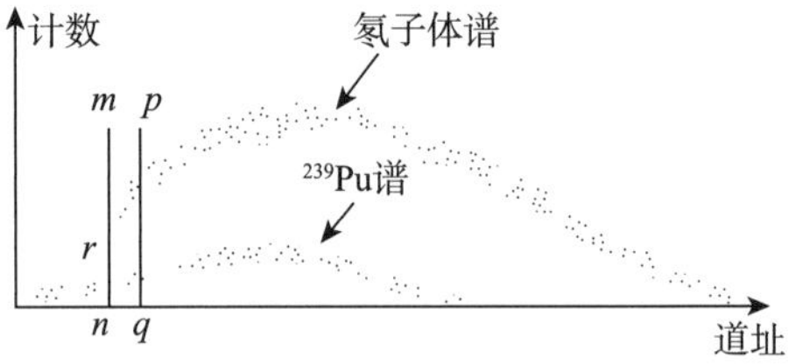

图 4.3.12b　氡子体与^{239}Pu α粒子脉冲幅度分布谱

②能谱修正系数S的测定方法

先用多道脉冲分析器测出^{239}Pu(Φ30 mm)面源的脉冲幅度分布谱。调整积分测量下阈，获得对应探测效率E为，例如0.40(探测器效率为80%)。此时，对应多道分析器计数下阈道为δ。改用Φ30 mm氡钍子体源，测出对应δ的实际探测效率E'则能谱修正系数S：

$$S=\frac{E'}{E(=0.40)} \tag{4.3.28}$$

表4.3.11列出用15 L与40 L双滤膜衰变筒获取的氡子体源，与^{239}Pu α源测定探测效率E的能谱修正因子S。

表 4.3.11　能谱修正系数S的测定(15 L衰变筒)

序号	^{239}Pu　Φ30 mm			子体源 Φ30 mm				S	注
	总α谱计数	40%阈上计数	α谱峰位(道)	总α谱计数	40%阈上计数	α谱峰位(道)	E'/%	E'/E	
1	39 931	31 909	364	10 202	8 556	544	41.9	1.05	FT648
2	192 725	153 910	264	1 524	1 297	588	42.6	1.06	FT648
3	192 725	153 910	264	2 892	2 492	518	43.0	1.08	FT648
4	192 725	153 910	264	4 469	3 857	518	43.2	1.08	FT648
5	191 575	153 696	200	13 274	11 170	250	42.1	1.05	FT626
6	191 575	153 606	200	4 957	4 155	250	41，8	1.05	FT626
平均值								1.06	

^{239}Pu：Φ30 mm，83～38#

说明——假如探测器效率E，采用氡子体α源测定值，则无需进行能谱修正，即S=1。

重要说明：

①由前述内容可见，托马斯公式是双滤膜法绝度法测定氡浓度的开创性公式。因此，对其任何改动必须严谨、谨慎。通过大量实验证实，需将原托马斯公式补加 Σ——采样滤膜的过滤效率；β——采样滤膜对 α 粒子的自吸收；S——能谱修正系数(对用 ^{239}Puα 粒子代替 ^{222}Rn 子体 α 粒子测量的 E 的修正系数)引入公式。

②其实，现今，用滤膜采样实验、测量计数需进行过滤效率、自吸收修正；应用探测效率参数实施计数测定进行能谱修正，皆属共知的常规范围实验技术内容。

③由前述内容可见，Σ、β 与 S 参数的引入托马斯氡浓度绝对测量公式，不涉及方法原理，而仅仅涉及 α 粒子探测效率 E 测定方法，及与采样参数、滤材参数相关的实验技术层次的问题，减小测量固有误差。

4.4　双滤膜绝对测氡仪

为了将双滤膜绝对测量氡浓度的实验方法，应用于环境级氡浓度(约 10 Bq/m^3)“低浓度量程”的测定，我国从 1983 年开始研制托马斯绝对测氡仪[21]。

双滤膜绝对测氡仪的实验采用增加了滤膜过滤效率 Σ、滤膜自吸收因子 β 与能谱修正因子 S 修正，即扩展的托马斯公式。先后研制成功多种衰变室容积、多种采样流速、多种 α 粒子探测器的托马斯绝对测氡仪。其中衰变室容积 14.8 L 的 FT648 型绝对测氡仪，以及 40 L 的 FT626，与 8 L 的 CM－CDY 型绝对测氡仪形成了商品。

该类仪器已在国内外获得广泛的应用。其中 FT648 型绝对测氡仪被 GB/T 14582—93“环境空气中氡的标准测量方法”[13]确定为我国三种标准测氡仪器之一。

文献[22] EJ/T 20216—2018 为我国制定的环境氡浓度双滤膜测量仪行业标准。

4.4.1　双滤膜绝对测氡仪设计

双滤膜绝对测氡(^{222}Rn、^{220}Rn)仪采样，与双滤膜相对测氡仪一样，采用排除法原理。含氡(^{222}Rn、^{220}Rn)待测样气经入口滤膜，滤除样气中已存在的氡子体后进入衰变室。在透过入口滤膜进入衰变室、至到达出口滤膜的渡越过程中衰变产生新的子体。后者被出口滤膜时被滤出而收集于出口滤膜上。

为了提高仪器测量灵敏度，即降低氡浓度探测下限 C_{Rn}，依据扩展的托马斯公式(4.2.1)，要求参数 E、V、Z、F_f、Σ、β、S 大；本底计数 X_b 小。因此，双滤膜绝对测氡仪设计应追求：

①α 探测效率 E 高；

②衰变室容积 V 大；

③衰变修正因子 Z 高；

④扩散修正因子 F_f 高；

⑤Σ、β、S 等参数值高。

双滤膜绝对测氡仪测定氡浓度的关键步骤是物理参数的测定，及对采样结束后的滤膜

进行 α 粒子计数测量。

(1)结构参数与工作参数的选定

①衰变室容积 V

双滤膜绝对测氡实验方法中，衰变室容积 V 是决定方法灵敏度的基本结构参数。它的选取主要取决于设定的氡浓度区间。

3.5.4(1)中介绍的宾夕法尼亚双滤膜测氡装置，测量下限为 0.37 Bq/m^3。其衰变室容积为 710 L。

托马斯实验中，衰变室容积 V 取 0.530 L。其测量的氡浓度典型值为：(21.2±1.2) kBq/m^3。

上述双滤膜测氡的实验，提供：测量在氡浓度 0.37 Bq/m^3～(21.2±1.2)kBq/m^3 区间的双滤膜测氡装置，其衰变室容积 V 应在 0.530～710 L 之间选取。

②α 探测效率 E

在托马斯公式中，探测效率 E 也是直接影响测量效果的参数。但实验中多采用市售商品 α 粒子探测器，其探测效率 E 通常 40%左右。

③衰变修正因子 Z

Z 是取样时间 t、采样结束至测量开始的时间间隔 T_1，与测量时间间隔 $T_1 \rightarrow T_2$ 的函数。其计算方法见 4.3.2(1)；部分 Z 值列于表 4.3.6 中。

其中 t 与 T_2 是可任意选定的测量参数。唯 T_1 的选定任意性有限制。由 Z 的(托马斯)函数式可见，T_1 越小，Z 值越大。借助结构设计实现快速由采样至测量计数的转换，例如由通常的 $T_1=1\sim2$ min，实现 $T_1=0.5$ min，对提高测量灵敏度是有益的。

④扩散修正因子 F_f

扩散修正因子 F_f 也是直接影响测量效果的参数。托马斯公式给出，F_f 是参数 $\mu=\pi DL/q$ 的函数，$F_f(\mu)$。且随 μ 减小而 F_f 增大。这可以通过加大采样流量率 q 及缩短衰变室出口与入口滤膜之间的距离 L 来实现 μ 的减小。在选定衰变室容积 V 的前提下，减小气溶胶扩散损失，或增大扩散修正因子 F_f 的办法是减小衰变室长度 L；加大采样流速 q。

(2)气溶胶粒子的损失

气溶胶粒子损失有三个因素：扩散沉积、重力沉降与紊流损失。

①扩散沉积

扩散沉积由布朗运动导致。减小扩散损失最简单有效的办法是降温，减小布朗运动速度。

托马斯公式中，借助扩散修正因子 F_f，对采样过程中，样气渡越衰变室时，RaA 气溶胶的扩散损失进行了修正。

②重力沉降

重力沉降是指地球引力导致气溶胶粒子，在衰变室运动过程中，沉积到室壁的份额。由于现用双滤膜测氡仪器设备的衰变室容积相对较小，气溶胶粒子渡越距离不大；另外，将衰变室的轴线垂直于地面，避免了由于重力导致气溶胶粒子向衰变室壁的沉积损失。实验与理论估算证明，现用双滤膜测氡仪器设备的重力沉降影响可忽略。

③紊流损失

气溶胶粒子紊流导致紊流沉积损失几乎是无法借助修正因子进行修正的。托马斯公式成立的一个前提条件是采样流必须是层流，避免出现紊流。

不同于可借助修正因子进行修正的扩散沉积、重力沉降损失，气溶胶粒子源于采样气流的"紊流"而导致的沉积损失，需借助运行参数，主要是采样流速 q 的选取或限定，实现"层流"采样，避免紊流的产生。

直径在 1～10 μm 间的中等颗粒气溶胶粒子，由于沉降缓慢，所以悬浮在空气中比较久。参数关联(层流－管径－采样流)一般认为从层流过渡到紊流发生在雷诺数 R_e为 2 100 左右[17]。但无论如何，R_e>2 100 时，均匀截面管道内的流动一般不是层流。

因此，对圆导管，室温、常压下的空气，雷诺数 R_e可由下式足够精确地给出：

$$R_e = \frac{8q}{D_c} \tag{4.4.1}$$

式中：q——体积流速，cm^3/s；

D_c——导管直径，cm；

R_e——雷诺数(本身无量纲、纯数)。

为确保层流，理论限定取 $R_e \leqslant 2\ 100$。由式(4.4.1)得确保层流体积流速 q 与管径 D_c 的关系式：

$$q \leqslant 262.5D_c \tag{4.4.2$'$}$$

④最大采样流速 q 的限定

Thomas 指明，由于流速大时，入口滤膜阻力增大，因而加大扩散修正误差。因而，双滤膜测氡浓度实际应用中取 $Re=1\ 200$ 为宜。即：

$$q \leqslant 131.25D_c \tag{4.4.2}$$

式(4.4.2)给出选定双滤膜测氡浓度最大采样流速 $q(cm^3/s)$的上限。

(3)采样时间 t 的选取

图 4.4.1 示出采样过程中出口滤膜上子体累积过程。由图 4.4.1 可见，采样时间 60 min 是适宜的。此时，出口滤膜上 RaA 子体的累积达到饱和状态；RaB、RaC 子体累积基本达到饱和。饱和状态出口滤膜上 RaA、RaB 与 RaC 子体放射性活度比 1∶7.7∶10.7。

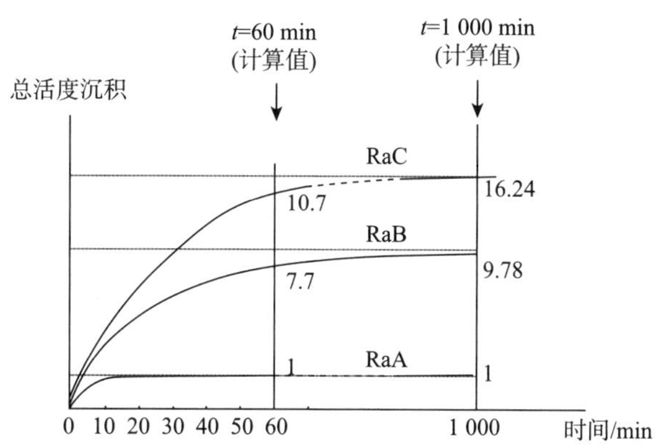

图 4.4.1　采样过程中出口滤膜上子体累积过程

(4)测量时间 T_1、T_2的选取

图 4.4.2 示出采样结束出口滤膜上子体衰减过程。

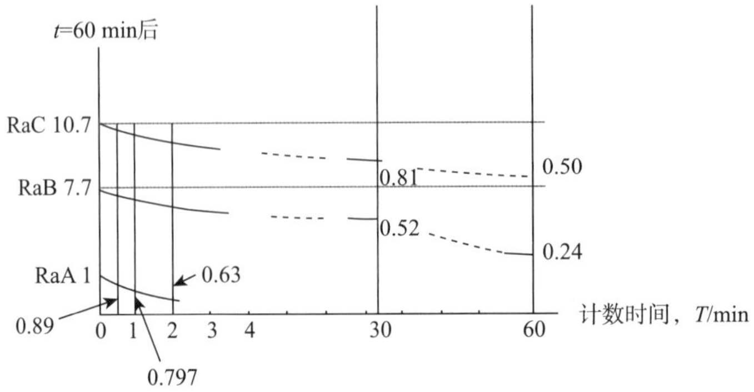

图 4.4.2 采样结束出口滤膜上子体衰减过程

据图 4.4.2 可以判定采样结束后，至开始计数时间间隔内，损失的 α 计数比。由图可见，采样结束至开始计数的时间间隔越短，损失的子体，特别是 RaA 子体 α 计数越少。例如，T_1＝0.5 min，剩余 RaA 活度为 89％；T_1＝1.0 min，剩余 RaA 活度为 79.7％；T_1＝2.0 min，剩余 RaA 活度为 63％。T_1＝0.5 min 比 T_1＝2 min 多扑捉 89％－63％＝26％RaA 子体。采样结束至开始计数的时间间隔 T_1 越短，对测量越有利。

由图 4.4.2 可见，测量结束时刻 T_2＝30 min 时，出口滤膜上子体 RaA 已全部衰变；RaB 的活度等于结束采样时刻的 52％；RaC——81％。

测量结束时刻 T_2＝60 min 时，RaA——0％；RaB——24％；RaC——50％。

据此，测量结束时刻 T_2最大取值 30 min；60 min 是适宜的，再长没有太大收益。

4.4.2 40 L 型双滤膜绝对测氡仪

上世纪八十年代初，我国开始研制衰变筒容积为 40 L 的双滤膜绝对测氡仪。FT626 型双滤膜绝对测氡仪是我国核工业 261 厂研制成功并投产的双滤膜绝对测氡仪产品。据文献资料，这是在国际上首次研制成功、我国拥有知识产权的双滤膜绝对测氡仪产品。FT626 的研制目的，是提供用于海边、陆地环境氡浓度 3～10 Bq/m^3 量级环境，氡浓度水平测量的双滤膜绝对测氡仪。

(1)FT626 型绝对测氡仪结构[21,23]

据设定的氡浓度测量区间，参照 4.4.1 节列举的设计依据，选定衰变室容积 V 约为 40 L。图 4.4.3 示出衰变筒(室)结构示意示。入口滤膜直径 d＝Φ240 mm；衰变室容积 V＝38.2 L；入一出口滤膜间距 L＝104 cm。α 粒子探测器为 Φ65 mm 的 ZnS(Ag)闪烁屏、无窗。探测几何条件：滤膜表面与闪烁屏间隙＜3 mm；滤膜有效面积为 Φ60 mm。

入口滤膜选用过滤效率达 99.96％的双层玻璃纤维滤纸；出口滤膜选用 LXGL－15－1 滤布。图 4.4.4 为 FT626 型绝对测氡仪结构示意与工作框图。

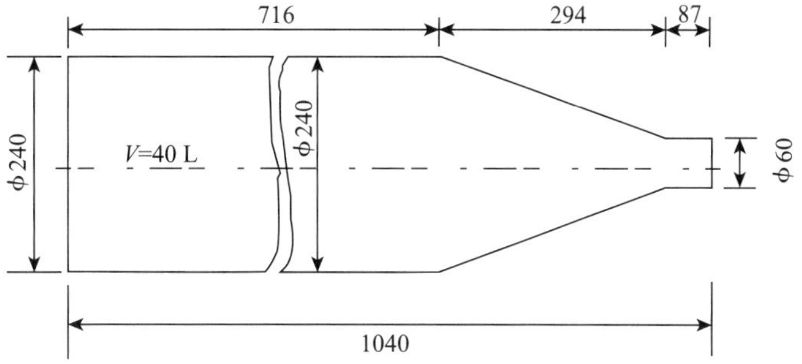

图 4.4.3　FT626 型绝对测氡仪衰变室结构示意图

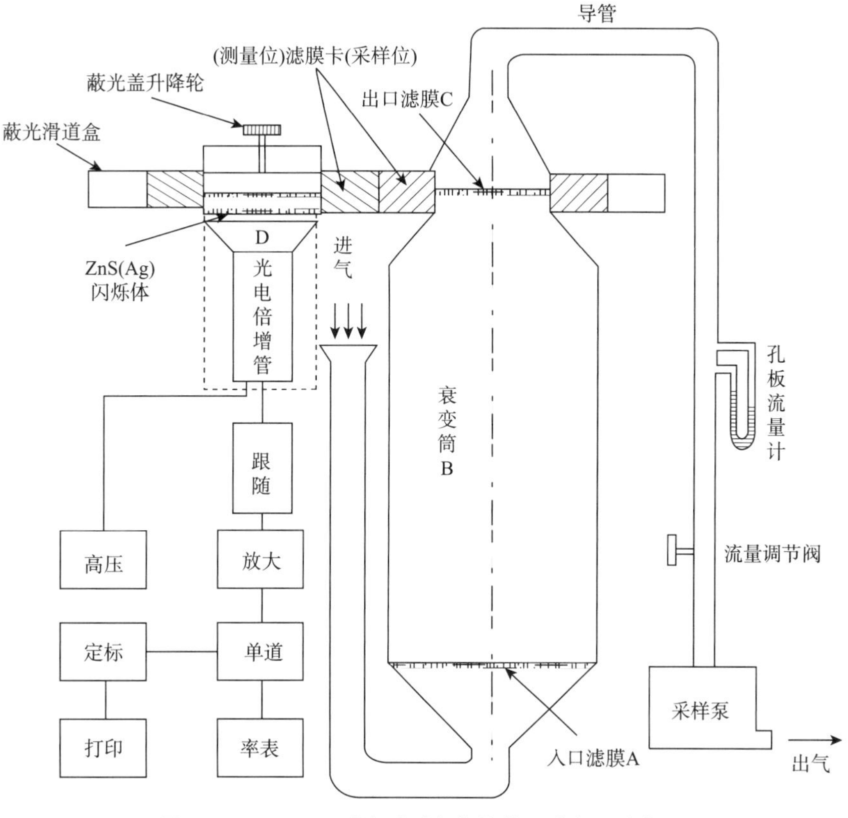

图 4.4.4　FT626 型绝对测氡仪结构示意与工作框图

(2)FT626 型绝对测氡仪工作参数

①采样流速 q 的选定[24]

FT626 衰变室入口管口径 $D_{入口}=d=24$ cm；

据式(4.4.2)，避免气溶胶粒子紊流损失的最大采样流速 q (cm³/s)：

$$q(\text{cm}^3/\text{s})=131.25D(\text{cm})=(131.25)(24)=3\ 150\ \text{cm}^3/\text{s}=189\ \text{L/min}$$

FT626 设计取值：$q=120$ L/min。

②扩散修正因子 F_f

据，$L=104$ cm；（D——扩散常数，对 RaA 取 0.085 cm^2/s）

$q=120$ L/min，$\mu=\pi DL/q=0.01388$，$F_f=0.812$

$q=30$ L/min，$\mu=0.0523$，$F_f=0.672$

③衰变修正因子 Z

$t=30$ min，$T_1=0.5$ min，$T_2=60.5$ min，得 $Z=20.535$

④效率 E

调定 $E=40\%$

⑤过滤效率 Σ 测定

据 1.3.1 节方法，采用“双层滤膜法”得：

$q=120$ L/min，$\Sigma=0.708=70.8\%$

$q=30$ L/min，$\Sigma=0.95=95\%$

⑥自吸收系数 β 测定

据 1.4 节方法，得：

$q=120$ L/min，$\beta=83.6\%$

⑦能谱修正系数 S 的测定

能谱修正系数 S 对以 ^{239}Puα 粒子取代氡子体 α 粒子测定的探测效率 E 进行的修正。

据 4.3.6(3)测定方法：测 Φ30 mm ^{239}Pu α 源、Φ30 mm 氡子体源 α 能谱。确定 ^{239}Pu α 能谱对应探测效率 $E=40\%$的阈值；确定该阈值下，氡子体源 α 能谱的 α 探测效率 E'。则能谱修正系数

$$S=\frac{E'(\Phi 30\ \text{mm 氡子体源})}{E(\Phi 30\ \text{mm}^{239}\text{Pu}\ \alpha\ \text{源})}$$

测定结果列于表 4.4.1，能谱修正因子 S 的平均值为 1.06。

表 4.4.1 能谱修正因子 S 测定

序号	^{239}Pu(Φ30 mm)；$E=0.40$			氡钍子体源(Φ30 mm)				S (E^*/E)
	α 计数** (全谱)	α 计数 (0.40 阈)	谱峰位*	α 计数 (全谱)	α 计数 (0.40 阈)	谱峰位*	E'	
1	39 931	31 909	364	10 202	8 556	544	0.419	1.05
2	192 725	153 910	264	1 524	1 297	588	0.426	1.06
3	192 725	153 910	264	2 892	2 492	518	0.430	1.08
4	192 725	153 910	264	4 469	3 857	518	0.432	1.08
5	191 575	153 606	200	13 274	11 170	250	0.421	1.05
6	191 575	153 606	200	4 957	4 155	250	0.419	1.05
平均值								1.06

注：^{239}Pu(Φ30 mm)序号 83—38；

*——相对单位；

**——计数时间(每次实验)相等；各次不同实验不同。

(3)FT626 型绝对测氡仪固有误差

将具有约定真值浓度 C_t 的标准浓度氡，输给直接法测氡仪。然后进行采样、计数，最后得计数 X。由式(4.3.23)计算出被测气体氡浓度的实验值 C_i，则测量误差 δ：

$$\delta=\frac{C_t-C_i}{C_t}\times 100\% \tag{4.4.3}$$

用 3.10.2 节描述的标准浓度氡发生器提供不同浓度的氡，其浓度用作测量固有误差的约定真值。将浓度为 C_t 的标准浓度氡输给绝对法测氡仪。然后进行采样、测量计数，最后得计数 X。据式(4.3.23)计算出被测气体氡浓度实验值 C_i，则测氡仪的测量误差 δ 可按(4.4.3)式计算得出。

图 4.4.5 示出测定 FT626 测氡仪固有误差实验装置的框图。

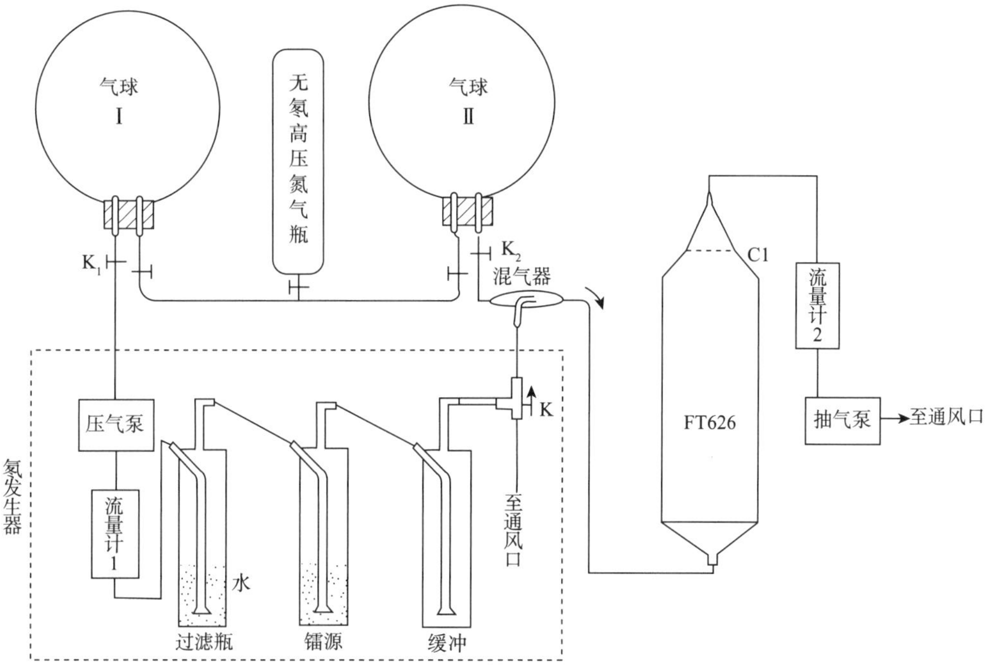

图 4.4.5　测定 FT626 测氡仪固有误差实验装置框图

①实验 1　(1983 年 12 月)

标准浓度氡发生器(见 3.10.2)提供标准浓度的氡

标准 ^{226}Ra 源：1.084×10^{-6} g ^{226}Ra(精度≤5%)

实验采用 29.5 L/min 空气稀释，获得 166.13 Bq/m^3　标准氡气

经 11 次实验测量，分别得氡浓度(Bq/m^3)：

179.04；180.89；174.16；166.76；172.05；166.87；160.21；160.21；162.80；155.77；153.18

平均值：$C_{平均}=165.35$ Bq/m^3

测量误差：$\Delta=\frac{165.35-166.13}{166.13}=-0.47\%$

验证实验结果给出的测量误差 0.47%。验证了衰变室容积 $V=38.2$ L 的 FT626 型双滤膜绝对测氡仪工作正常。

②实验 2 （1984 年 1 月 5 日至 23 日）

标准浓度氡发生器提供标准浓度的氡。

标准^{226}Ra 源(精度≤5%)

本底：$X_b=9/30$ min

采样时间：$t=30$ min

测量时间：$(T_1 \to T_2)$——(0.5→60.5) min

表 4.4.2 FT626 固有误差实验

$q=40$ L/min

序号	X(30，0.5—60.5)	氡浓度/(Bq/m³)	固有误差/%	约定真值/(Bq/m³)
1	1 503	111.2	−10.8	124.7 1# 标准 Ra 源
2	1 494	110.6	−11.3	
3	1 733	126.9	−9.6	
4	1 837	134.6	+7.9	

$q=30$ L/min

序号	X(30，0.5—60.5)	氡浓度/(Bq/m³)	固有误差/%	约定真值/(Bq/m³)
5	2 128−18	163.3	−1.7	166.2+氮气
6	2 171−18	166.6	+0.2	
7	254−18	18.3		空气
8	2 209−254	151.3	−9.0	166.2+空气
9	2 198−254	150.4	−9.5	
10	2 652−179	191.4	+15.1	
11	2 614−179	188.4	+13.4	
12	179−10	13.1		空气
13	2 704−179	191.4	+15.1	166.2+空气
14	159−10	11.5		空气
15	2 717−159	197.9	+13.1	166.2+空气
16	2 230−159	160.3	−3.6	
17	149−10	10.8		空气

测量№1～№17 给出固有误差范围：(−11.3～+15.1)%。

③实验 3 （1985 年浙江省人民卫生实验院）

标准浓度氡发生器提供标准浓度的氡。

标准^{226}Ra 源(精度≤5%)

采样流速：$q=30\ \mathrm{L/min}$

采样时间：$t=30\ min$

测量时间：$(T1\rightarrow T2)=(0.5\rightarrow 60.5)\ \mathrm{min}$

$V=38.2\ \mathrm{L}$；

$Z=20.570$；

$F_f=0.657(\mu=\pi DL/q)$；

$E=0.40$；

$\Sigma=0.924$，$\beta=0.890$，$S=1.131$；

工作公式：

$$C=\frac{(16.65)X}{EVZF_f S\Sigma\beta}=\frac{(44.754)X}{VZF_f}$$

实验结果列于表 4.4.3。

表 4.4.3　FT626 型绝对测氡仪液体镭源氡发生器固有误差测量

序号	^{226}Ra 源放射性活度/g	样气氡浓度约定真值 C_{t0}/(Bq/m^3)	氮气本底*计数/h	计数 X (30，0.5—60.5)	氡浓度测定值 C_i/(Bq/m^3)	固有误差 δ/%	统计误差/%
1	1.084×10^{-6}	166.24	19	2102	161.19	−1.0	±2.2
				2188	167.84	+1.0	±2.2
2	2.710×10^{-7}	41.55		536	40.27	−3.1	±4.3
3	1.259×10^{-7}	19.52		284	20.64	+5.7	±5.9
				279	20.25	+3.7	±6.0
				304	20.20	+3.5	±5.7

注：*：相当于 1.5 Bq/m^3 氡浓度(标准^{226}Ra 源精度≤5%)

由表 4.4.3 可见，固有误差值的极差小于±5.7%。该值与测量结果的统计涨落(±2.2～±6.0)%；标准^{226}Ra 源精度≤5%为同量级量。

综上，FT626 型双滤膜绝对测氡仪实验 1 至实验 3 固有误差测定结果，证明该仪器测量结果合理可信。

4.4.3　15 L 型双滤膜绝对测氡仪

继 40 L 型高灵敏双滤膜绝对测氡仪之后，我国又研制成功衰变室容积 15 L 量级、适合于普通环境氡浓度水平测量的 FT648 型双滤膜绝对测氡仪。

(1)FT648 型测氡仪结构

FT648 型双滤膜绝对测氡仪的衰变筒(室)结构示意图，与仪器结构框图示于图 4.4.6 与图 4.4.7[25]。

衰变室容积：$V=14.8\ \mathrm{L}$；

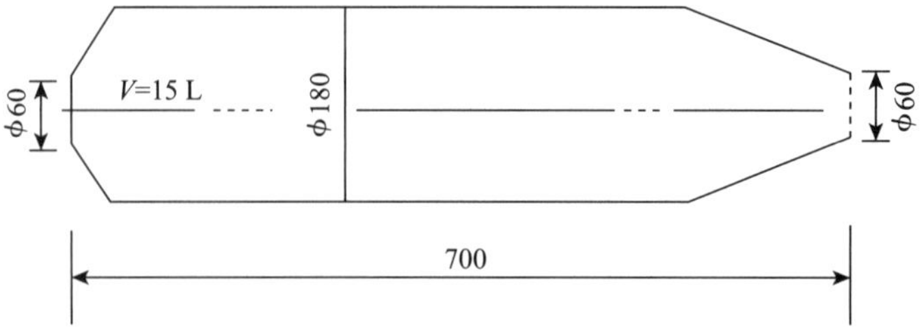

图 4.4.6　FT648 型绝对测氡仪衰变室结构示意图

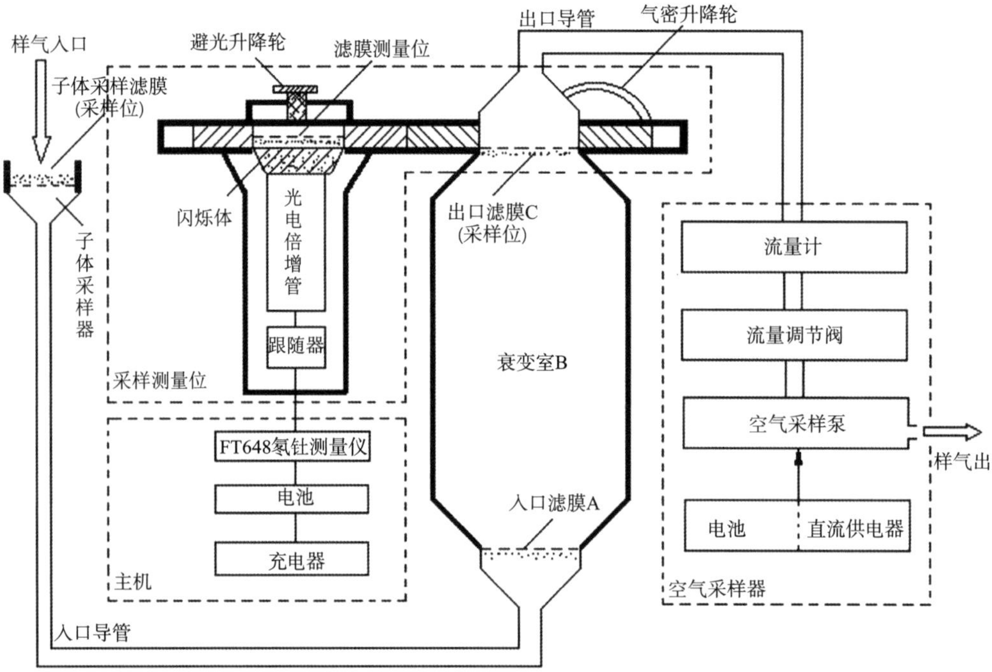

图 4.4.7　FT648 型绝对测氡仪结构示意与工作框图

入—出口滤膜间距：$L=78$ cm。

入口滤膜直径：$d=\Phi 60$ mm；出口滤膜直径：$\Phi 60$ mm

α 粒子探测器为 $\Phi 65$ mm 的 ZnS(Ag) 闪烁屏 无窗。

探测几何条件：滤膜与闪烁体间距 1 mm；滤膜有效面积 $\Phi 60$ mm。

(2) FT648 型测氡仪工作参数

①q 最佳值选取

FT648 结构入口管口径 D 入口$=d=6$ cm；

据式(4.4.2)，为确保层流，不出现紊流的最大采样流速 $q(\text{cm}^3/\text{s})$：

$$q(\text{cm}^3/\text{s})=131.25D(\text{cm})$$

$$q=(131.25)(6)=787.5\ \text{cm}^3/\text{s}=47.25\ \text{L/min}$$

FT648 取值 $q=40$ L/min。

②βΣ 测定

表 4.4.4　滤膜 LXGL－15－1 过滤效率 Σ、自吸收系数 β 测量表

q＝35 L/min

序号	C_1，n_1	C_2	C_3	n_2	β	Σ
1	213	190	152		0.898	
2	207	166	134	58	0.910	0.920
3	185	157	139		0.940	
4	185	150	108		0.870	
5	143	126	109	53	0.920	0.918
6	128	103	89		0.922	
平均值					0.910	0.919

^{239}Puα 峰：450 道

无膜本底(40 s)：19、21、24、21、24、22、23、27、26、28

LXGL－15－1 膜本底(40 s)：44、44、46、42、43、47、53、48、43、40

双层 LXGL－15－1 膜本底(40 s)：44、47、45、57、45、42、48、55、42、55

$$C_{本底}=45/40\ \text{s}$$

表 4.4.5　滤膜 LXGL－15－1 过滤效率 Σ、自吸收系数 β 测量表

q＝35 L/min，采样 50 min，采样结束，等待 40 min 开始测量

C_1，n_1	C_2	C_3	n_2	β	Σ
^{2}213	^{3}190	^{1}152	^{4}	0.898	
^{7}207	^{6}166	^{5}134	^{8}58	0.910	0.920
^{11}185	^{10}157	^{9}139	^{12}179	0.940	0.757
^{15}185	^{14}150	^{13}108	^{16}68	0.870	0.836
^{19}143	^{18}126	^{17}109	^{20}53	0.920	0.918
^{23}128	^{22}103	^{21}89	^{24}66	0.922	0.747

注：表中左上角数字为测量顺序。

β 按式(1.4.3)；Σ 按式(1.3.1)计算。

③能谱修正因子 S

$$S=1.06$$

(测量方法与结果详见 4.3.6(3))。

(3)FT648 型测氡仪固有误差

①实验 1　2003 年 7 月 11 日　南华大学氡室

高浓度实验　参考浓度——1 640 Bq/m^3　修正因子 1.019

FT648 采样 15 min；测量停止采样后 1—30 min 计数

$$X(15，1-30)=2\ 699；2\ 718$$

$$X_{平均}(15，1-30)=2\ 708.5$$

据托马斯公式计算氡浓度测量值：

$$C(15，1-30)=1\ 595.3\ Bq/m^3$$

测量误差：

$$\delta=\frac{1\ 595.3-1\ 640}{1\ 640}=-2.73\%$$

②实验 2　2003 年 7 月 12 日　南华大学氡室

低浓度实验　参考浓度——540 Bq/m^3　修正因子 0.993

FT648 采样 15 min；测量停止采样后 1—30 min 计数

$$X(15，1-30)=929$$

据托马斯公式计算氡浓度测量值：

$$C(15，1-30)=547.1\ Bq/m^3$$

测量误差：

$$\delta=\frac{547.1-540}{540}=+1.3\%$$

③实验 3

标准浓度氡发生器提供标准浓度的氡。

标准^{226}Ra 源(精度≤5%)

FT648：$\beta=0.93$　$\Sigma=0.95$　$S=1.06$

实验结果列于表 4.4.6。

表 4.4.6　FT648 型绝对测氡仪的固有误差实验——液体镭源氡发生器验证

序号	约定值/(Bq/m^3)	空气计数 X_b	加氡计数	净计数 X	测量值/(Bq/m^3)	误差/%
1	166.24	60	216	156	180	−11.7
2	166.24	38	215	180	210	+1.9
3	166.24	74	221	147	165	−19
4	166.24	30	185	155	179	−10
5	166.24	17	165	148	170	−16
	测量误差					−11.0

④实验 4——两台 FT648 测氡仪测量误差实验　核工业第六研究院的标准氡室

文献[21]对两台 FT648 测氡仪实施比对测量。环境条件：温度 21 ℃；湿度（44～47)%。

两台 FT648 绝对测氡仪验证实验结果列于表 4.4.7。

表 4.4.7　两台 FT648 固有误差测定实验[21]

氡浓度约定真值 Bq/m³	FT648 测氡仪测量值					
	仪器 a			仪器 b		
	样品数	氡浓度/(Bq/m³)	固有误差/%	样品数	氡浓度/(Bq/m³)	固有误差/%
204±10	3	213±13	+4.4	3	193±12	−5.4
448±20	3	450±19	+0.5	3	465±11	+3.8
1 222±25	3	1 272±67	+0.4	3	1 185±86	−3.0

由表 4.4.7 可见，两台 FT648 绝对测氡仪 a、b 测量结果，相对于氡浓度约定真值的测量误差范围为(−5.4%～+4.4%)，其在氡浓度约定真值的不确定范围(±10%；±20%；±25%)内。

结论：两台 FT648 绝对测氡浓度仪器，FT648a 与 FT648b，18 次实验结果表明，FT648 测氡仪的测量结果与约定真值完全符合。

⑤实验 5　(1988—1991 年)

标准浓度氡发生器提供标准浓度的氡。

标准 ^{226}Ra 源(精度≤5%)

FT648 型绝对测氡仪氡浓度测量值 χ_{Rn} 与约定真值 C_t 比较。结果列于表 4.4.8。

表 4.4.8　FT648 型绝对测氡仪固有误差测定实验

(液体镭源氡发生器)q=35 L/min

X_b/30 min	t，T_1～T_2/min	X	氡浓度/(Bq/m³)	误差/%	约定真值/(Bq/m³)
	15，1～15	254	192.6	+15.9	166.2
		46(空气)			
6	30，1～30	433	133.3	−6.5	1# Ra 源
0		69(空气)			142.5
6	30，1～30	431	139.9	−1.9	
6		49(空气)			
4	30，1～30	429	149.7	+5.1	
4		20(空气)			
4	30，1～30	383	133.6	−6.2	
4		18(空气)			
12	30，0.5～30.5	410	133.2	−5.0	142.5
		27(空气)			
12	15，1～15	155	136.5	−4.0	
	～30	236	136.8	−4.0	

q=30 L/min

X_b/30 min	t，T_1～T_2/min	X	氡浓度/(Bq/m³)	误差/%	约定真值/(Bq/m³)
8	15，1～30	290	159.3	−4.2	166.2
		31(空气)			
	30，0.5～30.5	445	154.3	−7.2	
	～60.5	724	151.2	−9.0	
10	30，0.5～30.5	537	179.4	+8.0	166.2
		32(空气)			
3.5	30，0.5～30.5	526	170.5	+2.6	166.2
		34(空气)			

验证结果表明，最大误差范围为−11.3%至+15.9%。结论：液体镭源氡发生器对直接测氡仪的验证表明，测量值χ_{Rn}与约定真值C_t间误差<±16%。

⑥实验6 （1991年5月8日）

标准氡室给出氡浓度：75.7 Bq/m³±6.5%

本底：7/30 min

氡采样：q=30 L/min　t=15 min

测量计数：

$$X(15,\ 1\rightarrow 15)=91-4=87$$

据托马斯公式计算氡浓度测量值：C_{Rn}=81.78 Bq/m³

测量计数：

$$X(15,\ 1\rightarrow 30)=143-7=136$$

据托马斯公式计算氡浓度测量值：C_{Rn}=83.78 Bq/m³

测量氡浓度平均值：

$$\overline{C_{Rn}}=82.8\ \text{Bq/m}^3$$

固有误差：

$$\delta=\frac{82.8-75.7}{75.7}=+9.4\%$$

⑦实验7 （2016年7月24日）

标准浓度氡发生器提供标准浓度的氡。

标准^{226}Ra源(精度≤5%)

$$\beta=0.93\quad \Sigma=0.95\quad S=1.06$$

测量结果列于表4.4.9。

表 4.4.9　FT648 型绝对测氡仪固有误差测定实验

序号	氡浓度约定值/(Bq/m^3)	空气计数 X_b	加氡计数	净计数 X	氡浓度/(Bq/m^3)	固有误差/%
1	166.24	60	216	156	144	−13.4
2		38	215	180	166	0
3		74	221	147	132.4	−20.3
4		30	185	155	146.3	−12
5		17	165	148	136.7	−17.8
固有误差		平均值				−12.7

综上，FT648 型双滤膜绝对测氡仪实验 1 至实验 7 固有误差测定结果，证明该仪器测量结果合理可信。

4.4.4　8 L 型双滤膜绝对测氡仪

CM−CDY 型测氡仪是我国研制成功的衰变室容积为 8 L 的双滤膜绝对测氡仪。

(1)CM−CDY 型测氡仪结构

CM−CDY 型 8 L 测氡仪的衰变筒(室)结构示意图，与仪器结构框图示于图 4.4.8 与图 4.4.9。入口滤膜直径 $d=\Phi60$ mm；出口滤膜直径：$\Phi46$ mm；衰变室容积：$V=8$ L；衰变室直径：$\Phi100$ mm；入一出口滤膜间距：$L=37.33$ cm；α 粒子探测器：$\Phi65$ mm 的 ZnS(Ag)闪烁屏、无窗；探测几何条件：滤膜与闪烁体间距为1 mm；滤膜有效面积为 $\Phi60$ mm。

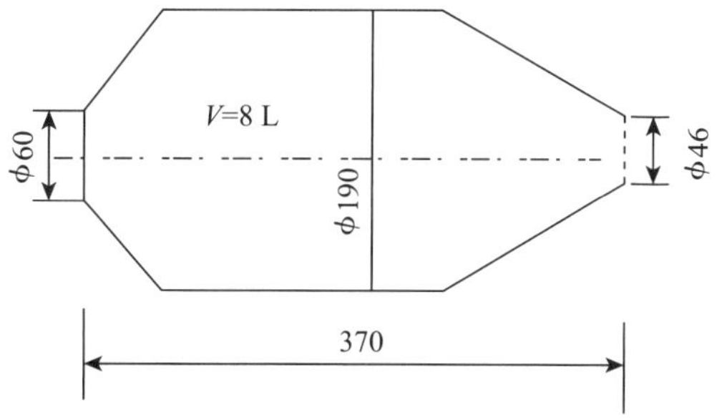

图 4.4.8　CM−CDY 型绝对测氡仪衰变室结构示意图

为消除气溶胶在由入口至出口滤膜的渡越过程中的重力沉积损失，衰变室直立式工作。数据处理由软件完成。

(2)CM−CDY 型测氡仪工作参数

①采样流速

依空气动力学原理，估算维持气流在衰变室内层流的条件，选定采样流速。

$$q=15\ L/min=250\ cm^3/s$$

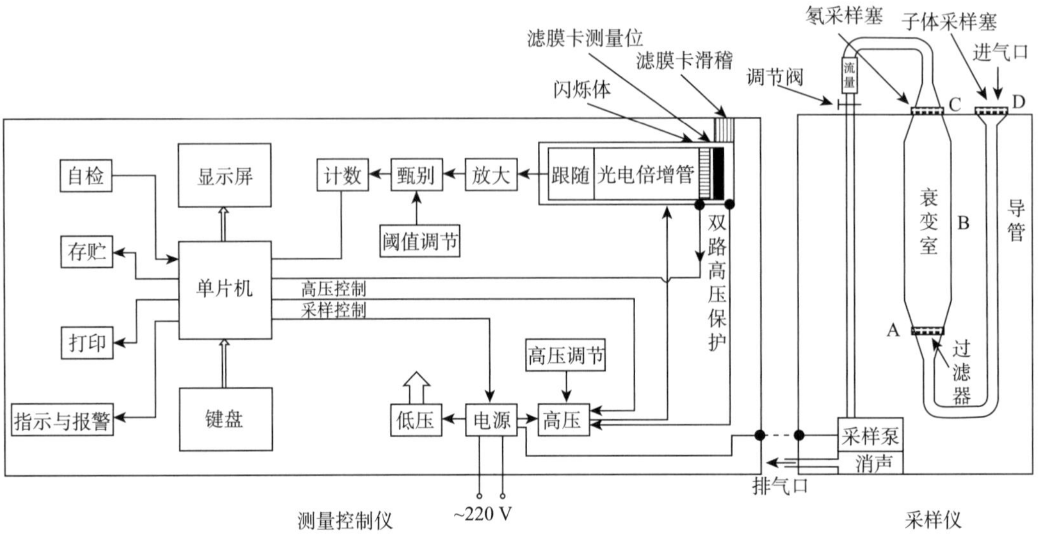

图 4.4.9　CM－CDY 型便携式绝对测氡仪结构示意框图

②探测效率 E

E 为探头对^{239}Pu α 源的探测效率，$E=0.42$。

③过滤效率 Σ

采用双层滤膜法[12]测定过滤效率 Σ。

PP－R－Ⅱ型滤膜($q=15$ L/min，Φ46 mm 滤膜)的过滤效率 $\Sigma=0.95$。

④自吸收系数 β

采用美国辐射防护标准[20]规定的方法测定自吸收系数 β，据式(4.3.27)：

$$\beta=\frac{2C_1}{2C_1+C_2-C_3}$$

PP－R－Ⅱ型滤膜($q=15$ L/min，Φ46 mm 滤膜)的自吸收效率 $\beta=0.94$。

⑤能谱修正因子 S

对选用^{239}Pu α 源($E_\alpha=5.155\ 4$ MeV，73.3%；5.142 9 MeV；15.1%)，替代氡子体源($E_\alpha=6.002$ MeV；7.687 MeV)测定探测效率 E($E=0.42$)导致的误差的修正。

先用^{239}Pu(Φ30 mm)面源将探测效率 E 调至 0.42，此时，对应的多道分析器计数下阈道为 δ。改用 Φ30 mm 氡钍子体源，测出对应 δ 的实际探测效率 E'，则参照式(4.3.28)：

$$S=\frac{E'}{E(=0.42)}$$

测定结果 S 的平均值为 1.06。

⑥衰变修正因子 Z

样气穿过 A 进入 B 后(见图 4.3.1)，氡便不断地衰变出 RaA 子体等；C 不断收集 RaA 子体，并衰变成 RaB 等；停止采样后，子体向 C 上的沉积过程终止，但在 C 上的 RaA 等子体的级联衰变继续进行；计数过程中，级联衰变在提供 α 计数的同时继续进行。衰变修正因子 Z 考虑上述四个动态过程，并加以修正，Z 由级联衰变方程组算出。部分 Z 值列于表 4.3.6 中[4]。

⑦扩散修正因子 F_f

样气由 A 向 C 的渡越过程中(见图 4.3.1)，不断产生 RaA 子体。由于布朗运动，产生的 RaA 子体具有垂直于气体整体层流运动方向的运动速度，而向衰变室 B 的室壁沉积。F_f 是考虑这一扩散损失。反映到达出口滤膜 C 的 RaA 子体比例的修正因子。部分 F_f 值列于表 4.3.7 中[4]。

⑧本底

$$\leqslant 10/\mathrm{h}$$

⑨采样结束至测量开始时间间隔

$$T_1 = 0.5\ \mathrm{s}$$

(3)CM－CDY 型测氡仪固有误差

①实验 1

应用浓度为 332.6 Bq/m^3，用空气稀释的含氡样气，用 CM－CDY 型测氡仪测定氡浓度。

实验结果列于表 4.4.10。

表 4.4.10　CM－CDY－1 型测氡仪测氡测量误差测定

浓度的约定真值/(Bq/m^3)	空气氡浓度/(Bq/m^3)	氡浓度＋空气/(Bq/m^3)	测量误差/%
332.6	6.5	372.9	＋10.0
332.6	20.8	350.5	－0.9
332.6	20.8	364.4	＋3.3

由表可见，该误差值的极差小于 10%。

②实验 2 (2003 年 7 月 11 日)　南华大学氡室

高浓度实验　氡室提供参考浓度——1 640 Bq/m^3　修正因子 1.019

CM－CDY 测量值

调正仪器数测得探测器对^{239}Pu α 源的探测器效率 84.85%。对应 $E=0.424$。

$$\Sigma=0.84 \quad \beta=0.80 \quad S=1.06$$

采样 $t=15$ min，测量停止采样后 1—15 min 计数

$$X(15，1-15)=730；770；726；778$$

$$X_{平均}(15，1-15)=751.3$$

据托马斯公式计算氡浓度测量值：$C(15，1-15)=1\ 607.7$ Bq/m^3

固有误差：

$$\delta=\frac{1\ 607.7-1\ 640}{1\ 640}=-1.97\%$$

③实验 3 (2003 年 7 月 12 日)　南华大学氡室

低浓度实验　氡室提供参考浓度——540 Bq/m^3　修正因子 0.993

CM－CDY 测量值

调正仪器数测得探测器对^{239}Pu α 源的探测器效率 85.1%。对应 $E=0.425$。

$$\Sigma=0.84 \quad \beta=0.80 \quad S=1.06$$

采样 $t=15$ min，测量停止采样后 1—15 min 计数

$$X(15, 1-15)=237; 271.8; 253.7$$

$$X_{平均}(15, 1-15)=254.2$$

据托马斯公式计算氡浓度测量值：$C(15, 1-15)=543.9\ Bq/m^3$

固有误差

$$\delta=\frac{543.9-540}{540}=+0.7\%$$

综上，CM—CDY 型双滤膜绝对测氡仪实验 1 至实验 3 固有误差测定结果，证明该仪器测量结果合理可信。

表 4.4.11 列出三种国产双滤膜绝对法测氡仪产品的主要技术性能。

表 4.4.11　国产双滤膜绝对法测氡仪技术性能表

性　能		型号		
		FT626	FT648	CM—CDY
技术参数	探测器 ZnS(Ag)	Φ65 mm	Φ65 mm	Φ50 mm
	出口滤膜/mm	Φ60	Φ60	Φ46
	入口滤膜/mm	Φ240	Φ60	Φ60
	衰变室/L	38.2	14.8	8.0
	采样泵/(L/min)	120	120	15
	出入口滤膜距离/mm	1097	780	373
技术指标	灵敏度/(Bg/m^3)	～0.37	～3.7	～2.6
	固有误差/%	≤30	≤30	≤30
	本底计数/h^{-1}	<18	<18	<10

4.4.5　双滤膜绝对测氡实验方法自洽性实验

(1)自洽性(误差)

由式(4.3.23)不难看出，公式中含有 E、S、V、Z、F_f、β 与 Σ 等多个独立的参数。同一次采样，其表征的氡浓度应该是唯一确定的，测量结果(氡浓度 C)应不受参数选择的影响。由此，假若某一确定氡浓度的样气，选用不同的参数组，例如不同的测量时间间隔 T_1 与 T_2，所计算出的氡浓度 C，在测量误差范围内应是一致的。反言之，同一次测量、选用不同测量时间，其结果(氡浓度)是否互相吻合，便成了验证双滤膜绝对测氡仪，进而双滤膜绝对测氡原理可信性程度的标志。同一次测量、不同测量时间所得到的氡浓度差异，用自洽误差 Δ 表示。反言之，自洽误差 Δ 可用作验证双滤膜绝对测氡原理是否正确的标志。同一采样滤膜、同一次采样 t；同一间隔时间 T_1，仅仅结束测量的时间 T_2不同(T_2'、T_2'')，得到 2 个氡浓度 $C_1(t, T_1\rightarrow T_2')$、$C_2(t, T_1\rightarrow T_2'')$。则其自洽性(误差)Δ：

$$\Delta=\frac{|C_1(t, T_1\rightarrow T_2')-C_2(t, T_1\rightarrow T_2'')|}{C_{平均}} \tag{4.4.4}$$

式中：$C_{平均}$是对应同一次测量，2 个氡浓度 C_1、C_2的算术平均值。$C_{平均}=(C_1+C_2)/2$。

(2)自洽误差测定方法

测定自洽误差最简单的方法是，在同一氡浓度环境中，同一次采样(t，F_f相同)，同一个出口滤膜(β、Σ 不变)，同一台测量仪器(V 不变)，保持 E 与 S 不变，而仅仅取不同的测量结束时刻 T_2'、T_2''，因而仅关系到衰变修正因子 $Z(t、T_1、T_2')$、$Z(t、T_1、T_2'')$的改变。由此得到的氡浓度测量结果，在实验误差范围内应当相同。它们之间的差异用自洽性(误差)表征。

自洽误差测量实际操作，将已采样的滤膜测量计数的时间 T_2连续取两个、甚至多个值，读出相应的计数 X_i，$i=1$，2，…，代入式(4.3.23)算出相应的氡浓度值 C_i，$i=1$，2，…。由于是同一台仪器，同一次取样，仅取不同的测量计数结束时刻 T_2，因此，其测量结果应当相互一致。两次测量结果之间的差异取作自洽误差。

(3)FT626 型绝对测氡仪的自洽误差测定实验

由式(4.3.23)不难看出，公式中含有多个独立的参数，如 E、V、Z、F_f、β、Σ 及 S 等，测量结果(氡浓度 C)应不受由测量条件变更而导致上述参数变更的影响。

假若某一氡浓度给定的样气，选用不同的参数组，所测结果(氡浓度)是否相吻合，便成了验证双滤膜绝对测氡仪，进而双滤膜绝对测氡浓度原理的可信性程度标志。而这其中最简单的方法是，在同一氡浓度环境中，同一次采样(t，F_f相同)，同一个出口滤膜(β、Σ 不变)，同一台测量仪器(V 不变)，保持 E 与 S 不变，采样结束至开始测量的时刻 T_1也相同。而仅仅取不同的测量结束时刻 T_2，因而仅影响到衰变修正因子 $Z(t、T_1、T_2)$的改变。这样获得两个(对应两组参数)的测量结果。由托马斯公式计算出同一次实验、对应两组参数的两个氡浓度值。两次测量结果之间的差异取作自洽误差。

①实验 1　(1983 年 11 月)

煤矸石房内氡浓度测量

参加单位：北京市卫生防疫站；四川省卫生防疫站、261 厂

本底：$N_b=120/30$ min

采样：$q=30$ L/min，$t=30$ min

测量：$X(t，T_1\to T_2)$——总计数

X_b——载气本底计数，

$X_{净}$——除去本底的净计数。

$T_1=0.5$ min；

$T_2=30.5$ min、50.5 min、60.5 min

№1　$X(30，0.5\to 30.5)=2\,522$，　$X_b=120$　($Z=12.344$，　$F_f=0.701\,0$)

$X_{净}(30，0.5\to 30.5)=(2\,522-120)=2\,402$

据托马斯公式计算氡浓度测量值：$C_{Rn1}=309.7$ Bq/m^3(8.37 pCi/L)；

№2　$X(30，0.5\to 50.5)=3707$，　$X_b=200$　($Z=18.232\,9$，$F_f=0.701\,0$)

$X_{净}(30.0.5\to 50.5)=(3\,707-200)=3\,507$

据托马斯公式计算氡浓度测量值：$C_{Rn2}=306.1$ Bq/m^3(8.27 pCi/L)；

№3　$X(30，0.5\to 60.5)=4\,295$，　$X_b=240$($Z=20.570$，$F_f=0.701\,0$)

$X_{净}(30，0.5\to 60.5)=(4\,295-240)=4\,055$

据托马斯公式计算氡浓度测量值：C_{Rn3}=313.8 Bq/m^3(8.48 pCi/L)。

平均值

$T_1 \to T_2$(0.5→30.5)、$T_1 \to T_2$(0.5→50.5)、$T_1 \to T_2$(0.5→60.5)三次测量平均值为：

$$C_{Rn}(\text{平均})=(309.9\pm17.7)\text{Bq/m}^3$$

自洽误差

各测量值的自洽误差分别为：

№1　$T_1 \to T_2$(0.5→30.5)　　Δ_1=－0.7%

№2　$T_1 \to T_2$(0.5→50.5)　　Δ_2=－1.2%

№3　$T_1 \to T_2$(0.5→60.5)　　Δ_3=＋1.3%

上述自洽误差Δ_1、Δ_2、Δ_3皆小于各测量结果的统计涨落±2.0%；±1.6%与±1.6%。

由此得出结论：FT626 型绝对测氡仪，在采样流速 q=30 L/min；采样时间 t=30 min；换样时间 T_1=0.5 min 等各参数相同，而测量计数结束时间不同时

$$T_2=30.5\ \text{min}、50.5\ \text{min}、60.5\ \text{min}$$

测量结果是相互自洽的。本实验给出的自洽误差为：

$$(-0.7\sim+1.3)\%。$$

②实验 2 （1984 年 1 月 16 日至 23 日）

标准浓度氡发生器提供标准浓度的氡。

标准^{226}Ra 源(精度≤5%)

氡浓度参考值：166.2 Bq/m^3

表 4.4.12　FT626 液体镭源氡发生器自洽性验证

X_b=9/30 min，q=30 L/min

序号	测量时间	t，T_1-T_2/min	$X(t, T_1-T_2)$	氡浓度/(Bq/m^3)	自洽误差/%	注
1	84.1.16	30，0.5～30.5	1 234	159.1	2.6	
		－60.5	2 128～18	163.3		
2	84.1.16	30，0.5～30.5	1 265～9	162.0	2.8	
		－60.5	2 171～18	166.6		
3	84.1.17	30，0.5～30.5	152～9	18.4	0.5	空气
		－60.5	254～18	18.3		
4	84.1.17	30，0.5－30.5	1 273－152	144.6	4.5	
		－60.5	2 209－254	151.3		
5	84.1.17	30，0.5－30.5	1 319－152	150.5	0	
		－60.5	2 198－254	150.4		
6	84.1.20	30，0.5－30.5	1 507－115	179.5	6.4	
		－60.5	2 652－179	191.4		
7	84.1.20	30，0.5－30.5	1 545－115	184.4	2.2	
		－60.5	2 614－179	188.4		

续表

序号	测量时间	t，T_1-T_2/min	$X(t, T_1-T_2)$	氡浓度/(Bq/m³)	自洽误差/%	注
8	84.1.21	30，0.5～30.5	115～5	14.2	0.81	空气
		－60.5	179～10	13.1		
9	84.1.21	30，0.5～30.5	1 575～115	188.3	0.37	
		－60.5	2 704～179	195.4		
10	84.1.22	30，0.5～30.5	93～5	11.3	1.8	空气
		－60.5	159～10	11.5		
11	84.1.22	30，0.5～30.5	1 553～93	188.3	5.0	
		－60.5	2 717～159	197.9		
12	84.1.22	30，0.5～30.5	1 294～93	154.9	3.4	
		－60.5	2 230～159	160.3		
13	84.1.23	30，0.5～30.5	83～5	10.1	0	空气
		－60.5	149～10	10.8		

自洽误差

本实验由 13 次实验组成。自洽误差范围为：(0～6.4)%。

③实验 3　(1984 年 8 月 1 日)

一楼室内、通风良好、门窗大开、气闷(阴)

α 探测效率 E 调整

α 源(^{239}Pu 一级参考源，＜±2%，活性区 Φ25 mm)　$E=39.3\%$

q(流速)＝120 L/min　($\mu=\pi DL/q$) $F_f=0.808$

本底：$N_b=10/30$ min

采样：$q=120$ L/min，$t=30$ min

测量：$T_1=0.5$ min；

$T_2=30.5$ min、60.5 min

№1　$X(30, 0.5\to30.5)=(169-10)=159$　　$[Z(30, 0.5\to30.5)=12.249]$

据托马斯公式计算氡浓度测量值：

$C_{Rn}(30, 0.5\to30.5)=16.84$ Bq/m³(4.55×10=13 Ci/L)

$C_{Rn}(30, 0.5\to30.5)$统计误差±8%

№2　$X(30, 0.5\to60.5)=(283-20)=263$　　$[Z(30, 0.5\to60.5)=20.535]$

据托马斯公式计算氡浓度测量值：

$C_{Rn}(30, 0.5\to60.5)=16.61$ Bq/m³(4.49×10=13 Ci/L)

$C_{Rn}(30, 0.5\to60.5)$统计误差±6%

平均值：

$T_1\to T_2(0.5\to30.5)$、$T_1\to T_2(0.5\to60.5)$二次测量平均值为：

$$C_{Rn}(平均)=(16.7\pm0.1)\text{Bq/m}^3$$

自洽误差 Δ——C_{Rn}(30，0.5→30.5)与 C_{Rn}(30，0.5→60.5)的自洽误差：

$$\Delta=\frac{C_{Rn}(30,\ 0.5\to30.5)-C_{Rn}(30,\ 0.5\to60.5)}{\overline{C_{Rn}}}=1.3\%$$

结论：C_{Rn}(30，0.5→30.5)与 C_{Rn}(30，0.5→60.5)的自洽误差=1.3%远小于自身的统计涨落(±6%，±8%)。

(4)FT648 型绝对测氡仪的自洽误差测定实验　衡阳六所氡室(1991 年 5 月 8 日至 12 日)

本底：X_b=5/30 min

采样时间：t=30 min

测量：T_1=1 min

表 4.4.13　FT648(核工业第六研究所标准氡室)自洽误差验证实验

q=30 L/min

序号	t，T_1～T_2	X(t，T_1～T_2)	氡浓度/(Bq/m³)	自洽误差/%
1	30，1—15	79—3=76	71.44	3.5
	1—30	126—6=120	73.92	
2	30，1—15	91—4=87	81.78	2.4
	1—30	143—7=136	83.78	
3	30，1—15	66—3=63	59.22	15.2
	1—30	118—6=112	68.99	
4	30，1—15	80—3=77	72.38	17.5
	1—30	146—6=140	86.24	
5	30，1—15	93—3=90	84.6	0.2
	1—30	143—6=137	84.4	
9	30，1—15	999—2=997	937.2	1.9
	1—30	1 557—6=1 551	955.4	
10	30，1—15	1 045—3=1 042	978.5	10.7
	1—30	1 774—6=1 768	1 089.1	
11	30，1—15	1 620—3=1 617	1 520	2.5
	1—30	2 536—6=2 530	1 559	
12	30，1—15	1 630—3=1 627	1 529.4	1.9
	1—30	2 536—6=2 530	1 558.5	

q=35 L/min

序号	t，T_1～T_2	X(t，T_1～T_2)	氡浓度/(Bq/m³)	自洽误差/%
6	30，1—15	76—3=73	66.9	11.4
	1—30	131—6=125	75.0	
7	30，1—15	76—3=73	66.9	9.8
	1—30	129—6=123	73.8	
8	30，1—15	428—3=425	389.3	1.3
	1—30	662—5=657	394.2	
13	30，1—15	109—3=106	97.1	18.0
	1—30	200—6=194	116.4	

续表

序号	t，$T_1 \sim T_2$	$X(t, T_1 \sim T_2)$	氡浓度/(Bq/m³)	自洽误差/%
14	30，1—15	105—3=102	91.6	1.5
	1—30	161—6=155	93.0	
15	30，1—15	86—3=83	76.0	2，4
	1—30	146—6=140	84.0	
16	30，1—15	67—3=64	58.6	4.3
	1—30	108—6=102	64.2	
17	30，1—15	1 214—3=1 211	1 109.3	1.8
	1—30	1 889—6=1 883	1 129.8	
18	30，1—15	1 194—3=1 181	1 091.0	7.9
	1—30	1 846—6=1 840	1 104.0	

(5)CM—CDY 型绝对测氡仪的自洽误差测定实验

8 L 绝对测氡仪(CM—CDY 型)自洽误差测量结果

计数 $X(t_0, T_1-T_2)$；浓度 $C(t_0, T_1-T_2)$；$q=15$ L/min=250 cm³/s

1)本底 $N_b=6/h$，$X(15;1-15)=16$；　$C_{Rn}=12.2$ Bq/m³

$X(15;1-30)=29$；　$C_{Rn}=12.8$ Bq/m³

自洽误差 Δ=4.8%

2)本底 $N_b=6/h$，$X(15;1-15)=24$；　$C_{Rn}=35.0$ Bq/m³

$X(15;1-30)=38$；　$C_{Rn}=34.7$ Bq/m³

自洽误差 Δ=1.7%

3)本底 $N_b=4/h$，$X(15;1-15)=57$；　$C_{Rn}=85.7$ Bq/m³

$X(15;1-30)=102$；　$C_{Rn}=100.0$ Bq/m³

自洽误差 Δ=15.4%

4)本底 $N_b=2/h$，$X(15;1-15)=22$；　$C_{Rn}=28.4$ Bq/m³

$X(15;1-30)=39$；　$C_{Rn}=32.8$ Bq/m³

自洽误差 Δ=14.4%

5)本底 $N_b=4/h$，$X(15;1-15)=23$；　$C_{Rn}=31.9$ Bq/m³

$X(15;1-30)=33$；　$C_{Rn}=30.7$ Bq/m³

自洽误差 Δ=8.1%

6)本底 $N_b=6/h$，$X(15;1-15)=19$；　$C_{Rn}=25.3$ Bq/m³

$X(15;1-30)=31$；　$C_{Rn}=26.6$ Bq/m³

自洽误差 Δ=4.0%

7)本底 $N_b=6/h$，$X(15;1-15)=25$；　$C_{Rn}=37.0$ Bq/m³

$X(15;1-30)=37$；　$C_{Rn}=35.0$ Bq/m³

自洽误差 Δ=5.6%

8)本底 $N_b=8/h$，$X(15;1-15)=13$；　$C_{Rn}=16.4$ Bq/m³

$X(15;1-30)=20$；　$C_{Rn}=15.6$ Bq/m³

自洽误差 $\Delta=5.0\%$

9)本底 $N_b=8/h$，$X(15;1-15)=11$；　$C_{Rn}=13.7\ Bq/m^3$

$X(15;1-30)=16$；　$C_{Rn}=12.0\ Bq/m^3$

自洽误差 $\Delta=13.3\%$

10)本底 $N_b=1/h$，$X(30;1-30)=40$；　$C_{Rn}=24.0\ Bq/m^3$

$X(30;1-60)=70$；　$C_{Rn}=24.2\ Bq/m^3$

自洽误差 $\Delta=0.8\%$

11)本底 $N_b=0/h$，$X(30;1-30)=51$；　$C_{Rn}=30.4\ Bq/m^3$

$X(30;1-60)=101$；　$C_{Rn}=34.9\ Bq/m^3$

自洽误差 $\Delta=13.8\%$

12)本底 $N_b=8/h$，　$X(60;1-30)=40$；　$C_{Rn}=11.8\ Bq/m^3$

$X(60;1-61)=71$；$C_{Rn}=12.3\ Bq/m^3$

自洽误差 $\Delta=4.1\%$

结论：依据(3)FT626型绝对测氡仪的自洽误差测定实验；(4)FT648型绝对测氡仪的自洽误差测定实验；(5)CM－CDY型绝对测氡仪自洽误差测定实验。实验结果证实，同一次测量，取不同的参数组计算，得到的氡浓度测量结果，在误差范围内是一致的。

4.4.6 双滤膜绝对测氡实验方法一致性比对实验

(1)实验1——FT626与FT648一致性比对(1988年12月23日)

FT626($V=40$ L)与FT648($V=15$ L)型直接测氡仪是结构参数与运行参数不同的两种型号的直接测氡仪。显然，对于同一氡浓度环境的含氡样气，两种仪器同时进行采样测量的结果，在误差范围内应当是一致的。反过来，其测量结果一致性的程度，也是验证直接测氡仪原理可信的标志。

实验为同一环境，FT648与FT626同时进行测量。

实验参数：采样流速：FT626　$q=120$ L/min；

FT648　$q=35$ L/min；

探测效率：$E=40\%$($^{239}Pu-\alpha$ 源 $\Phi=30$ mm)

①实验№1

FT648两次测量：$C(15,1-15)=96.2\ Bq/m^3$；$C(15,1-30)=114.0\ Bq/m^3$

$$C_{648平均}=105.1\ Bq/m^3$$

自洽误差 $\Delta=16.9\%$

FT626两次测量：$C(15,1-15)=96.2\ Bq/m^3$；$C(15,1-30)=97.0\ Bq/m^3$

$$C_{626平均}=96.6\ Bq/m^3$$

自洽误差 $\Delta=0.8\%$

FT648、FT626测量结果平均值：

$$C_{626-648平均}=100.8\ Bq/m^3$$

FT648、FT626测量一致性：

$$\delta=(105.1-96.6)/100.8=8\%$$

②实验№2

FT648 两次测量：$C(15，1-30)=19.0\ Bq/m^3$；$C(15，1-60)=19.9\ Bq/m^3$

$$C_{648平均}=19.45\ Bq/m^3$$

$$自洽误差\ \Delta=4.6\%$$

FT626 两次测量：$C(15，1-30)=20.9\ Bq/m^3$；$C(15，1-60)=21.6\ Bq/m^3$

$$C_{626平均}=21.25\ Bq/m^3$$

$$自洽误差\ \Delta=3.3\%$$

FT648、FT626 测量结果平均值：

$$C_{626-648平均}=20.35\ Bq/m^3$$

FT648、FT626 测量一致性：

$$\delta=(21.25-19.45)/20.35=8.9\%$$

测量结果列于表 4.4.14。结果表明其一致性偏差≤±8.9%。

表 4.4.14　FT648 与 FT626 测量一致性比对

（1988 年 12 月 23 日）

FT626 与 FT648 在同一氡浓度环境中同时进行测量

探测效率：$^{239}Pu-\alpha$ 源（$\Phi=30$ mm）　$E=40\%$；

过滤效率：$\Sigma=0.924$

采样时间：$t=15$ min

采样流量：FT626——$q=120$ L/min；FT648——$q=35$ L/min

序号	仪器	测量值			氡浓度/(Bq/m^3)				
		X_b 30 min	X (15，1—15′)	X (15，1—30′)	C (15，1—15′)	C (15，1—30′)	$C_{平均}$	自洽性/%	$C_{平均}$
1	FT648	10	110	200	96.2	114.0	105.1	16.9	100.8 ±8.0%
	FT626	10	199	315	96.2	97.0	96.6	0.8	

序号	仪器	测量值			氡浓度/(Bq/m^3)				
		X_b 30 min	X (15，1—30′)	X (15，1—60′)	C (15，1—30′)	C (15，1—60′)	$C_{平均}$	自洽性/%	$C_{平均}$
2	FT648	10	52	89	19.0	19.9	19.45	4.6	20.35 ±8.9%
	FT626	10	177	277	20.9	21.6	21.25	3.3	

结论：40 L 衰变室与 15 L 衰变室测量的结果一致性误差：(8.0～8.9)%。

同时，40 L 衰变室、15 L 衰变室同一次测量、不同参数组的测量结果自洽性

实验№1 FT648：自洽误差 Δ=16.9%；FT626：自洽误差 Δ=0.8%；

实验№2 FT648：自洽误差 Δ=4.6%；FT626：自洽误差 Δ=3.3%。

实验结果表明，测量结果差异在统计误差范围内，结果可信。

(2)实验 2——FT626 与 FT648 一致性比对

对 40 L 量级衰变室的 FT626 测氡仪，与 15 L 量级衰变室的 FT648 测氡仪进行一致性比对实验。测量结果列于表 4.4.15。

表 4.4.15　FT648、FT626 固有误差比对实验

序号	FT648			FT626			平均/(Bq/m³)	一致性/%
	X (15，1—15)	X (15，1—30)	C_{648}/(Bq/m³)	X (15，1—15)	X (15，1—30)	C_{626}/(Bq/m³)		
1	36		22.8	95		24.0	23.4	±2.6
2		140	47.0		380	49.1	48.05	±2.2
3		78	26.2		220	28.3	27.25	±3.8
4	45		40.0	138		47.0	43.5	±8.0
5	44		38.1	117		39.8	38.95	±2.2

一致性——同一环境 FT648、FT626 测量结果差异

由表可见，两种仪器的五次测量结果一致性差异，在(2～8)%范围。

4.4.7　双滤膜绝对测氡仪固有误差比对实验

(1)实验 1——FT648 与 FT648 固有误差比对

文献[26]对两台 FT648 测氡仪在核工业第六研究所的标准氡室的测量结果进行了验证，其结果列于表 4.4.16。

测量时温度：21 ℃；湿度：44%～47%

* * 两台 FT648 比对、固有误差实验，两台 FT648 绝对测氡仪验证实验结果列于表 4.4.16。

表 4.4.16　两台 FT648 固有误差测定实验

(FT648 测氡仪固有误差实验表[26])

氡浓度约定真值/(Bq/m³)	FT648 测氡仪测量值					
	仪器 a			仪器 b		
	样品数	氡浓度/(Bq/m³)	固有误差/%	样品数	氡浓度/(Bq/m³)	固有误差/%
204±10	3	213±13	+4.4	3	193±12	−5.4
448±20	3	450±19	+0.5	3	465±11	+3.8
1 222±25	3	1 272±67	+0.4	3	1 185±86	−3.0

由表 4.4.16 可见，两台 FT648 绝对测氡仪 a、b 测量结果，相对于氡浓度约定真值的固有误差范围为(−5.4%～+4.4%)，其在氡浓度约定真值的不确定范围(±10%；±20%；±25%)内。

结论：两台 FT648 绝对测氡浓度仪器，FT648a 余与 FT648b，18 次实验结果表明，FT648 测氡仪的测量结果与约定真值完全符合。

(2)实验 2——FT648 与 FT648 固有误差比对

文献[26]对 FT648 测氡仪测量结果，与环境湿度的关系进行了实验验证，结果列于表 4.4.17。

表 4.4.17　不同湿度下 FT648 测氡仪固有误差实验表

[氡浓度约定真值：(204±10)Bq/m³]

湿度/%	仪器 a 测量值			仪器 b 测量值		
	样品数	氡浓度/(Bq/m³)	固有误差/%	样品数	氡浓度/(Bq/m³)	固有误差/%
44±1	3	213±13	+4.4	3	193±12	−1
63±1	3	214±8	+0.5	3	180±3	−15.3
87±1	3	214±27	+10.3	3	193±6	−1

由表可见，在相对湿度变化范围为 44%～87%时，仪器测量结果与约定值之间偏差不超过 15.3%。实验证明，湿度的变化对 FT648 氡浓度绝对测量仪测量结果不存在明显的影响。

(3)实验 3——CMCDY 与 FT648 固有误差比对（高浓度实验）（2003 年 7 月 11 日）

氡室提供参考浓度——1 640 Bq/m³　修正因子 1.019

CM−CDY 测量　氡浓度测量值：

$$C(15,\ 1-15)=1\,607.7\ \text{Bq/m}^3$$

固有误差：

$$\Delta=\frac{1\,607.7-1\,640}{1\,640}=-2.0\%$$

FT648 测量(同时进行）氡浓度测量值：

$$C(15,\ 1-30)=1\,595.3\ \text{Bq/m}^3$$

固有误差：

$$\Delta=\frac{1\,595.3-1\,640}{1\,640}=-2.73\%$$

(4)实验 4——CMCDY 与 FT648 固有误差比对（低浓度实验）（2003 年 7 月 12 日）

氡室提供参考浓度——540 Bq/m³　修正因子 0.993

CM−CDY 测量　氡浓度测量值：

$$C(15,\ 1-15)=543.9\ \text{Bq/m}^3$$

固有误差：

$$\Delta=\frac{543.9-540}{540}=+0.7\%$$

FT648 测量(同时进行）氡浓度测量值：

$$C(15,\ 1-30)=547.1\ \text{Bq/m}^3$$

固有误差：

$$\Delta=\frac{547.1-540}{540}=+1.3\%$$

高浓度氡实验(3)与低浓度氡实验(4)，CM－CDY 与 FT648 同时、对同一氡浓度测量结果的固有误差，在统计涨落范围内。测量结果一致性正常。

4.4.8 双滤膜绝对测氡仪灵敏度

(1)灵敏度

1.3 节中介绍了由判断限、探测下限与定量下限构成的低水平放射性测量中较完整的灵敏度概念。但在氡测量方法中，绝大部分场合下皆选用“判断限”表述不同的氡测量方法、测氡仪器装置的测量灵敏度。

按 1.2 节，可取仪器 α 计数 X 相当于本底计数标准偏差 1.96 倍时，所对应的放射性活度，为该仪器的可探测的最小放射性活度，或仪器的灵敏度。即：

$$X_0=1.96\sqrt{2N_b} \tag{4.4.5}$$

式中：N_b——本底测量值。

实际上，现行的氡测量方法与测氡仪器多采用“判断限”作为“灵敏度”参数。上述灵敏度对应着

$K_\alpha=1.96$；　$\alpha=2.5\%$的判断限。

根据测氡浓度的实际应用，关键是应对 α 差错的产生加以概率要求，即样品测量的判断限。与判断限相关的灵敏度的物理意义在于，当测量净计数大于判断限时，可以预先选定的概率断定，该净计数与样品中的氡含量相关。

选定 95％置信度时，对应灵敏度的净计数

选定 $\alpha=2.5\%$时，对应灵敏度的净计数式(4.4.5)$X_0=1.96(2N_b)^{1/2}$代入式(4.3.23)，得仪器灵敏度(判断限)A：

$$A=\frac{(16.65)X_0}{EVZF_f\Sigma\beta S}\ \mathrm{Bq/m^3}=\frac{(16.65)\times(1.96\sqrt{2N_b})}{EVZF_f\Sigma\beta S}\mathrm{Bq/m^3} \tag{4.4.6}$$

根据测氡浓度的实际应用，绝对测氡仪的灵敏度关键是应对 α 差错的产生加以概率要求，即样品测量的判断限。与判断限相关的灵敏度的物理意义在于，当测量净计数大于判断限时，可以预先选定的概率断定，该净计数与样品中的氡含量相关。

(2)FT626 型双滤膜绝对测氡仪灵敏度

按 FT626 型测氡仪设计指标：仪器的本底限值 $N_b\leqslant 25/\mathrm{h}$，则

$V=38.2$ L，$q=120$ L/min，$E=0.40$，$t_0=60$ min，$T_1=0.5$ min，$T_2=60.5$ min

$$X_{\min}=1.96\sqrt{2N_b}=1.96\sqrt{2\times 25}=13.9$$

$$\begin{aligned}A_{626}&=1.71\times10^{-15}\ \mathrm{Ci/L}\\&=0.06\ \mathrm{Bq/m^3}(\alpha=2.5\%\text{判断限})\\&\quad(95\%\text{置信度})\end{aligned}$$

FT626 型绝对测氡仪灵敏度：0.06 Bq/m^3。

(3)FT648 型双滤膜绝对测氡仪灵敏度

按 FT648 型测氡仪设计指标：仪器的本底限值 $N_b\leqslant 18/\mathrm{h}$，则

$V=14.8$ L，$q=40$ L/min，$E=0.40$，$t_0=60$ min，$T_1=0.5$ min，$T_2=60.5$ min，$Z=34.184$，$F_f=0.737$

$$X_{min}=1.96\sqrt{2N_b}=1.96\sqrt{2\times 18}=11.8$$

$$A_{648}=\frac{(0.450)\times(11.8)}{0.4\times 14.8\times 34.184\times 0.737}=3.6\times 10^{-14}\ \mathrm{Ci/L}=1.3\ \mathrm{Bq/m^3}$$

FT648 型绝对测氡仪灵敏度：1.3 $\mathrm{Bq/m^3}$。

(4)CM－CDY 型双滤膜绝对测氡仪灵敏度

按 CM－CDY 型测氡仪设计指标，仪器的本底限值：$N_b\leqslant 10$ 计数(1 h)。

$V=8.0$ L，$q=15$ L/min，$E=0.42$，$t_0=60$ min，$T_1=1$ min，$T_2=61$ min，$Z=33.691$，$F_f=0.705$

$$X_{min}=1.96\sqrt{2N_b}=1.96\sqrt{2\times 10}=8.765$$

$$A_{CM-CDY}=\frac{16.65\times 8.765}{0.42\times 8.0\times 33.691\times 0.705\times 1.06\times 0.84\times 0.80}=2.57\ \mathrm{Bq/m^3}$$

CM－CDY 型绝对测氡仪灵敏度(判断限)：～2.6 $\mathrm{Bq/m^3}$。

4.5　^{220}Rn 浓度绝对测量

双滤膜绝对法测^{220}Rn(钍射气)与测氡^{222}Rn 原理相同，但由于^{220}Rn 的半衰期极短，必须考虑其在衰变室中渡越时的衰变损失。为了取获得足够高的灵敏度，需要加大出口滤膜收集 ThC 的放射性活度。为此，须增大采样、等待及测量时间。若忽略^{220}Rn、ThB 渡越衰变室时的衰变(一般渡越时间小于 6s)，双滤膜绝对法测^{220}Rn 浓度的计算公式与^{222}Rn 的相同[见 4.3.2 书中式(4.3.21)]。

$$C_{Rn}=\frac{(16.65)X}{EVZF_f}\mathrm{Bq/m^3}\left[=\frac{(0.450)X}{EVZF_f}\right]\mathrm{pCi/L}$$

但其中衰变修正参数 Z 改为：

$$Z=1\,017.4B.X-9.17C.Y \tag{4.5.1}$$

式中：$B=e^{-\lambda_{ThB}T1}-e^{-\lambda_{ThB}T2}$；

$C=e^{-\lambda_{ThC}T1}-e^{-\lambda_{ThC}T2}$；

$X=1-e^{-\lambda_{ThB}t}$；

$Y=1-e^{-\lambda_{ThC}t}$；

t——采样时间；

$T_1\to T_2$——测量 α 计数时间。

例如，$t=10$ min，$T_1=180$ min，$T_2=280$ min　时 $Z=0.849\,3$。

双滤膜绝对法测^{220}Rn 的下限与 t、T_1及 T_2有关。

当衰变室容积 $V=150$ L，采样 $t=1$ h，采样流速 $Q=60$ L/min，测量 18 h，α 探测效率 $E=26\%$，本底为 7 计数/h 时，测^{220}Rn 下限约为 2.22 $\mathrm{Bq/m^3}$[14]。

考虑氡^{222}Rn、RaA；钍射气^{220}Rn、ThB 在衰变室中衰变的^{222}Rn、^{220}Rn 计算公式可参见文献[11]。

双滤膜绝对法测^{220}Rn(钍射气)例

$t=10$ min，$T_1=180$ min，$T_2=280$ min

表 4.5.1 ^{220}Rn(钍射气)参数

	min	$\lambda_{ThB}/(min^{-1})$ 0.001 089 6	$\lambda_{ThC}/(min^{-1})$ 0.011 435 6	
T_1	180	0.821 907	0.127 657	$e^{-\lambda_i T_1}$
T_2	280	0.737 059	0.040 6821	$e^{-\lambda_i T_2}$
t	10	X—0.010 836 9	Y—0.108 060	$e^{-\lambda_i t}$

据：$T_{1/2}$(ThB)＝10.6 h　　$T_{1/2}$(ThC)＝60.6 min

由(4.5.1)式计算可得：X＝0.010 836 9；Y＝0.108 060；

B＝0.084 848；C＝0.086 974 9。

Z＝1 017.4×0.084 848×0.010 836 9－9.17×0.086 974 9×0.108 060＝0.849 3

4.6 我国双滤膜绝对法测氡仪研制与应用

4.6.1 我国双滤膜绝对法测氡仪研制

双滤膜相对测氡方法，如 3.5 节所述，是一种获得广泛认可的相对测氡浓度的方法。自从文献[6]公布了托马斯绝对测氡浓度公式以后，在我国出现了研究该方法的“热潮”。20 世纪 80 年代初，据不完全统计全国有近 20 家研究院所与企业，各自独立地制作双滤膜测氡装置与仪器，进行了大量实验测试与研究工作。形成了我国在测氡浓度实验方法方面与国外差异突出的“特色”。这一特点对我国氡测量方法与仪器与国外不同的特色延续至今。1984 与 1986 年，我国两度组织了全国性双滤膜绝对测氡浓度仪器的比对。表 4.6.1 列出了 1984 年参加比对的双滤膜绝对测氡浓度仪器的研制单位与其制作的双滤膜绝对测氡浓度仪器参数。

表 4.6.1　1984 年参加实验比对的国产双滤膜测氡仪主要参数表

序号	制作单位	容积 V/L	衰变室直径 D/cm	出入口间距 L/cm	入口直径/cm	出口直径/cm	材料	q(典型)/(L/min)
1	辽宁省劳动卫生研究所	15.3	16	100	5	20	黄铜	30
2	成都市卫生防疫站	15.7	15	105	5	5	合金铝	30
3	北京市卫生防疫站	15	15	100	5.4	2	白铁皮	30
4	包头市卫生防疫站	18	17	100	2.5	5	合金铝	30
5	云南省卫生防疫站	23	29	100	3.5	2	白铁皮	30

续表

序号	制作单位	容积 V/L	衰变室直径 D/cm	出入口间距 L/cm	入口直径/cm	出口直径/cm	材料	q(典型)/(L/min)
6	湖北省医学科学院	13.9	15	102	8	5.6	白铁皮	10
7	河北省放射医学研究所	39.68	24	109.7	24	6	合金铝	100
8	江西省工业卫生研究所	20	16.4	100	15	—	白铁皮	30
9	浙江省人民卫生实验院	16.7	16.4	100	—	—	白铁皮	30
10	北京核仪器厂 FT626(ST1024)	39.68 (38.20)	24.0	109.7 (104.0)	24.0	6.0	铝合金	120
11	北京核仪器厂 FT648	14.8	18.0	70.0	6.0	6.0	铝合金	30
12	昌明电子公司 CM—CDY	8.0	19.0	37.33	6.0	4.6	铝合金	15
13	FT518	5.57	15.0	34.0	6.5	6.5	铝合金	20

在较大规模研究双滤膜绝对测氡浓度方法的背景下，我国研制成功衰变室容积为 39.68 L、典型采样流速为 120 L/min 的 FT626 型绝对测氡仪；衰变室容积为 14.8 L、典型采样流速为 35 L/min 的 FT648 型绝对测氡仪；衰变室容积为 8 L、典型采样流速为 15 L/min 的CM—CDY 型绝对测氡仪及衰变室容积为 5.57 L FT518 型四种绝对测氡仪商品仪器。

表 4.6.2　三单位 FT648 测氡仪氡室验证比对实验

（1990 年 4 月 11 日至 13 日　温度：20～25 ℃）

参加单位	Bq/m^3(相对湿度/%)							
	47±1	44±1	63±1	87±1	47±1	47	47	65
六院氡室参考浓度/(Bq/m^3)	216.0±10.8	204.0±10.2	213.0±10.7	195.0±9.7	448±20	1 437±48	1 222±25	35.9±3.6
核工业六院 FT648	—	195±18	194±8	198±32	461±27	—	1 057±105	43.7±8.7
湖南环境监测中心站 FT648	221	193±12	179.7±2.5	193±6	465±11	1 284	1 135±8	51.2
中国辐射防护研究院 FT648	—	188±7	189.5±8.2	189.9±19.2	384±7	—	1 035±44	65.1±14.0

续表

参加单位	Bq/m³（相对湿度/%）							
	47±1	44±1	63±1	87±1	47±1	47	47	65
固有误差/%								
核工业六院	—	−4.4	−8.9	+1.5	+0.29	—	−2.9	+21.7
湖南环测中心	+2.3	−5.4	−9.4	−1.0	+3.8	−7.3	−4.5	+42.6
中国辐射防护研究院	—	−7.8	−11.0	−2.6	−8.3	—	−9.7	+42.3

国标 GB 14582—1993“环境空气中氡的标准测量方法”[13]；GB 13163—91“氡及氡子体测量仪与监测仪，一般要求”[25]，选定 FT648 型双滤膜绝对测氡仪为推荐仪器，推荐用于全国居室内外氡的调查等。

1990 年 4 月 11 日至 13 日核工业六院、湖南环境放射性监测中心站与中国辐射防护研究院等单位，用各单位持有的 FT648 型测氡仪，在核工业第六研究所标准氡室进行了比对。

氡室参考浓度取：

(216.0±10.8) Bq/m^3、(204.0±10.2) Bq/m^3、(213.0±10.7) Bq/m^3、(195.0±9.7) Bq/m^3、(448±20) Bq/m^3、(1 437±48) Bq/m^3、(1 222±25) Bq/m^3 与(35.9±3.6) Bq/m^3；

在相对湿度分别为(47±1)%、(44±1)%、(63±1)%、(87±1)%、(47±1)%、47%与 65%条件下进行了比对实验，以有利于后续测量数据的可比性。

4.6.2 绝对测氡仪应用

FT648 与 FT626 型绝对测氡仪得到了较广泛的应用[27-31]。

(1)GB/T 14582—93“环境空气中氡的标准测量方法”

GB/T 14582—93“环境空气中氡的标准测量方法”将氡浓度双滤膜(绝对)法规定为标准测量方法。

双滤膜绝对法测氡浓度方法是迄今唯一依据测量参数，无需标定而直接获得待测气体中氡浓度的方法。氡浓度双滤膜(绝对法)测量仪是我国在 20 世纪 80 年代研制成功，拥有完全知识产权的氡浓度测量仪产品。GB/T 14582—93“环境空气中氡的标准测量方法”将氡浓度双滤膜(绝对)法规定为标准测量方法。衰变室容积 14.8 L 的 FT648 型氡浓度双滤膜(绝对法)测量仪被规定为标准测氡仪，30 多年来已生产近 200 台。为此，作为相关国标与行标对双滤膜绝对法测氡浓度方法，及 FT648 型氡浓度双滤膜(绝对法)测量仪选作标准的规定，急需对氡浓度双滤膜(绝对法)测量仪产品技术指标、实验方法与检验方法等制定配套行业标准，便于此类产品的规范，利于此类测氡浓度的产品推广应用。

(2)室外氡浓度 24 小时变化的监测

用研制的 FT648 绝对测氡仪对北京东郊地区夏季室外环境进行 24 小时空气氡浓度测

量[16]，测得的氡浓度按小时的平均变化规律示于图 4.6.1，虚线表示空气氡浓度的日平均值 $X=8.5\ Bq/m^3$（约 2.3×10^{-13} Ci/L）。

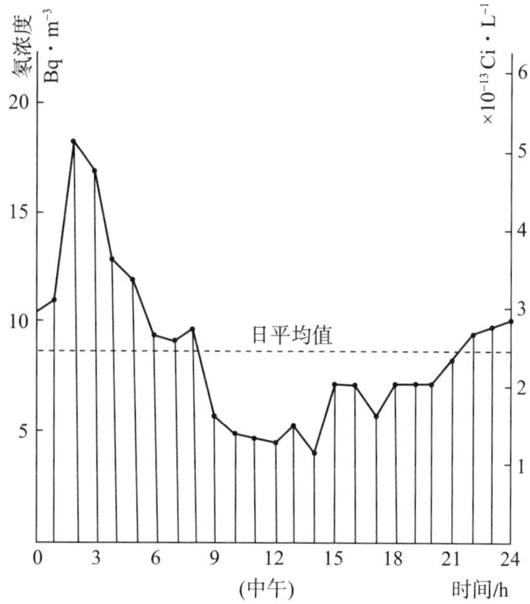

图 4.6.1 北京地区夏季空气氡浓度按小时的平均值变化规律

上午 9:00 至下午 4:00 空气中氡的浓度较低，其平均浓度约为 $5.6\ Bq/m^3$（约 1.5×10^{-13} Ci/L）。一天内，空气中氡浓度的最低值出现在中午 12 时至 2 时左右，此时氡浓度可低至约 $3.7\ Bq/m^3$（约 1×10^{-13} Ci/L）。

最高浓度值出现在午夜 1:00 至凌晨 5:00，最高值可达 $18.5\ Bq/m^3$（约 5×10^{-13} Ci/L）。一昼夜内氡浓度变化达 5 倍左右。

氡子体的潜能浓度平均值约为 $13\ nJ/m^3$（约 6.1×10^{-4} WL）。

本工作所测得北京东郊地区室外氡浓度按小时的平均值变化规律具有典型的"马鞍"形特征，与国外[6]国内[32]所测之结果相吻合。

本工作所测之北京东郊地区室外氡浓度日平均值为 $8.5\ Bq/m^3$，与文献[32]所测之石家庄、张家口与秦皇岛地区空气氡浓度平均值对比列于表 4.6.3。结果表明北京地区空气氡浓度属典型陆地环境值。

表 4.6.3 室外空气浓度

地区	氡浓度/($Bq\cdot m^{-3}$)	来源
北京	8.5	[16]
石家庄	8.5	[32]
张家口	7.7	[32]
秦皇岛	8.2	[32]

(3)北京某地下工事内测氡

①值班室内，自然通风 (1988年11月4日 15:00)

采样 5 min，$q=35$ L/min

测氡 $N_{30}=51$

$$C_{Rn}=(51-4)\times 9.08\times 10^{-15}=4.27\times 10^{-13}\,Ci/L=15.8\ Bq/m^3$$

②走廊内 1988年11月4日 16:30

采样 5 min，$q=35$ L/min

测氡 $N_{30}=74$

$$C_{Rn}=(74-4)\times 9.08\times 10^{-15}=6.36\times 10^{-13}\,Ci/L=23.5\ Bq/m^3$$

(4) 北京郊区某招待所(一楼) 室内 1988年11月4日 22:00

采样 30 min，$q=35$ L/min

测氡 $N_{30}=83$

$$C_{Rn}=7.17\times 10^{-13}\,Ci/L=26.5\ Bq/m^3$$

(5)杭州煤矸石房内氡浓度测量 (1984年2月22日至25日)

煤矸石房是专门用于建材释放气体影响环境为目的的实验建筑。准确测定煤矸石房内氡的浓度具有重要意义。1984年浙江卫生防疫站组织北京市卫生防疫站；四川省卫生防疫站、261厂，对杭州的煤矸石实验房内氡浓度进行了测定。本节为参加比对的261厂FT626双滤膜绝对测氡仪实验记录。

仪器参数：

出入口率膜间距：$L=109$ cm

衰变室容积：$V()=40$ L

探测效率：$E=40\%$

采样流速：$q=30$ L/min

采样时间：$t=30$ min(8:52′25″～9:22′25″)

换样品时间：$T_1=0.5$ min

本底：$N_b=120/30$ min

①对261厂杭州比对实验仪器FT626自洽误差与固有误差的测定

实验用氡浓度已知的标准氡源与无氡N_2气配置成参考标准氡气：

$$C_{Rn}^{参考}=8.13\times 10^{-12}\,Ci/L=300.8\ Bq/m^3$$

$$C_{Rn}^{参考}=8.19\times 10^{-12}\,Ci/L=303.8\ Bq/m^3$$

测N_2气氡本底

N_2气采样：$t=30$ min(15:21′～15:51′)

换样品时间：$T_1=0.5$ min

计数：$T_2=30.5$与60.5 min

$N(30,\ 0.5-30.5)=38$ 4.9 Bq/m^3

$N(30,\ 0.5-60.5)=88$ 6.8 Bq/m^3

由此得N_2气氡本底：(4.9+6.8)/2=5.85 Bq/m^3

②参考标准氡气氡浓度测量 采样后连续取$T_2=30.5$、50.5与60.5 min

$T_1 \rightarrow T_2 = 0.5 - 30.5\text{min}$　$X(30, 0.5-30.5) = 2522$；$X_{净}(30, 0.5-30.5) = (2522-120)$

$T_1 \rightarrow T_2 = 0.5 - 50.5\text{min}$　$X(30, 0.5-50.5) = 3707$；$X_{净}(30, 0.5-50.5) = (3707-200)$

$T_1 \rightarrow T_2 = 0.5 - 60.5\text{min}$　$X(30, 0.5-60.5) = 4295$；$X_{净}(30, 0.5-60.5) = (4295-240)$

X——总计数

$X_{净}$——除去本底的净计数。K_2为各系数值。表 4.6.4 列出测量值与计算值。

表 4.6.4　测量计数时间（T_2）不同的测量结果

FT626 q=30 L/min，t=30 min，T_1=0.5 min

序号	1	2	3
T_2	30.5	50.5	60.5
X_b	120	200	240
X	2 522	3 707	4 295
$X_{净}$	2 402	3 507	4 055
Z	12.344	18.232 9	20.570
F_f	0.701 0		
C_{Rn}/(Bq/m^3)	309.7	306.1	313.8
C_{Rno}(参考值)/(Bq/m^3)	300.8	303.0	平均 301.9
测量值 χ_{Rn}/(Bq/m^3)	309.9±17.6		

C_{Rn}(30，0.5—30.5 实测值)=309.7 Bq/m^3=8.37 pCi/L

C_{Rn}(30，0.5—50.5 实测值)=306.1 Bq/m^3=8.27 pCi/L

C_{Rn}(30，0.5—60.5 实测值)=313.8 Bq/m^3=8.48 pCi/L

由表 4.6.4 可见 FT626：

自洽误差　采样流速 q=30 L/min 、采样时间 t=30 min 与换样品时间 T_1=0.5 min 相同；T_2不同，取 30.5 min、50.5 min 与 60.5 min，氡浓度测量结果分别为 309.7 Bq/m^3；306.1 Bq/m^{3}与 313.8 Bq/m^3。测量值的平均值为(309.9±17.6)Bq/m^3。自洽误差分别为：0.1%、0.9%与 1.3%。

固有误差　三次测量氡浓度平均值 309.9 Bq/m^3，与参考值 301.9 Bq/m^{3}比较，对应测量固有误差为 2.6%。

③煤矸石房内氡浓度测量　比对后的仪器，对煤矸石房内氡浓度测量值进行测定：

314，9 Bq/m^3(8.51×10^{-12} Ci/L)；

同时测定室外大气氡浓度：15.2 Bq/m^3(4.1×10^{-13} Ci/L)。

(6) 河北省氡普查

文献[32]用 FT626 型直接测氡仪，在 1984 年 1 月至 1985 年 6 月，对石家庄市、张家口市、秦皇岛市、南皮县及南宫县，每天 8 时，和 15 时在室内测量，进行了连续一年的大气氡浓度检测。观察一年内氡浓度的变化规律。结果列于表 4.6.5。

表 4.6.5　河北省室外氡浓度季节变化

Bq/m³

地区	春	夏	秋	冬	平均
石家庄市	6.0	6.0	10.0	12.9	8.7
张家口市	1.8	19.2	5.8	3.9	7.7
秦皇岛市	6.5	7.5	4.6	14.1	8.2
南皮县	7.5	2.2	8.4	10.1	7.1
南宫县	2.4	17.4	—	7.2	9.0
平均					8.7

由表 4.6.5 可见，不同地理位置与环境的氡浓度不同；一年四季氡浓度也有变化。一般冬季高，夏季低。表 4.6.5 中张家口市冬季氡浓度低的反常现象被解释为冬季多风的影响。

文献[32]用 FT626 型直接测氡仪同期对室内氡浓度也进行了测定。在 5 个测点上选取了 73 间房子进行测量、其中平房 13 间，楼房 60 间。结果列于表 4.6.6。

表 4.6.6　河北省室内氡普查结果

Bq/m³

地区	房子类型	房间数	重复次数	氡浓度
石家庄市	楼	47	1	17.0
张家口市	楼	7	4	14.5
秦皇岛市	楼	7	4	16.4
南皮县	平	4	4	38.4
南宫县	平	4	4	25.1
平均				22.3

文献[27] 用 FT626 型直接测氡仪测量结果，评价 TLD 无源累积氡浓度测量器件研制成果。

(7) 青岛氡调查(1989 年 10 月 25 日)

配合青岛卫生防疫站，借助 FT64 型双滤膜绝对测氡仪对青岛部分公共场合的大气进行氡浓度调查。

地点：青岛卫生防疫站二楼、中午，窗开，

滤膜：LXGL－15－1

探测效率：$E=40\%$

本底测量：$N_b=2/15$ min

①氡浓度

氡气采样与测量

$q=35$ L/min；$t=15$ min；$T_1=1$ min；$T_2=15$ min

氡采样滤膜计数：$X(15,1\rightarrow15)=24$

氡浓度：$C_{Rn}=0.9261\times(24-2)=20.4\ \mathrm{Bq/m^3}$

②氡钍子体潜能浓度

氡、钍子体采样与测量(马尔科夫法)

$$q=35\ \mathrm{L/min};\ t=5\ \mathrm{min}$$

测量采样结束后 7→10 min 内，子体采样滤膜的计数：

$$N(5,\ 7\to10)=51.$$

据式(5.5.11)计算氡子体潜能浓度：

$$C_{pot}=\frac{K_M\cdot N(5,\ 7\to10)}{E\cdot q\cdot\Sigma\cdot\beta}0.16\ \mathrm{nJ/m^3}$$

$$C_{pot}=\frac{40\times0.16}{0.40\times35\times0.890\times0.924}(51-0.4)=28.1\ \mathrm{nJ/m^3}$$

式中：$\Sigma=0.890$——滤膜过滤效率；

$\beta=0.924$——滤膜自吸收系数。

③平衡系数

依据氡浓度，氡钍子体潜能浓度，据式(2.2.7)计算平衡系数

$$F=\frac{C_{pot}(\mathrm{nJ/m^3})\times0.178}{C_{Rn}(\mathrm{Bq/m^3})}=\frac{28.1\times0.178}{20.4}=0.25$$

另外，1988 年 9 月 28 日至 10 月 6 日期间，在青岛市多地进行了氡调查。测量结果列于表 4.6.7 中。

表 4.6.7　环境氡浓度测量记录　1988 年 9 月 28 日至 10 月 6 日　青岛

$q=35$ L/min

序号	地点	时间	N 30 min	C_{Rn}/(Bq/m^3)	测量条件及环境($N_6=6$ 计数/30 min)
1	青岛饭店六楼(607 房)	9 月 28 日上午 9:30	81	25.2	室外大气“晴”风力 3～4 级，最高温度 25 ℃，室内门窗关闭一夜，早晨适当通风后测量
2	(607 房)	11:00	22	5.4	阳光好，通风良好，室内水泥地面，铺有地毯
3	青岛饭店地下厅	14:00	40	11.4	地面铺地板，玻璃墙面，顶部通风，通风良好
4	青岛饭店六楼阳台	15:30	17	3.7	晴，阳光直照，风力五级左右
5	(607 房)	17:00	28	7.4	室外晴，通风一般，水泥地面，铺地毯面积 20 m^2 高区
6	(607 房)	22:00	49	14.4	室外晴，通风一般，水泥地面，铺地毯面积 20 m^2 高区
7	(607 房)	9 月 29 日晨 4:30	30	8.1	门窗关闭一夜

续表

序号	地点	时间	N 30 min	C_{Rn}/(Bq/m^3)	测量条件及环境(N_6=6 计数/30 min)
8	(607 房)	7:00	48	14.1	室外晴，室内门窗开后
9	青岛红星电影院	8:30	97	30.5	电影厅面积 1 500 m^2 空间高 15 m 水泥地面，未开演前，无人群时，采样时未通风
10	青岛红星电影院	10:00	490	162.4	演出过程中，有人群，人流密集，通地下人防工事干燥冷风
11	青岛妇女儿童用品商店	14:30	360	118.9	水泥地面，商场有通风装置，强力进风，离大门 3～4 m
12	青岛南区人防招待所地下旅馆	16:00	211	68.8	地下旅馆离出口处 30 m，室内潮湿，靠地下抽风，管道排风通气面积 30 m^2
13	市卫生防疫站(地下室)	9 月 30 日 9:00	102	32.3	半地下室，做临时宿舍，门关，窗开 40 m^2
14	市卫生防疫站(地下室)	11:00	27	7.03	室外晴，风力五级左右，无通风装置，靠门窗自然通风
15	市卫生防疫站(地下室)	14:30	352	116.2	门窗关闭两小时后测量
16	青岛饭店六楼(607 房)	10 月 2 日 8:00	34	9.4	室外晴，有雾，风力 2 级左右，窗开，门时开时关，通风
17	(607 房)	10 月 3 日 8:00	12	2.0	室外少云到多云，风力 2 级左右，其他风
18	(607 房)	10 月 4 日 7:00	12	2.3	室外晴，有时有云，薄雾，风力 2 级左右，室内开窗，有对流
19	青岛黄海饭店十五楼(1516 房)	10:00	29	7.7	室外多云间阴，风力 2 级左右，室内门窗关闭，不通风，地面铺地毯，天花板装壁纸，面积 15 m^2，高 2.5 m
20	青岛黄海饭店十二楼(酒吧间)	13:00	32	8.7	室外同上，室内地板地，三面玻璃窗，天花板是玻璃顶和吸音板组成，四面贴有壁纸，门窗关闭，面积 200 m^2，高 2.5 m，室外 24 ℃
21	青岛黄海饭店十五楼(地下室)	15:00	90	28.2	地下室入口处，水泥墙，地面有积水，没有通风装置，靠通风口自然通风，入口处面积 20 m^2 左右

续表

序号	地点	时间	$\frac{N}{30\ \text{min}}$	C_{Rn}/(Bq/m^3)	测量条件及环境(N_6=6 计数/30 min)
22	青岛黄海饭店一楼（游艺大厅）	16:00	154	49.6	室内大理石地面，四周是大理石和水泥材料，顶部泥和木结构，组成彩灯群，室内有空调控制
23	青岛崂山太清宫	10 月 5 日 16:30	34	9.4	阴有小雨，风向北风，最高温度 22 ℃，测量点选在面朝海，背靠崂山之间的海滩上，位置是三面环山，一面临海，海面布满花岗岩岩石
24	青岛龙山宾馆（地下旅馆）	10 月 6 日 9:00	220	71.8	地面是水磨石地板，墙壁是水泥地，天花板是灰膏，面积是 20 m^2 室内门窗关闭不通风
25	龙山宾馆（地下配电室）	10:00	336	108.4	配电室旁的大厅，内有发电机组等物，地面水泥地，四周是水泥，筑面积有 200 m^2，室内有通风装置
26	龙山宾馆（地下商业大厅）	15:00	379	124.7	地面是水磨石地，墙面贴有壁纸，天花板是塑料隔音板，面积 500 m^2，有通风装置，未通风

参考文献

[1] 吴慧山，梁树红，等. 氡测量及实用数据[M]. 北京：原子能出版社，2001.

[2] 任天山，程建平，等. 环境与辐射[M]. 北京：原子能出版社，2007.

[3] Kotrappa P. et al.,(India) Electret-A New Tool for Measuring Concentrations of Radon and Thoron[J]. Health Physics，1981 July，41(6)：35-46.

[4] Jess W. Thomas，A system for Continuous Radon Determination[R]. HASL-327，Distribution Category UC-41 Health and Safety Laboratory Energy Research and Development Administration，New York，10014，July. 1977.

[5] Richard J. Countess and Jess W. Thomas，Radon Flask Monitor[R]. HASL-330，Distribution Category UC-41，Health and Safety Laboratory Energy Research and Development Administration，New York，10014，Aug. 1977.

[6] Thomas J. W. and Leclare P. C.，A Study of The Two-filter Method for Radon 222 [J]. Health Physics，1970，18：113-122.

[7] Jess W. Thomas，An Environmental Radon and Thoron Monitor[R]. HASL-325，1977：22-24.

[8] Schery S. D.，Gaeddert D. H.，and Wilkening M. H.，Two-filter Monitor for Atmospheric ^{222}Rn[J]. Rev. Sci. Instr.，1980 March，51(3)：338-343.

[9] Newstein H.，Cohen L. D. and Kabnlin R.，An Automatic Atmospheric Radon Sampling System[J]. Atmospheric Envir.，1971，5：823-831.

[10] 陈志恒，杨福家，唐家镛，等. 大气中氡气及其子体的测量[J]. 辐射防护，1982，1：13-19.

[11] 陈志恒，傅耀宗. 改进的双滤膜法测定氡浓度的计算公式[J]. 辐射防护，1983. 7，3(4)：267-275.

[12] 秦长珠，孟文斌. 双滤膜和闪烁室法测氡的刻度与比对[C]. 氡和氡子体测量与危害评价学术讨论会，太原，1988.

[13] 环境空气中氡的标准测量方法：GB/T 14582—93[S].

[14] Kotrappa P.，Soman S. D.，Mayya Y. S. (India)，Modified Double-Filter System for Measuring Radon/Thoron in The Environment and in Exhaled Breath[R]. IAEA-SM-229/31(1978).

[15] 汲长松. 改进的托马斯测氡公式[R]. 中国核科技报告，1991，CNIC-00496 BNIF-0005.

[16] 汲长松，魏桂生，王金玉. 空气氡浓度测定，氡及其子体的测量与危害评价学术讨论会论文集[C]. 太原，1988. 10.

[17] 汲长松. 环境氡浓度绝对测量方法[R]. 中国核科技报告 1989. 11，CNIC-00364，BNIF-0002.

[18] 汲长松，肖子云，杨剑峰. 绝对法测氡浓度公式修正因子的测定[J]. 核电子学与探测技术，V. 12(第六届年会增刊)，1992：428.

[19] 铀矿山空气中氡及氡子体测定方法[S]：EJ 378—89.

[20] 吴桂惠，黄占云. 氡子体测量中滤膜 α 自吸收因子测定[C]. 氡和氡子体测量与危害评价学术讨论会(№14)，1988，太原.
[21] 汲长松，张树衡. 直接法测氡仪的研制，第十五届全国核电子学与核探测技术学术年会论文集[C]. 2010.8，贵阳.
[22] 王婷婷，汲长松，张庆威，等. 环境氡浓度双滤膜测量仪：EJ/T 20216—2018[S].
[23] 汲长松. 测定氡及氡子体浓度的 FT626 型环境氡气仪[J]. 环保通讯，1985，2：24.
[24] 辉群. 放射性气溶胶监测方法[J]. 核防护，1977，1-2.
[25] 汲长松，罗风群. 氡及氡子体测量仪与监测仪，一般要求：GB 13163—91[S].
[26] 部分铀矿区居民住宅及煤渣砖房室内外氡水平调查与剂量评价[R]. 中国辐射防护研究院，1992.
[27] 龚岳存，刘宋元，王淑敏，等. 无源采样器测量氡累积浓度[C]. 氡及其子体的测量与危害评价学术讨论会论文集. 太原，1988.10.
[28] 汲长松，环境氡浓度绝对测量[J]. 核技术，1987，6：41.
[29] 龙东山，丘寿康，王海病. 双滤膜测氡法的初步建立和对监测质量的探讨(FT648 应用)[R]. 核工业第六研究所，1991.
[30] 吴致军，莫燕，陈广林，等. 内江市煤矿井下放射性水平调查研究(1)[R]. 煤矿下放射性水平调查研究，四川省原子核应用技术研究所，1992-7.
[31] 吴致军，莫燕，陈广林，等. 内江市煤矿井下放射性水平调查研究(2)[R]. 四川省原子核应用技术研究所，1992-7.
[32] 周连江. 环境空气中的氡及其子体浓度[J]. 中国环境科学，1986，6(6)：36.

第5章 氡子体浓度测量方法

本章氡子体浓度测量方法，指^{222}Rn、^{220}Rn短寿命子体 RaA、RaB、RaC、ThB、ThC浓度测量实验方法。如不特殊指明，氡子体浓度测量的对象仅限于 RaA、RaB、RaC、ThB 与 ThC 等^{222}Rn、^{220}Rn的五种短寿命子体。

空气中^{222}Rn、^{220}Rn短寿命子体的采集，通常是借助滤膜、活性炭或收集极等氡子体过滤器实施。依据采集、测量等环节的实验参数——采样流速、采样时间、过滤器过滤效率、自吸收系数等；以及实验数据读取方法——总计数法或能谱法，得出氡子体浓度的测量结果[1]。

氡子体浓度测量的对象是 RaA、RaB、RaC、ThB、ThC 等^{222}Rn、^{220}Rn的五种短寿命子体的浓度。因此，含这5种子体浓度作为未知数、5个方程联立的方程组的氡子体浓度"五段法"测量原理，从测量的理论原理，及实验方法角度看，在"严格"意义上已完全满足了氡子体(RaA、RaB、RaC、ThB、ThC)浓度的测量要求。

氡子体浓度"五段法"测量方法属无需刻度的绝对测量方法。

由于^{222}Rn、^{220}Rn子体 RaA、RaB、RaC、ThB、ThC 测量是辐射防护与环境放射性监测的重要且经常性的任务，因此：

①"五段法"是 RaA、RaB、RaC、ThB、ThC 子体浓度的基础测量实验方法。由于测量周期极长，一轮测量耗时近10个小时，因此实际应用极不方便。

②实际测量中，绝大多数情况下，主要关注氡^{222}Rn子体 RaA、RaB、RaC 的贡献，而寿命较长的^{220}Rn子体 ThB、ThC 的影响置于次要位置。

③实际测量中，出于对氡^{222}Rn、^{220}Rn子体对人体健康的影响的关注，人们更多关心的不是氡^{222}Rn、^{220}Rn子体 RaA、RaB、RaC、ThB、ThC 各自的活度浓度，而是其直接相关的积分效应——潜能浓度。

因此，在历经近百年的^{222}Rn、^{220}Rn子体测量历程中，人们在认可氡子体 RaA、RaB、RaC、ThB、ThC 浓度，从"五段法"测量原理与实验方法皆已经解决的基础上，一方面创建了多种对"五段法"简化的测氡子体的实验方法。并认可"简化"导致的附加误差，不影响对氡子体辐射危害的评估；其中应用最广的是测定 RaA、RaB、RaC 浓度的"三段法"；另一方面，完全抛开"五段法"，创制了多种含有极大"经验"成分的实用的实验方法，进行氡子体测量。

令人吃惊的事实是，现今，绝大部分国内外流行的商品型测量氡子体仪器，多是基于这种"经验"实验方法，而不是经过严谨的经典理论氡子体浓度测量"五段法"而生产的产品。对"五段法"简化的成功代表是托马斯"三段法"和齐沃格劳法(Tsivoglou)"三点法"。而测氡子体的"经验"实验方法中，最为成功的应该是：库兹涅茨(Kusnetz)法、罗尔(Rolle)法与马尔科夫(Марков)法。

文献[2]介绍了借助"三明治"结构的 GM 计数管，通过探测 β 测定氡子体浓度的成果。由于 β 射线连续能谱、以及与 α 探测技术相比，β 探测的复杂性，致使探测 β 的测氡子体方法没有获得广泛认可。

本章的内容选定介绍基于总 α 计数法的五类方法：

①^{222}Rn、^{220}Rn 子体 RaA、RaB、RaC、ThB、ThC 浓度测量的"五段法"实验方法；

②"五段法"简化——^{222}Rn 子体 RaA、RaB、RaC 浓度测量的"三段法"及^{220}Rn 子体 ThB、ThC 浓度测量的"二段法"实验方法；

③齐沃格劳三点法与托马斯"三段法"；

④库兹涅茨法、罗尔法与马尔科夫法；

⑤氡子体 α 能谱测量的能谱法。

5.1　采样中过滤器上氡子体累积、采样后活度与衰变数

氡子体的采集方法很多，但最通用的方法还是滤膜采样，即用纤维过滤器过滤一定体积的空气，将其中所含氡子体收集到过滤器上。依据^{222}Rn、^{220}Rn 子体 RaA、RaB、RaC、ThA、ThB、ThC 在过滤器上，随采样时间 t 的累积规律；采样结束，过滤器上 RaA、RaB、RaC、ThA、ThB、ThC 的放射性活度，相对于采样结束时刻计算起的时间 T 的变化规律；以及选定的时间间隔($T_1 \rightarrow T_2$)内的衰变数计算式，导出对应^{222}Rn、^{220}Rn 子体 RaA、RaB、RaC、ThA、ThB、ThC 浓度的系列数学表示式。

5.1.1　采样中过滤器上氡子体的累积

(1)采样中过滤器上^{222}Rn 子体的累积

假定：①采样过程中，过滤的空气中氡的浓度 C_0(衰变/min · L)恒定；②过滤空气中氡与其短寿命子体处于放射性平衡状态；③通过过滤器的空气流量恒定，为 Q(L/min)。

采样时间为 t，RaA、RaB 与 RaC 在过滤器上的累积规律由下列微分方程表示[3]：

$$\frac{dN_{RaA}}{dt}=\frac{C_0 Q\Sigma}{\lambda_{RaA}}-\lambda_{RaA}N_{RaA}$$

$$\frac{dN_{RaB}}{dt}=\frac{C_0 Q\Sigma}{\lambda_{RaB}}+\lambda_{RaA}N_{RaA}-\lambda_{RaB}N_{RaB}$$

$$\frac{dN_{RaC}}{dt}=\frac{C_0 Q\Sigma}{\lambda_{RaC}}+\lambda_{RaB}N_{RaB}-\lambda_{RaC}N_{RaC} \tag{5.1.1}$$

式中：C_0——氡浓度，衰变/(min · L)；

Σ——过滤器过滤效率；

Q——采样流速，L/min；

t——采样时间，min；

N_{RaA}、N_{RaB}与 N_{RaC}——分别为 RaA、RaB 与 RaC′子体原子核数；

λ_{RaA}、λ_{RaB}与 $\lambda_{RaC'}$——分别为 RaA、RaB 与 RaC′子体衰变常数，min^{-1}。

$\lambda_{RaA}=0.227\ 3/min$；$\lambda_{RaB}=0.025\ 86/min$；$\lambda_{RaC}=0.035\ 19/min$

式(5.1.1)积分后得：

$$N_{\mathrm{RaA}}(t)=\frac{C_{\mathrm{RaA}}Q\Sigma}{\lambda_{\mathrm{RaA}}}(1-\mathrm{e}^{-\lambda_{\mathrm{RaA}}t})$$

$$N_{\mathrm{RaB}}(t)=C_{\mathrm{RaA}}Q\Sigma[\frac{1-\mathrm{e}^{-\lambda_{\mathrm{RaB}}t}}{\lambda_{\mathrm{RaB}}}+\frac{\mathrm{e}^{-\lambda_{\mathrm{RaB}}t}-\mathrm{e}^{-\lambda_{\mathrm{RaA}}t}}{\lambda_{\mathrm{RaB}}-\lambda_{\mathrm{RaA}}}]+C_{\mathrm{RaB}}Q\Sigma\,\frac{1-\mathrm{e}^{-\lambda_{\mathrm{RaB}}t}}{\lambda_{\mathrm{RaB}}}$$

$$N_{\mathrm{RaC'}}(t)=C_{\mathrm{RaA}}Q\Sigma[\frac{1-\mathrm{e}^{-\lambda_{\mathrm{RaC'}}t}}{\lambda_{\mathrm{RaC'}}}+\frac{\mathrm{e}^{-\lambda_{\mathrm{RaC'}}t}-\mathrm{e}^{-\lambda_{\mathrm{RaB}}t}}{\lambda_{\mathrm{RaC'}}-\lambda_{\mathrm{RaB}}}-\frac{\lambda_{\mathrm{RaB}}\mathrm{e}^{-\lambda_{\mathrm{RaC'}}t}}{(\lambda_{\mathrm{RaC'}}-\lambda_{\mathrm{RaB}})\{\lambda_{\mathrm{RaC'}}-\lambda_{\mathrm{RaA}}\}}+\frac{\lambda_{\mathrm{RaB}}\mathrm{e}^{-\lambda_{\mathrm{RaA}}t}}{(\lambda_{\mathrm{RaC'}}-\lambda_{\mathrm{RaA}})\{\lambda_{\mathrm{RaB}}-\lambda_{\mathrm{RaA}}\}}]+C_{\mathrm{RaB}}Q\Sigma[\frac{1-\mathrm{e}^{-\lambda_{\mathrm{RaB}}t}}{\lambda_{\mathrm{RaC'}}}+\frac{\mathrm{e}^{-\lambda_{\mathrm{RaC'}}t}-\mathrm{e}^{-\lambda_{\mathrm{RaB}}t}}{\lambda_{\mathrm{RaC'}}-\lambda_{\mathrm{RaB}}}]+C_{\mathrm{RaC'}}Q\Sigma\,\frac{1-\mathrm{e}^{-\lambda_{\mathrm{RaC'}}t}}{\lambda_{\mathrm{RaC'}}} \tag{5.1.2}$$

式中：C_{RaA}、C_{RaB}与$C_{\mathrm{RaC'}}$——分别为子体 RaA、RaB 与 RaC′的浓度，原子数/L。

方程组(5.1.2)的边界条件：

①$t=0$ 时，过滤器上没有任何子体，即：

$$N_{\mathrm{RaA}}(0)=N_{\mathrm{RaB}}(0)=N_{\mathrm{RaC}}(0)=0 \tag{5.1.3}$$

②$t\to\infty$时，过滤器上各子体的数量均达到平衡数值，即处于动态平衡状态。即，单位时间内各子体衰变的粒子数目，等于单位时间内从空气中过滤下来的数目与由母体衰变来的数目之和，故：

$$(A_{\mathrm{RaA}})_{\mathrm{e}}\equiv\lambda_{\mathrm{RaA}}N_{\mathrm{RaA}}(\infty)=\frac{C_0Q\Sigma}{\lambda_{\mathrm{RaA}}}$$

$$(A_{\mathrm{RaB}})_{\mathrm{e}}\equiv\lambda_{\mathrm{RaB}}N_{\mathrm{RaB}}(\infty)=\frac{C_0Q\Sigma}{\lambda_{\mathrm{RaB}}}+\lambda_{\mathrm{RaA}}N_{\mathrm{RaA}}(\infty)=C_0q\Sigma[\frac{1}{\lambda_{\mathrm{RaA}}}+\frac{1}{\lambda_{\mathrm{RaB}}}]$$

$$=(A_{\mathrm{RaA}})[1+\frac{\lambda_{\mathrm{RaA}}}{\lambda_{\mathrm{RaB}}}]$$

$$(A_{\mathrm{RaC}})_{\mathrm{e}}\equiv\lambda_{\mathrm{RaC}}N_{\mathrm{RaC}}(\infty)=\frac{C_0Q\Sigma}{\lambda_{\mathrm{RaC}}}+\lambda_{\mathrm{RaB}}N_{\mathrm{RaB}}(\infty)=C_0q\Sigma[\frac{1}{\lambda_{\mathrm{RaA}}}+\frac{1}{\lambda_{\mathrm{RaB}}}+\frac{1}{\lambda_{\mathrm{RaC}}}]$$

$$=(A_{\mathrm{RaA}})[1+\frac{\lambda_{\mathrm{RaA}}}{\lambda_{\mathrm{RaB}}}+\frac{\lambda_{\mathrm{RaA}}}{\lambda_{\mathrm{RaC}}}] \tag{5.1.4}$$

式中：$(A_{\mathrm{RaA}})_{\mathrm{e}}$·$(A_{\mathrm{RaB}})_{\mathrm{e}}$·$(A_{\mathrm{RaC}})_{\mathrm{e}}$——分别为达到平衡状态时过滤器上 RaA、RaB 和 RaC 的放射性活度。

据边界条件式(5.1.3)与式(5.1.4)，同时将 N_i换成 $A_i(N_i=A_i/\lambda_i)$，则得采样过程中过滤器上^{222}Rn 子体累积规律：

$$A_{\mathrm{RaA}}(t)=(A_{\mathrm{RaA}})_{\mathrm{e}}(1-\mathrm{e}^{-\lambda_{\mathrm{RaA}}t})$$

$$A_{\mathrm{RaB}}(t)=(A_{\mathrm{RaB}})_{\mathrm{e}}(1-\frac{\lambda_{\mathrm{RaA}}^2}{\lambda_{\mathrm{RaA}}^2-\lambda_{\mathrm{RaB}}^2}\mathrm{e}^{-\lambda_{\mathrm{RaB}}t}+\frac{\lambda_{\mathrm{RaB}}^2}{\lambda_{\mathrm{RaA}}^2-\lambda_{\mathrm{RaB}}^2}\mathrm{e}^{-\lambda_{\mathrm{RaA}}t})$$

$$A_{\mathrm{RaC}}(t)=(A_{\mathrm{RaC}})_{\mathrm{e}}(1-\frac{L}{K}\mathrm{e}^{-\lambda_{\mathrm{RaA}}t}+\frac{M}{K}\mathrm{e}^{-\lambda_{\mathrm{RaB}}t}+\frac{L-M-K}{K}\mathrm{e}^{-\lambda_{\mathrm{RaC}}t}) \tag{5.1.5}$$

式中：

$$K=\frac{\lambda_{\mathrm{RaC}}\lambda_{\mathrm{RaB}}+\lambda_{\mathrm{RaC}}\lambda_{\mathrm{RaA}}+\lambda_{\mathrm{RaA}}\lambda_{\mathrm{RaB}}}{\lambda_{RaA}\lambda_{RaB}\lambda_{RaC}^2}$$

$$L=\frac{\lambda_{RaB}}{\lambda_{RaA}(\lambda_{RaC}-\lambda_{RaA})(\lambda_{RaB}-\lambda_{RaA})}$$

$$M=\frac{\lambda_{RaA}}{\lambda_{RaB}(\lambda_{RaC}-\lambda_{RaA})(\lambda_{RaC}-\lambda_{RaB})}$$

将式(5.1.1)衰变常数 λ_{RaA}、λ_{RaB}、λ_{RaC} 值代入式(5.1.4)、式(5.1.5)得：

$$K=2\ 031.7$$

$$L=2.941\ 9$$

$$M=-4\ 907.7$$

$$(A_{RaB})_e=9.787(A_{RaA})_e$$

$$(A_{RaC})_e=16.25(A_{RaA})_e \tag{5.1.6}$$

采样过程中在过滤器上 ^{222}Rn 子体累积式(5.1.5)变成[3]：

$$A_{RaA}(t)=(A_{RaA})_e(1-e^{-0.227\ 3t})$$

$$A_{RaB}(t)=9.787(A_{RaA})_e(1-1.013\ 1e^{-0.025\ 86t}+0.013\ 12e^{-0.227\ 3t})$$

$$A_{RaC}(t)=16.25(A_{RaA})_e(1-0.001\ 448e^{-0.227\ 3t}-2.415\ 6e^{-0.025\ 86t}+1.417e^{-0.035\ 19t}) \tag{5.1.7}$$

从衰变图可知，RaC′的半衰期 $T_{1/2}=1.64\times10^{-4}$ s；RaC 的半衰期 $T_{1/2}=19.9$ min。所以，实际上 RaC′和 RaC 处于永久平衡状态，即 $A_{RaC}(t)\equiv A_{RaC'}(t)$。

方程组(5.1.7)的数值计算结果列于表 5.1.1 中，并以曲线形式示于图 5.1.1。

表 5.1.1　过滤器上 ^{222}Rn 子体的累积[3]

(A_{RaA})

t/min	RaA	RaB	RaC	t/min	RaA	RaB	RaC
1	0.203 3	0.227 2	0.207 1	26	0.997 3	4.726 0	5.434 9
2	0.365 1	0.453 1	0.418 8	27	0.997 8	4.855 1	5.626 2
3	0.494 3	0.677 0	0.631 5	28	0.998 3	4.980 9	5.817 2
4	0.597 1	0.898 0	0.845 1	29	0.998 6	5.103 7	6.005 7
5	0.678 9	1.115 8	1.059 8	30	0.998 9	5.223 2	6.193 3
6	0.744 3	1.329 8	1.272 5	35	0.999 7	5.776 6	7.091 4
7	0.796 2	1.539 8	1.489 8	40	0.999 8	6.263 0	7.932 9
8	0.837 7	1.745 8	1.703 6	45	0.999 9	6.700 3	8.715 8
9	0.870 7	1.947 5	1.918 8	50	1.000 0	7.066 1	9.439 9
10	0.897 0	2.144 7	2.133 9	55	—	7.396 1	10.107 1
11	0.917 9	2.344 1	2.347 9	60	—	7.686 1	10.718 9
12	0.934 6	2.525 8	2.561 7	70	—	8.164 8	11.786 8
13	0.947 9	2.709 5	2.774 3	80	—	8.534 9	12.668 3
14	0.958 5	2.889 0	2.990 6	90	—	8.819 9	13.389 0
15	0.966 9	3.064 2	3.198 0	100	—	9.040 2	13.973 3
16	0.973 7	3.235 2	3.409 5	110	—	9.210 3	14.444 0
17	0.979 0	3.401 9	3.617 7	120	—	9.341 7	14.822 0
18	0.983 3	3.564 4	3.826 7	150	—	9.581 9	15.553 0
19	0.986 7	3.722 9	4.033 1	180	—	9.692 5	15.914 0
20	0.989 4	3.877 4	4.238 3	210	—	9.743 3	16.088 4

续表

t/min	RaA	RaB	RaC	t/min	RaA	RaB	RaC
21	0.991 5	4.028 0	4.441 5	240	—	9.766 7	16.171 9
22	0.993 3	4.174 8	4.543 4	300	—	9.782 5	16.230 0
23	0.994 6	4.317 9	4.843 4	360	—	9.785 8	16.243 0
24	0.995 7	4.457 5	5.043 2	420	—	9.786 5	16.245 2
25	0.996 6	4.593 4	5.238 8	480	—	9.786 6	16.246 0

注：取样空气中氡子体的平衡度为：RaA∶RaB∶RaC=1∶1∶1。

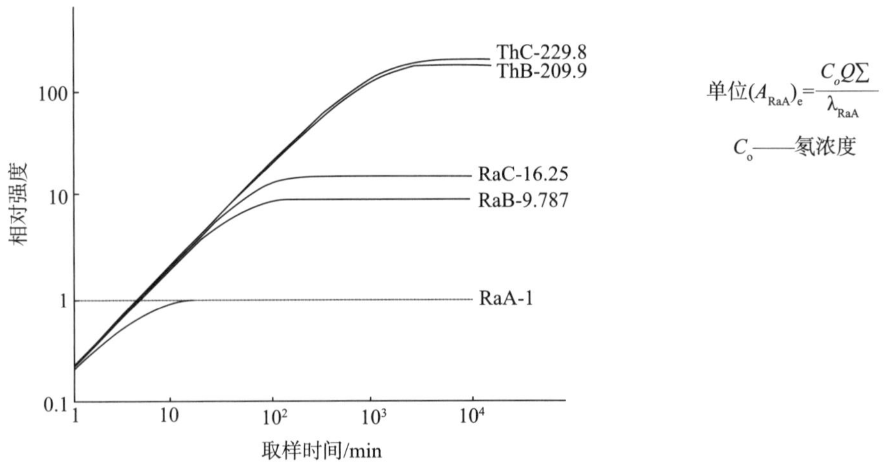

图 5.1.1　采样中^{222}Rn、^{220}Rn 子体在过滤器上的累积曲线

^{222}Rn、^{220}Rn 与子体在空气中处于平衡状态浓度为 C_0；采样流速为 Q(L/min)；过滤器效率为 Σ

RaA 活度的积累[4]**：**

遵循简单的指数增长曲线规律[见图 5.1.1 和式(5.1.5)]。开始时的高增长率 QC_A(pCi)RaA/min 将随着 RaA 活度的积累而减小。经过 RaA 的几个半衰期或平均寿命(例如 15～20 min)后，过滤器上 RaA 的活度 I_A 达到最大值 $QC_A\tau_A$(pCi)。RaA 活度的这一指数增长规律与纯氡源中 RaA 的增长规律相同。此处，C_A是 RaA 在空气中的浓度，$\tau_A=4.39$ min，是 RaA 的平均寿命。

RaB 活度的积累：

RaA 在过滤器上积累的同时，不断衰变成子体 RaB。该 RaB 的活度在开始时随着时间 t 的平方而增长。其增长曲线与纯氡源中，子体衰变活度增长的过程完全一样(假设 RaB 是固定不变的)。因此，该 RaB 活度的增长由图 5.1.1 中的 RaB 曲线和式(5.1.5)表示。

RaC 活度的积累：

RaB 在过滤器上一开始积累，过滤器中子体 RaC 的活度就开始增长，刚开始其活度随时间 t 的三次方而增长。在过滤器上这些由 RaA 活度维持的 RaC 活度的增长曲线严格地与图 5.1.1 中的 RaC 曲线和式(5.1.1)相同。当然，寿命很短的 RaC′的活度是与 RaC 相等的，RaC′的 α 衰变可看成好像是紧接着 RaC 的 β 和 γ 辐射后 RaC 的第三步衰变。

(2)采样中过滤器上^{220}Rn 子体的累积[3]

已知：$\lambda_{ThA}=263.17/min$；$\lambda_{ThB}=0.108\ 55\times10^{-2}/min$；$\lambda_{ThC}=0.011\ 46/min$

$$A_{ThA}(t)=(A_{ThA})_e(1-e^{-263.17t})$$

$$A_{ThB}(t)\approx2.431\times10^5(A_{ThA})_e(1-e^{-0.108\ 55\times10^{-2}t})$$

$$A_{ThC}(t)\approx2.661\times10^5(A_{ThA})_e(1-1.009\ 04e^{-0.108\ 55\times10^{-2}t}+0.009\ 043e^{-0.011\ 46t})\tag{5.1.8}$$

方程组(5.1.8)的数值计算结果列于表 5.1.2 中，并以曲线形式示于图 5.1.1。

表 5.1.2　过滤器上^{220}Rn 子体的累积[1]

$(A_{ThA})_e$

t/min	ThA	ThB	ThC	t/min	ThA	ThB	ThC
1	0.999 8	267.4	268.83	160	—	38 662	40 679
2	0.999 9	534.9	537.10	190	—	45 073	47 648
3	1.000 0	777.9	779.05	240	—	55 624	59 181
4	—	1 045.9	1 047.9	300	—	67 294	71 990
5	—	1 312.8	1 317.1	360	—	78 463	84 289
6	—	1 575.4	1 579.3	420	—	88 816	95 701
7	—	1 837.9	1 845.7	480	—	98 578	106 475
8	—	2 095.6	2 105.2	540	—	107 675	116 515
9	—	2 355.8	2 370.4	600	—	116 196	125 924
10	—	2 615.9	2 631.3	660	—	124 185	134 744
11	—	2 878.5	2 895.8	720	—	131 558	142 887
12	—	3 138.6	3 160.1	780	—	138 577	150 638
13	—	3 396.3	3 421.6	840	—	145 156	157 905
14	—	3 658.9	3 686.9	900	—	151 321	164 714
15	—	3 916.6	3 949.3	960	—	157 097	171 092
16	—	4 174.3	4 209.8	1 020	—	162 512	177 071
17	—	4 432.0	4 470.0	1 080	—	167 583	182 672
18	—	4 689.7	4 730.5	1 140	—	163 314	187 922
19	—	4 949.8	4 996.9	1 200	—	176 792	192 842
20	—	5 207.5	5 258.4	1 260	—	180 964	197 451
21	—	5 462.8	5 519.7	1 320	—	184 876	201 769
22	—	5 722.9	5 784.5	1 380	—	188 542	205 819
23	—	5 978.2	6 046.1	1 440	—	191 974	209 611
24	—	6 235.9	6 310.5	1 500	—	195 194	213 166
25	—	6 491.1	6 570.8	1 560	—	198 211	216 497
26	—	6 746.4	6 833.1	1 620	—	201 036	219 618
27	—	7 004.1	7 096.3	1 680	—	203 683	222 537
28	—	7 257.0	7 356.5	1 740	—	206 166	225 283
29	—	7 509.8	7 615.2	1 800	—	208 490	227 849
30	—	7 767.5	7 881.0	2 880	—	232 356	254 207
35	—	9 039.0	9 189.6	3 120	—	234 811	256 918
40	—	10 303	10 495	3 240	—	235 823	258 036

续表

t/min	ThA	ThB	ThC	t/min	ThA	ThB	ThC
45	—	11 560	11 802	3 360	—	236 713	259 018
50	—	12 807	13 098	3 480	—	237 493	259 880
60	—	15 289	15 691	3 600	—	238 179	260 636
70	—	17 740	18 267	4 800	—	241 767	264 601
80	—	20 169	20 832	6 000	—	242 747	265 684
90	—	22 566	23 375	7 200	—	243 014	265 976
100	—	24 941	25 905	8 400	—	243 087	266 059
130	—	31 775	33 229				

注：取样空气中射气子体的平衡度为：$A_{ThA}:A_{ThB}:A_{ThC}=1:1:1$

(3)过滤器上^{222}Rn、^{220}Rn 子体放射性平衡相对活度

^{222}Rn 放射性平衡时 RaA、RaB、RaC 的活度为：

$$A_{RaA}(\infty)=(A_{RaA})_e$$
$$(A_{RaB})_e=9.787(A_{RaA})_e$$
$$(A_{RaC})_e=16.25(A_{RaA})_e \tag{5.1.9-1}$$

表 5.1.3　过滤器上^{222}Rn 子体放射性平衡相对活度

子体	RaA	RaB	RaC	RaC′	RaC″
平衡相对活度	1	9.787	16.25	16.25	0.006 50

^{220}Rn 放射性平衡时 ThA、ThB、ThC 的活度为：

$$(A_{ThA})_e=C_0Q\Sigma/\lambda_{ThA}$$
$$(A_{ThB})_e=2.431\times 10^5(A_{ThA})_e$$
$$(A_{ThC})_e=2.661\times 10^5(A_{ThA})_e$$
$$(A_{ThC'})_e=1.764\times 10^5(A_{ThA})_e$$
$$(A_{ThC''})_e=0.896\,8\times 10^5(A_{ThA})_e \tag{5.1.9-2}$$

表 5.1.4　过滤器上^{220}Rn 子体放射性平衡相对活度

子体	RaA	ThA	ThB	ThC	ThC′	ThC″
平衡相对活度	1	0.000 863 5	209.9	229.8	152.4	77.44

(4)过滤器上^{222}Rn、^{220}Rn 子体 β 和 α 总放射性比

过滤器上^{222}Rn、^{220}Rn 子体除 α 放射性外，同时还具有 β 放射性。其 α、β 总放射性的比例关系与采样时间相关。

过滤器上^{222}Rn 子体 β 和 α 总放射性的比例关系：

$$K_{\beta/\alpha}=\frac{A_\beta}{A_\alpha}=\frac{A_{RaB}+A_{RaC}}{A_{RaA}+A_{RaC}} \tag{5.1.10}$$

式(5.1.10)以曲线形式示于图 5.1.2。由图可见，经过 15 min 以后，^{222}Rn 子体 $K_{\beta/\alpha}$ 在 1.5～1.6 之间变化，最后趋于平衡值 1.509。

过滤器上^{220}Rn 子体 β 和 α 总放射性的比例关系

$$K_{\beta/\alpha}(t)=\frac{A_{\beta(\text{total})}}{A_{\alpha(\text{total})}}=\frac{A_{\text{ThB}}(t)+0.663A_{\text{ThC}}(t)+A_{\text{ThC}''}(t)}{A_{\text{ThA}}(t)+0.337A_{\text{ThC}}(t)+A_{\text{ThC}'}(t)} \tag{5.1.11}$$

式(5.1.11)以曲线形式示于图 5.1.2。由图可见，^{220}Rn 子体达到放射性平衡时，$K_{\beta/\alpha}$趋于平衡值 1.913。

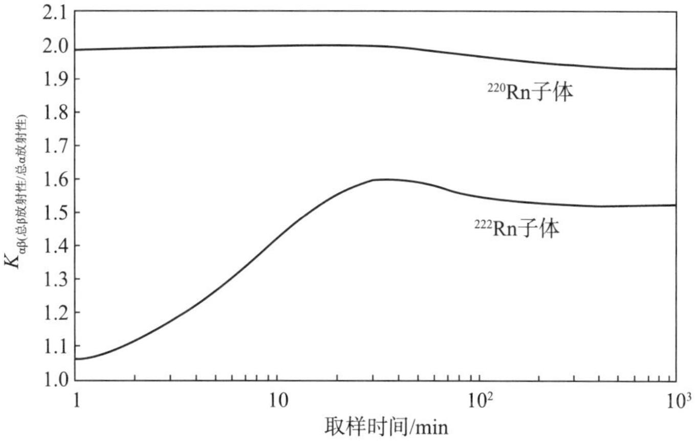

图 5.1.2　过滤器上^{222}Rn、^{220}Rn 子体 β，α 总放射性之比 $K_{\alpha,\beta}$值与取样时间的关系

（空气中^{222}Rn、^{220}Rn 与子体处于放射性平衡状态）

5.1.2　采样后过滤器上氡子体的活度

采样结束后，过滤器上 RaA、RaB、RaC、ThA、ThB、ThC 子体累积的放射性活度分别记为 A^0_{RaA}、A^0_{RaB}、A^0_{RaC}、A^0_{ThA}、A^0_{ThB}、A^0_{ThC}。

过滤器采样 t 结束后，时标 T 开始。采样结束时刻对应 $T=0$。t 与 T 的关联关系示于图 5.1.3。

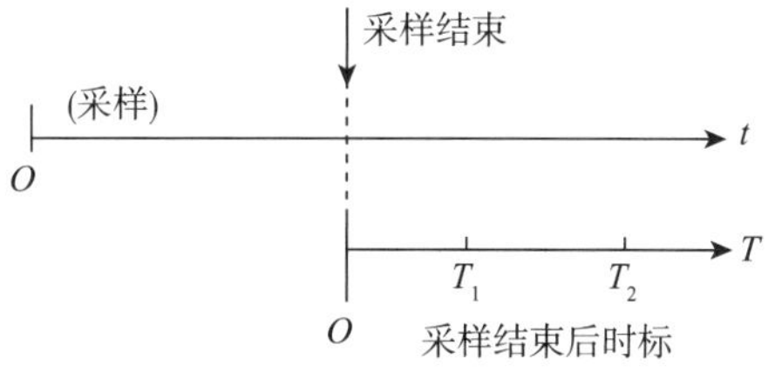

图 5.1.3　采样时间 t、采样结束后时标 T 关系示意图

(1)采样后过滤器上^{222}Rn 子体的放射性活度

[采样 t 后]过滤器上收集的^{222}Rn 子体 RaA、RaB、RaC 原子数随时间 T 的变化方程式：

$$N_{\text{RaA}}(t,\ T)=N_{\text{RaA}}(t)\mathrm{e}^{-\lambda_{\text{RaA}}T}$$

$$N_{\text{RaB}}(t,\ T)=N_{\text{RaA}}(t)\frac{\lambda_{\text{RaA}}}{\lambda_{\text{RaA}}-\lambda_{\text{RaB}}}(\mathrm{e}^{-\lambda_{\text{RaB}}T}-\mathrm{e}^{-\lambda_{\text{RaA}}T})+N_{\text{RaB}}(t)\mathrm{e}^{-\lambda_{\text{RaB}}T}$$

$$N_{\text{RaC}}(t,\ T)=N_{\text{RaA}}(t)\lambda_{\text{RaA}}\lambda_{\text{RaB}}\left[\frac{\mathrm{e}^{-\lambda_{\text{RaA}}T}}{(\lambda_{\text{RaB}}-\lambda_{\text{RaA}})(\lambda_{\text{RaC}'}-\lambda_{\text{RaA}})}+\frac{\mathrm{e}^{-\lambda_{\text{RaB}}T}}{(\lambda_{\text{RaA}}-\lambda_{\text{RaB}})(\lambda_{\text{RaC}'}-\lambda_{\text{RaB}})}+\right.$$

$$\left.\frac{e^{-\lambda_{RaC'}T}}{(\lambda_{RaA}-\lambda_{RaC'})(\lambda_{RaB}-\lambda_{RaC'})}\right]+N_{RaB}(t)\frac{\lambda_{RaB}}{\lambda_{RaC'}-\lambda_{RaB}}(e^{-\lambda_{RaB}T}-e^{-\lambda_{RaC'}T})+N_{RaC'}(t)e^{-\lambda_{RaC'}T} \tag{5.1.12)'}$$

式中：$N_{RaA}(t,T)$、$N_{RaB}(t,T)$，与 $N_{RaC'}(t,T)$——分别为采样 t 时间后，过滤器上子体 RaA、RaB 与 RaC′在 T 时刻的原子数。

据(5.1.12)′式，[采样 t 后]过滤器上收集的^{222}Rn 子体 RaA、RaB、RaC 放射性活度随时间 T 衰变的公式[3]：

$$A_{RaA}(t,T)=A^0_{RaA}(t)e^{-\lambda_{RaA}T}$$

$$A_{RaB}(t,T)=A^0_{RaA}(t)\frac{\lambda_{RaB}}{\lambda_{RaB}-\lambda_{RaA}}(e^{-\lambda_{RaA}T}-e^{-\lambda_{RaB}T})+A^0_{RaB}(t)e^{-\lambda_{RaB}T}$$

$$A_{RaC}(t,T)=A^0_{RaA}(t)\frac{\lambda_{RaB}-\lambda_{RaC}}{\lambda_{RaB}-\lambda_{RaA}}\left[\frac{e^{-\lambda_{RaA}T}-e^{-\lambda_{RaC}T}}{\lambda_{RaC}-\lambda_{RaA}}-\frac{e^{-\lambda_{RaB}T}-e^{-\lambda_{RaC}T}}{\lambda_{RaC}-\lambda_{RaB}}\right]+$$

$$A^0_{RaB}(t)\frac{\lambda_{RaC}}{\lambda_{RaC}-\lambda_{RaB}}(e^{-\lambda_{RaB}T}-e^{-\lambda_{RaC}T})+A^0_{RaC}(t)e^{-\lambda_{RaC}T} \tag{5.1.12}$$

式中：$A^0_{RaA}(t)$、$A^0_{RaB}(t)$，与 $A^0_{RaC'}(t)$——分别为采样 t 时间后，过滤器上子体 RaA、RaB 与 RaC′在 $T=0$ 时刻的放射性活度。

式(5.1.12)不同时间 T 的数值计算结果列于表 5.1.5，计算结果曲线示于图 5.1.4。

表 5.1.5　采样结束后过滤器上^{222}Rn 子体随时间的放射性活度数据表[3]

T/min	A_{RaA}	A_{RaB}	A_{RaC}	T/min	A_{RaA}	A_{RaB}	A_{RaC}
0	1.000 0	1.000 0	1.000 0	240	—	$0.227\ 3\times10^{-2}$	$0.787\ 5\times10^{-2}$
1	0.796 7	0.997 3	0.999 9	250	—	$0.175\ 5\times10^{-2}$	$0.612\ 9\times10^{-2}$
2	0.634 9	0.989 9	0.999 8	260	—	$0.135\ 5\times10^{-2}$	$0.476\ 6\times10^{-2}$
3	0.505 7	0.979 2	0.999 2	270	—	$0.104\ 6\times10^{-2}$	$0.370\ 4\times10^{-2}$
4	0.402 9	0.965 8	0.998 3	280	—	$0.807\ 9\times10^{-3}$	$0.287\ 7\times10^{-2}$
5	0.321 1	0.950 3	0.996 9	290	—	$0.623\ 8\times10^{-3}$	$0.223\ 3\times10^{-2}$
6	0.255 7	0.933 4	0.995 0	300	—	$0.481\ 7\times10^{-3}$	$0.173\ 3\times10^{-2}$
7	0.203 8	0.915 4	0.992 6	310	—	$0.371\ 9\times10^{-3}$	$0.134\ 4\times10^{-2}$
8	0.162 3	0.896 7	0.989 6	320	—	$0.287\ 1\times10^{-3}$	$0.104\ 2\times10^{-2}$
9	0.129 3	0.877 5	0.986 1	330	—	$0.221\ 7\times10^{-3}$	$0.807\ 1\times10^{-3}$
10	0.103 0	0.858 0	0.982 0	340	—	$0.171\ 2\times10^{-3}$	$0.625\ 2\times10^{-3}$
20	$0.106\ 5\times10^{-1}$	0.671 3	0.915 3	350	—	0.1316×10^{-3}	$0.484\ 1\times10^{-3}$
30	$0.109\ 4\times10^{-2}$	0.519 3	0.813 1	360	—	$0.102\ 0\times10^{-3}$	$0.374\ 8\times10^{-3}$
40	$0.112\ 7\times10^{-3}$	0.401 0	0.710 1	370	—	$0.787\ 9\times10^{-4}$	$0.290\ 1\times10^{-3}$
50	$0.116\ 2\times10^{-4}$	0.309 6	0.603 5	380	—	$0.608\ 3\times10^{-4}$	$0.224\ 5\times10^{-3}$
60	$0.119\ 7\times10^{-5}$	0.239 1	0.504 8	390	—	$0.469\ 7\times10^{-4}$	$0.173\ 7\times10^{-3}$
70	$0.123\ 3\times10^{-6}$	0.184 6	0.417 1	400	—	$0.362\ 8\times10^{-4}$	$0.134\ 4\times10^{-3}$
80	—	0.142 5	0.341 3	410	—	$0.280\ 0\times10^{-4}$	$0.103\ 8\times10^{-3}$
90	—	0.110 0	0.277 0	420	—	$0.224\ 3\times10^{-4}$	$0.834\ 1\times10^{-4}$
100	—	$0.849\ 6\times10^{-1}$	0.223 4	430	—	$0.167\ 0\times10^{-4}$	$0.655\ 5\times10^{-4}$
110	—	$0.656\ 0\times10^{-1}$	0.179 2	440	—	$0.128\ 9\times10^{-4}$	$0.480\ 3\times10^{-4}$

续表

T/min	A_{RaA}	A_{RaB}	A_{RaC}	T/min	A_{RaA}	A_{RaB}	A_{RaC}
120	—	0.5065×10^{-1}	0.1430	450	—	0.9958×10^{-5}	0.3715×10^{-4}
130	—	0.3911×10^{-1}	0.1137	460	—	0.7685×10^{-5}	0.2870×10^{-4}
140	—	0.3019×10^{-1}	0.9015×10^{-1}	470	—	0.5938×10^{-5}	0.2220×10^{-4}
150	—	0.2331×10^{-1}	0.7124×10^{-1}	480	—	0.4583×10^{-5}	0.1715×10^{-4}
160	—	0.1800×10^{-1}	0.5616×10^{-1}	490	—	0.3537×10^{-5}	0.1324×10^{-4}
170	—	0.1390×10^{-1}	0.4417×10^{-1}	500	—	0.2733×10^{-5}	0.1024×10^{-4}
180	—	0.1073×10^{-1}	0.3467×10^{-1}	510	—	0.2287×10^{-5}	0.8581×10^{-5}
190	—	0.8285×10^{-2}	0.2717×10^{-1}	520	—	0.1628×10^{-5}	0.6108×10^{-5}
200	—	0.6397×10^{-2}	0.2126×10^{-1}	530	—	0.1258×10^{-5}	0.4721×10^{-5}
210	—	0.4939×10^{-2}	0.1661×10^{-1}	540	—	0.9708×10^{-6}	0.3646×10^{-5}
220	—	0.3814×10^{-2}	0.1297×10^{-1}	560	—	0.5789×10^{-6}	0.2176×10^{-5}
230	—	0.2944×10^{-2}	0.1011×10^{-1}	600	—	0.2056×10^{-6}	0.7739×10^{-6}

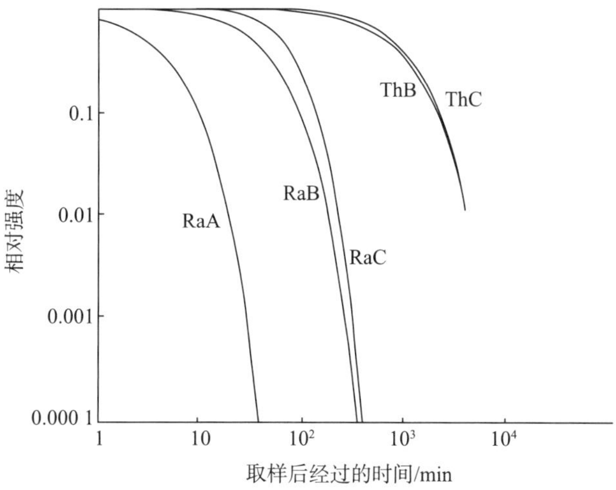

图 5.1.4　采样结束后过滤器上 RaA、RaB、RaC、ThA、ThB、ThC 衰变曲线

（$T=0$ 时，各子体在过滤器上的活度均为 1）

(2)采样后过滤器上 ^{220}Rn 子体的放射性活度

采样 t 后过滤器上 ^{220}Rn 子体 ThA、ThB、ThC 放射性活度随时间 T 衰变的原始公式[3]：

$$A_{ThA}(T)=A^0_{ThA}e^{-\lambda_{ThA}T}$$

$$A_{ThB}(T)=A^0_{ThA}\frac{\lambda_{ThB}}{\lambda_{ThB}-\lambda_{ThA}}(e^{-\lambda_{ThA}T}-e^{-\lambda_{ThB}T})+A^0_{ThB}e^{-\lambda_{ThB}T}$$

$$A_{ThC}(T)=A^0_{ThA}\frac{\lambda_{ThB}-\lambda_{ThC}}{\lambda_{ThB}-\lambda_{ThA}}\left[\frac{e^{-\lambda_{ThA}T}-e^{-\lambda_{ThC}T}}{\lambda_{ThC}-\lambda_{ThA}}-\frac{e^{-\lambda_{ThB}T}-e^{-\lambda_{ThC}T}}{\lambda_{ThC}-\lambda_{ThB}}\right]+$$

$$A^0_{ThB}\frac{\lambda_{ThC}}{\lambda_{ThC}-\lambda_{ThB}}(e^{-\lambda_{ThB}T}-e^{-\lambda_{ThC}T})+A^0_{ThC}e^{-\lambda_{ThC}T} \quad (5.1.13)$$

式(5.1.13)不同时间 T 的数值计算结果列于表 5.1.6，计算结果曲线示于图 5.1.4。

表 5.1.6 采样结束后过滤器上^{220}Rn 子体随时间 T 的放射性活度数据表

T/min	A_{ThB}	A_{ThC}	T/min	A_{ThB}	A_{ThC}
0	1.000 0	1.000 0	1 380	0.224 5	0.247 9
1	0.998 2	0.999 3	1 440	0.210 4	0.232 3
10	0.989 2	0.999 2	1 500	0.197 1	0.217 7
20	0.978 6	0.997 7	1 560	0.184 7	0.204 0
30	0.968 1	0.995 1	1 620	0.173 1	0.191 2
40	0.957 6	0.991 5	1 680	0.162 2	0.179 1
50	0.947 3	0.987 2	1 740	0.152 0	0.167 9
60	0.937 1	0.982 4	1 800	0.142 4	0.157 3
70	0.927 0	0.976 9	1 860	0.133 6	0.147 5
80	0.917 0	0.970 9	1920	0.125 2	0.138 3
90	0.907 2	0.964 6	1 980	0.117 3	0.129 5
100	0.897 4	0.957 8	2 040	0.109 9	0.121 4
110	0.887 8	0.950 8	2 100	0.103 0	0.113 7
120	0.878 1	0.943 3	2 160	$0.965\ 2\times10^{-1}$	0.106 6
140	0.859 0	0.927 6	2 220	$0.904\ 5\times10^{-1}$	$0.998\ 8\times10^{-1}$
160	0.841 1	0.912 1	2 280	$0.847\ 5\times10^{-1}$	$0.935\ 9\times10^{-1}$
180	0.822 8	0.895 4	2 340	$0.794\ 2\times10^{-1}$	$0.877\ 0\times10^{-1}$
200	0.804 9	0.878 3	2 400	$0.744\ 2\times10^{-1}$	$0.821\ 8\times10^{-1}$
220	0.788 2	0.862 0	2 460	$0.697\ 4\times10^{-1}$	$0.770\ 1\times10^{-1}$
240	0.771 1	0.844 9	2 520	$0.653\ 5\times10^{-1}$	$0.721\ 7\times10^{-1}$
260	0.755 0	0.828 4	2 580	$0.612\ 4\times10^{-1}$	$0.676\ 3\times10^{-1}$
280	0.738 6	0.811 4	2 640	$0.573\ 8\times10^{-1}$	$0.633\ 6\times10^{-1}$
300	0.722 5	0.794 5	2 700	$0.537\ 7\times10^{-1}$	$0.593\ 8\times10^{-1}$
360	0.677 1	0.746 0	2 760	$0.503\ 9\times10^{-1}$	$0.556\ 5\times10^{-1}$
420	0.634 4	0.699 7	2 820	$0.472\ 2\times10^{-1}$	$0.521\ 5\times10^{-1}$
480	0.594 5	0.656 1	2 880	$0.442\ 5\times10^{-1}$	$0.488\ 7\times10^{-1}$
540	0.557 1	0.615 0	2 940	$0.414\ 6\times10^{-1}$	$0.457\ 8\times10^{-1}$
600	0.522 1	0.576 5	3 000	$0.388\ 5\times10^{-1}$	$0.429\ 0\times10^{-1}$
660	0.489 2	0.540 2	3 120	$0.341\ 5\times10^{-1}$	$0.377\ 1\times10^{-1}$
720	0.458 9	0.506 7	3 240	$0.299\ 9\times10^{-1}$	$0.331\ 2\times10^{-1}$
780	0.430 0	0.474 8	3 360	$0.263\ 3\times10^{-1}$	$0.290\ 8\times10^{-1}$
840	0.402 9	0.444 9	3 480	$0.231\ 2\times10^{-1}$	$0.255\ 3\times10^{-1}$
900	0.377 6	0.417 0	3 600	$0.203\ 0\times10^{-1}$	$0.224\ 2\times10^{-1}$
960	0.353 8	0.390 7	3 720	$0.178\ 3\times10^{-1}$	$0.196\ 9\times10^{-1}$
1 020	0.331 5	0.366 1	3 840	$0.156\ 5\times10^{-1}$	$0.172\ 8\times10^{-1}$
1 080	0.310 7	0.343 1	3 960	$0.137\ 5\times10^{-1}$	$0.151\ 8\times10^{-1}$
1 140	0.291 1	0.321 5	4 080	$0.120\ 7\times10^{-1}$	$0.133\ 3\times10^{-1}$
1 200	0.272 8	0.301 3	4 200	$0.106\ 0\times10^{-1}$	$0.117\ 1\times10^{-1}$
1 260	0.255 6	0.282 3	4 320	$0.931\ 6\times10^{-2}$	$0.102\ 9\times10^{-1}$
1 320	0.239 6	0.264 6	—	—	—

5.1.3 采样后过滤器上氡子体的衰变

以流量 Q，采样 t 后，过滤器上 ^{222}Rn、^{220}Rn 子体 RaA、RaB、RaC、ThB、ThC 核，在 $T_1 \to T_2$ 时间间隔内的放射性衰变数[3]：

$$X_{\text{RaA}}(t, T_1 \to T_2) = 1\,591 f_{\text{RaA}} C_{\text{RaA}} E_{\text{RaA}} \Sigma_{\text{RaA}} Q$$

$$X_{\text{RaB}}(t, T_1 \to T_2) = [(-204.24 f_{\text{RaA}} + 15\,762 f_{\text{RaB}}) C_{\text{RaA}} + 122.84 \times 10^3 f_{\text{RaB}} C_{\text{RaB}}] E_{\text{RaB}} \Sigma_{\text{RaB}} Q$$

$$\begin{aligned} X_{\text{RaC}}(t, T_1 \to T_2) = [&(37.37 f_{\text{RaA}} + 59.57 \times 10^3 f_{\text{RaB}} - 33\,707 f_{\text{RaC}}) C_{\text{RaA}} + \\ &(46.25 \times 10^4 f_{\text{RaB}} - 250.49 \times 10^3 f_{\text{RaC}}) C_{\text{RaB}} + \\ &66.23 \times 10^3 f_{\text{RaC}} C_{\text{RaC}}] E_{\text{RaC}} \Sigma_{\text{RaC}} Q \end{aligned}$$

$$X_{\text{ThB}}(t, T_1 \to T_2) = 69.19 \times 10^6 f_{\text{ThB}} C_{\text{ThB}} E_{\text{ThB}} \Sigma_{\text{ThB}} Q$$

$$\begin{aligned} X_{\text{ThC}}(t, T_1 \to T_2) = [&(76.59 \times 10^6 f_{\text{ThB}} - 69.19 \times 10^4 f_{\text{ThC}}) C_{\text{ThB}} + \\ &62.53 \times 10^4 f_{\text{ThC}} C_{\text{ThC}}] E_{\text{ThC}} \Sigma_{\text{ThC}} Q \end{aligned} \tag{5.1.14}$$

式中：C_i——RaA、RaB、RaC、ThB、ThC 的浓度，Bq/m^3；

i=RaA、RaB、RaC、ThB、ThC。

$f_i = (1 - e^{-\lambda_i t})(e^{-\lambda_i T_1} - e^{-\lambda_i T_2})$

i=A、B、C、B′、C′——RaA、RaB、RaC、ThB 和 ThC。

λ_i——各子体的衰变常数，min^{-1}。

$X_{\text{ThB}}(t, T_1 \to T_2)$——由 ThB 核提供的 β 计数；

$X_{\text{ThC}}(t, T_1 \to T_2)$——由 ThC 核提供的 β(或 α)计数。ThC′的 α 放射性与 ThC 的 β 放射性相同。

5.1.4 总 α 计数法——^{222}Rn、^{220}Rn 子体衰变数读取方法

自 20 世纪 50 年代初期 Tsivoglou[5]提出采用 α 测量的方法以来，至今氡及其子体监测仍多采用总 α 计数法。过滤器上用于总 α 计数法的短寿命子体 α 粒子有 3 组(见表 3.9.1)。

5.1.3 节中式(5.1.14)给出以流量 Q，采样 t_0 后，过滤器上 RaA、RaB、RaC、ThB、ThC 核，在 $T_1 \to T_2$ 时间间隔内的放射性衰变数。由第 2 章图 2.1.2(或表 3.9.1)可见，其中 RaA、RaC′、ThC 的衰变发射 α 粒子(表加)：

$X_{\text{RaA}}(t_0, T_1 \to T_2)$——α 衰变数；

$X_{\text{RaC}}(t_0, T_1 \to T_2)$——α 衰变数【注】；

$X_{\text{ThC}}(t_0, T_1 \to T_2)$——α 衰变数。其等于 ThCα 衰变数，与 ThCβ 衰变生成的半衰期极短(0.298 μs)的 ThC′的 α 衰变数之和。

【注】RaC——经 β 衰变生成 RaC′，后者随后以极短半衰期(164 μs)发射 α 粒子。计算中采用 RaCβ 衰变经 RaC′"同时"发射 α 粒子模式处理。

^{222}Rn、^{220}Rn 子体在(t_0，$T_1 \to T_2$)发射的 α 总计数[6]

$$N_\alpha(t_0; T_1 \to T_2) = X_{\text{RaA}}(t_0, T_1 \to T_2) + X_{\text{RaC}}(t_0, T_1 \to T_2) + X_{\text{ThC}}(t_0, T_1 \to T_2)$$

$$\begin{aligned} N_\alpha(t_0, T_1 \to T_2) = [&(1\,628 f_{\text{RaA}} + 59.57 \times 10^3 f_{\text{RaB}} - 33\,707 f_{\text{RaC}}) C_{\text{RaA}} + \\ &(46.25 \times 10^4 f_{\text{RaB}} - 250.49 \times 10^3 f_{\text{RaC}}) C_{\text{RaB}} + \\ &66.23 \times 10^3 f_{\text{RaC}} C_{\text{RaC}} + \\ &(76.59 \times 10^6 f_{\text{ThB}} - 69.19 \times 10^4 f_{\text{ThC}}) C_{\text{ThB}} + \end{aligned}$$

$$62.53\times10^{4}f_{\mathrm{ThC}}C_{\mathrm{ThC}}]E_{\alpha}\Sigma Q \qquad (5.1.15)$$

式中：$f_{\mathrm{i}}=(1-\mathrm{e}^{-\lambda_{\mathrm{i}}t_0})(\mathrm{e}^{-\lambda_{\mathrm{i}}T_1}-\mathrm{e}^{-\lambda_{\mathrm{i}}T_2})$

i=A、B、C、B′、C′——RaA、RaB、RaC、ThB 和 ThC；

λ_{i}——各子体的衰变常数，min^{-1}；

E_{α}——探测效率；

Σ——过滤效率(含自吸收)；

C_{i}——氡子体浓度，$\mathrm{Bq/m^3}$；

Q——采样流速，$\mathrm{m^3/min}$；

t_0——采样时间，min；

$T_1\rightarrow T_2$——测量时间间隔，min。

5.2 RaA、RaB、RaC、ThB 与 ThC 浓度测量“五段法”

由第 2 章表 2.1.12 及表 2.1.13 可见，^{222}Rn、^{220}Rn 子体 RaA、RaB、RaC、ThB 与 ThC 具有 α、β 及 γ 放射性。但是，几乎所有测氡仪皆基于 α 探测，而不是 β 与 γ 探测。原因之一是 β 能谱的连续分布，γ 辐射较强的穿透特性对其探测造成较大麻烦；另外，制作低本底 β 与 γ 便携式仪器较为困难。这与 α 探测的信号强、测量技术简单形成极大的反差，因此，α 探测(总 α 计数与 α 能谱)几乎成为获取^{222}Rn 与^{220}Rn 测量数据的唯一方法。

“五段法”是测量^{222}Rn、^{220}Rn 子体 RaA、RaB、RaC、ThB 与 ThC 浓度的总 α 探测实验方法。

5.2.1 “五段法”测量原理

(1)^{222}Rn、^{220}Rn 子体 RaA、RaB、RaC、ThB 与 ThC 浓度测量采用单滤膜取样[7]；

(2)滤膜抽滤采样时间 t_0；

(3)采样结束后，选定 5 个从采样结束起计算的时间段：$T_1\rightarrow T_2$、$T_3\rightarrow T_4$、$T_5\rightarrow T_6$、$T_7\rightarrow T_8$、$T_8\rightarrow T_{10}$(图 5.2.1)，按 5.1.4 节总 α 计数法测出滤膜在采样时间 t_0、测量时间段 $T_1\rightarrow T_2$ ^{222}Rn 子体(RaA、RaB、RaC)与^{220}Rn 子体(ThB、ThC)发射的总 α 计数：

$$\begin{aligned}N_{\alpha1}(t_0,\ T_1\rightarrow T_2)=[&(1\,628f_{\mathrm{RaA}}+59.57\times10^{3}f_{\mathrm{RaB}}-33\,707f_{\mathrm{RaC}})C_{\mathrm{RaA}}+\\&(46.25\times10^{4}f_{\mathrm{RaB}}-250.49\times10^{3}f_{\mathrm{RaC}})C_{\mathrm{RaB}}+\\&66.23\times10^{3}f_{\mathrm{RaC}}C_{\mathrm{RaC}}+\\&(76.59\times10^{6}f_{\mathrm{ThB}}-69.19\times10^{4}f_{\mathrm{ThC}})C_{\mathrm{ThB}}+\\&62.53\times10^{4}f_{\mathrm{ThC}}C_{\mathrm{ThC}}]E_{\alpha}\Sigma Q\end{aligned} \qquad (5.2.1)$$

式中：$f_{\mathrm{i}}=(1-\mathrm{e}^{-\lambda_{\mathrm{i}}t_0})(\mathrm{e}^{-\lambda_{\mathrm{i}}T_1}-\mathrm{e}^{-\lambda_{\mathrm{i}}T_2})$

i=A、B、C、B′、C′——RaA、RaB、RaC、ThB 和 ThC；

λ_{i}——各子体的衰变常数，min^{-1}；

E_{α}——探测效率；

Σ——过滤效率(含自吸收)；

C_i——氡子体浓度，Bq/m^3；

Q——采样流速，m^3/min；

t_0——采样时间，min；

$T_1 \to T_2$——测量时间间隔，min。

同法，得出在($T_3 \to T_4$)、($T_5 \to T_6$)、($T_7 \to T_8$)、($T_9 \to T_{10}$)时间段发射的总 α 计数计算式；

$$N_{\alpha 1}(t_0;\ T_1 \to T_2) \tag{5.2.1}$$

$$N_{\alpha 2}(t_0;\ T_3 \to T_4) \tag{5.2.2}$$

$$N_{\alpha 3}(t_0;\ T_5 \to T_6) \tag{5.2.3}$$

$$N_{\alpha 4}(t_0;\ T_7 \to T_8) \tag{5.2.4}$$

$$N_{\alpha 5}(t_0;\ T_9 \to T_{10}) \tag{5.2.5}$$

由步骤(3)的(5.2.1)、(5.2.2)、(5.2.3)、(5.2.4)与(5.2.5)式，得到含 C_{RaA}、C_{RaB}、C_{RaC}、C_{ThB}、C_{ThC} 等 5 个未知数，5 个方程式组成的联立方程组。

(4)解联立方程组，得出 RaA、RaB、RaC、ThB、ThC 五个子体浓度的数学表达式(仅含已知量)[6] C_{RaA}、C_{RaB}、C_{RaC}、C_{ThB}与 C_{Th}。

“五段法”获得 RaA、RaB、RaC、ThB 与 ThC 等 5 个子体浓度的实验方法属绝对测量方法。

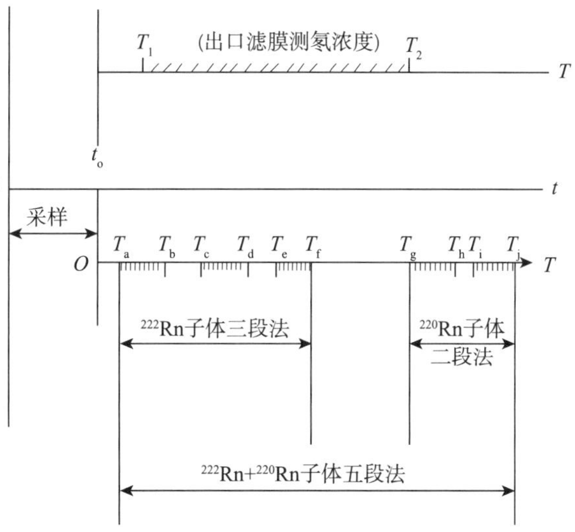

图 5.2.1　^{222}Rn、^{220}Rn 子体测量时间顺序图

5.2.2 “五段法”实验方法

依据采样时间 t_0，选取的计数时间段 $T_1 \to T_2$、$T_3 \to T_4$、$T_5 \to T_6$、$T_7 \to T_8$、$T_8 \to T_{10}$的不同，长期以来形成了多种“五段法”惯用方法。

(1)实用“五段法”方法 1　(5；2→5，6→20，21→30，150→250，360→560)

采样时间 t_0=5 min。停止采样后，记录 2→5 min、6→20 min、21→30 min、150→250 min 与 360→560 min 各时间段的总 α 计数：

$N_{\alpha 1}(5, 2 \to 5)$;

$N_{\alpha 2}(5, 6 \to 20)$;

$N_{\alpha 3}(5, 21 \to 30)$;

$N_{\alpha 4}(5, 150 \to 250)$;

$N_{\alpha 5}(5, 360 \to 560)$。

则 RaA、RaB、RaC、ThB 与 ThC 各子体浓度的原始联立方程组:

$$\begin{cases} N_{\alpha 1}(5;\ 2 \to 5) = (0.256\,14C_{\mathrm{RaA}} + 0.156\,17C_{\mathrm{RaB}} + 0.729\,98C_{\mathrm{RaC}} + \\ \qquad 0.059\,444C_{\mathrm{ThB}} + 0.840\,35C_{\mathrm{ThC}})E\Sigma Q \\ N_{\alpha 2}(5;\ 6 \to 20) = (0.318\,22C_{\mathrm{RaA}} + 1.388\,9C_{\mathrm{RaB}} + 2.462\,1C_{\mathrm{RaC}} + 0.673\,00C_{\mathrm{ThB}} + \\ \qquad 3.520\,7C_{\mathrm{ThC}})E\Sigma Q \\ N_{\alpha 3}(5;\ 21 \to 30) = (0.127\,01C_{\mathrm{RaA}} + 1.128\,7C_{\mathrm{RaB}} + 1.013\,5C_{\mathrm{RaC}} + 0.728\,12C_{\mathrm{ThB}} + \\ \qquad 1.960\,0C_{\mathrm{ThC}})E\Sigma Q \\ N_{\alpha 4}(5;\ 150 \to 250) = (0.081\,073C_{\mathrm{RaA}} + 0.638\,62C_{\mathrm{RaB}} + 0.038\,687C_{\mathrm{RaC}} + \\ \qquad 23.163C_{\mathrm{ThB}} + 3.110\,6C_{\mathrm{ThC}})E\Sigma Q \\ N_{\alpha 5}(5;\ 360 \to 560) = (4.619\,1 \times 10^{-4}C_{\mathrm{RaA}} + 3.602\,7 \times 10^{-3}C_{\mathrm{RaB}} + 2.456\,5 \times \\ \qquad 10^{-5}C_{\mathrm{RaC}} + 39.724C_{\mathrm{ThB}} + 0.369\,45C_{\mathrm{ThC}})E\Sigma Q \end{cases} \tag{5.2.6}$$

式中:E——探测效率;

Σ——滤膜(含自吸收)的过滤效率;

Q——采样流速,L/min。

解方程组,得子体 RaA、RaB、RaC、ThB 与 ThC 浓度 C_{RaA}、C_{RaB}、C_{RaC}、C_{ThB}、C_{ThC} 等五个未知数的方程组解($\mathrm{Bq/m^3}$):

$$C_{\mathrm{RaA}} = [6.293\,3N_{\alpha 1} - 3.091\,5N_{\alpha 2} + 2.980\,6N_{\alpha 3} - 0.083\,584N_{\alpha 4} + 0.037\,063N_{\alpha 5}]\frac{1}{E\Sigma Q}$$

$$C_{\mathrm{RaB}} = [0.246\,34N_{\alpha 1} - 1.035\,0N_{\alpha 2} + 2.352\,3N_{\alpha 3} - 0.402\,03N_{\alpha 4} + 0.208\,47N_{\alpha 5}]\frac{1}{E\Sigma Q}$$

$$C_{\mathrm{RaC}} = [-0.636\,44N_{\alpha 1} + 0.959\,89N_{\alpha 2} - 0.871\,81N_{\alpha 3} - 0.392\,43N_{\alpha 4} + 0.229\,49N_{\alpha 5}]\frac{1}{E\Sigma Q}$$

$$C_{\mathrm{ThB}} = [0.001\,963\,0N_{\alpha 1} - 0.002\,670\,4N_{\alpha 2} + 0.005\,227\,9N_{\alpha 3} - 0.004\,067\,2N_{\alpha 4} + 0.027\,492N_{\alpha 5}]\frac{1}{E\Sigma Q}$$

$$C_{\mathrm{ThC}} = [-0.221\,30N_{\alpha 1} + 0.301\,02N_{\alpha 2} - 0.588\,72N_{\alpha 3} + 0.441\,37N_{\alpha 4} - 0.251\,34N_{\alpha 5}]\frac{1}{E\Sigma Q} \tag{5.2.7}$$

据 $^{222}\mathrm{Rn}$、$^{220}\mathrm{Rn}$ 子体潜能浓度的关系式可得 $^{222}\mathrm{Rn}$、$^{220}\mathrm{Rn}$ 子体潜能浓度(10^{-1} $\mathrm{nJ/m^3}$):

$$C_{\mathrm{pot}}^{\mathrm{Rn}} = 5.79C_{\mathrm{RaA}} + 28.6C_{\mathrm{RaB}} + 21.0C_{\mathrm{RaC}}$$

$$C_{\mathrm{pot}}^{\mathrm{Tn}} = 69.06C_{\mathrm{ThB}} + 6.55C_{\mathrm{ThC}}$$

$$C_{\mathrm{pot}}^{\mathrm{Rn}} = [3.012N_{\alpha 1} - 2.734N_{\alpha 2} + 6.623N_{\alpha 3} - 2.022N_{\alpha 4} + 1.100N_{\alpha 5}]\frac{1}{E\Sigma Q}$$

$$C_{\text{pot}}^{\text{Tn}}=[-1.316N_{\alpha1}+1.790N_{\alpha2}-3.501N_{\alpha3}+2.614N_{\alpha4}+0.2509N_{\alpha5}]\frac{1}{E\Sigma Q} \tag{5.2.8}$$

(2)实用“五段法”方法 2 (30；2→5，6→20，21→30，200→300，360→560)[8-10]

采样时间 $t_0=30$ min，停止采样后，记录 2→5 min、6→20 min、21→30 min、200→300 min 与 360→560 min 各时间段的总 α 计数：

$N_{\alpha1}(30，2→5)$；

$N_{\alpha2}(30，6→20)$；

$N_{\alpha3}(30，21→30)$；

$N_{\alpha4}(30，200→300)$；

$N_{\alpha5}(30，360→560)$。

如 5.2.1(3)、(4)所述，得 RaA、RaB、RaC、ThB 与 ThC 各子体浓度联立方程组的解（Bq/m^3）：

$$C_{\text{RaA}}=\frac{1}{E\Sigma Q}(4.263473N_{\alpha1}-2.082101N_{\alpha2}+1.987937N_{\alpha3}-0.094720N_{\varepsilon4}+0.047915N_{\alpha5})$$

$$C_{\text{RaB}}=\frac{1}{E\Sigma Q}(-0.333481N_{\alpha1}-0.023273N_{\alpha2}+0.297628N_{\alpha3}-0.142228N_{\varepsilon4}+0.078625N_{\alpha5})$$

$$C_{\text{RaC}}=\frac{1}{E\Sigma Q}(-0.199171N_{\alpha1}+0.349687N_{\alpha2}-0.461205N_{\alpha3}-0.103970N_{\varepsilon4}+0.063603N_{\alpha5})$$

$$C_{\text{ThB}}=\frac{1}{E\Sigma Q}(0.000185N_{\alpha1}-0.000222N_{\alpha2}+0.000444N_{\alpha3}-0.001184N_{\varepsilon4}+0.005069N_{\alpha5})$$

$$C_{\text{ThC}}=\frac{1}{E\Sigma Q}(-0.021497N_{\alpha1}+0.029139N_{\alpha2}-0.056351N_{\alpha3}+0.140563N_{\varepsilon4}-0.082251N_{\alpha5}) \tag{5.2.9}$$

式中：E——探测器的探测效率；

Q——取样流量，L/min；

Σ——滤膜的过滤效率(含自吸收)。

^{222}Rn、^{220}Rn 子体潜能浓度按式(5.2.4)计算。

文献[6，11]给出将此法采样时间 t_0 取作 60 min 的“五段法”测量计算式。

(3)实用“五段法”方法 3 (15；1→4，5→20，21→40，150→250，360→560)[12]

采样时间 $t_0=15$ min。停止采样后，记录 1→4 min、5 →20 min、21→40 min、150→250 min 与 360→560 min 各时间段的总 α 计数：

$N_{\alpha1}(15，1→4)$；

$N_{\alpha2}(15，5→20)$；

$N_{\alpha3}(15，21→40)$；

$N_{\alpha4}(15，150→250)$；

$N_{\alpha5}(15，360→560)$。

据式(5.2.1)，得出对应参数组(15；1→4，5→20，21→40，150→250，360→560)，RaA、RaB、RaC、ThB 与 ThC 各子体的浓度的原始联立方程组(pCi/L)：

$$\begin{cases} N_{\alpha1}(15;\ 1\to4)=(0.256\ 14C_{\mathrm{RaA}}+0.156\ 17C_{\mathrm{RaB}}+0.729\ 98C_{\mathrm{RaC}}+ \\ \qquad 0.059\ 444C_{\mathrm{ThB}}+0.840\ 35C_{\mathrm{ThC}})E\Sigma Q \\ N_{\alpha2}(15;\ 5\to20)=(0.318\ 82C_{\mathrm{RaA}}+1.388\ 9C_{\mathrm{RaB}}+2.462\ 1C_{\mathrm{RaC}}+0.673\ 00C_{\mathrm{ThB}}+ \\ \qquad 3.520\ 7C_{\mathrm{ThC}})E\Sigma Q \\ N_{\alpha3}(15;\ 21\to40)=(0.127\ 01C_{\mathrm{RaA}}+1.128\ 7C_{\mathrm{RaB}}+1.013\ 5C_{\mathrm{RaC}}+0.728\ 12C_{\mathrm{ThB}}+ \\ \qquad 1.960\ 0C_{\mathrm{ThC}})E\Sigma Q \\ N_{\alpha4}(15;\ 150\to250)=(0.081\ 073C_{\mathrm{RaA}}+0.638\ 62C_{\mathrm{RaB}}+0.038\ 687C_{\mathrm{RaC}}+23.163C_{\mathrm{ThB}}+ \\ \qquad 3.110\ 6C_{\mathrm{ThC}})E\Sigma Q \\ N_{\alpha5}(15;\ 360\to560)=(4.619\ 1\times10^{-4}C_{\mathrm{RaA}}+3.602\ 7\times10^{-3}C_{\mathrm{RaB}}+2.456\ 5\times10^{-5}C_{\mathrm{RaC}}+ \\ \qquad 39.724C_{\mathrm{ThB}}+0.369\ 45C_{\mathrm{ThC}})E\Sigma Q \end{cases} \tag{5.2.10}$$

解联立方程组的解 C_{RaA}、C_{RaB}、C_{RaC}、C_{ThB} 与 $C_{\mathrm{ThC}}/(\mathrm{Bq/m^3})$：

$$\begin{aligned} C_{\mathrm{RaA}}&=\frac{1}{E\Sigma Q}(6.293\ 3N_{\alpha1}-3.0915N_{\alpha2}+2.980\ 6N_{\alpha3}-0.083\ 584N_{\varepsilon4}+0.037\ 063N_{\alpha5}) \\ C_{\mathrm{RaB}}&=\frac{1}{E\Sigma Q}(0.246\ 34N_{\alpha1}-1.035\ 0N_{\alpha2}+2.352\ 3N_{\alpha3}-0.402\ 03N_{\varepsilon4}+0.208\ 47N_{\alpha5}) \\ C_{\mathrm{RaC}}&=\frac{1}{E\Sigma Q}(-0.634\ 4N_{\alpha1}+0.959\ 89N_{\alpha2}-0.871\ 81N_{\alpha3}-0.392\ 43N_{\varepsilon4}+0.229\ 49N_{\alpha5}) \\ C_{\mathrm{ThB}}&=\frac{1}{E\Sigma Q}(0.001\ 963\ 0N_{\alpha1}-0.002\ 670\ 4N_{\alpha2}+0.005\ 227\ 9N_{\alpha3}-0.004\ 067\ 2N_{\varepsilon4}+ \\ &\qquad 0.027\ 492N_{\alpha5}) \\ C_{\mathrm{ThC}}&=\frac{1}{E\Sigma Q}(-0.221\ 30N_{\alpha1}+0.301\ 02N_{\alpha2}-0.588\ 72N_{\alpha3}+0.441\ 37N_{\varepsilon4}-0.251\ 34N_{\alpha5}) \end{aligned} \tag{5.2.11}$$

式中：E——探测器的探测效率；

F——滤膜的过滤效率(含自吸收)；

Q——取样流量，L/min。

$^{222}\mathrm{Rn}$、$^{220}\mathrm{Rn}$ 子体潜能浓度按式(5.2.8)计算(nJ/m³)。

$$C_{\mathrm{pot}}^{\mathrm{Rn}}=[3.012N_{\alpha1}-2.734N_{\alpha2}+6.623N_{\alpha3}-2.022N_{\alpha4}+1.100N_{\alpha5}]\frac{1}{E\Sigma Q}$$

$$C_{\mathrm{pot}}^{\mathrm{Tn}}=[-1.316N_{\alpha1}+1.790N_{\alpha2}-3.501N_{\alpha3}+2.614N_{\alpha4}+0.250\ 9N_{\alpha5}]\frac{1}{E\Sigma Q}$$

5.2.3 “五段法”(方法 1)实测例

仪器：FT648 测氡仪

时间：1989 年 1 月 16 日

地点：北京核仪器厂二楼实验室

条件：开窗一夜，室内采样，采样后排出气体仍送回房间内

探测效率：$E=0.40$ （^{239}Pu α 源，活性区直径为 Φ25 mm，表面粒子数：$4.2\times10^{4}/2\pi\cdot\text{min}$）

本底：$N_b=5$ 计数/(30 min)

氡浓度测量：$Q=35$ L/min，$t=30$ min，$T_1=0.5$ min，$T_2=30.5$ min

$$G(30,\ 0.5-30.5)=55$$

$$X(30,\ 0.5-30.5)=55-5=50$$

$$C_{\text{Rn}}=0.3477\times50=17.4\ \text{Bq/m}^3$$

氡子体测量：$Q=35$ L/min，$t_0=5$ min

$$G_1(2\to5)=92$$

$$G_2(6\to20)=331$$

$$G_3(21\to30)=199$$

$$G_4(150\to250)=259$$

$$G_5(360\to560)=144$$

式中：G——含本底总计数。

净计数：

$$N_1(2\to5)=92$$

$$N_2(6\to20)=331-4=329$$

$$N_3(21\to30)=199-1=198$$

$$N_4(150\to250)=259-17=242$$

$$N_5(360\to560)=144-33=111$$

按式(5.2.7)计算得 RaR、RaB、RaC、ThB、ThC 子体浓度：

$$C_{\text{RaA}}=14.4\ \text{Bq/m}^3$$

$$C_{\text{RaB}}=7.8\ \text{Bq/m}^3$$

$$C_{\text{RaC}}=1.6\ \text{Bq/m}^3$$

$$C_{\text{ThB}}=0.240\ \text{Bq/m}^3$$

$$C_{\text{ThC}}=4.351\ \text{Bq/m}^3$$

按式(5.2.8)计算得 RaR、RaB、RaC、ThB、ThC 子体潜能浓度：

$$C_{\text{pot}}^{\text{Rn}}=34.1\ \text{nJ/m}^3$$

$$C_{\text{pot}}^{\text{Tn}}=46.2\ \text{nJ/m}^3$$

据(2.2.7)式，平衡因子 F：

$$F=\frac{C_{\text{pot}}(\text{nJ/m}^3)\times0.178}{C_{\text{Rn}}(\text{Bq/m}^3)}=\frac{34.1\times0.178}{17.4}=0.35$$

5.3　RaA、RaB、RaC 浓度测量“三段法”

在应用总 α 计数原理，测量^{222}Rn、^{220}Rn 五种短寿命子体（RaA、RaB、RaC、ThB、ThC）浓度的“五段法”实验方法中，核心基础是将 RaA、RaB、RaC、ThB、ThC 的 α 衰变

作为关联事件(见5.2节)，得到含C_{RaA}、C_{RaB}、C_{RaC}、C_{ThB}、C_{ThC}五种子体浓度，由五个方程式组成的联立方程组。方程组解为五种子体浓度，产生了“五段法”。“五段法”从理论上解决了RaA、RaB、RaC、ThB、ThC子体浓度的测量方法。但是“五段法”，每一轮实验耗时近10个小时，实际应用极为不便[12]。

考虑到(RaA、RaB、RaC)与(ThB、ThC)两组子体α衰变半衰期的巨大差异，数学上，可把(RaA、RaB、RaC)与(ThB、ThC)看做两组相互独立、无关联的α衰变事件处理。这种处理措施将含有RaA、RaB、RaC、ThB、ThC浓度5个变量的方程组，简化为含RaA、RaB、RaC子体浓度3个变量、3个方程的方程组；与完全独立的，含ThB、ThC子体浓度2个变量，2个方程的方程组，两个相互独立的方程组。“五段法”被极大简化。当然这一“简化”导致一定的误差。

另外，在氡子体浓度的实际测量中，绝大部分场合，人们更关心的是^{222}Rn子体RaA、RaB、RaC的浓度。该项测量需时仅半小时左右。极少关心测量周期达10 h的^{220}Rn子体ThB、ThC浓度。所以“五段法”的简化在实际测量中，尽管带来一定的误差，但仍被认可并获得广泛应用。

5.3.1 “三段法”实验方法

采用五段总α计数法，测RaA、RaB、RaC子体浓度，忽略ThB、ThC子体的贡献，产生了测RaA、RaB、RaC“三段法”。以流量Q，采样t_0后，测定过滤器上RaA、RaB、RaC核，在$T_1 \to T_2$；$T_3 \to T_4$；$T_5 \to T_6$三个时间段，RaA、RaB、RaC发射的总α计数：

$$N_{\alpha 1}(t_0, T_1 \to T_2) \quad N_{\alpha 2}(t_0, T_3 \to T_4) \quad N_{\alpha 3}(t_0, T_5 \to T_6)$$

解含RaA、RaB、RaC浓度C_{RaA}、C_{RaB}、C_{RaC}的三个方程的联立方程组，得到C_{RaA}、C_{RaB}、C_{RaC}。

(1)实用“三段法”方法1　(5；2→5，6→20，21→30)

$$t_0 = 5\ \text{min},\ T(2 \to 5)\text{min},\ T(6 \to 20)\text{min},\ T(21 \to 30)\text{min}$$

得α计数方程组：

$$\begin{cases} N_{\alpha 1}(5, 2 \to 5) = (0.256\,14C_{RaA} + 0.156\,17C_{RaB} + 0.729\,98C_{RaC})E\Sigma Q \\ N_{\alpha 2}(5, 6 \to 20) = (0.318\,22C_{RaA} + 1.388\,9C_{RaB} + 2.462\,1C_{RaC})E\Sigma Q \\ N_{\alpha 3}(5, 21 \to 30) = (0.127\,01C_{RaA} + 1.128\,7C_{RaB} + 1.013\,5C_{RaC})E\Sigma Q \end{cases} \tag{5.3.1}$$

解方程组，得(Bq/m^3)[6]：

$$C_{RaA} = [6.250\,8N_{\alpha 1}(5, 2 \to 5) - 3.034\,0N_{\alpha 2}(5, 6 \to 20) + 2.868\,6N_{\alpha 3}(5, 21 \to 30)]\frac{1}{E\Sigma Q}$$

$$C_{RaB} = [0.044\,67N_{\alpha 1}(5, 2 \to 5) - 0.760\,7N_{\alpha 2}(5, 6 \to 20) + 1.816\,3N_{\alpha 3}(5, 21 \to 30)]\frac{1}{E\Sigma Q}$$

$$C_{RaC} = [-0.833\,2N_{\alpha 1}(5, 2 \to 5) + 1.227\,7N_{\alpha 2}(5, 6 \to 20) - 1.395\,3N_{\alpha 3}(5, 21 \to 30)]\frac{1}{E\Sigma Q} \tag{5.3.2}$$

式中：E——探测器的探测效率(曾称4π效率)cpm/dpm；

Q——采样流速，L/min；

Σ——滤膜过滤效率。

由氡子体的浓度依据关系式(表 2. 2. 2-2)得出^{222}Rn 子体的潜能浓度(10^{-1} nJ/m^3)：

$$C_{pot}^{Rn}=5.79C_{RaA}+28.6C_{RaB}+21.0C_{RaC}$$

$$C_{pot}^{Rn}=[3.012N_{\alpha 1}-2.734N_{\alpha 2}+6.623N_{\alpha 3}]\frac{1}{EQF}$$

$$C_{pot}^{Rn}=[0.0958N_{\alpha 1}(5,2\to 5)-0.06490N_{\alpha 2}(5,6\to 20)+0.1880N_{\alpha 3}(5,21\to 30)]\frac{1}{E\Sigma Q}(\text{mWL})=[1.994N_{\alpha 1}(5,2\to 5)-1.3499N_{\alpha 2}(5,6\to 20)+3.9104N_{\alpha 3}(5,21\to 30)]\frac{1}{E\Sigma Q}(\text{nJ/m}^3)=[12.4439N_{\alpha 1}(5,2\to 5)-8.4240N_{\alpha 2}(5,6\to 20)+24.4024N_{\alpha 3}(5,21\to 30)]\frac{1}{E\Sigma Q}(\text{MeV/L}) \quad (5.3.3)$$

(2)实用“三段法”方法 2　(15；1→4，5→20，21→40)

$t_0=15$ min，$T(1\to 4)$min，$T(5\to 20)$min，$T(21\to 40)$min

文献[12]采用的三段法：$t_0=15$ min，$T(1\to 4)$，$T(5\to 20)$，$T(21\to 40)$。文中给出了滤膜上 RaA、RaB、RaC 衰变数表达式的计算(见 5. 1. 14 式)。

三段法 $t_0=15$ min，$T(1\to 4)$，$T(5\to 20)$，$T(21\to 40)$ 滤膜上 RaA、RaB、RaC 衰变数表达式：

$T_1=1$ min，$T_2=4$ min 时：

$$f_A=0.966922\times(0.796714-0.402911)=0.380777$$

$$f_B=0.321561\times(0.974468-0.901716)=0.233942$$

$$f_C=0.410084\times(0.965427-0.868715)=0.0396600$$

$T_3=5$ min，$T_4=20$ min 时：

$$f_A=0.966922\times(0.321005-0.0106181)=0.300120$$

$$f_B=0.321561\times(0.878693-0.596140)=0.0908580$$

$$f_C=0.410084\times(0.838681-0.95544)=-0.0561253$$

$T_5=21$ min，$T_6=40$ min 时：

$$f_A=0.966922\times(0.00845954-0.000112743)=0.00807070$$

$$f_B=0.321561\times(0.580919-0.355383)=0.0725236$$

$$f_C=0.410084\times(0.477646-0.244779)=0.0954950$$

得 α 计数方程组：

$$\begin{cases}N_1(15,1\to 4)=(0.493246C_{RaA}+0.668732C_{RaB}+1.92161C_{RaC})E\Sigma Q\\N_2(15,5\to 20)=(2.92309C_{RaA}+41.0032C_{RaB}-2.71938C_{RaC})E\Sigma Q\\N_3(15,21\to 40)=(0.810986C_{RaA}+7.09028C_{RaB}+4.62692C_{RaC})E\Sigma Q\end{cases}$$

解方程组，得(Bq/m^3)：

$$C_{RaA}=[3.05127054N_1+0.15374022N_2-1.17686796N_3]\frac{1}{E\Sigma Q}$$

$$C_{RaB}=[-0.22965272N_1+0.01056721N_2+0.10158793N_3]\frac{1}{E\Sigma Q}$$

$$C_{\text{RaC}}=[-0.182\,893\,93N_1-0.043\,140\,06N_2+0.266\,729\,62N_3]\frac{1}{E\Sigma Q} \quad (5.3.4)$$

由氡子体浓度可据表 2.2.2-2 求出氡子体的潜能浓度(nJ/m³)：

$$C_{\text{pot}}^{\text{Rn}}=0.579C_{\text{RaA}}+2.86C_{\text{RaB}}+2.10C_{\text{RaC}}$$

5.3.2 “托马斯三段法”

在测氡技术几十年的发展历程中，累积了大量的、应用广泛的测量氡子体浓度的实用方法。该类方法的共同特点是简单、快速与实用。其中测量 RaA、RaB、RaC 浓度的“三点法”便是早期具开创性的一项成果[9]。

测量 RaA、RaB、RaC 浓度的“三点法”是齐沃格劳(Tsivoglou)1953 年的研究成果[14]，并以其名字命名，称作”齐沃格劳三点法”，有时直接称作“三点法”[15]。

“齐沃格劳三点法”是采用滤膜过滤采样，采样结束后，在三个选定的时刻，测量滤膜的 α 计数率。由这 3 个计数率确定 RaA、RaB、RaC 各子体浓度。

该方法的突出特点是在选定的三个时间点，测定 α 计数率，由此而得名“三点法”。该方法假定取样期间空气中各子体的浓度保持不变，但对氡子体平衡比不作任何要求。

“齐沃格劳三点法”取样 5 min(或 10 min；30 min)，取样结束后绘出 α 衰变计数率与时间的关系曲线。从曲线中获取第 5 min、15 min 和 30 min 时刻的计数率 $n_{\alpha1}$、$n_{\alpha2}$、$n_{\alpha3}$，将其代入式

$$C_i=[d_{i1}n_{\alpha1}+d_{i2}n_{\alpha2}+d_{i3}n_{\alpha3}]\frac{1}{\text{E}\Sigma\text{Q}}\text{Bq/m}^3 \quad (5.3.5)$$

式中：E——α 探测效率；

Σ——滤膜过滤效率；

Q——取样流速，L/min；

i=1、2、3，分别表示 RaA、RaB、RaC；

d_{ij}(j=1、2、3)——与取样时间有关的系数。

得方程组，解出 C_{RaA}、C_{RaB}及 C_{RaC}各子体的浓度。通常，采样流速 5～10 L/min。

表 5.3.1 列出齐沃格劳三点法几种取样时间的 d_i值。

表 5.3.1 齐沃格劳三点法 d_{ij}值表(×37)

取样时间/min	j	RaA(i=1)	RaB(i=2)	RaC(i=3)
5	1	0.594 5	−0.044 8	−0.029 3
	2	−1.347	−0.148 5	0.399 7
	3	0.850 9	0.359 8	−0.324 6
10	1	0.450 1	−0.041 0	−0.014 3
	2	−1.020	−0.040 1	0.224 6
	3	0.644 2	0.167 0	−0.192 7
30	1	0.404 1	−0.044 8	−0.003 9
	2	−0.915 4	0.045 4	0.112 8
	3	0.578 4	0.031 1	0.111 8

注：齐沃格劳三点法探测下限约为 1.85×10^3 Bq/m³；

齐沃格劳三点法测量氡子体浓度标准偏差较大，尤其对 RaA 更明显。1 WL 时，重复性误差约

为±18%。随浓度降低，该误差增长很快。

现今，该方法已不被采用。但是它曾为氡子体测量方法的探寻，提供了理论基础和实验方法的启示。

文献[16]曾对齐沃格劳(Tsivoglow)三点法做过改进。采样时间仍采用 5 min、10 min 或 30 min。据采样结束后第 5 min、15 min、30 min 时刻的 α 计数率值列出 3 个衰变方程，直接求出 RaA、RaB、RaC 各自的浓度。省去了齐沃格劳法先求出在滤膜上子体 RaA、RaB、RaC 核数的中间步骤，使齐沃格劳三点法简化[17-19]。

对"齐沃格劳三点法"的进一步改进，是以采样结束后测量"三个时间段"内的 α 粒子计数，取代原法测量"三个时间点"的"计数率"。这一改进的主要特征是测定"三个时间段"内的 α 粒子计数。因此由三个时间点的计数率，改为三个时间段的计数。改进后的方法，一方面称作"改进的齐沃格劳法"，也称作"三段法"。该改进最先由托马斯在 1972 年完成，"改进的齐沃格劳法(Modified Tsivoglou Method)"也被称作"托马斯三段法"(Three-count Technique)[13,18,19]。"托马斯三段法"大大提高了 RaA、RaB、RaC 浓度测定的灵敏度，减小了测量结果的统计误差[20]。

"托马斯三段法"是滤膜采样，采样结束后，测量滤膜上三个时间段内的 α 粒子计数，确定 ^{222}Rn 子体 RaA、RaB、RaC 浓度的实验方法[3]。

"托马斯三段法"公式

利用常规单滤膜过滤氡子体取样。取样结束后，文献[3]用 α 探测器测量滤膜，在三个选定的时间间隔内的总 α 计数。借助托马斯三段法系数表(表 5.3.2)提供的系数，计算出 RaA、RaB、RaC 各子体浓度。该方法对氡子体平衡比不作任何假定。常选用以采样流速 Q(L/min)采样，采样时间为 $t_0=5$ min；采样结束后 2→5 min，6→20 min，21→30 min 三个时间段内测量样品的 α 计数，分别记为：

$$G(t_0,\ 2\rightarrow5)、G(t_0,\ 6\rightarrow20)、G(t_0,\ 21\rightarrow30)$$

则空气中 ^{222}Rn 子体浓度的托马斯三段法通式：

$$C_i=[d_{i1}G(t_0,\ 2\rightarrow5)+d_{i2}G(t_0 6\rightarrow20)+d_{i3}G(t_0 21\rightarrow30)]\frac{37}{E\Sigma Q}\text{Bq/m}^3 \tag{5.3.6}$$

式中：$i=1$——RaA、$i=2$——RaB、$i=3$——RaC；

E——α 探测效率；

Q——采样流速，L/min；

Σ——滤膜过滤效率。

对应不同采样时间 t_0(min)的托马斯"三段法"系数 d_{ij} 值列于表 5.3.2。

表 5.3.2　托马斯三段法系数 d_{ij}

采样时间/min	j	RaA($i=1$)	RaB($i=2$)	RaC($i=3$)
2	1	0.314 1	0.014 8	−0.052 7
	2	−0.152 4	−0.553	0.075 97
	3	0.144 1	0.123 6	0.083 3

续表

采样时间/min	j	RaA($i=1$)	RaB($i=2$)	RaC($i=3$)
3	1	0.232	0.007 43	−0.035 90
	2	−0.112 6	−0.035 1	0.052 2
	3	0.106 5	0.082 3	−0.057 9
5	1	0.168 9	0.001 22	−0.022 52
	2	−0.082 0	−0.020 57	0.033 18
	3	0.077 5	0.049 09	−0.037 71
10	1	0.127 8	−0.004 2	−0.012 4
	2	−0.062 9	−0.008 5	0.018 99
	3	0.058 6	0.023 89	−0.022 7
15	1	0.118 6	−0.006 59	0.009 028
	2	−0.057 6	−0.004 338	0.014 35
	3	0.054 5	0.015 28	−0.017 867
20	1	0.115 9	−0.008 00	−0.007 362
	2	−0.056 27	−0.002 115	0.012 106
	3	0.053 20	0.010 904	−0.015 587

引自[7]p249 表 5.23

托马斯"三段法"[13]

由表 5.3.2 可知，以采样时间 $t=5$ min 为例，托马斯三段法系数 d_{ij} 表中查得式(5.3.6)的相关系数。^{222}Rn 各衰变产物，RaA、RaB、RaC 可按以下公式算：

$t=5$ min

氡子体浓度(Bq/m^3)：

$$C_{RaA}=\frac{1}{E\Sigma Q}[6.249\,3G(2\rightarrow5)-3.032\,5G(6\rightarrow20)+2.866\,5G(21\rightarrow30)-2.094\,2R]$$

$$C_{RaB}=\frac{1}{E\Sigma Q}[0.045\,1G(2\rightarrow5)-0.761\,1G(6\rightarrow20)+1.816\,3G(21\rightarrow30)-5.827\,5R]$$

$$C_{RaC}=\frac{1}{E\Sigma Q}[-0.832\,2G(2\rightarrow5)+1.227\,7G(6\rightarrow20)-1.394\,9G(21\rightarrow30)-2.131\,2R]$$

(5.3.7)

式中：C_{RaA}、C_{RaB}、C_{RaC}——分别为空气样品中^{218}Po、^{214}Pb、^{214}Bi 的放射性浓度，Bq/m^3。

氡子体潜能浓度：

$$C_{pot}^{Rn}=[0.001\,03C_{RaA}+0.005\,07C_{RaB}+0.003\,73C_{RaC}]\mathrm{WLC_i}[\mathrm{pCi/L}]$$

$$C_{pot}^{Rn}=[0.038\,11C_{RaA}+0.187\,59C_{RaB}+0.138\,01C_{RaC}]\mathrm{WLC_i}[\mathrm{Bq/m^3}] \quad (5.3.8)$$

文献[21]对测定^{222}Rn 与^{220}Rn 子体浓度"五段法"与"三段法"进行了实验对比。在同一环境，以不同采样流量，同步进行 RaA、RaB、RaC、ThB 与 ThC 子体浓度的"五段法"测量结果表明，在最大误差≤14%的范围内测量结果一致。

以"五段法"测量结果为参考值的^{222}Rn 子体浓度"三段法"结果表明，"三段法"测定的 RaA、RaB、RaC 子体浓度与"五段法"最大差异约 30%水平。

5.4　ThB、ThC 浓度测量

在应用总 α 计数原理，测^{222}Rn、^{220}Rn 五种子体(RaA、RaB、RaC、ThB、ThC)浓度的“五段法”实验方法中，考虑到(RaA、RaB、RaC)与(ThB、ThC)两组子体 α 衰变半衰期的巨大差异，数学上，可把(RaA、RaB、RaC)与(ThB、ThC)看做两组相互独立、无关联的 α 衰变事件处理。在测量 ThB、ThC 在第 4、5 时间段发射的总 α 时，近似认为滤膜上的 RaA、RaB、RaC 子体已全部衰变，其对发射的总 α 的贡献可忽略不计。

这种处理措施将含有 RaA、RaB、RaC、ThB、ThC 浓度 5 个变量的方程组，简化为含 ThB、ThC 子体浓度 2 个变量，2 个方程的方程组。测量 ThB、ThC 浓度的五次计数的“五段法”，简化为忽略 RaA、RaB、RaC 贡献的“二段法”计数法[22,23]。

5.4.1　“二段法”实验方法

采用总 α 计数“五段法”原理，在忽略 RaA、RaB、RaC 子体对 ThB、ThC 总 α 计数贡献的条件下，产生了测 ThB、ThC 浓度总 α 计数“二段法”计数法。

以流量 Q，采样 t_0 后，测出过滤器上^{220}Rn 子体(ThB、ThC)在 $T_7 \to T_8$；$T_9 \to T_{10}$ 两个时间段发射的总 α 计数：$N_{\alpha 4}(t_0;\ T_7 \to T_8)$$N_{\alpha 5}(t_0;\ T_9 \to T_{10})$。

与测 RaA、RaB、RaC、ThB、ThC 的“五段法”类似[见(5.2.1)节]，$N_{\alpha 4}(t_0,\ T_7 \to T_8)$与 $N_{\alpha 5}(t_0,\ T_9 \to T_{10})$组成含有未知量 C_{ThB}、C_{ThC}的 2 个方程式组成的联立方程组。解方程组得含 ThB、ThC 浓度 C_{ThB}、C_{ThC}的数学表示式。

(1)实用“二段法”方法 1　(5；150→250，360→560)

采样 5 min 后，测量 $T_7 \to T_8$(150→250)min、$T_9 \to T_{10}$(360→560)min 两个时间段内的总 α 计数：

$N_4(5;\ 150 \to 250)$与 $N_5(5;\ 360 \to 560)$。

对应 $T_7 = 150$ min，$T_8 = 250$ min

$$f_{B'}(5;\ 150 \to 250) = 4.765\ 5 \times 10^{-4}$$

$$f_{C'}(5;\ 150 \to 250) = 6.808\ 7 \times 10^{-3}$$

$T_9 = 360$ min，$T_{10} = 560$ min

$$f_{B'}(5;\ 360 \to 560) = 7.189\ 8 \times 10^{-4}$$

$$f_{C'}(5;\ 360 \to 560) = 8.086\ 8 \times 10^{-4}$$

忽略 RaA、RaB、RaC 贡献前提下，对应 $t_0 = 5$ min、(150→250 min)、(360→560 min)计数时间区间总 α 计数的方程组：

$$\begin{cases} N_4(5,\ 150 \to 250) = (23.163 C_{\mathrm{ThB}} + 3.110\ 6 C_{\mathrm{ThC}}) E\Sigma Q \\ N_5(5,\ 360 \to 560) = (59.724 C_{\mathrm{ThB}} + 0.369\ 45 C_{\mathrm{ThC}}) E\Sigma Q \end{cases} \tag{5.4.1}$$

解方程组，得(Bq/m^3)：

$$C_{\mathrm{ThB}} = [-3.212 \times 10^{-3} N_4(5,\ 150 \to 250) + 0.027\ 05 N_5(5,\ 360 \to 560)] \frac{1}{E\Sigma Q}$$

$$C_{\mathrm{ThC}} = [0.345\ 4 N_4(5,\ 150 \to 250) - 0.201\ 4 N_5(5,\ 360 \to 560)] \frac{1}{E\Sigma Q} \tag{5.4.2}$$

^{220}Rn 子体潜能浓度：

$$C_{pot}^{Tn}(nJ/m^3)=69.1C_{ThB}+6.51C_{ThC}$$

$$=[2.0266N_4(5,150\to250)+0.5663N_5(5,360\to560)]\frac{1}{E\Sigma Q} \quad (5.4.3)$$

(2)实用“二段法”方法 2　(15；150→250，360→560)

采样 15 min 后，测量 $T_7\to T_8(150\to250)$min、$T_9\to T_{10}(360\to560)$min 两个时间段内的总 α 计数[12]：

$N_4(5,150\to250)$与 $N_5(5,360\to560)$。

对应 $T_7=150$ min；$T_8=250$ min

$f_{B'}=0.0162112\times(0.849218-0.761550)=1.42120\times10^{-3}$

$f_{C'}=0.157628\times(0.179903-0.0573318)=19.3207\times10^{-3}$

对应 $T_9=360$ min，$T_{10}=560$ min

$f_{B'}=0.0162112\times(0.675531-0.543255)=2.14435\times10^{-3}$

$f_{C'}=0.157628\times(0.0162963-0.00165503)=2.30787\times10^{-3}$

忽略 RaA、RaB、RaC 贡献前提下，对应 $t_0=15$ min 采样后，(150→250)min，(360→560)min 计数时间区间总 α 计数的方程组：

$$\begin{cases}N_4(15,150\to250)=[69.5755C_{ThB}+8.82686C_{ThC}]E\Sigma Q\\N_5(15,360\to560)=[118.530C_{ThB}+1.05437C_{ThC}]E\Sigma Q\end{cases} \quad (5.4.4)$$

解方程组，得(Bq/m³)：

$$C_{ThB}=[-1.08368\times10^{-3}N_4(15,150\to250)+0.00907283N_5(15,360\to560)]\frac{1}{E\Sigma Q}$$

$$C_{ThC}=[0.12183297N_4(15,150\to250)-0.07151430N_5(15,360\to560)]\frac{1}{E\Sigma Q}$$

(5.4.5)

^{220}Rn 子体潜能浓度[自推](由^{220}Rn 子体浓度，据表 2.2.2-2)

$$C_{pot}^{Tn}(nJ/m^3)=69.1C_{ThB}+6.51C_{ThC}$$

$$=[69.1(-0.00108368N_4+0.00907283N_5)+6.51(0.12183297N_4-0.07151430N_5)]\frac{1}{E\Sigma Q}$$

$$=[0.78565N_4(15,150\to250)+0.16137N_5(15,360\to560)]\frac{1}{E\Sigma Q}$$

(5.4.6)

(3)实用“二段法”方法 3　(60；6 →30，360 →390)

选定流速，如 $Q=10$ L/min；用滤膜过滤采样 $t_0=60$ min。用单道脉冲幅度分析器 α 探测装置，测定滤膜上 ThC′发射的 8.78 MeV α 粒子。因此，该“二段法”方法也称作能量甄别法[24]。计数时间区间选为采样结束后第 6 →30 min，及第 360→390 min，则 ThB 和 ThC 的浓度可按下式计算：

$$\chi_{ThB}=\frac{1}{H\varepsilon_{ThC'}\Sigma Q}[0.01333N_\alpha(60,360\to390)-0.0002812N_\alpha(60,6\to30)]\text{Bq/m}^3$$

$$\chi_{\mathrm{ThC}}=\frac{1}{H\varepsilon_{\mathrm{ThC'}}\Sigma Q}[0.01978N_{\alpha}(60,6\rightarrow30)-0.008943N_{\alpha}(60,360\rightarrow390)]\mathrm{Bq/m^3} \tag{5.4.7}$$

式中：H——采样后第 360→390 min 时间区间内，接能量甄别器与不接能量甄别器时，所测滤膜 α 计数之比值(理论值应为 66.3%)。该法 C_{ThC} 探测下限理论上可达 1.85 Bq/m³。

5.4.2 其他方法——暂时平衡法、潜能浓度测量方法

(1)ThB、ThC 浓度测量暂时平衡法

滤膜采样结束后，搁置较长时间以使^{222}Rn 子体 RaA、RaB、RaC 绝大部分衰变掉，并使 ThB 与 ThC 建立暂时平衡。这样可以大大简化^{220}Rn 子体浓度的测量与测量结果处理[25,26]。

如果选 $T_1 \geqslant 300$ min，采样时间 $t_0=5\sim60$ min 间任意选取，采样流速 $Q=2\sim10$ L/min，则 ThB 浓度公式为：

$$\chi_{\mathrm{ThB}}=\frac{15.1N_{\alpha}(t_0,T_1\rightarrow T_2)\cdot \mathrm{e}^{0.000543(T_1+T_2)}}{E\cdot\Sigma\cdot t_0\cdot(T_2-T_1)}\mathrm{Bq/m^3} \tag{5.4.8}$$

其固有误差<5%，探测下限为 18.5 Bq/m³。

如取($T_1\rightarrow T_2$)为(1 435→1 455 min)，则式(5.4.8)变为：

$$\chi_{\mathrm{ThB}}=\frac{3.63N_{\alpha}(t_0,1435\rightarrow1455)\cdot \mathrm{e}^{0.000543(T_1+T_2)}}{E\cdot\Sigma\cdot Q\cdot t_0}\mathrm{Bq/m^3} \tag{5.4.9}$$

(2)^{220}Rn 子体潜能浓度测量方法

^{220}Rn 子体 α 潜能浓度 C_{pot}，系指单位空气中^{220}Rn 子体原子完全衰变到^{208}Pb(ThD)过程中所释放的 α 粒子能量的总和。^{220}Rn 子体 α 潜能浓度的计算公式如下[27]：

$$C_{\mathrm{pot}}=\frac{KN_{\alpha}(t_0,T_1\rightarrow T_2)}{E\Sigma Q} \tag{5.4.10}$$

式中：C_{pot}——^{220}Rn 子体 α 潜能浓度，nJ/m³；

E——探测器对 ThC 和 ThC′α 粒子的平均探测效率(也称 4π 效率)，($E=0.337E_{\mathrm{ThC}}+0.663E_{\mathrm{ThC'}}$)；

Σ——滤膜过滤效率(含自吸收)；

Q——采样流速，L/min；

t_0——采样时间；

$N_{\alpha}(t_0,T_1\rightarrow T_2)$——采样 t_0 结束后，$T_1\rightarrow T_2$ 时间间隔内滤膜的 α 计数。

①方法 1[27,28]

采样 $t_0=10$ min，取 $T_1=217.3$ min，$T_2=227.3$ min 时，则 $K=15.04$ nJ/min。

计算给出，式(5.4.9)得出的 C_{pot}，的固有误差≤0.3%。

若 T_1 在 120～300 min 区间内任意选择，$T_1\rightarrow T_2$ 仍等于 10 min，转换系数 K 固定取 15.04 nJ/min 时，C_{pot}的固有误差<10%。

当被测点^{220}Rn 子体浓度过高或过低时，可酌情变 t_0 为 t_0'，或变(T_2-T_1)为(T_2-T_1)′，此时 K 应按下式变为 K'：

$$K'=K\frac{t_0}{t_0{}'} \quad 或 \quad K'=K\frac{(T_2-T_1)}{(T_2-T_1)'} \tag{5.4.11}$$

当 t_0 式在 (T_2-T_1) 在 5～20 min 内变化时，由此带来的误差很小。关于转换系数 K 及最佳延滞时间的 T_1 的理论计算可参阅文献[27，28]。

②方法 2[27]

由图 ^{220}Rn 的衰变可见，由 ThB 经 ThC(分支比 33.7%)、ThC′(分支比 66.3%)α 衰变至 ThD(稳定)。衰变发射的 α 粒子能量分别为 6.090、8.784 MeV。因此，考虑到分支比，由 ThB 衰变到 ThD 发射的 α 粒子的平均能量为 7.876 MeV。ThB、ThC 浓度为 C_B、C_C nCi/L 的含 ^{220}Rn 气体，全部衰变到 ThD 发射的 α 粒子总数为：

$$n_\alpha=2.22\left(\frac{C_B}{\lambda_B}+\frac{C_C}{\lambda_C}\right) \tag{5.4.12}$$

式中：C_B、C_C——ThB、ThC 的浓度，nCi/L；

λ_B、λ_C——ThB、ThC 的衰变常数，min^{-1}；

λ_B、λ_C 的倒数 τ_B、τ_C 为其平均寿命，min。

由此，大气中 ^{220}Rn 子体 α 潜能浓度 C_{pot}：

$$C_{pot}=2.22\varepsilon(\tau_B C_B+\tau_C C_C)\text{MeV/L} \tag{5.4.13}$$

式中：ε——ThC 衰变到 ThD 发射的 α 粒子的平均能量，MeV。

③方法 3[27]

文献[27]推荐了一种测量大气中 ^{220}Rn 子体 α 潜能值 C_{pot} 的实验方法。

以流速 Q/(L/min)采样 10 min，等待 210 min 后，测量 10 min，则 ^{220}Rn 子体 α 潜能值 C_{pot} 为：

$$C_{pot}=\frac{94(N'_\alpha-N_{本底})}{E\Sigma Q}(\text{MeV/L}) \tag{5.4.14}$$

式中：E——对 α 粒子的探测效率(4π 效率)；

Σ——包括自吸收在内的滤膜过滤效率；

Q——采样流速，L/min；

N'_α——α 粒子总计数；

$N_{本底}$——本底计数。

文献[27]给出，^{220}Rn 子体平衡比不同，导致式(5.4.13)的差异≤0.3%。

5.5 RaA、RaB 与 RaC 潜能测量库兹涅茨法、罗尔法与马尔科夫法

库兹涅茨法、罗尔法与马尔科夫法，都是一次计数、测 ^{222}Rn 子体 α 潜能浓度、简捷的实用方法。采样结束后，在某一选定的时刻(或时间间隔内)测量滤膜的 α 计数率(或总 α 计数)，乘上一个转换系数，便可得出 α 潜能浓度。由于潜能浓度与滤膜的 α 计数(率)的比值，与氡子体的平衡比有关，因此，该类方法是忽略了氡子体的平衡比变化对测量结果影响，含极大的“作者经验”成分的近似方法。重要的是大量实验证实，该类方法中的近似方式，与“经验”成分导致的固有误差在可以接受的范围。因此，库兹涅茨法、罗尔法与马尔

科夫法作为一次计数测定^{222}Rn子体 α 潜能浓度的方法被广泛采用。

5.5.1　库兹涅茨法

库兹涅茨(Kusnetz)法(1956)[29,14]基于下述实验结果：

每 WL 的氡子体的 α 衰变的总速率，在采样结束后第 40～90 min 时间段内，几乎与被测采样的空气中氡与其子体的平衡程度无关。因此，当用滤膜采样后(采样气体的体积应已知)，在 40～90 min 时间段内，用 α 衰变测量仪器测出滤膜上的 α 衰变率，便可求出氡子体的潜能浓度。

以 $Q=2\sim10$ L/min 的采样流速，用滤膜取样 $t_0=5$ min(或 10 min)。采样结束后，在 40～90 min 的时间段内某一选定的时刻 T，测量滤膜的 α 计数率，乘上一个转换系数，求出 α 潜能浓度。

(1)库兹涅茨法

库兹涅茨公式：

$$C_{\text{pot}}=\frac{n_\alpha(t_0,\ T)}{E\Sigma t_0 QK}\text{WL} \tag{5.5.1}$$

式中：C_{pot}——氡子体潜能浓度，WL(2.08×10^{-5} J/m^3)；

$n_\alpha(t_0,\ T)$——取样 t_0 后，第 T 时刻的 α 计数率，计数/min；

E——探测效率；

Q——采样流速，L/min；

Σ——滤膜的过滤效率；

K——库兹涅茨(Kusnetz)因子，其值可从图 5.5.1 查出。

(与时间相关的即时标定因子)。

(对应测量滤膜某一时刻 T 的转换系数)[计数/(WL·L·min)]。

库兹涅茨(Kusnetz)法[30](含改进的库兹涅茨法)原用于高浓度氡子体环境的潜能测定。主要用于矿井测量[31-33]。因此，当环境氡子体潜能浓度低于(约 100 WL)时，统计误差较大。

表 5.5.1 列出库兹涅茨法因子 K 部分值；图 5.5.1 示出库兹涅茨因子 K 与时间 T 的关系曲线。

表 5.5.1　采样后不同时刻 *T* 的 Kusnetz 因子值

T/min	K/计数/(WL·L/min)
40	150
50	130
60	110
70	90
80	75
90	60

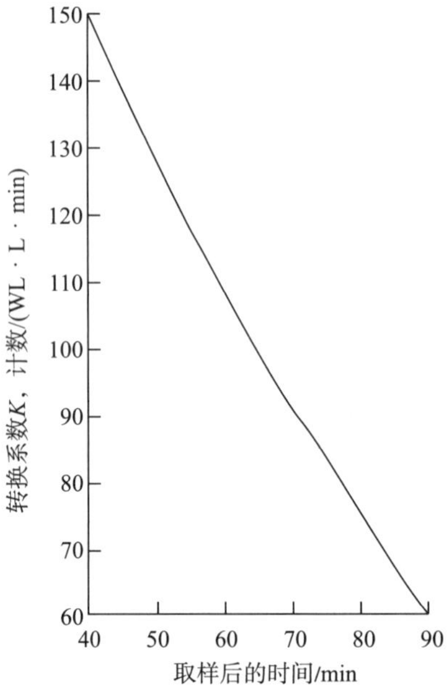

图 5.5.1　库兹涅茨因子 K 与时间的关系曲线

(2)改进的库兹涅茨法

对库兹涅茨法的改进，主要是以测量某时间段($T_1 \rightarrow T_2$)内的计数，代替瞬时 T 计数率的测定。库兹涅茨因子则依计数时间区间的中点为准，仍按表 5.5.1 取值。

改进的库兹涅茨法也是主要用于矿井氡监测，但也用于高浓度氡子体环境的氡子体潜能测定。

在采样结束后的第 40～90 min 的时间段内，测量滤膜某段时间($T_1 \rightarrow T_2$)的总 α 计数，$N_\alpha(t_0,\ T_1 \rightarrow T_2)$，则氡子体的 α 潜能浓度 C_p[30]：

$$C_p = KN_\alpha(t_0,\ T_1 \rightarrow T_2) \tag{5.5.2}$$

式中：K——库兹涅茨因子，J/(m³ · 计数)[6.25×10^9 MeV/L · 计数]；

$N_\alpha(t_0,\ T_1 \rightarrow T_2)$——$(T_1 \rightarrow T_2) \equiv T_0$ 时间内的 α 计数。

$$K_K = \frac{4.16 \times 10^{-6}}{E_\alpha \cdot \beta \cdot \Sigma \cdot Q \cdot T_0 \cdot F} \text{J/(m}^3\text{ 计数)} \tag{5.5.3}$$

式中：E_α——仪器对样品所放出的 α 粒子的探测效率(2π)；

β——滤膜对 α 粒子的自吸收系数；

Σ——滤膜的过滤效率；

Q——采样流速，L/min；

T_0——测量时间间隔，min；

F——与 T[从采样结束后开始，至测量时间中点之间的时间间隔，$T = \dfrac{T_1 + T_2}{2}$]有关的系数(库兹涅茨系数)，其值为：

$$F = 230 - 2T \quad (40 \leqslant T \leqslant 70)$$

$$F = 195 - 1.5T \quad (70 \leqslant T \leqslant 90) \tag{5.5.4}$$

改进的库兹涅茨(Kusnetz)法仍有许多不足：

①库兹涅茨假定采样时间为零(即采样过程中的衰变影响可忽略不计)。这一点连库兹涅茨本人也认为是不合适的；

②假定在计数过程中的线性衰变规律也导致出现附加误差；

③各氡子体活度的不确定性。

第①、②条可以通过计算机程序予以克服。但第③条则是该方法的固有缺点。

一次测量确定氡子体工作水平的(三种)方法皆有弱点。改进的库兹涅茨法最主要的不足是灵敏度受限。由于测量时间较短，灵敏度低。如：

假定空气氡子体潜能浓度为 0.001 WL，$Q=10$ L/min，采样 10 min，用改进的库兹涅茨法，计数 5 min，$E_\alpha=0.25$，则总计数只有 20。假定符合高斯统计规律，该测量的统计误差为 20%。

(3)再改进的库兹涅茨法

再改进的库兹涅茨(Kusnetz；W. W. Nazaroff)法以较长时间的计数积分刻度因子 K，代替原先的即时库兹涅茨刻度因子。该因子 K 直接给出：一定取样时间 t、计数区间 ($T_1 \rightarrow T_2$)，每 WL、每 L/min 的衰变数。

K 因子的确定方法：

①对子体非平衡状态的估计，引进了两个非平衡参数 R_1，R_2

$$R_1=\frac{C_{\mathrm{RaB}}}{C_{\mathrm{RaA}}};\quad R_2=\frac{C_{\mathrm{RaC}}}{C_{\mathrm{RaA}}} \tag{5.5.5}$$

并列出了八组常遇到的 RaB、RaC、RaA 间的非平衡状态；表 5.5.2 列出确定积分刻度因子的这八组放射平衡程度比值。

②列出收集于滤膜上的子体放射性活度(随时间)变化的方程，并求出其解(略)。

表 5.5.2　确定分刻度因子的八组放射平衡程度比值

组别(i)	$R_1(i)$	$R_2(i)$
1	1.0	1.0
2	0.9	0.75
3	0.8	0.6
4	0.7	0.5
5	0.6	0.4
6	0.5	0.25
7	0.4	0.15
8	0.3	0.1

③借助计算机，给定取样时间 t_0，对上述各组放射性平衡程度计算出归一 α 衰变率随时间的变化：

$$X_{\mathrm{i}}(t_0,\ R_1(i),\ R_2(i),\ t)$$

④取 X_{i} 积分计数的平均值，求 K 因子：

$$K(t_0,\ t_{\mathrm{X}},\ t_1)=\frac{1}{8}\sum_{1}^{8}\int_{t_{\mathrm{X}}}^{t_1}[X_{\mathrm{i}}(t_0,\ R_1(\mathrm{i}),\ R_2(\mathrm{i}),\ t)]\mathrm{d}t \tag{5.5.6}$$

式中：t_{X}——取样开始至计数开始的时间间隔；

t_i——取样开始至计数结束的时间间隔。

对采样时间 $t_0=5$ min、10 min；等待时间 $(t_X-t_0)=40$ min，45 min，50 min，55 min和 60 min；

计数时间 $(t_1-t_X)=5$ min，10 min，30 min 和 60 min 计算得出的 K 因子值列于表 5.5.3。

表 5.5.3 再改进的库兹涅茨法积分刻度因子 *K* 值表

(t_0, t_X, t_1)	K(衰变/cpm·WL)	(t_0, t_X, t_l)	K(衰变/cpm·WL)
(5，45，50)	3 700	(10，50，55)	7 150
(5，45，55)	7 150	(10，50，60)	13 800
(5，45，75)	18 500	(10，50，80)	35 500
(5，45，105)	29 200	(10，50，110)	55 900
(5，50，55)	3 450	(10，55，60)	6 650
(5，50，60)	6 650	(10，55，65)	12 800
(5，50，80)	17 000	(10，55，85)	32 600
(5，50，110)	76 700	(10，55，115)	51 100
(5，55，60)	3 200	(10，60，65)	6 150
(5，55，65)	6 150	(10，60，70)	11 800
(5，55，85)	15 600	(10，60，90)	29 900
(5，55，115)	24 400	(10，60，120)	46 600
(5，60，65)	2 950	(10，65，70)	5 650
(5，60，70)	5 650	(10，65，75)	10 600
(5，60，90)	14 300	(10，65，95)	26 800
(5，60，120)	22 200	(10，65，125)	41 500
(5，65，70)	2 700	(10，70，75)	5 200
(5，65，75)	5 200	(10，70，80)	9 900
(5，65，95)	11 000	(10，70，100)	24 900
(5，65，125)	20 100	(10，70，130)	38 400

再改进的库兹涅茨法公式：

$$WL=\frac{C}{E\cdot Q\cdot K} \tag{5.5.7}$$

式中：C——计数时间区间(t_X-t_1)；

E——探测效率(4π)；

Q——采样流速，L/min；

K——再改进的库兹涅茨法积分刻度因子。

为兼顾测量时间与误差，通常取 $t_0=10$ min，$t_X=50$ min，$t_1=80$ min。

氡子体浓度不太低的情况下，改进的库兹涅茨法是很适用的。氡子体浓度较低的情况下，为得到较适当的统计误差，应选用再改进的库兹涅茨法。

由上可见，氡子体测量的快速主要取决于选用的方法。它不是描述仪器、装置固有特点的指标。

5.5.2 罗尔法

(1)罗尔法

测量氡子体潜能浓度的罗尔(Rolle)法的基本原理，与库兹涅茨法相同，只是缩短了采样后的等待时间，因而能更快地给出结果。罗尔(Rolle)通过实验发现，用他选取的采样流速、采样时间及测量样品 α 衰变的时间条件，1 WL 的 α 潜能浓度，对应的氡子体 α 衰变率 $F_R=(210\sim213)$衰变/(min・L)。其误差约为 11%。因此，将所测得的 α 计数率，除以 α 探测效率 E_α、总采样量 Qt_0，便可得出被测样气的氡子体 α 衰变率，除以系数 F_R，便可得出被测气体内氡子体 α 潜能浓度 C_p[34,35]。

取采样流速 $Q=10$ L/min，采样时间 $t_0=10$ min，采样结束后取其第 6.6 min(第 $T=7$ min)时的滤膜 α 计数率 $n_\alpha(t_0,\ T)=n_\alpha(10\ \text{min},\ 6.6\ \text{min})$[cpm]，则氡子体的潜能浓度 C_p可按下式计算：

$$C_p=\frac{n_\alpha(t_0,\ 6.6)}{E_\alpha\cdot Q\cdot t_0\cdot\Sigma\cdot F_R}\text{WL} \tag{5.5.8}$$

式中：C_p——氡子体的潜能浓度，WL；(2.08×10^{-5} J/m^3)(1.3×10^5 MeV/L)；

$n_\alpha(t_0,\ 6.6)$——采样结束后，第 6.6 min(第 $T=7$ min)时的滤膜 α 计数率[cpm]；

E_α——α 探测效率(4π)；

Σ——滤膜的过滤效率；

Q——采样流速 $Q=10$ L/min；

F_R——罗尔系数。对应采样时间 1～20 min 时，F_R皆可取 212。

F_R的物理意义是在罗尔(Rolle)条件下，每 1 WL 的潜能浓度对应的比活度为(212～213)衰变/(min・L)。

当取样时间不同于 10 min 时，氡子体的潜能浓度 C_p按下式计算：

$$C_p=\frac{n_\alpha(t_0,\ 6.6)}{E_\alpha\cdot Q\cdot t_0\cdot\Sigma\cdot F_R}\text{WL} \tag{5.5.9}$$

式中：F_R——转换因子[计数/(WL・min・L)]。表 5.5.4 列出文献[34]推荐的 K 值。

表 5.5.4　文献[34]推荐的罗尔系数 F_R值表

t_0/min 采样时间	F_R/ [计数/(WL・L・min)]	方法固有误差/%		
		正	负	最大(正)
40	140	3	13.4	27.7
50	127	3	9.2	24.5
60	110	3	9.1	20.6
70	93.8	3	9.6	18.6

续表

t_0/min 采样时间	F_R/ [计数/(WL·L·min)]	方法固有误差/%		
		正	负	最大(正)
80	77.1	3	12.1	15.4
90	62.8	3	15.3	11.3
100	50.8	3	15.7	10.2

与库兹涅茨法相比，罗尔法缩短了等待时间，因而增大了计数率。因此提高了灵敏度，探测下限达 0.01 WL。由于未考虑氡子体平衡比的影响，罗尔法固有误差达±12%的水平。

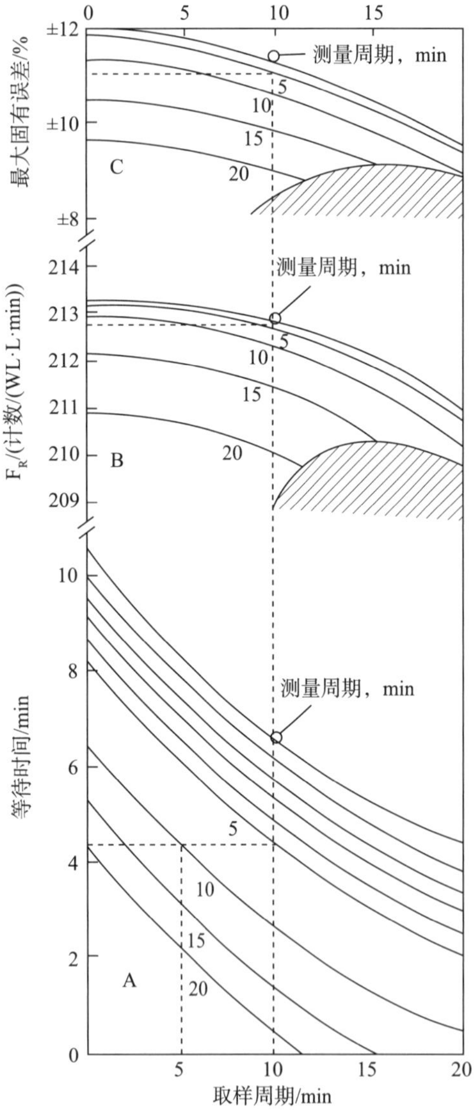

图 5.5.2 罗尔法有关参数关系图

(2)改进的罗尔法

为减小测量误差，亦可采用测量滤膜某段时间($T_1 \rightarrow T_2$)内总 α 计数的方法——改进的罗尔(Rolle)法[36]。公式写作：

$$C_p = \frac{N_\alpha(t_0,\ T_1 \rightarrow T_2)}{E_\alpha \cdot Q \cdot t_0 \cdot \beta \cdot \Sigma \cdot F_R(T_1 \rightarrow T_2)} \tag{5.5.10}$$

式中：E_α——α 探测效率(4π)；

Q——采样流速，L/min；

t_0——采样时间，min；

β——自吸收系数；

Σ——滤膜的过滤效率；

$T_1 \rightarrow T_2$——计数时间间隔，min；

$N_\alpha(t_0,\ T_1 \rightarrow T_2)$——采样时间为 t_0 时，采样结束后，第 $T_1 \rightarrow T_2$ 时刻内的 α 计数；

$F_R(T_1 \rightarrow T_2)$——测量时间为 $T_1 \rightarrow T_2$ 时的罗尔系数。该值以及罗尔法相关的其他参数关系示于图 5.5.2。

罗尔推荐了 2 组可获得最佳准确度的控制参数：

第 1 组：$t_0 = 10$ min，$T_1 = 2.63$ min，$T_2 = 12.63$ min(即测量周期 $T_1 \rightarrow T_2 = 10$ min)；

第 2 组：$t_0 = 10$ min，$T_1 = 4.35$ min，$T_2 = 9.35$ min(即测量周期 $T_1 \rightarrow T_2 = 5$ min)。

5.5.3 马尔科夫法

马尔科夫法是快速测定氡子体 α 潜能浓度的一段计数法[16,38,39]。氡子体由 RaA(^{218}Po)

完全衰变为 RaD(^{210}Pb)过程中放出的 α 粒子能量的总和称做 α 潜能。α 潜能的概念最早是 1950 年由 Kusnetz 提出。

马尔科夫(Марков)法是目前我国多数矿山、科研院所、环境保护、卫生防疫部门，监测氡子体 α 潜能浓度采用的方法。并制定了相应的规范[6,12]。

首先，选定采样流速，目前多用 20 L/min；选定采样时间，一般为 5 min；将被测样气中氡子体收集在滤膜上。取样结束后，测定第 7→10 min 内，样品上的 α 计数 $N(5,\ 7\rightarrow 10\ \text{min})$。对应氡子体的 α 潜能浓度 C_p：

$$C_p=\frac{K_M\cdot N(5,\ 7\rightarrow 10)}{E\cdot Q\cdot \Sigma\cdot \beta}\text{MeV/L}(0.16\ \text{nJ/m}^3) \tag{5.5.11}$$

式中：Q——采样流速，L/min；

Σ——滤膜过滤效率；

β——滤膜自吸收系数；

E——α 探测效率(4π)；

K_M——马尔科夫因子(MeV/min 计数)。它是 t_0、$T_1\rightarrow T_2$ 及氡子体平衡比的函数。选定 t_0、$T_1\rightarrow T_2$ 后，对不同的氡子体平衡比可取 K_M的平均值。

对于上述选定的 $t_0=5$ min，$T_1\rightarrow T_2=7\rightarrow 10$ min，取 $K_M=40$ MeV/(min 计数)。由于平衡比差异导致的固有误差不超过 10%(±11%)。实际应用中，常把式(5.5.11)改写作：

$$C_p=\frac{3.1\times 10^{-4}N(5,\ 7\rightarrow 10)}{E\cdot Q\cdot \Sigma\cdot \beta}\text{WL} \tag{5.5.12}$$

依据上述一次计数测氡子体 α 潜能浓度的方法，研制成大量商品氡子体测量仪器。文献[41，42，43，44]介绍了部分早期该类仪器及刻度方法。

马尔科夫氡子体 α 潜能浓度法其他形式[7，40]

(1)潜能浓度

$C_p(\text{MeV/m}^3)$计算公式如下：

$$C_p=\frac{40.3N(5,\ 7\rightarrow 10)}{E\cdot Q\cdot \Sigma\cdot \beta}\text{MeV/m}^3$$

$$N(5,,\ 7\rightarrow 10)=G(5,\ 7\rightarrow 10)-3R \tag{5.5.13}$$

式中：40.3 ——马尔科夫因子(平衡比修正因子)；

$N(5,\ 7\rightarrow 10)$——5 min 采样；样品在第 7～10 min 的 α 净计数；

$G(5,\ 7\rightarrow 10)$——5 min 采样；样品在第 7～10 min 的 α 总计数；

Q ——采样流速，m^3/min；

E ——α 探测效率，%；

Σ——滤膜过滤效率，%；

β——滤膜自吸收系数；

R——本底，计数/min。

(2)“马尔科夫二段法”

以马尔科夫命名的氡子体测量方法还有一种”马尔科夫二段法”。该法以选定的采样流速(多用 20 L/min)，用滤膜过滤采样 5 min，测量采样后 1→4 min($T_1\rightarrow T_2$)，和 7→10

min($T_3 \to T_4$)滤膜的总 α 计数 $N_\alpha(t_0; T_1 \to T_2)$和 $N_\alpha(t_0; T_3 \to T_4)$。由公式计算出子体 RaA 与潜能浓度的测量方法。

①RaA 浓度

$$C_{\mathrm{RaA}} = \frac{0.118[N(5, 1 \to 4) - N(5, 7 \to 10)]}{Q\Sigma\beta\varepsilon} \mathrm{pCi/L}(37\ \mathrm{Bq/m^3}) \tag{5.5.14}$$

计算 RaA 浓度 shi3，没有考虑 RaB 与 RaC 对总 α 计数的贡献。由此引入的误差<15%。

②α 潜能浓度

$$C_{\mathrm{p}} = \frac{K_{\mathrm{M}} N(5, 7 \to 10)}{Q\Sigma\beta\varepsilon} \mathrm{MeV/L}(16\ \mathrm{nJ/m^3}) \tag{5.5.15}$$

现今，马尔科夫二段法现已较少采用。

5.6 α 能谱法测量 RaA、RaB、RaC、ThB、ThC 浓度

测定氡子体浓度的总 α 计数法，虽然设备简单，且已广泛应用，但是，该法的重要不足是测量 RaA 浓度的准确度较低。

文献[46]的作者 Martz 等人首先提出了用 α 能谱测定氡短寿命子体浓度的实验方法。之后，文献[44]的作者 Kritidis 等变更了部分测量参数，使测量 RaA、RaB 和 RaC 浓度的精度比 Martz 方法更高。此后，Haywood[48]取采样时间 10 min，测量采样后 2～12 min 时间段内 RaA 和 RaC′、采样后 15～30 min 时间段内 RaC′的 α 计数，取代 Martz 与 Kritidis 方法中 α 计数率测量，进一步提高了 α 能谱法测氡子体浓度的精度[45]。

5.6.1 α 能谱法测^{222}Rn、^{220}Rn 子体浓度原理

^{222}Rn 的短寿命子体 RaA、RaB、RaC 中，RaA(^{218}Po)发射 6.002 MeV(3.05 min)，RaC′(^{214}Po)发射 7.687 MeV(19.7 min)的 α 粒子；^{220}Rn 的短寿命子体 ThA、ThB、ThC、ThC′中，ThA(^{216}Po)发射 6.78 MeV(0.145 s)，ThC(^{212}Bi)发射 6.090 MeV(60.55 min)，ThC′(^{212}Po)发射 8.784 MeV(3.02×10^{-7} s)的 α 粒子(见表 2.1.12；表 2.1.13)。

根据 RaA 和 RaC′发射的 α 粒子能量相差较大这一特点，用单滤膜采样 t；然后用双道谱仪(或多道谱仪)分别或同时测定过滤器上采样 t 结束后，某两个时刻 T_1 与 T_2，对应 T_1 时刻的 RaA 和 RaC′α 粒子的计数率 $n_\alpha^{\mathrm{RaA}}(T_1)$，$n_\alpha^{\mathrm{RaC'}}(T_1)$；与对应 T_2 时刻 RaC′α 粒子的计数率 $n_\alpha^{\mathrm{RaC}}(T_2)$；或采样结束后 T_1 至 T_2 时间段内，RaA 和 RaC′的 α 计数。借助公式可确定^{222}Rn 子体 RaA、RaB、RaC 的浓度。同理，ThA、ThC、ThC′α 粒子谱分别或同时测定，借助公式便可获得^{220}Rn 子体 ThB、ThC 的浓度。

α 能谱法不存在方法误差，准确度较高。

图 5.6.1 示出采样结束，滤膜上源自^{222}Rn 的^{218}Po(RaA)、^{214}Po(RaC′)能谱实验谱线。其中^{218}Po(RaA)、^{214}Po(RaC′)源自^{222}Rn。图中^{216}Po(ThA)、^{212}Po(ThC′)对应源自^{220}Rn 的 α 粒子区间。

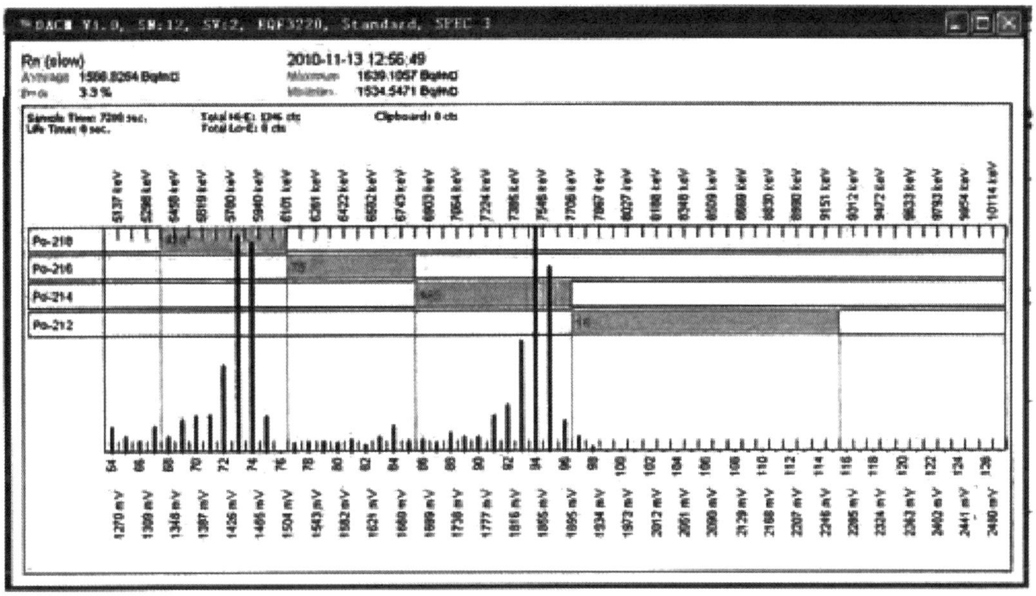

图 5.6.1　采样结束滤膜上源自^{222}Rn 的^{218}Po(RaA)、^{214}Po(RaC′)能谱

5.6.2　Martz α 能谱法测单一氡子体浓度

用单滤膜采样 t；然后用双道谱仪(或多道谱仪)分别或同时测定过滤器上采样 t 结束后，某两个时刻 T_1 与 T_2，对应 RaA 和 RaC′α 粒子的 α 计数率 $n_\alpha^{\mathrm{RaA}}(T_1)$，$n_\alpha^{\mathrm{RaC'}}(T_1)$；与 $n_\alpha^{\mathrm{RaC}}(T_2)$。

当 T_1 与 T_2 为任意值时，α 能谱(计数率、Martz)法公式[3,29]：

$$C_{\mathrm{RaA}}=\frac{n_\alpha^{\mathrm{RaA}}(T_1)\mathrm{e}^{\lambda_1 T_1}}{\varepsilon Q(1-\mathrm{e}^{\lambda_1 t})}$$

$$C_{\mathrm{RaB}}=\frac{K_6\left[\frac{n_\alpha^{\mathrm{RaC}}(T_1)}{\varepsilon Q}-K_1C_1\right]-K_5\left[\frac{n_\alpha^{\mathrm{RaC}}(T_2)}{\varepsilon Q}-K_2C_1\right]}{K_3K_6-K_4K_5}$$

$$C_{\mathrm{RaC}}=\frac{K_3\left[\frac{n_\alpha^{\mathrm{RaC}}(T_2)}{\varepsilon Q}-K_2C_1\right]-K_4\left[\frac{n_\alpha^{\mathrm{RaC}}(T_1)}{\varepsilon Q}-K_1C_1\right]}{K_3K_6-K_4K_5} \tag{5.6.1}$$

式(5.6.1)中：常数 K 为：

$$K_1=\frac{\lambda_2\lambda_3(1-\mathrm{e}^{-\lambda_1 t})(\mathrm{e}^{-\lambda_1 T_1}-\mathrm{e}^{-\lambda_3 T_1})}{(\lambda_2-\lambda_1)(\lambda_3-\lambda_1)}\left[\frac{\lambda_2\lambda_3(1-\mathrm{e}^{-\lambda_1 t})}{(\lambda_2-\lambda_1)(\lambda_3-\lambda_2)}-\frac{\lambda_3(1-\mathrm{e}^{-\lambda_2 t})}{\lambda_3-\lambda_2}+\frac{\lambda_2\lambda_3(\mathrm{e}^{-\lambda_1 t}-\mathrm{e}^{-\lambda_2 t})}{(\lambda_2-\lambda_1)(\lambda_3-\lambda_2)}\right](\mathrm{e}^{-\lambda_2 T_1}-\mathrm{e}^{-\lambda_3 T_1})+\mathrm{e}^{-\lambda_3 T_1}\left[1-\mathrm{e}^{-\lambda_3 t}+\frac{\lambda_3}{\lambda_3-\lambda_2}(\mathrm{e}^{-\lambda_3 t}-\mathrm{e}^{-\lambda_2 t})+\frac{\lambda_2\lambda_3}{(\lambda_2-\lambda_1)(\lambda_3-\lambda_1)}(\mathrm{e}^{-\lambda_3 t}-\mathrm{e}^{-\lambda_1 t})+\frac{\lambda_2\lambda_3}{(\lambda_2-\lambda_1)(\lambda_3-\lambda_2)}(\mathrm{e}^{-\lambda_2 t}-\mathrm{e}^{-\lambda_3 t})\right]$$

$$K_3=\frac{\lambda_3}{\lambda_3-\lambda_2}(1-\mathrm{e}^{-\lambda_2 t})(\mathrm{e}^{-\lambda_2 T_1}-\mathrm{e}^{-\lambda_3 T_1})+(1-\mathrm{e}^{-\lambda_3 t})\mathrm{e}^{-\lambda_3 T_1}+$$

$$\frac{\lambda_3}{\lambda_3-\lambda_2}(e^{-\lambda_3 t}-e^{-\lambda_2 t})e^{-\lambda_3 T_1}$$

$$K_5=(1-e^{-\lambda_3 t})e^{-\lambda_3 T_1} \tag{5.6.2}$$

把 K_1、K_3 和 K_5 中的 T_1 换成 T_2，就可分别得到 K_2、K_4 和 K_6。

式中：$n_\alpha^{RaA}(T)$，$n_\alpha^{RaC}(T)$——分别表示在采样结束后 T 时刻测得的 RaA 和 RaC′的 α 粒子计数率，计数/min；

C_{RaA}，C_{RaB}、C_{RaC}——分别为空气中 RaA、RaB 和 RaC 的浓度，原子数/L；

λ_i——第 i 种子体的衰变常数，min^{-1}；

($\lambda_1=\lambda_{RaA}=0.2273/min$；$\lambda_2=\lambda_{RaB}=0.02586/min$；$\lambda_3=\lambda_{RaC}=0.03519/min$)；

t——采样时间，min；

T_1，T_2——测量 α 计数率时间；

ε——探测效率；

Q——采样流速，L/min。

文献[46，29]的作者 Martz 等人首先提出了用 α 能谱学的方法，测定氡短寿命子体的浓度。

单滤膜采样，流速为 Q(L/min)，采样时间 $t=5$ min。采样结束后，$T_1=5$ min 时，用 α 能谱仪分别测定 RaA(6.002 MeV)和 RaC′(7.687 MeV)的 α 计数率，得 $n_{RaA}(5,5)$，$n_{RaC}(5,5)$；$T_2=30$ min 后再次测定 RaC′的 α 计数率，得 $n_{RaC}(5,30)$。

由 $n_{RaA}(5,5)$、$n_{RaC}(5,5)$、$n_{RaC}(5,30)$获得被测样气中 RaA、RaB 与 RaC′的浓度的工作公式如下：

$$n_\alpha^{RaA}(5,5)=2.130C_{RaA}\varepsilon_{RaA}\Sigma Q(\text{计数/min})$$

$$n_\alpha^{RaC}(5,5)=(0.1518C_{RaA}+2.233C_{RaB}+8.521C_{RaC})\varepsilon_{RaC}\Sigma Q(\text{计数/min})$$

$$n_\alpha^{RaC}(5,30)=(0.5257C_{RaA}+4.679C_{RaB}+3.536C_{RaC})\varepsilon_{RaC}\Sigma Q(\text{计数/min}) \tag{5.6.3}$$

反演后，得 C_{RaA}、C_{RaB} 与 C_{RaC} 表达式：

$$C_{RaA}=\frac{1}{\varepsilon_{RaA}\Sigma Q}17.3715n_\alpha^{RaA}(5,5)[Bq/m^3]$$

$$C_{RaB}=\frac{1}{\varepsilon_{RaC}\Sigma Q}[-2.1423\frac{\varepsilon_{RaC}}{\varepsilon_{RaA}}n_\alpha^{RaA}(5,5)-4.0922n_\alpha^{RaC}(5,5)+9.8605n_\alpha^{RaC}(5,30)][Bq/m^3]$$

$$C_{RaC}=\frac{1}{\varepsilon_{RaC}\Sigma Q}[0.2516\frac{\varepsilon_{RaC}}{\varepsilon_{RaA}}n_\alpha^{RaA}(5,5)+5.4131n_\alpha^{RaC}(5,5)-2.5826n_\alpha^{RaC}(5,30)][Bq/m^3] \tag{5.6.4}$$

a 能谱法测单个氡子体浓度的下限为 $1.11\times10^2(Bq/m^3)$。

已知 C_{RaA}，C_{RaB} 及 C_{RaC} 各子体浓度，求子体潜能浓度的公式列于 2.2 节。

$$C_{pot}=13.68\frac{C_{RaA}}{\lambda_{RaA}}+7.68(\frac{C_{RaB}}{\lambda_{RaB}}+\frac{C_{RaC}}{\lambda_{RaC}}+\frac{C_{RaC'}}{\lambda_{RaC'}})MeV/m^3 \tag{5.6.5}$$

式中：C_{RaA}、C_{RaB}、C_{RaC} 及 $C_{RaC'}$——分别为 RaA、RaB、RaC 及 RaC′的浓度(Bq/m^3)；

λ_{RaA}、λ_{RaB}、λ_{RaC} 及 $\lambda_{RaC'}$——分别为各子体的衰变常数(1/s)。

5.6.3　Kritidis 与 Haywood α 能谱法测单一氡子体浓度

(1)Kritidis 法

Kritidis 等[47]变更了部分参数，采样 7 min，采样结束后，借助 α 能谱仪测定 1～10 min 时间间隔内的 RaC′(7.687 MeV)α 计数，计算出 RaA、RaB 与 RaC′的浓度。该方法的测量结果比 Martz 方法，RaA、RaB 和 RaC 浓度测量精确度有了很大提高。但是该方法要求采样后 1 min 内将滤膜从采样位置移至测量室进行测量，实际应用中有一定难度而未被广泛采用。

(2)Haywood 法

Haywood[46]提出采样 10 min，采样后 2～12 min 时间间隔内，由 α 谱仪测定 RaA 和 RaC′的 α 计数；采样 15～30 min，测定 RaC′α 计数。在测量室内充入氦气取代空气，减小空气对 α 粒子的吸收。现通常以流速 $Q=10$ L/min 采样，采样时间 t_0 取 5 min、10 min 或 15 min，测量时间选 $T_1=5$ min，$T_2=30$ min。采样期间，氡子体在滤膜上累积，作为采样时间 t 的函数，由式(5.1.6)、式(5.1.7)给出。采样 t 结束后，滤膜上收集的氡子体原子数随时间 T 的衰变，由式(5.1.12)以采样 t 与采样后时间 T 的函数给出。

5.1.3 节(或 ^{222}Rn 衰变图)给出 RaA 核衰变发射 α 粒子；RaB 核发射 β 粒子；RaC 核发射 α(或 β)粒子。其中 RaA 放出的 5.998 MeVα 粒子；RaC′放出的 7.687 MeV α 粒子。

因此，采样 t 时刻后，分别测量从 T_{1a} 至 T_{2a} 时间段内，RaA 放出的 5.998 MeV 和；T_{1a} 至 T_{2a} 与 T_{1b} 至 T_{2b} 两个时间段 RaC′放出的 7.687MeV α 粒子的谱计数：

$$A_1(t,\ T_{1a}\rightarrow T_{2a})=E\beta\int_{T_{1a}}^{T_{2a}}\lambda_{RaA}N_{RaA}(t,\ T)\mathrm{d}T \tag{5.6.6}$$

$$A_2(t,\ T_{1a}\rightarrow T_{2a})=E\beta\int_{T_{1a}}^{T_{2a}}\lambda_{RaC'}N_{RaC'}(t,\ T)\mathrm{d}T \tag{5.6.7}$$

$$A_3(t,\ T_{1b}\rightarrow T_{2b})=E\beta\int_{T_{1b}}^{T_{2b}}\lambda_{RaC'}N_{RaC'}(t,\ T)\mathrm{d}T \tag{5.6.8}$$

式中：$A_1(t,\ T_{1a}\rightarrow T_{2a})$——取样 t/min 后，$T_{1a}\rightarrow T_{2a}$时间内，滤膜上发射 RaA－6.002 MeV α 粒子数；

$A_2(t,\ T_{1a}\rightarrow T_{2a})$——取样 t/min 后，$T_{1a}\rightarrow T_{2a}$时间内，滤膜上发射 RaC′－7.687 MeV α 粒子数；

$A_3(t,\ T_{1b}\rightarrow T_{2b})$——取样 t/min 后，$T_{1b}\rightarrow T_{2b}$时间内，滤膜上发射 RaC′－7.687 MeV α 粒子数；

E、β——分别为滤膜的 α 粒子探测效率(俗称 4π 效率)，及滤膜的自吸收系数。

通过计算式(5.6.6)、式(5.6.7)与式(5.6.8)联立方程组，便可得出 RaA、RaB 与 RaC′子体，随谱计数 $A_1(t,\ T_{1a}\rightarrow T_{2a})$、$A_2(t,\ T_{1a}\rightarrow T_{2a})$及 $A_3(t,\ T_{1b}\rightarrow T_{2b})$改变的子体浓度 C_{RaA}、C_{RaB}与 $C_{RaC'}$。此处得出以(原子数/L)为单位的氡子体浓度，乘以各自的衰变常数 λ，便可转换成惯用的(Bq/m^3)为单位的氡子体(活度)浓度。文献[34]研制了通过测量^{212}Po 的 8.784 MeVα 计数消除^{220}Rn 对氡子体的测量干扰氡子体连续测量仪。

α 能谱法的主要优点是比三点法大大提高了 RaA 浓度的测量精度。

(3)ThB、ThC 能(谱)量甄别法[27,49,50]

选定流速，如 $Q=10$ L/min；用滤膜过滤采样 $t_0=60$ min。用 α 探测装置，测定滤膜上 ThC′发射的 8.78 MeV α 粒子，计数时间区间选为采样结束后第 6～30 min，及第 360～390 min，则 ThB 和 ThC 的浓度可按下式计算：

$$\chi_{\text{ThB}}=\frac{1}{H\varepsilon_{\text{ThC}'}\Sigma Q}[0.013\ 33N_\alpha(60,\ 360\rightarrow 390)-0.000\ 281\ 2N_\alpha(60,\ 6\rightarrow 30)]\text{Bq/m}^3$$

$$\chi_{\text{ThC}}=\frac{1}{H\varepsilon_{\text{ThC}'}\Sigma Q}[0.019\ 78N_\alpha(60,\ 6\rightarrow 30)-0.008\ 943N_\alpha(60,\ 360\rightarrow 390)]\text{Bq/m}^3$$

(5.6.9)

式中：H——采样后第 360→390 min 时间区间内，接能量甄别器与不接能量甄别器时，所测滤膜 α 计数之比值(理论值应为 66.3%)。该法 C_{ThC} 探测下限理论上可达 1.85 Bq/m³。

5.6.4 α 能谱法测氡子体实例

(1)α 能谱法测单个氡子体浓度系统——(Alpha Nuclear)700 系列 alpha smart 系统

760 型 αsmart 是一种便携式、程序化、准连续氡/钍子体监测系统。它提供^{222}Rn、^{220}Rn 单一子体的浓度和工作水平(WL)。该系统应用由程序控制、步进马达带动滤膜卷，以便采样、测量并即时读出，或者自动采样和记录进行长周期监测。

α 计数由两个硅探测器完成。它们或者用内置多道分析器进行 α 谱测定；或者给出总计数。数据可储存于内装磁带上。

特点：①α 总计数和 α 能谱功能选择；

②测量 RaA、RaB、RaC、ThB 和 ThC 浓度；

③测 WL(Rn)和 WL(Tn)；

④不断更换新滤膜测量，因而消除了重复使用滤膜的“历史”效应；

⑤双探测器延迟回路以配合衰变时间段选定。

性能指标：

空气采样：采样时可同时进行 α 计数和/或采样后样品计数

探测器：两个扩散结硅探测器，400 mm²

能量响应：10 MeV α 粒子

多道分析器：两个 10 bitADC 的 256 道谱仪 16 bit 能力

过滤器：701 型 35 mm(1.38″)宽 25 m(82 ft)长，置于 Φ92 mm(3.62″)盒内

滤膜类型：0.88 μm 丙烯酸脂与无纺尼龙的共聚物

滤膜步幅(Filter Advance)：31.75 mm(1.25″)

每盒的样品数：约 750 个

采样泵：10 L/min；或 20 L/min

光学登录：701 型滤膜带事先被标记，每 31.75 mm(1.25″)标记一次，用光敏传感器确定探头下的膜面积

滤膜步进：微机控制

灵敏度：与选用方法相关：能谱法　10 min 采样；30 min 测量；20 L/min 采样；
0.000 4 WL±50%
0.001 WL±35%
Kusnetz 法　10 min 采样；60 min 测量；20 L/min 采样；
0.000 1 WL±50%
0.001 WL±15%

alpha smart 系统实测的 α 谱线，以及解谱后的 α 谱线示于图 5.6.2。

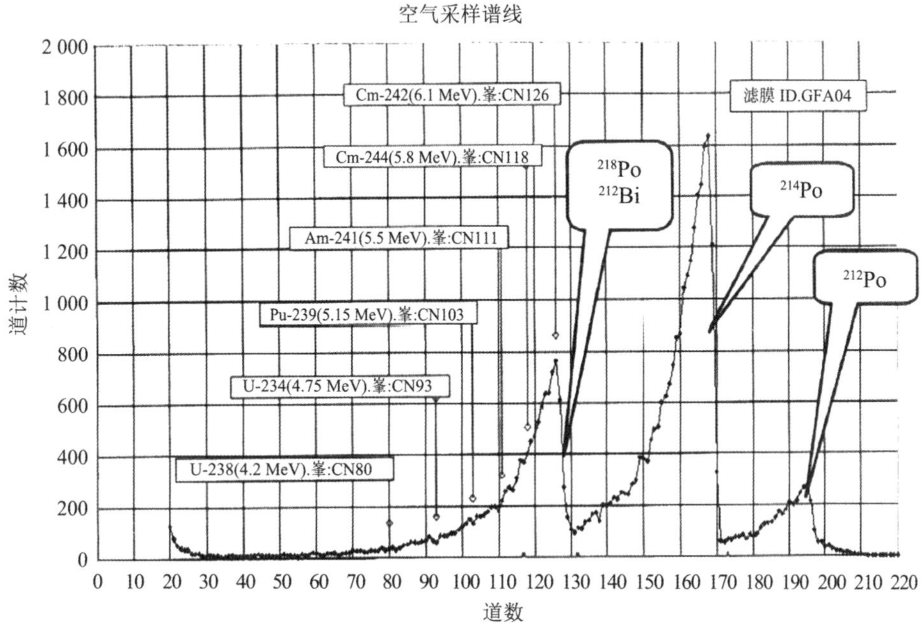

图 5.6.2　沉积在滤膜上 $^{222}Rn/^{220}Rn$ 子体的 α 粒子实验能谱成分解析

(2)α 能谱法与“三点法”“三段法”测氡子体实验对比

当采样时间 $t_s=5$ min，分别用三点和 α 能谱法测量了某矿 15 个薄膜滤纸样品，结果如表 5.6.1 所示。

表 5.6.1　三点法与 α 能谱法测量氡子体对比[29]

(原子数/L)

子体	三点法			α 能谱法		
	平均浓度	标准误差/%		平均浓度	标准误差/%	
		实验值	理论值		实验值	理论值
RaA	1 321	28.6	35.0	1 382	7.8	4.0
RaB	750	12.6	10.9	744	12.0	8.5
RaC	532	26.8	24.0	484	14.1	11.0

表 5.6.2 总 α 三段法与 α 能谱法测量氡子体对比[25]

[园括号内为以 pCi/L 为单位值；采样时间为 15 min]

(Bq/m³)

采样流速/(L/min)	*p	总 α 三段法			α 能谱法		
		2′～5′，6′～20′，21′～30′			2′～12′，15′～30′		
		RaA	RaB	RaC	RaA	RaB	RaC
5	0.102	74.0 (2.00) ±52.1%	31.1 (0.84) ±25.5%	0.296 (0.008) ±34.9%	44.8 (1.211) ±16.7%	26.6 (0.720) ±20.6%	6.03 (0.163) ±61.1%
20	0.191	22.1 (0.596) ±71.7%	10.3 (0.278) ±29.5%	11.6 (0.313) ±34.9%	3.74 (0.101) ±28.9%	26.6 (0.169) ±25.1%	5.00 (0.135) ±22.8%

注：*p：为能量修正系数——采样结束，经过一段时间后，当滤膜上 RaA 子体衰变可忽略时，RaC′ α 粒子在 RaA α 粒子测量道区内的计数，与 RaC′的总 α 计数之比，称为能量修正系数，记作 P。若在 2～12 min 内，RaA 道区和 RaC′道区的 α 计数分别为 A'_1 与 A'_2，则经能量修正的 RaA 与 RaC′计数为 A_1，A_2：

$$A_1 = A'_1 - \frac{P}{1-P}A'_2 \tag{5.6.10}$$

$$A_2 = \frac{1}{1-P}A'_2 \tag{5.6.11}$$

5.7 未结合态氡子体测量方法

氡子体 RaA、RaB……等，刚形成之初是未结合的小的带正电离子，称作未结合态氡子体。各种未结合态氡子体自生成时刻起，除按照各自的半衰期衰变之外，存续的子体将与气溶胶粒子相结合，生成结合态，即非离子态氡子体。结合速率与其所处环境的气溶胶浓度及通风率有关。

未结合态氡子体粒径小(<5 nm 量级)，其表征热运动的扩散系数较大。如未结合态 RaA 的扩散系数约为 0.05 cm²/s。一般气溶胶环境的结合态氡子体的粒径为(0.01～1) μm，其表征热运动的扩散系数较小。如结合态 RaA 的扩散系数仅为$(3\sim30)\times10^{-6}$ cm²/s(极少数可达 300×10^{-6} cm²/s)。上述未结合态、结合态氡子体扩散特性的巨大差异，提供了可以借助扩散机制将其从运动的气流中分离开来的理论依据。

收集未结合态与结合态氡子体的方法和装置不同。用于未结合态氡子体收集和测量的装置有扩散管、扩散室、金属筛(wire screen)和静电沉积(precipitation)器等。扩散管与扩散室多用于将未结合态氡子体从混合束中剥离；而金属筛用于未结合态氡子体采集[51,52]。通常，未结合态氡子体占总子体的份额在 1%～10%范围。随气溶胶浓度下降和通风率增大，该份额将增大。

实验结果表明，除上述未结合态氡子体与结合态氡子体之外，还观察到多个氡子体结合到一起的“凝聚态”氡子体的存在。“凝聚态”氡子体是氡子体存在的第三类状态。凝聚态氡子体的粒径一般在(10～20)nm 之间。

未结合态氡子体的状态常用未结合 RaA 离子数与 RaA 原子总数之比 f_A 表示。f_A 称作未结合态 RaA 份额。

5.7.1　测量原理

为了测定含未结合态、结合态与凝聚态氡子体的气流中未结合态氡子体，采取两种方法：一种是将未结合态氡子体从总气流中清除，然后测定总气流中氡子体的减少量；另一种方法是直接收集未结合态氡子体，测定其数量。

含未结合态、结合态与凝聚态氡子体的气流流经采样器时，其中未结合态氡子体粒径小(<5 nm 量级)，热运动剧烈，在通过孔径较大的丝网层时，易被丝网捕获收集；粒径大的结合态氡子体(～100 nm)，由于热运动相对缓慢，顺利通过丝网，顺着管道继续流动，直到最后被滤膜过滤收集[57]。图 5.7.1 示出丝网收集未结合态氡子体，与滤膜过滤结合态氡子体的示意图。图 5.7.2 示出筛网附着特性与粒子粒径的关系。

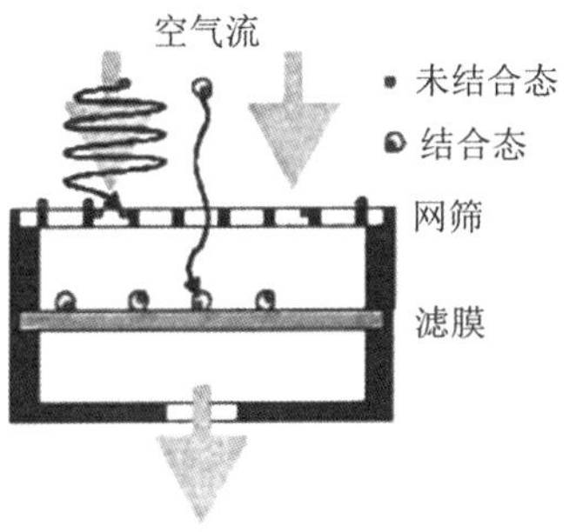

图 5.7.1　丝网收集未结合态氡子体与滤膜过滤结合态氡子体的示意

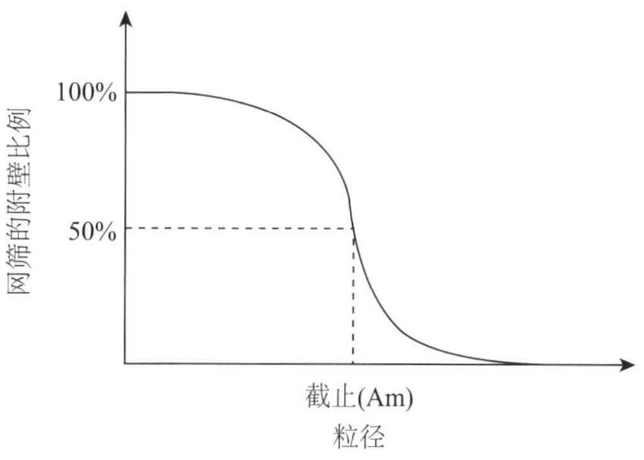

图 5.7.2　网筛附着特性与粒子粒径的关系

5.7.2　未结合态 RaA 份额扩散室测定法

待测样气以 80 L/min 的流速通过由 28 根长 20 cm、截面为 5 cm×0.07 cm 的长方形孔道管组成的扩散室时，氡子体的贯穿份额与扩散系数的关系示于表 5.7.1。易见，几乎全部未结合态(离子态)RaA(对应扩散系数 $D=0.05\ cm^2/s$ 的 RaA 子体)都沉积于扩散室内，而结合态(非离子态)RaA(对应 $D=30\times10^{-6}\ cm^2/s$ 的氡子体)却几乎全部穿过扩散室。

表 5.7.1　氡子体贯穿本领与扩散系数关系[3]

扩散系数 $D/(cm^2/s)$	0.05	0.02	0.01	300×10^{-6}	30×10^{-6}
贯穿本领/%	<1	2	14	87	98

据上所述，可用图 5.7.3 所示的装置测定离子态 RaA 的份额 f_A。含氡空气以相同的流速同时通过两张并联的、面积相等的滤膜。在其中一个滤膜之前安装一个扩散室，以去除样气中的全部未结合态 RaA，只收集结合态 RaA。另一滤膜上游无扩散室，其既收集未

结合态 RaA 子体，又收集结合态 RaA 子体。

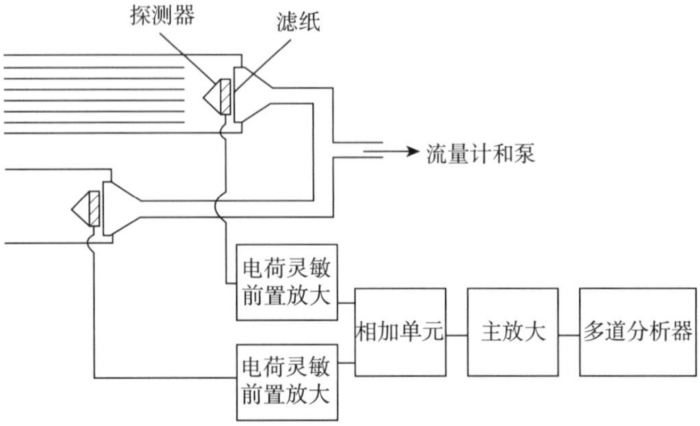

图 5.7.3 测量离子态 RaA 份额的装置图[3]

两滤膜前各安装一个 α 粒子探测器(如金硅面垒半导体探测器)，取样同时，测量各滤膜的 α 粒子计数率 n'、n。则未结合态 RaA 的份额由下式给出：

$$f_A = \frac{n - n'}{n} \tag{5.7.1}$$

式中：n'——结合态 RaA 子体 α 计数(带扩散室探头)；

n——RaA 子体总 α 计数(无扩散室探头)。

表 5.7.2 列出了不同 RaA 浓度时 f_A 的测量值。

表 5.7.2 不同 RaA 浓度的 f_A 测量值[3]

RaA 浓度/(Bq/m³)	$(f_A \pm \delta)$/%
14.43	13±4
8.14	22±5
6.66	38±5
5.18	31±7
4.81	12±7
2.96	40±7
2.22	26±10
1.85	7±12
1.48	33±11

5.7.3 未结合态氡子体金属筛测量法

(1)收集效率 E_c

5.7.2 节中介绍采用去除未结合态 RaA 子体的方法测其所占份额。金属筛法可直接收集并测定未结合态氡子体浓度[32]。选择适当的金属筛网眼的几何尺寸以及采样流速，可获得未结合态与结合态氡子体较理想的分离效果。随金属筛网眼变小，及采样流速降低，对未结合态氡子体的收集效率增高。金属筛取样器的收集效率 E_c 可由下述半经验公式给出[53]：

$$E_c = 1 - (0.82e^{0.233h} + 0.18e^{-16.7}) \quad (5.7.2)$$

式中：$h = \dfrac{100M_c^2 dD}{u}$

M_c——筛网孔数，孔数/cm；

d——金属丝直径，cm；

D——未结合态氡子体扩散系数，cm^2/s；对氡子体取 $D=0.06\ cm^2/s$；

u——采样气流的线速度 cm/s。

式(5.7.2)的适用范围为：$Mc=1\sim50$ 孔数/cm，$d=0.01\sim0.1$ cm，$u=5\sim50$ cm/s。

文献[54]给出，$Mc=68.5$ 孔/cm，$d=0.0056$ cm，$u=21$ cm/s 时，实测 $E_c=0.86$。

文献[51]给出，用 200 目* 的金属筛，采样气流线速度 $u=12$ cm/s 时，对未结合态 RaA 测得的收集效率达 98%。同时，估算给出，用 200 目金属筛对结合态氡子体 RaA 的收集微不足道(1%量级，或其平均扩散常数小于约 $10^{-5}\ cm^2/s$)。因此，它对未结合态 RaA 的测量没有太大的影响。应当指出，对于未结合态份额低的场合，采用低流速采样就不行了，因为此时结合态 RaA 的影响实质性增大。

George[55]在采样线速 11.5 cm/s 的条件下，测量了 60～325 目的金属筛对氡子体的收集效率[55]。作者发现，只有 60 目的金属筛对平均粒径为 0.05 μm 的环境凝聚核，以及 0.01 μm 的银气溶胶，才显示出收集效率为零的特性。文章指出，尽管 80 目的金属筛对结合态氡子体收集效率很低(1%和 3%，分别对环境气溶胶和银气溶胶)，但对于未结合态氡子体份额低的测量，仍旧造成较大的误差。60 目金属筛(金属丝直径 1.8×10^{-2} cm)对未结合态 RaA 的收集效率(包括金属筛背面及间隙面的活度)为 77%。该结果与理论计算符合较好[56,57]。

(2)α 计数效率的修正

未结合态氡子体在金属筛网上的沉积状态复杂：部分沉积于筛网正面，部分沉积于网眼之间，另有一部分沉积在筛网的背面。由于 α 粒子的射程短，显然不能将金属筛网当作一个面源。必须对未结合态氡子体在筛网上的沉积分布，对 α 计数效率的影响进行必要的修正。

令修正系数 P：

$$P = \frac{\text{筛网正面 α 计数}}{\text{总 α 计数}}$$

式中修正系数 P 与 u 密切相关。实验测得的 200 目金属筛网的 $P-u$ 关系曲线示于图 5.7.4。

(3)未结合态氡子体金属筛采样器

未结合态氡子体金属筛采样器结构如图 5.7.5 所示。全部材料为不锈钢或黄铜。采样时，前面的筛网收集未结合态氡子体，后面的滤膜收集穿过网的结合态氡子体。

* 注：“××目”表示 25.4 mm×25.4 mm 面积上的孔数。

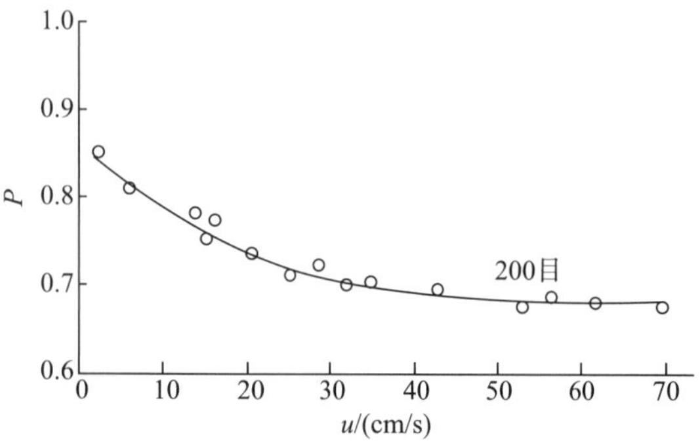

图 5.7.4　α计数效率修正系数 $P-u$ 关系曲线

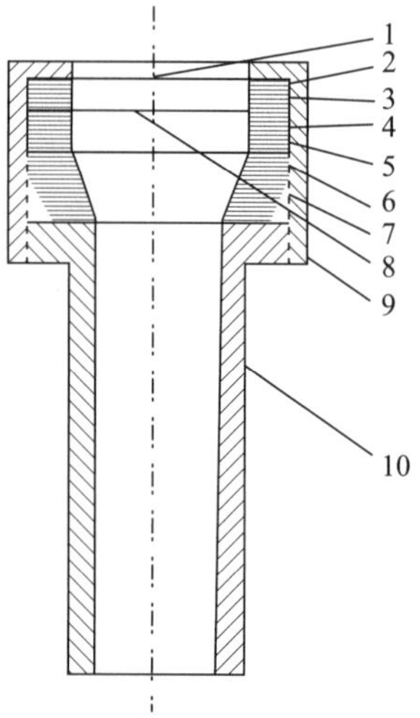

图 5.7.5　未结合态氡子体金属筛采样器的结构

1—金属筛网(半径 1 cm)；2、4—外环；
3、5—内环(用于夹住网和滤膜)；
6—橡胶密封圈；7—外帽(外径 30 cm)；
8—滤膜；9—卡环；10—连接管

(4)改进型未结合态氡子体金属筛采样器

依据上述对未结合态的氡子体的收集原理，文献[57]对未结合态氡子体探测器进行了改进。凝聚态粒子由于其粒径比未结合态氡子体大 10～20 nm，因此其热运动不如后者剧烈，能通过丝网不被扑集。文献[57]的改进型未结合态氡子体金属筛采样器在丝网后增加了一个特制的弯曲的管道。部分凝聚态粒子直接沉积到未结合态氡子体探测器表面，而大部分收集在弯管内表面，而不能到达收集结合态氡子体的滤膜，实验结果更精确。

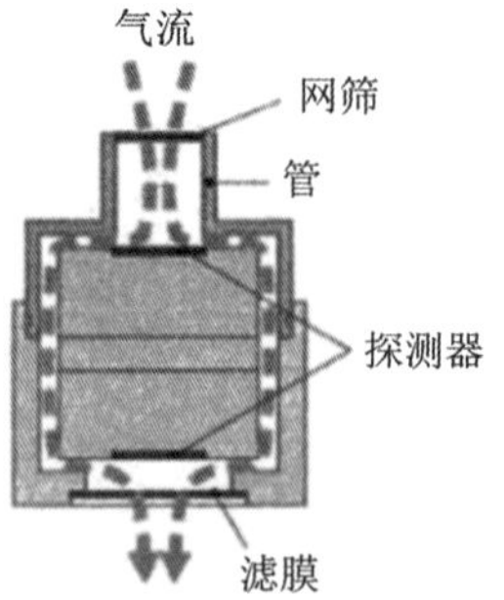

图 5.7.6　改进型未结合态氡子体金属筛采样器的结构

图 5.7.7 示出对未结合态与凝聚态氡子体测量的 α 能谱。可以看到，除了常规的^{218}Po、^{216}Po、^{214}Po、^{212}Po 计数区域之外，还附加由一个$^{214}Po^*$ 计数区域。该$^{214}Po^*$ 比^{214}Po 测量能量更高，原因是这部分^{214}Po 由于是直接附着在半导体探测器表面产生 α 粒子，能量更高而被区分开来。$^{214}Po^*$ 这部分计数即视为凝聚态氡子体所产生的计数。其他计数是在离探测器较远的丝网上收集的，视为是未结合态氡粒子所产生的计数。这些数经过计算后，得出未结合态氡与凝聚态氡子体对应的平衡当量氡浓度。

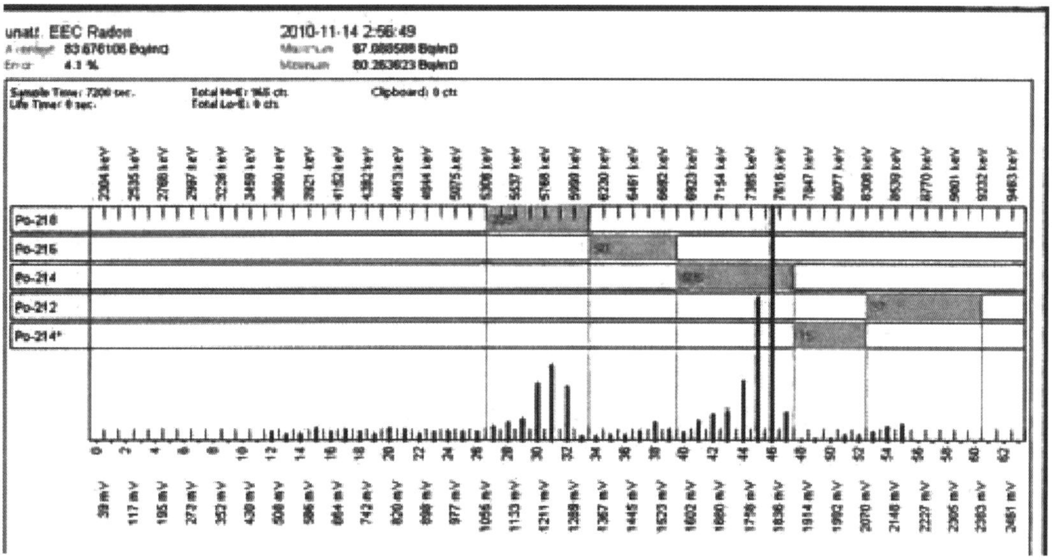

图 5.7.7　对未结合态与凝聚态氡子体测量的 α 能谱

图 5.7.8 示出结合态氡子体测量的 α 能谱。探测器位于出气口滤膜的附近。常规的 ^{218}Po、^{216}Po、^{214}Po、^{212}Po 计数区域。^{214}Po 计数远大于 ^{218}Po，原因在于滤膜收集氡子体气溶胶的衰变累积效果，使得后续子体浓度越来越高。

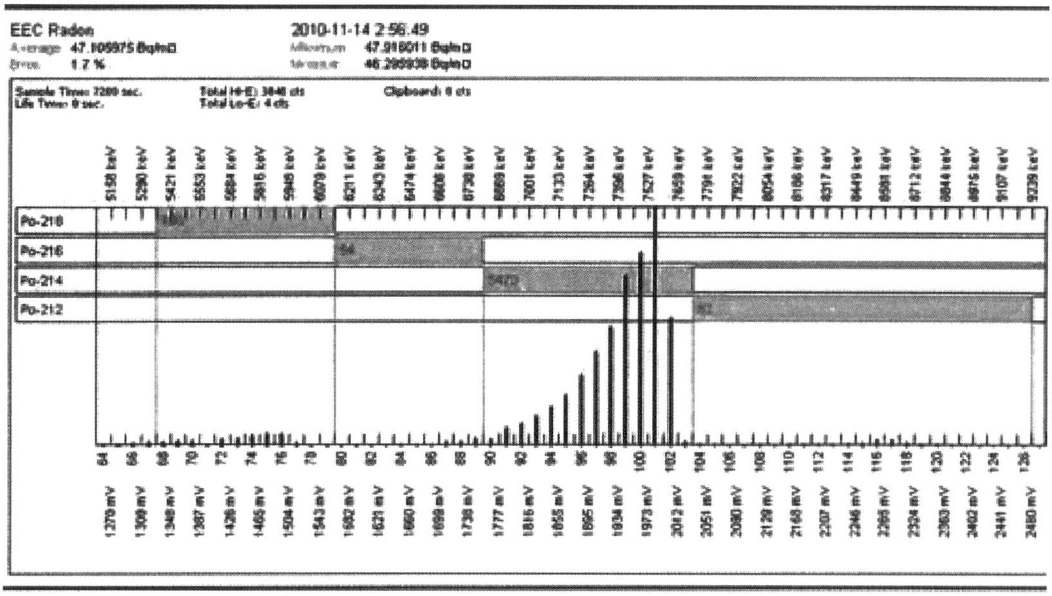

图 5.7.8　结合态氡子体测量的 α 能谱

未结合态氡子体金属筛用改进的齐沃格劳法测量。为了提高探测 RaA 浓度 C_{RaA} 的精确度和缩短时间，可选用如下参数：

流速 $Q=10$ L/min；采样时间 5 min；采样结束后的第 2～4 min、5～10 min 和

11～15 min测量金属筛网上的 α 计数，则未结合态氡子体浓度可按下式计算(pCi/L)：

$$C_{RaA}=[0.4238N_\alpha(5,2\to4)-0.3540N_\alpha(5,5\to10)+0.2338N_\alpha(5,11\to15)]\frac{1}{\varepsilon_\alpha E_c QP}$$

$$C_{RaB}=[0.1597N_\alpha(5,2\to4)-0.2491N_\alpha(5,5\to10)+0.2465N_\alpha(5,11\to15)]\frac{1}{\varepsilon_\alpha E_c QP}$$

$$C_{RaC'}=[-0.1393N_\alpha(5,2\to4)+0.1834N_\alpha(5,5\to10)-0.1406N_\alpha(5,11\to15)]\frac{1}{\varepsilon_\alpha E_c QP} \quad (5.7.3)$$

5.8 RaA、RaB、RaC、ThB 与 ThC 浓度测量其他方法

测定氡与其子体浓度的总 α 法，因设备简单，操作方便，获得了广泛应用。但是，该法的重要不足是测量准确度较低，对 RaA 浓度的测量的低准确度尤为突出；另一个不足是长寿命子体 RaD 发射的 α 粒子的本底累积，导致测量本底的不断增高，如图 5.8.1 所示。

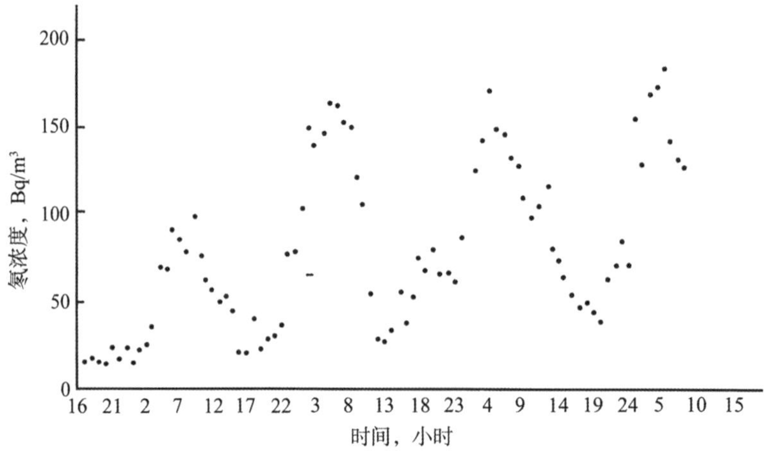

图 5.8.1　RaD 发射的 α 粒子的本底累积的实例

(自 RCM-2 氡连续监测仪——某楼房一层密闭房间内的监测结果)

为克服这一不足，研制了 RaA、RaB、RaC、ThB 与 ThC 浓度测量的其他方法。当然，必须指明，下述方法实际应用较少，因此其理论意义远大于实际意义。

5.8.1 RaA、RaB、RaC、ThB 与 ThC 浓度测量总 β 计数法

氡短寿命子体衰变过程中也放出二个 β 粒子。原则上，总 β 计数法也可用于氡子体浓度的测定。测量 RaB(^{214}Pb)、RaC(^{214}Bi)、ThB(^{212}Pb)与 ThC(^{212}Bi)发射的 β 粒子总计数。据标定系数得出被测氡浓度。仪器应用前必须经过标定——属相对测量方法。

如果作总 β 测量，仪器只对 β 灵敏，而对 α 不灵敏，所以 $G_1=0$。设 $G_2=G_3=G$，测

得包括 RaB 和 RaC 的积分总 β 计数。

RaC 的 α 放射性同 RaC 的 β 放射性同样，不考虑 RaB 和 RaC 的 β 探测效率和自吸收差异时，由式(3.8.2)可得到氡子体总 β 计数表达式。

RaA+RaB+RaC 混合体中总 β 计数：RaC 的 α 放射性与 RaC 的 β 放射性同样，不考虑 RaB 和 RaC 的 β 探测效率和自吸收差异时，可得到氡子体总 β 计数表达式。

$$X_\beta(t_0,\ T_1 \rightarrow T_2)=[(-166.87f_{RaA}+75.11\times 10^3 f_{RaB}-33\,707f_{RaC})C_{RaA}+(58.46\times 10^4 f_{RaB}-250.49\times 10^3 f_{RaC})C_{RaB}+66.23\times 10^3 f_{RaC}C_{RaC}]E_\beta \Sigma_\beta Q \tag{5.8.1}$$

式中：C_i——RaA、RaB、RaC 的浓度，Bq/m^3；i=RaA、RaB、RaC。

β 三段法[58,59]

如前所述，氡及其短寿命子体衰变过程中先后放出 3 个能量较高的 α 粒子。由于其易于探测，因此，氡及其短寿命子体的监测，多采用 α 粒子探测技术。

平衡当量氡浓度的定义[60]：

$$EEC_{Rn}=0.105C_{RaA}+0.516C_{RaB}+0.379C_{RaC}(Bq/m^3) \tag{5.8.2}$$

式中：C_{RaA}、C_{RaB}、C_{RaC}——分别为空气中氡子体 RaA、RaB、RaC 的浓度。

平衡当量氡浓度的测定中，如果得到了 3 个氡子体的浓度，就能直接计算出 EEC_{Rn}。从而可以估算剂量学上关心的氡及其子体所致辐射剂量。从上式还可见，$C_{RaC'}$ 对 EEC_{Rn} 没有贡献[60]。

对于 EEC_{Rn} 和 α 潜能浓度贡献占 99%的两个氡子体 RaB 和 RaC 不是 α 发射体(见图 2.1.2-1)，而是 β 和 γ 发射体。所以，为直接测定 EEC_{Rn}，通过直接 β 计数应是最佳选择。

随着科学技术的发展，目前商用高效、大面积(适合大流量采样器大面积滤膜)的 β 探测仪器已相当普及。文献[59]提出了通过探测 β 而监测氡及其子体的方法——新三段法。

为便于和 Thomas J. W 的三段法作比较，采用与其相同的测量程序，即：取样 5 min；取样结束后，2～5 min；6～20 min；21～30 min 测得三段总 β 计数：$X_1(5,\ 2-5)$、$X_2(5,\ 6-20)$ 与 $X_3(5,\ 21-30)$。

取样流速 Q，L/min；总 β 探测效率 E。

仪器本底计数率 X_b(计数/min)。则氡子体浓度、总 α 潜能浓度和平衡当量浓度分别为：

$$C_{RaA}=(-60.993X_1+29.605X_2-27.99X_3+20.423X_b)\frac{1}{EQ}Bq/m^3$$

$$C_{RaB}=(8.503\,0X_1-4.711\,6X_2+5.321\,8X_3-7.442\,1X_b)\frac{1}{EQ}Bq/m^3$$

$$C_{RaC}=(-3.085\,6X_1+2.905\,1X_2-3.848\,4X_3+3.220\,4X_b)\frac{1}{EQ}Bq/m^3$$

$$C_{pot}=(-175.25X_1+97.933X_2-90.956X_3-26.669X_b)\frac{1}{EQ}Bq/m^3$$

$$EEC_{Rn}=(-3.186\,2X_1+1.778\,4X_2-1.651\,6X_3+0.475\,12X_b)\frac{1}{EQ}Bq/m \tag{5.8.3}$$

式中：Q——采样流速，L/min；

E——总 β 探测效率；

X_b——仪器本底计数率(计数/min)。

一般来讲，采样流速、总探测效率、本底计数率等的误差都可设法降的很低，以至可忽略；总测量误差中，计数统计误差占主导地位。仅考虑计数统计误差时，浓度的合成不确定度为：

$$S_{RaA}=\sqrt{(3\,720.2X_1+876.48X_2+783.49X_3+26\,873X_b)}\ \frac{1}{EQ}\mathrm{Bq/m^3}$$

$$S_{RaB}=\sqrt{(72.301X_1+22.199X_2+28.321X_3+7\,295.8X_b)}\ \frac{1}{EQ}\mathrm{Bq/m^3}$$

$$S_{RaC}=\sqrt{(9.520\,7X_1+8.439\,7X_2+14.810X_3+2\,939.5X_b)}\ \frac{1}{EQ}\mathrm{Bq/m^3}$$

$$S_{pot}=\sqrt{(30\,714X_1+9\,590.8X_2+8\,292.9X_3+2\,826\,321X_b)}\ \frac{1}{EQ}\mathrm{Bq/m^3}$$

$$S_{EEC_{Rn}}=\sqrt{(10.152X_1+3.162\,7X_2+2.727\,6X_3+932.19X_b)}\ \frac{1}{EQ}\mathrm{Bq/m^3} \qquad (5.8.4)$$

5.8.2 RaA、RaB、RaC、ThB 与 ThC 浓度测量总 γ 计数法

^{222}Rn 与 ^{220}Rn 衰变过程中也存在 γ 发射。通过 γ 辐射监测(如活性炭吸附)也可以测定 ^{222}Rn 与 ^{220}Rn 的浓度[61]。

测量吸附了氡的活性炭吸附器所发射的 γ 辐射，以确定氡浓度。

氡和钍射气区分的基本原理

在同时存在铀和钍的环境中取样，活性炭吸附器将同时吸附进入吸附器的氡和钍。经过 10 个半衰期后，氡、钍射气与各自的子体达到平衡，其 γ 强度达到最大值。图 5.8.2 示出了氡子体与钍射气子体的增长曲线 Ⅰ、Ⅱ。采样结束后，吸附器从测孔中取出并密封。氡、钍的来源便被切断。氡、钍与其子体的放射性平衡状态不再继续。此时，吸附器内已吸附的氡、钍及它们的子体便按图 5.8.2 中曲线 Ⅲ、Ⅳ 衰变，从而其 γ 强度逐渐减弱。依据氡、钍射气的半衰期之不同，采取采样后不同时间开始测量 γ 强度的方法，便可区分氡与钍射气。

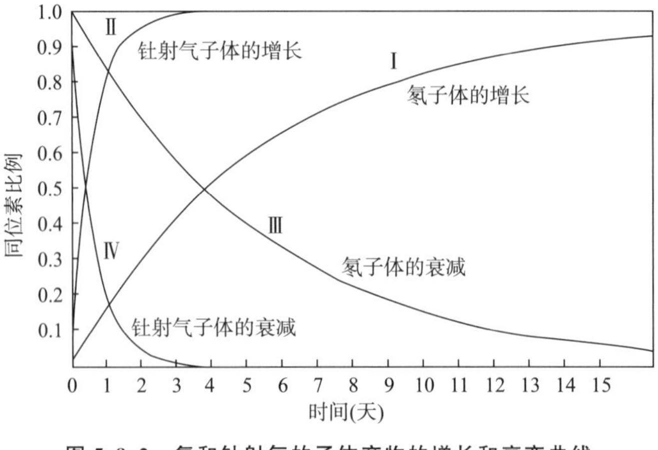

图 5.8.2 氡和钍射气的子体产物的增长和衰变曲线

由图 5.8.2 可见，钍射气半衰期较短，三天之后其 γ 强度便接近零；而氡子体的 γ 强度仅衰减到初始值的 58%。因此，吸附器采样结束存放三天之后再测其 γ 强度，所测之值皆由氡子体造成。如果需要精确测定钍射气的浓度，那么可采用两次测量方法：从测孔中取出吸附器时立即测量其 γ 强度(该 γ 强度为氡、钍子体的合效应)，三天之后再进行第二次测量。加入相应的衰变修正后再相减，便得出对应钍射气浓度的 γ 强度值。

5.8.3　RaA、RaB、RaC、ThB 与 ThC 浓度测量 γ 能谱法

^{222}Rn、^{220}Rn 及其子体发射 γ 的辐射特性列于表 2.1.12 与表 2.1.13。

文献[65]介绍了用脉冲幅度多道分析器测定活性炭过滤器 γ 能谱，进行氡与子体浓度测量的方法[62]。过滤器壳体为 Φ105 mm×60 mm 圆柱型容器。内装 148 g 活性炭。为测量混凝土或类似光滑表面上的氡的释放量，将过滤器密封在表面上，与表面接触的外边缘用可塑材料密封。测土壤中的氡气时，将过滤器插进土壤 1 cm 深，周围封以 2 cm 厚的浮土。采样结束后，用塑料或金属帽密封开口端，送实验室测量。

测量是在采样结束 5 h 后进行，以便使氡子体与氡达到放射性平衡。多道分析器的积分阈应包含下列 γ 辐射：

^{214}Pb(RaB)－0.242 MeV、0.294 MeV 和 0.352 MeV

^{214}Bi(RaC)－0.609 MeV

氡的释放量的计算：

$$J=\frac{N\lambda_1^2}{kS(1-e^{-\lambda_2 t})(e^{-\lambda_2 T_1}-e^{-\lambda_2 T_2})}\text{Bq/min}\cdot\text{m}^2 \tag{5.8.5}$$

式中：N——减去本底后的测量净计数；

J——氡的释放量，Bq/min・m^2；

K——标定系数，计数/min・Bq；

S——过滤器的面积，m^2；

$\lambda_1\lambda_2$——衰变常数，分别分 $1.26\times10^4\ \text{min}^{-1}$，$7.55\times10^{-3}\text{h}^{-1}$；

t——采集样品的时间；

T_1——采样结束后至计数开始的时间，h；

T_2——采样结束后至计数结束的时间，h。

实验测定，过滤器的刻度系数约为：$k=(5.3\pm0.2)$计数/min・Bq。

文献[61]报道了一种用活性炭吸附器采氡样，用 NaI(T1)闪烁探测器探测活性炭 γ 辐射强度谱，以测氡浓度的测量系统。图 5.8.3 示出用 NaI(Tl)闪烁探测器测量氡子体的 γ 谱。

为便于比较，表 5.8.1 列出短寿命氡子体测量方法综合。

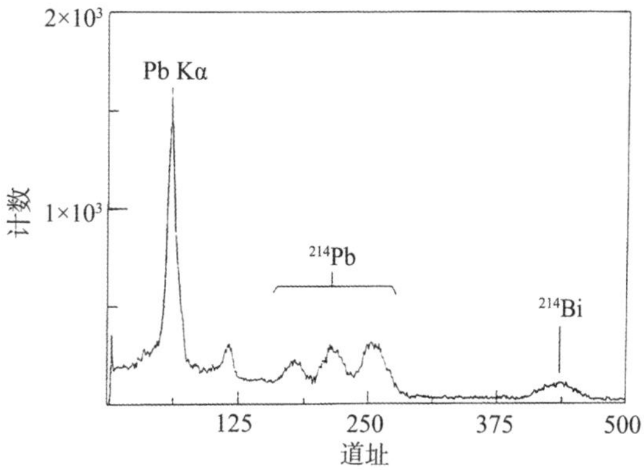

图 5.8.3　用 NaI(Tl)闪烁探测器测量氡子体的 γ 谱

表 5.8.1　子体测量方法综合

	方法	采样周期/min	衰变周期/min	测量/min (或 T_1 采样后)	注
总α计数法	“五段法” (简化 3、2 段法)	5		2～5，6～20，21～30 150～250，360～560	RaA、RaB、RaC ThB、ThC 浓度
		30	—	2～5，6～20，21～30 200～300，360～560	
		15		1～4，5～20，21～40 150～250，360～560	
	Tsivoglou“三点法” Thomas“三段法”	5 或 10 5 或 10	—	5，15，30 计数率 2～5，6～20，21～30	RaA、RaB、RaC 浓度
	Kusnetz 法 改进的 Kusnetz 法 简化的 Kusnetz 法	5 或 10 5 或 10 1，5 或 10	40～90 40～90 30～40	计数率 min 或更长 计数率	潜能浓度 潜能浓度 潜能浓度
	Rolle 法	<20	<10	计数率 或<20 计数	潜能浓度
	Markov 法	5		1～3，7～10 7～10	测 RaA、潜能 测潜能
α能谱法	谱计数率法 谱计数法	5 5，10，15		5，30 2～12，15～30	RaA、RaB、RaC RaA、RaB、RaC
α蚀刻	离线测量				
α热释光	离线测量				
β法	不被采用				
γ法	少用				

参考文献

[1] Scott A. G., A Field Method for Measurement of Radon Daughters in Air [J]. Health Physics, 1981, 41 (2): 403.

[2] Robert F. Droullard and Robert F. Holub, A Continuous WL Monitor[J]. HASL-325, 1977: 43-47.

[3] “核防护”编辑组. 放射性气溶胶监测方法专辑[J]. 核防护, 1977, 1-2.

[4] Robley D. Evans, 氡子体基本行为工程师手册[M]. 周剑良, 凌球, 邱小平, 等译. 北京: 原子能出版社, 2002.

[5] Tsivoglou. 氡监测技术的现状与展望[J]. 辐射防护通讯, 1981, 2.

[6] 李德平, 潘自强. 辐射防护手册(Ⅱ)[M]. 北京: 原子能出版社, 1988.

[7] Portable Potential alpha energy meter for rapid measurement in mines[R]. IEC 1984-8.

[8] 任天山, 程建平, 等. 环境与辐射[M]. 北京: 原子能出版社, 2007.

[9] 陆龙根, 叶际达, 章忠侯, 朱昌寿. 室内空气中氡的浓度及其测量方法[J]. 国际放射医学核医学杂志, 1983, 01: 9-14.

[10] 国防科工委科技与质量司组织编写. 电离辐射剂量[M]. 北京: 原子能出版社, 2002.

[11] 赵梓成, 张哲, 周洵远, 等. 非铀矿山排氡通风[M]. 北京: 冶金出版社, 1984.

[12] Man-Yin W. Tso and Chung Chuen Li[J]. Health Physics, 1987, 53(2): 175.

[13] Thomas J. W., Determination of The Working Level of Radon Daughter by The Modified Tsivoglou Method [R]. HASL-TM-71-15, 1971: 149. U. S. Atomic Energy Commission New York UC-41.

[14] Kusnetz H. L., Radon Daugthers in Mine Atmospheres-A Field Method for Determinating Concentration[M]. Ind. Hyd. Quart. 85-88.

[15] Tsivoglou E C, Ayer H E, Holaday D A. Occurrence of Non-equilibrium Atmospheric Mixtures of Radon and its Daughters[J]. Nucleonics, 1953, 11(9): 40.

[16] Thomas J W. Determination of Radon Progeny in Air from Alpha Activity of Air Samples[R]. USAEC Report HASL-202, 1968.

[17] Manual on Radiological Safety in Uranium and Thorium Mines and Mills[R]. IAEA and ILO Safety Series № 43: 33-35.

[18] Thomas J W. Modification of The Tsivoglou Method for Radon Daughters in Air[J]. Health Phys., 1970, 19(5): 691.

[19] Thomas J W. Measurement of Radon Daughters in Air [J]. Health Physics, 1972, 23(12): 783.

[20] Anthony Busigin and Colin R. Phillips, Uncertainties in The Measurement of Airborne Radon Daughters [J]. Health Physics, Vol. 39 №6 (1980) pp943-955. Department of Chemical Engineering and Applied Chemistry, University of Toronto, Canada.

[21] 汲长松, 王婷婷, 张庆威. 测定^{222}Rn与^{220}Rn子体浓度“五段法”与“三段法”实验对

比，第十七届全国核电子学与核探测技术学术年会[C]. 兰州，2014：402.
[22] 傅耀宗. 大气中钍子体 α 潜能值的测量[J]. 核防护，1979，1：62-65.
[23] 陈志恒，芦盅良，吕冬初，等. 环境氡钍子体 α 潜能值一次取样测定[J]. 环保通讯，1984，4：23.
[24] 张纯祥，余正方，等. 用能量甄别方法测定氡钍子体浓度[J]. 核防护，1979，1：49.
[25] Manual on Radiological Safety in Uranium and Thorium Mines and Mills[R]. Safety Series №43 IAEA，1976：40.
[26] 李士骏. 中国核学会辐射防护学会第一次学术交流会论文选编[M]. 北京：原子能出版社 1982：113.
[27] 傅耀宗. 大气中 ^{220}Rn 子体 α 潜能值的测量[J]. 核防护，1979，1：62.
[28] 姬婉华. 铀矿山水冶厂放射性监测方法(1974 年会议资料选编)[M]. 北京：原子能出版，1974.
[29] 李德平，潘自强. 辐射防护手册(Ⅰ)[M]. 北京：原子能出版社，1988.
[30] 氡及子体测量规范[S]. EJ/T 605—1991.
[31] Groer P. G.，The Accuracy and Precision of The Kusnetz Method for The Determination of The Working Level in Uranium Mines[J]. Health Physics，1972，23(1)：106.
[32] Willian W. Nazaroff (Energy and Environment Division Lawrence Berkeley Lab.)，An Improved Technique for Measuring Working Levels of Radon Daughters in Residences[J]. Health Physics，1980. 10，39(4)：683-686.
[33] Harley N. H. and Pasternack B. S.，The Rapid Estimation of Radon Daughter WL When Daughter Equilibrium is Unknow[J]. Health Phys，1969，17：109.
[34] Rolle R，Am. Ind. Hyg. Assoc. J.
[35] 吴慧山，梁树红，等. 氡测量及实用数据[M]. 北京：原子能出版社，2001.
[36] Rolle R，Health Phys. [J]. 1972，22：233.
[37] Марков К. П.，Рябов Н. В.，Смась К. Н.，Атомная Энергия[J]. 1962(2)：734.
[38] 马尔科夫 K. П. 等，空气中氡子体产物辐射危险的快速鉴定法[J]. 原子能，1962，8：734-737.
[39] Markov K. P. et al. A Rapid Method for Estimating The Hazard Associated with The Presence of Radon Daughter Products in Air[J]. At. Energ. 1963，12：315.
[40] Herrman D.，et al. Methods of Measuring Radon and Radon Daughters Products in Underground and Atmosphere Air[R]. IAEA-SM-229/22，1979.
[41] Masahiro Kawaji，H. Lin Pai and Colin R. Phillips，An Instant Working Level Meter Based on Gas Proportional Counters for Use in Uranium Mines[J]. Health Physics，1980，39(4)：651-657.
[42] Charles R. Phillips，Radon and Radon Daughter Measurements and Methods Utilized EPA's Eastern Environmental Radiation Facility[R]. HASL-325，1977：4-5.
[43] Peter G. Groer，Some Remarks on Exact Methods for WL And ^{222}Rn-Daughter Determination[R]. HASL-325，1977：34-36.
[44] Masahiro Kawaji，H. Lin Pai and Colin R. Phillips，Use of Gross Filter Activities in

A Continuous Working Level Monitor[J]. Health Physics，1981，40(4)：543-548. Department of Chemical Engineering and Applied Chemistry. University of Toronto，Canada.
[45] 张纯祥，赵资智，罗达玲等(中山大学). α 能谱法测定氡子体浓度[J]. 核仪器与方法，1981，3：33.
[46] Martz D. E，Holleman，D. F，McCurdy D. E. and Schiager K. J.，[J]. Health Physics，1969，17：131.
[47] Kritidis P，Uzunov I and Minev[J]. Nucl. Instr. Meth.，1977，143：143.
[48] Haywood F. F，Kerr G. D.，Goldsmith W. A.，Perdue P. T. and Thorngate J. H.，Measurements of Radon Daughter Concentration in Structures Built on or Near Uranium Mine Tailings，Proceedings of The Specialist Meeting on Personal Dosimetry and Area Monitoring Suitable for Radon and Daughter Products[C]. Canada，1976：219.
[49] 刘良军，肖德涛，雷家荣. 氡子体连续测量仪的研制[J]. 原子能科学技术，2007，41(4)：509.
[50] Measurement of Airborne Concentrations of Radon-220 Daughter Products of Alpha particle Spectrometry[R]. CONF-780110-1，UC-41，1978：16.
[51] James A. C. et al. Collection of Unattached RaA Atoms Using A Mire Gauze[J]. J. Aerosol Sci.，1972，3：243.
[52] Cliff K. D.，The Measurement of Low Concentrations of Radon-222 Daughters in Air with Emphasis on RaA Assessment[J]. Phys. Med. Biol.，1978，23(1)：55-65. National Radiological Protection Board.
[53] Thomas J. W. et al. Filtration of 0.001 μm Particles by Wire Screens [J]. Aerosol Sci.，1972，3：387.
[54] Erling Stranden、et al. The Radiological Impect of Mining in a Th-rich Norwegian Area[J]. Health Physics，1982，42：497.
[55] George A. C.，Measurement of The Uncombined Fraction of Radon Daughters with Screens[J]. Health Phys.，1972，23：390.
[56] 任天山，程建平，等. 环境与辐射[M]. 北京：原子能出版社，2007.
[57] SARAD-SQF3220 结合态、未结合态与凝聚态氡子体及氡钍射气测量仪手册[M].
[58] 田德源，陆治钊，新马尔科夫法. 第 8 届全国核电子学与探测技术学术年会论文集[C]. 广东珠海，1996-12：586.
[59] 田德源，陆治钊，何志坚. 测量空气中氡子体的新三段法[J]. 核电子学与探测技术，1994，14(6)：361.
[60] Measurement of Radon and Radon Daughters in Air：Recommendations of the NCRPM[R]. NCRP Report №97，Bethesda MD，1988：129.
[61] ROAC System for Uranium Exploration[R]. Power Engineering Consultants(PEC) Corporation，1980. 9.
[62] Counfess R. J.，Program Report[R]. 1977，3(9)：133-154.

第 6 章　测氡探测器

核辐射探测是构成核物理实验方法的基本内容之一[1]。核辐射探测器是记录核辐射粒子数目、鉴别粒子种类、测定粒子注量(率)，及确定核辐射能量分布，以直接或间接方法给出适用于探测入射核辐射的一个或多个参数信息的器件、装置或材料的统称[2,3]。从突出物理内涵的角度，核辐射探测器也可定义为：将核辐射转换成电、光、热、径迹或潜像等信息的器件。

核辐射探测器有多种分类方法。依据核辐射探测器探测机理的不同，将核辐射探测器分作：

收集电离电荷的气体电离探测器、半导体探测器；

收集核辐射导致的分子激发、退激发射闪烁光或荧光的闪烁探测器与热释光探测器；

显示核辐射导致的离子集团径迹的径迹探测器等五类主要的核辐射探测器[4]。

文献中也经常出现诸如：α、β、γ 与中子探测器；有机探测器、无机探测器；液体探测器、塑料闪烁探测器等其他分类方法。

如第 3 章至第 5 章所述，氡与其子体的衰变中发射 α、β 与 γ 辐射；氡与其子体的测量是借助对氡与其子体发射的 α、β 与 γ 射线的探测实施。本章测氡探测器主指惯常用于氡、氡子体浓度测量的 α 辐射探测器。

氡与其子体发射的 α 辐射的能量属于低能区间，因此，氡与其子体浓度测量涉及的核辐射探测器品种较有限。本书采用"测氡探测器"的用意在于，限定涉及氡与其子体测量的核辐射探测器的选材：

气体电离室；ZnS(Ag)闪烁探测器；Au-Si 面垒、PIPS 半导体探测器；热释光与光释光剂量计、固体径迹蚀刻探测器等。

6.1　电离室

电离室是气体电离类探测器。电离室、正比计数管与盖革－缪勒(G－M)计数管构成气体电离类探测器的三种主要探测器。三种探测器的工作原理不同，但是它们有一个共同点，即都是通过收集核辐射在气体中形成的电离电荷实现对核辐射的探测[5]。

气体电离探测器拥有两个电极，二个电极加上一定的电压之后，在电极之间的空间形成电场。带电粒子穿过探测器时电离产生的正负离子对，在电场作用下分别向正负电极运动，并被收集。电场电极收集到的离子对数，随外加电场所加电压的大小不同，而形成特性不同的多个区段。图 6.1.1 示出该依赖关系。

复合区：当外加电压 V 很小时，正负离子向电极运动的速度(称为漂移速度、或迁移速度)也很小，到达电极之前极有可能和气体中性分子碰撞；也极有可能与电荷相反的离子碰撞形成正负离子的复合，使正负离子对的数目诚少。该段电压范围称作"复合区"(图 6.1.1，1 段)。

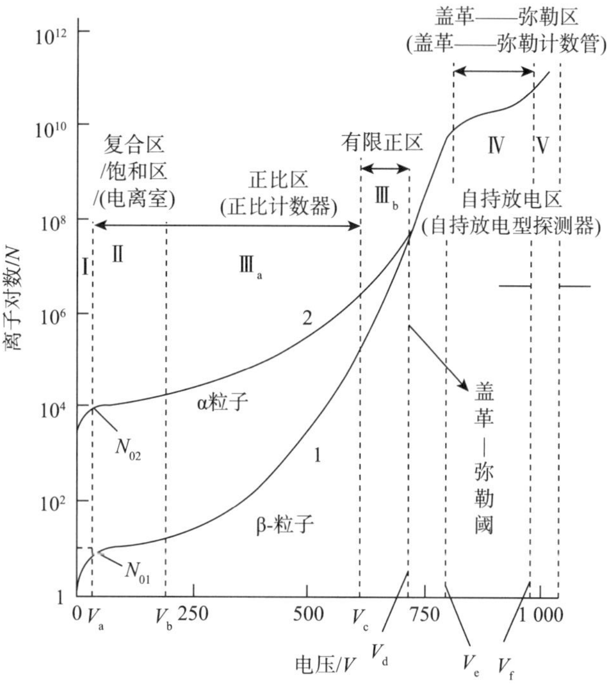

图 6.1.1　气体电离探测器收集的电荷数与外加电压的关系

在“复合区”中，设带电粒子在电场中产生的总离子对数为 N_0，由于正负离子的复合，损失掉部分正负离子。电极上收集到的离子数小于初始的总电离 N_0。

至今，尚没有工作于复合区的商品核辐射探测器。

饱和区：随着电压增高，离子的漂移速度也增大，因而碰撞复合的机会减小，最后收集到的电荷也逐渐增加。当电压到达某一值 V_a 时，复合基本上消失，这时总离子对数 N_0 全部被电极收集，即达到了饱和。达到饱和后，如果继续增加电压，则在一定电压范围 V_a-V_b 内，被收集到的电荷不再增加。电压范围 V_a-V_b 称为收集电荷的“饱和区”（见图 6.1.1，Ⅱ段）。

图 6.1.1 中曲线 1 和曲线 2 分别对应 β 粒子和 α 粒子的情况，N_{01} 和 N_{02} 分别是由 β 粒子和 α 粒子产生的总离子对数目。电压在 V_a 到 V_b 之间，收集到的电荷达到饱和，并维持一个常数不随电压而改变，电离室就是工作在饱和区的气体电离探测器。

正比区：外加电压在 V_b 之后再继续增加，则收集到的电荷将增加，并且增加的速度很快（见图 6.1.1，Ⅲ段）被收集的离子对数将大于初总电离 N_0，气体内出现气体放大过程。

$N>N_0$ 这个现象是由于存在气体放大过程的结果。在第Ⅲ段中，由于电场已比较强，原初电离所产生的电子漂移速度也比较大，电子受电场加速后与中性的气体分子碰撞时，能够使气体分子发生电离，因此便产生次级离子对。次级离子对中的电子，在漂移时又可能加速到足以再产生次级离子对。如此不断地继续下去，使电离离子对的数目增大了很多倍，收集到的离子对数 N，比原初的总电离数 N_0 要大很多倍。N 与 N_0 之比 N/N_0 叫作“气体放大倍数”，并用 $A=N/N_0$ 表示。由于电场越大，所产生的次级离子对就越多，因此，气体放大 A 是随电压的增加而“线性”增大的，因此，图 6.1.1 中Ⅲ段称为“正比区”。

正比计数管是工作于此区间的核辐射探测器。

盖革—缪勒(G—M)区：外加电压继续增高，产生次级电离愈来愈多，电极收集的电离数急剧增长。至某个值后电流开始形成自激放电。但是，随电压的增高、电场强度不断加大、产生大量次级离子对的同时，因为正离子质量较大，行动比较迟缓，当它们数量太大时，在收集电极附近出现正离子滞留现象。集电极附近正离子滞留现象部分地抵消了外加电场的作用，从而限制了次级离子数的继续增加。这种抵消作用就是所谓"空间电荷效应"。电极收集到的电离数 N 再次达到饱和(见图 6.1.1 Ⅳ段)，且与电压 V 关系不大，与初总电离 N_0 也无关，初电离仅起"点火"作用。对应这一饱和效应的电压区段称作"盖革—缪勒(G—M)区"。在 G—M 区，收集的正负离子对总数，随电压的变化又变得比较平缓，而且，收集到的正负离子对总数 N 与原初电离 N_0 无关。例如 $N_{0\beta}$ 和 $N_{0\alpha}$ 是原初电离不同的二种情况，但当电压加高，到达Ⅳ段时记录的电荷数 N 是一样的。工作于该区域的核辐射探测器称作盖革—弥勒计数管，常称作 G—M 计数管，或 G—M 管。

由上可见，工作于不同电压区域的气体电离探测器，电离粒子与气体分子作用的机制不同，输出信号的性质也不同，从而形成电离室、正比计数器与盖革—弥勒计数管等三种主要的气体电离探测器。

到目前为止，测氡用的气体电离探测器，主要是以空气为工作气体、无气体放大，工作于图 6.1.1"饱和区"的电离室。测氡电离室中，多采用被测含氡气体与空气混合在一起的无窗电离室。

6.1.1 工作原理

电离室是工作于"饱和区"的气体电离探测器。在电离室工作电压区，电极完全地收集带电粒子电离产生的全部正负离子；既不存在正、负离子的复合过程，也没有气体放大。

电离室的二个电极之间所加电压应选在 V_a 到 V_b 之间，如图 6.1.1 所示。结构不同的电离室，所加电压的数值差异很大。低的只需几十伏，高的甚至要几千伏。由于电离室的工作电压范围较宽，故电压稍有缓慢变化，收集电荷仍然维持不变。该特点决定了电离室不要求配用稳定度很高的电源。

电离室法测氡时，氡及氡子体发射的 α 粒子穿过电离室气体时，与电离室内气体原子的轨道电子发生库仑相互作用，损失部分能量使气体的原子电离或激发。电离时，核外电子所获得的能量足以克服原子的束缚而成为自由电子，从而生成正、负离子对——电子和正离子。产生一对离子所需要的平均能量 ε_0 称为平均电离功。入射粒子在气体中电离的过程是随机过程。在电离室气体空间所形成的离子对，在外加电场的作用下，电子和正离子分别向正、负电极漂移，最终被电极所收集。依据电极给出的信号，便可判定被探测 α 粒子的特性。

6.1.2 结构

电离室的主要部分是绝缘很好的两个极板。电极之间是灵敏体积。与测量仪器连接的那个电极称为"收集电极"(多是阳极)，另一电极则称为高压电极。在收集电极周围通常都有一个保护环，它的电势和收集电极的电势相等，且与高压电极和收集电极很好地绝缘。收集电极、高压电极以及保护坏都利用高质量的绝缘体固定。室内所充气体可以就是一个大气压的空气，但有时也用不同气压的其他气体。

(1)绝缘体

绝缘体是电离室中最关键的一个部件。其质量高低和结构形式直接影响电离室的工作性能。

电离室的正负电极需要用绝缘体进行电气绝缘和位置固定。绝对意义上的绝缘是不存在的。电极上加电压之后，总会有少量漏电流通过绝缘体。电离室收集电极上的电流就由电离电流和漏电流二部分组成。为有效地记录电离电流，必须使漏电流远小于电离电流。通常，电离电流本身就很小，要使漏电流远小于电离电流，就要求绝缘体具有特别高的绝缘电阻，漏电流尽可能小。

通过绝缘物体的漏电流可以分为：沿绝缘体表面的“表面电流”，和通过绝缘体内的“体电流”二种漏电流。

表面电流和绝缘体所处的环境状态有关。为了避免由于绝缘表面吸收水气而引起漏电现象，要求绝缘体表面保持干燥、清洁和光滑。还可以采取涂有机硅橡胶等防潮措施。

体电流决定于绝缘体本身的性能。聚苯乙烯、石英、有机玻璃和氟塑料都是常用的绝缘材料。有些绝缘体在强放射性照射下，性能会发生变化。例如聚苯乙烯在强 γ 辐射照射下，其电阻值可降至原来的千分之一，机械性能也变差，因此它不能用于测量大剂量的电离室中。

(2)保护环

几乎所有电离室都安装保护环。保护环主要有两个作用：一是分路漏电流使输出漏电流减少。以圆柱型电离室为例，在没有保护环时，流过电阻 R 的总电流是 $I=I_{漏}+I_{R}$。在收集电极的外面套上一个接地的保护环后，高压电极和保护环之同的漏电流 $I_{漏}$ 被通到地，而保护环和收集电极之间的电势基本上相等，所以它们之间的漏电流可以完全忽略。因此，装上保护环后，在收集电极上的漏电流可以很小，有时可减少到 $10^{-15}\sim10^{-16}$ A。

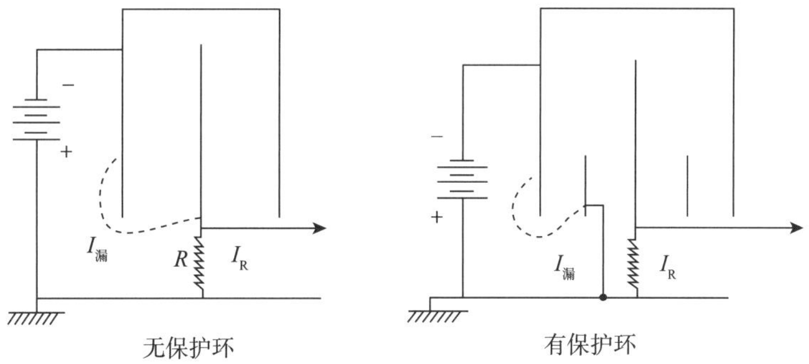

图 6.1.2　保护环减少漏电流的作用示意

引入保护环以后还可起到另一个作用——使电离室的电场变得均匀。这样能精确确定电离室的灵敏区，这对于绝对测量是很重要的。

以平板型电离室为例，仅有两块平板组成的电离室，在板的边缘部分电场是不均匀的，很难确定电离室灵敏区的准确范围。加上保护环以后，保护环的电势和收集电极的电势基本上相等，所以在收集电极附近的电场分布就很均匀。这种电离室的工作灵敏区是可以精确确定的，就是图 6.1.3 中 a、b、c、d 所标出的区域。

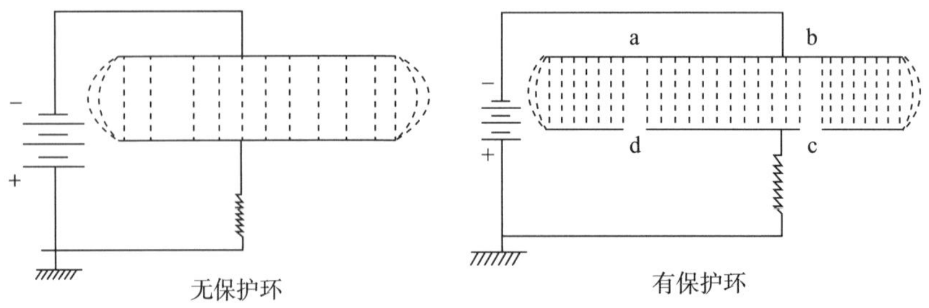

图 6.1.3 电离室保护环固定灵敏区的作用

(3)充气

电离室普通充空气。应注意的是一定要充干燥空气，避免水汽。这不仅因为它可能引起漏电，而且电子与水汽分子碰撞时容易生成负离子，从而容易发生复合，结果使收集到的电荷喊少。部分电离室充惰性气体。

6.1.3 平板型电离室与圆柱型电离室

电离室按其结构，可以分为“平板型电离室”与“圆柱型电离室”两种。图 6.1.4 示出平板型电离室与圆柱型电离室结构示意图。

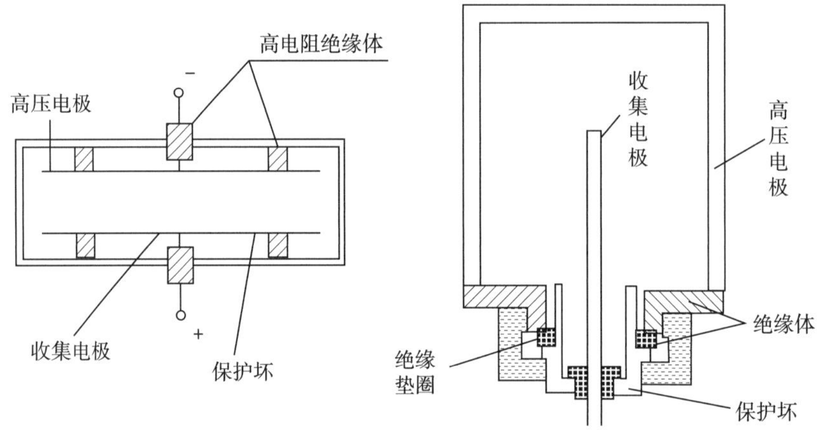

图 6.1.4 电离室两种结构示意图

6.1.4 脉冲电离室和电流电离室

电离室按其工作模式，分为脉冲电离室(也称计数电离室)及电流电离室(也称累计电离室)两类。它们在结构上没有实质差别，只是脉冲电离室要求噪声小，而电流电离室要求漏电流小。

(1)脉冲电离室

脉冲电离室是工作于脉冲模式的电离室。脉冲电离室是记录单个粒子事件的电离室。每一个被探测的电离粒子产生一个有用的输出脉冲。脉冲电离室既能记录粒子的数目，又能探测单个粒子的能量。如入射粒子的能量为 E，在电离室内耗尽全部能量；而电离室的电容为 C，则输出电压脉冲幅度：

$$\frac{N_0 e}{C}=\frac{E}{\omega}\cdot\frac{e}{C}$$

式中：ω——产生一个离子对平均耗能；

N_0——产生的总粒子对数。

①平行板脉冲电离室的输出电压脉冲

图 6.1.5 示出平行板电离室的原理线路图。图中 A 是阳极，电压为$+V$，也是收集电极；k 是阴极，电压为 0。假设带电粒子平行射入，在电离室内产生 N_0 对离子，也就是产生出总电荷为$+N_0 e$ 的正离子和$-N_0 e$ 的电子。

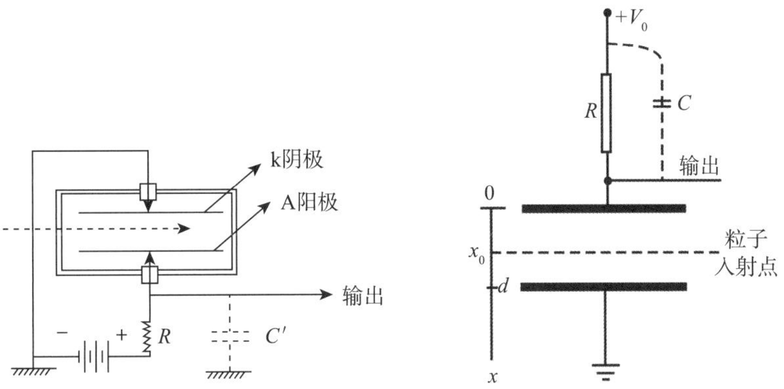

图 6.1.5　平行板电离室原理线路图

输出电压脉冲

在 $t=0$ 时刻，带电粒子在距收集极距离为 x_0处，产生 N_0个正离子和电子对。平行板电离室输出电压脉冲：

$$V_c(t)=\begin{cases}-\frac{N_0 e}{C_0}\cdot\frac{(\omega^{+}+\omega^{-})t}{d} & \text{当} t\leqslant\frac{x_0}{\omega^-}\\ -\frac{N_0 e}{C_0}\cdot\frac{x_0+\omega^+ t}{d}, & \frac{x_0}{\omega^-}t\ \frac{d-x_0}{\omega^+}\\ -\frac{N_0 e}{C_0}, & t\geqslant\frac{d-x_0}{\omega^+}\end{cases}\tag{6.1.1}$$

式中：C_0——收集极对地电容(包括装置电容和分布电容)；

ω^+，ω^-——正离子和电子向阴极和收集极的漂移速度；

d——两极板的间距(d 远小于板的直径)；

x_0——带电粒子在距收集极的距离。

最大脉冲幅度计算

设平行板电离室二个电极相距为 d，带电粒子在 x_0 处产生 N_0 个离子对，那么在电场作用下，负离子(即电子)向阳极移动，正离子向阴极运动(见图 6.1.6)。开始运动后，正、负电极就有感应电荷产生。

不仅电子会在阳极上产生感应电荷，正离子也会在阳极上产生感应电荷。电子和正离子运动时，阳极上的电荷变化就引起了电压脉冲。

从能量角度分析正、负离子运动时引起的效果：平行板电离室内的电场是均匀电场，

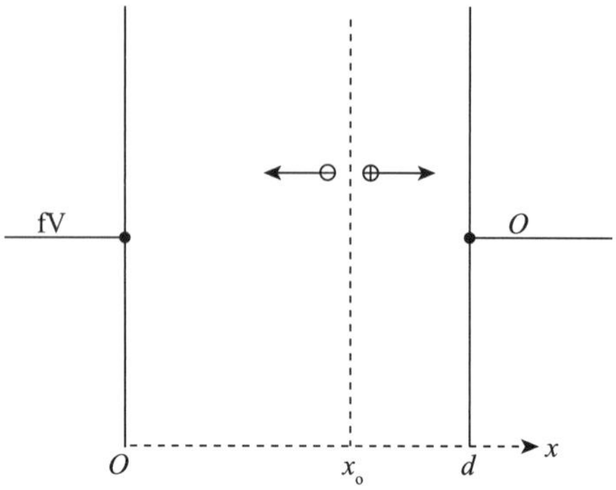

图 6.1.6 平板电离室中正负离子的运动

设其场强为 E。E 与 V 之间的关系为：

$$E = \frac{V}{d} \tag{6.1.2}$$

电荷 q 从 x_0 移动到 x 时，电场对它做的功为：

$$\int_{x_0}^{x} qE\,\mathrm{d}x = q\,\frac{V}{d}\int_{x_0}^{x}\mathrm{d}x = q\,\frac{V}{d}(x - x_0) \tag{6.1.3}$$

此时，相应的收集电极上的电压变化，由 V 变到 $V+\Delta V$。如平板电离室的电容为 C，则开始时电离室的能量为 $\frac{1}{2}CV^2$，之后改变到 $\frac{1}{2}C\ (V+\Delta V)^2$。该能量改变，数值上等于电离室内离子对运动所作之功，即：

$$\frac{1}{2}CV^2 - \frac{1}{2}C\ (V+\Delta V)^2 = \int_{x_0}^{x} qE\,\mathrm{d}x \tag{6.1.4}$$

左面展开，忽略 ΔV 的二次方微小量，对于平板电离室有：

$$\begin{aligned} -CV\Delta V &= \frac{qV}{d}(x - x_0) \\ \Delta V &= -\frac{q}{C}\,\frac{x - x_0}{d} \end{aligned} \tag{6.1.5}$$

ΔV 就是电压脉冲。它应由电子和正离子二部分贡献形成，即：

$$\Delta V = \Delta V_- + \Delta V_+ \tag{6.1.6}$$

电子的贡献：　$q = -N_0 \mathrm{e}$，电子从 $x = x_0$ 处，移动到 $x = 0$

$$\Delta V_- = \frac{N_0 \mathrm{e}}{C}\,\frac{0 - x_0}{d}$$

正离子的贡献：　$q = +N_0 \mathrm{e}$，正离子从 $x = x_0$ 处，移动到 $x = d$

$$\Delta V_+ = -\frac{N_0 \mathrm{e}}{C}\cdot\frac{d - x_0}{d} \tag{6.1.7}$$

总电压脉冲输出：

$$\begin{aligned} \Delta V &= \Delta V_- + \Delta V_+ = -\frac{N_0 \mathrm{e}}{C}\cdot\frac{(d - x_0 - 0 + x_0)}{d} \\ \Delta V &= -\frac{N_0 \mathrm{e}}{C} \end{aligned} \tag{6.1.8}$$

可见只有当电子和正离子全部到达电极后，在收集电极上才有一个最大脉冲 $\Delta V = -\frac{N_0 e}{C}$ 输出。负号说明电压脉冲是负的。从式(6.1.6)还可以看出：

如果电离是在很靠近收集电极的地方发生，那么 $x_0 \to 0$，ΔV_- 很小，ΔV 主要是 ΔV_+ 的贡献。即总脉冲输出主要是正离子的贡献。

如果电离是在很靠近阴极的地方发生，那么 $x_0 \to d$，ΔV_+ 很小，ΔV 主要是 ΔV_- 的贡献。即总脉冲输出主要是电子运动的贡献。

计算还可以得出，平板型电离室的输出电压脉冲波形 $\Delta V(t)$ 如图 6.1.7 所示。图中 oa 段是电子漂移的贡献。而 ab 段则为离子漂移的真献。因为离子的质量比电子大数千倍，所以电子漂移速度约比离子的漂移速度大几千倍。具体说来，电子的漂移速度大约是 10^6 cm/s；而离子的漂移速度只是 10^3 cm/s。所以 oa 段电子收集的时间是很短的，一般电离室约需 1 μs。

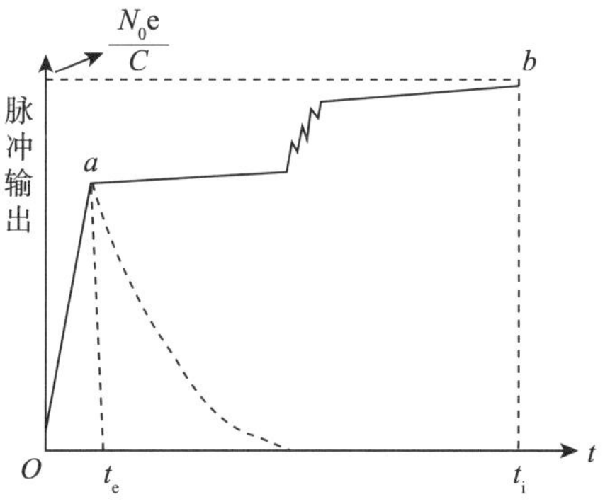

图 6.1.7 平板型脉冲电离室输出电压脉冲波形

而离子的收集时间比较长，一般达 1 000 μs。只有等这样长时间后，收集电极上才有幅度为 $\Delta V = -\frac{N_0 e}{C}$ 的总电压脉冲输出；此时，输出脉冲与原初电离 N_0 成正比，而且与电离产生的地点无关。因此可以测量入射粒子损耗的能量。但是，这种电离室的时间常数 RC 必须取得大于电子、离子全部收集时间，即大于 1 000 μs。

如果时间常数 RC 取得太长，如 10 ms，这就限制了计数率不能超过 100/s。否则脉冲前后叠加，电离室根本不能工作。

如果时间常数 RC 取得太短，如 5～10 μs，这时的脉冲输出如图 6.1.7 上虚线都分所示。这时输出脉冲仅决定于电子所引起的电荷积累，而正离子基本上没有贡献。但是这种电离室的脉冲大小就和产生电离的地点有关，因而不能用来确定入射粒子的能量。

②圆柱型脉冲电离室的输出电压脉冲

$$V_c(t) = \begin{cases} -\frac{N_0 e}{C_0}\ln\frac{x_0}{x^-}/\ln\frac{b}{a}, & t \leqslant T^- \\ -\frac{N_0 e}{C_0}\ln\frac{x^+}{x_0}/\ln\frac{b}{a}, & T^- \ t T^+ \\ -\frac{N_0 e}{C_0}, & t \geqslant T^+ \end{cases} \tag{6.1.9}$$

式中：a——中心收集电极半径；

b——阴极半径；

x_0、x^-、x^+——下述各位置：在 $t=0$ 时刻，带电粒子在 $x=x_0$ 位置产生 N_0 个电子和正离子，分别以速度 ω^- 和 ω^+ 向收集电极和阴极漂移。在 t 时刻分别到达 $x^-=x_0-\omega^-t$ 和 $x^+=x_0+\omega^+t$ 的位置；

T^-、T^+——电子和正离子漂移到收集电极和阴极所用的时间。

图 6.1.8 为圆柱型脉冲电离室结构示意图，图 6.1.9 示出圆柱型脉冲电离室的输出电压脉冲的波形。

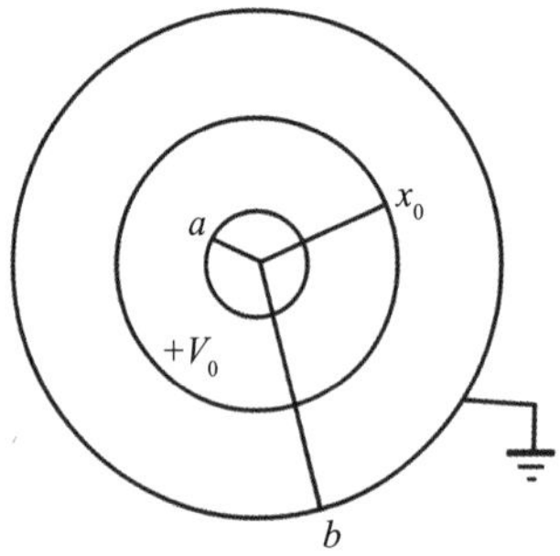

图 6.1.8　圆柱型脉冲电离室结构示意图

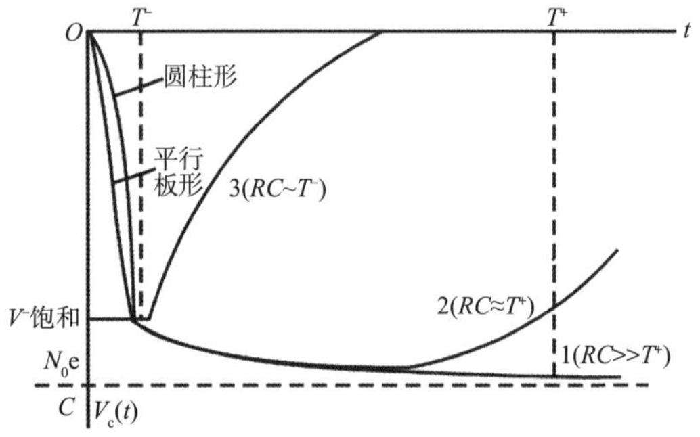

图 6.1.9　圆柱型脉冲电离室输出电压脉冲波形

a. 电子(收集)脉冲电离室—这是输出信号主要由收集的电子产生的脉冲电离室。它利用电子迁移率比离子迁移率高许多这一特性，当 RC 常数与 T^- 可比，而又远小于 T^+ 时，输出脉冲只取决于电子所引起的电荷堆积，正离子基本上没有贡献。它主要用于粒子快计数，不测定能量。

b. 离子(收集)脉冲电离室—这是输出信号由全部收集的离子和电子产生的脉冲电离室。当 $RC \gg T^+$ 时，电离室将全部收集正、负离子。它的最大特点是输出脉冲与初总电离成正比，并且与产生离子的地点无关。可用于测量入射粒子损耗的能量。缺点是 RC 常数大，计数率不能太高。

同一个脉冲电离室原则上既可用作离子收集电离室，也可用作电子收集电离室，取决于所选之 RC 时间常数值。

例　求电离室电容为 10 pF、5 MeV α 粒子产生的脉冲幅度。

解：
$$\text{脉冲幅度}=\frac{5\times10^6\times1.6\times10^{-19}}{32\times10\times10^{-12}}=2.5\ \text{mV}$$

阳极输出最大脉冲幅度计算：

采用阴极和阳极半径比值(b/a)很大的圆柱型电离室(见图 6.1.10)，基本上可以使电子贡献的脉冲高度与电离位置无关。

圆柱型电离室中的电场分布是不均匀的，那么离中心点 r 处的电场 $E(r)$为：

$$E(r)=\frac{V}{r\cdot\ln\frac{b}{a}} \tag{6.1.10}$$

式中：V——中央阳极的电压；

a——阳极中心丝半径；

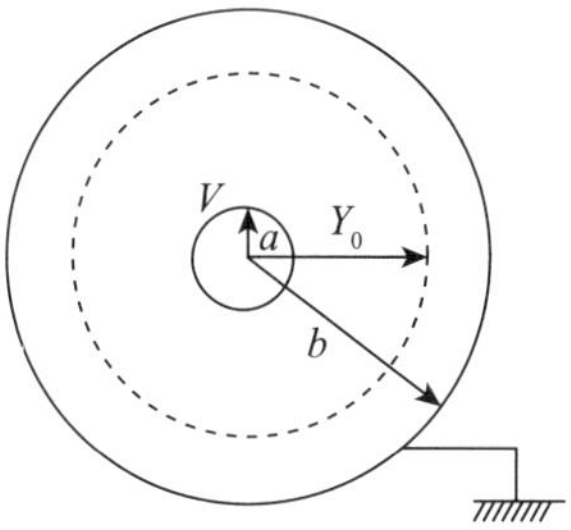

图 6.1.10　圆柱型电离室

b——阴极半径。

如带电粒子在离中心距离 r_0 处激发的电离电量为 q，则 q 运动到 r 处所做的功，等于电离室系统的能量变化，于是得出和式(6.1.4)类似的关系式：

$$\frac{1}{2}CV^2 - \frac{1}{2}C\,(V+\Delta V)^2 = \int_{r_0}^{r} q \cdot E(r)dr \tag{6.1.11}$$

$$\Delta V = -\frac{q}{C} \cdot \frac{\ln \frac{r}{r_0}}{\ln \frac{b}{a}} \tag{6.1.12}$$

同样，$\Delta V = \Delta V_- + \Delta V_+$

对于电子：$q = -N_0 e$，r 的变化区间由 r_0 到 a；式(6.1.12)取：

$$\Delta V_- = \frac{N_0 e}{C} \cdot \frac{\ln \frac{a}{r_0}}{\ln \frac{b}{a}} = -\frac{N_0 e}{C} \cdot \frac{\ln \frac{r_0}{a}}{\ln \frac{b}{a}}$$

对于正离子：$q = -N_0 e$，r 的变化区间由 r_0 到 b；式(6.1.12)取：

$$\Delta V_+ = -\cdot \frac{N_0 e}{C} \cdot \frac{\ln \frac{b}{r_0}}{\ln \frac{b}{a}} = \frac{N_0 e}{C} \cdot \frac{\ln \frac{r_0}{b}}{\ln \frac{b}{a}}$$

计算可以得出，当 $b/a > 200$ 时，电离室的输出电压脉冲 $\Delta V_+ \ll \Delta V_-$，$\Delta V \approx \Delta V_-$。即主要是电子漂移的真献。图 6.1.11 是取不同 b/a 值时，ΔV_- 随电离产生地点的变化。可见在很大的范围内 ΔV_- 随电离位置 r_0 的变化是不大的。尤其是当 b/a 较大时，ΔV_- 已经很接近于饱和值 $-\frac{N_0 e}{C}$。由于圆柱型电离室只记录电子脉冲信号，所以能用于快速计数，而且能测量入射粒子的能量。

电离室的缺点是不能探测能量低的粒子。电离室记录带电粒子的必要条件是输出脉冲必须大于放大器的噪声。一般放大器的噪声可达 40 μV。

40 μV 输出脉冲幅度对应的入射带电粒子能量估算

电离室总电容 C=10 pF，则要产生 ΔV=40 μV 的脉冲，要求带电粒子应在电离室中产生的离子对数 N_0

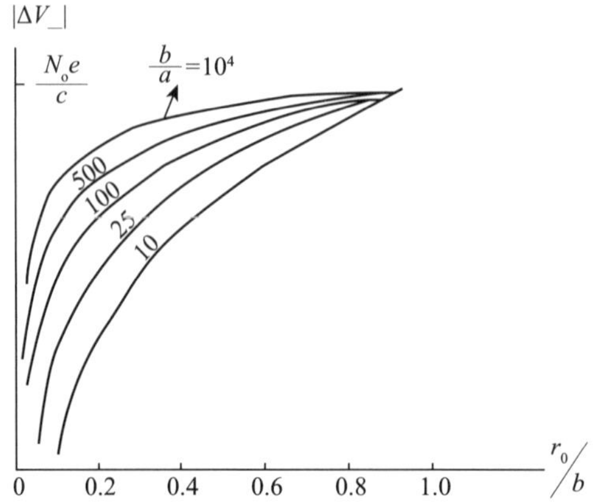

图 6.1.11　ΔV_- 随电离地点 r_0 的关系

$$N_0=\frac{\Delta V\cdot C}{e}=\frac{40\times10^{-6}\times10\times10^{-12}}{1.6\times10^{-19}}=2\ 500\text{ 离子对}$$

在空气中产生一个离子对平均需耗能 $\omega=32$ eV。

所以入射粒子的能量应为：

$$E=N_0\omega=2\ 500\times32=80\text{ keV}$$

即 80 keV 的带电粒子产生的电压脉冲幅度，相当于放大器的噪声水平。为了有效记录入射粒子，其最低能量应为此能量的两倍，即 160 keV。

(2)电流电离室

电流电离室是测量由大量带电粒子产生的总电离电流，或测量在某一时间间隔内出现的、由许多单个电离事件产生的累积电荷的电离室。电流电离室不是记录单个粒子的电离事件在收集电极上感应的电荷，而是测量大量粒子的总电离。因此电流电离室主要用于测量放射线的强度。产生的全部离子都对电离电流，或累积电荷作贡献。如果入射粒子持续不断地进入电离室，而且单位时间内产生的总电离数都是 n_0，那么电离室的平均电离电流，即饱和电流为：

$$I_{\text{饱和}}=n_0\cdot\mathrm{e}=n_{\text{入射}}\cdot\frac{E}{\omega}\mathrm{e}\tag{6.1.13}$$

式中：$n_{\text{入射}}$——每秒射入电离室的粒子数；

E——每个粒子在 1 s 内消耗的平均能量；

ω——产生一个离子对平均耗能。

根据测量到的电离电流 $I_{\text{饱和}}$，和已知的 E 和 ω 值，可以确定粒子束的强度 $n_{\text{入射}}$。复合效应对饱和电流的修正：

$$-\left(\frac{\delta I_s}{I_s}\right)_{\text{rec}}=\frac{aN_0d^2}{6\omega^+\omega^-}\tag{6.1.14}$$

式中：d——两个极板的间距；

ω^+、ω^-——正、负离子的漂移速度；

a——正负离子的复合系数。

扩散效应对饱和电流的修正：

$$-\left(\frac{\delta I_s}{I_s}\right)_{dif}=\frac{\eta\kappa T}{eV} \tag{6.1.15}$$

式中：η——平均激活能；

k——玻耳兹曼常数；

T——热力学温度；

V——极板间电压。

若在收集电极 C 上感生的电荷不漏掉，那么经过 t 时间后，累积的电荷为：

$$Q=N_0 et \tag{6.1.16}$$

而收集电极上电位 V_c 的变化为：

$$\Delta V_c=\frac{Q}{C_0}=\frac{N_0 et}{C_0} \tag{6.1.17}$$

式中：C_0——高压电极与收集电极之间的电容。

电流电离室必须与测微电流的装置配使用，因为电离电流一般都非常弱。

例　试计算强度 $n_{入射}=4\times3.7\times10^4$ (4μCi)，能量为 5 MeV 的 α 射线在电离室中所给出的电离电流。

解：$I_{饱和}=n_{入射}\cdot\frac{E}{\omega}e=4\times3.7\times10^4\times\frac{5\times10^6}{32}\times1.6\times10^{-19}=3.7\times10^{-9}$ A

这个电流非常小。无法用普通电流表测量，必须用弱电流放大器放大后进行测量。常用的测量弱电流的仪器是所谓“静电计管弱电流放大器”。

测氡气体电离室的主要特点是，其输出电流信号，与电离室工作容积内的氡与其子体发射的 α 辐射沉积的能量成正比；电离室可工作于测量 α 粒子数的微分“脉冲模式”；也可以工作于测定 α 粒子总电离效应的积分“电流模式”。

6.2　ZnS(Ag)闪烁探测器

ZnS(Ag)硫化锌(银)是用银(Ag)激活的硫化锌无机晶体闪烁体。ZnS(Ag)晶体呈多晶粉末状，自身透明度差，只宜制备薄闪烁体。通常，将 ZnS(Ag)涂敷在玻璃或有机玻璃承托板上，制备探测重带电粒子的闪烁体，探测 α 粒子 α 粒子与裂变碎片等。ZnS(Ag)与含硼、锂或氢等中子灵敏物质混合，可制成用于慢中子、快中子的闪烁体[4]。

ZnS(Ag)对重带电粒子阻止本领大，对 γ 及电子极不灵敏。由于 ZnS(Ag)闪烁体制备工艺简单、价格低，应用很广。

6.2.1　ZnS(Ag)闪烁体的特点

①多晶粉末，粒度约为几 μm 至几十 μm；

②自身透明度差，只宜制备薄层闪烁体；

③发光效率约为蒽晶体的三倍；

④闪烁衰减时间较长，慢成分达几 μs，不宜作快时间、高计数率闪烁体；

⑤对重带电粒子阻止本领很大，而对 γ 与电子极不灵敏，适合于 β、γ 辐射本底场中，用幅度甄别法探测裂变碎片、α 粒子等重带电粒子；

⑥能量分辨率差，只能用于辐射强度测量，不能测能谱。

6.2.2 ZnS(Ag)闪烁体主要性能参数

①发射光谱

发射光谱峰位于 450 nm(见图 6.2.1)。

②相对光输出

300%(相对蒽晶体)。

③闪烁衰减时间

快成分约为 100 ns，慢成分约为 4.5 μs，平均衰减时间为 200 ns。

④对重带电粒子的阻止本领

5 MeV 的 α 粒子在 ZnS(Ag)中的射程约为 19.2 μm；

5 MeV 的质子在 ZnS(Ag)中的射程约为 192.5 μm；

4～20 mg/cm^2 厚的 ZnS(Ag)闪烁体 α 粒子探测器效率可达 100%；

无窗 ZnS(Ag)屏，探测 ^{239}Pu-α 粒子的最佳厚度为 8～9 mg/cm^2[6]；

敷 600～800 $\mu g/cm^2$ 金属蔽光膜的 5 mg/cm^2 ZnS(Ag)，探测 Φ9 mm ^{241}Amα 最低探测器效率为 47.5%，平均为 55%。图 6.2.2 示出 ZnS(Ag)闪烁探测器测 ^{239}Puα 的脉冲分布全谱。

⑤密度

4.1 g/cm^3。

⑥折射系数

2.356。

⑦熔点

2 123 K。

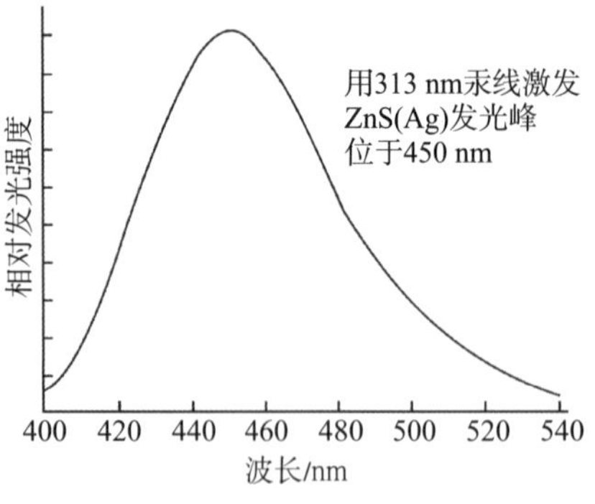

图 6.2.1 ZnS(Ag)的发射光谱

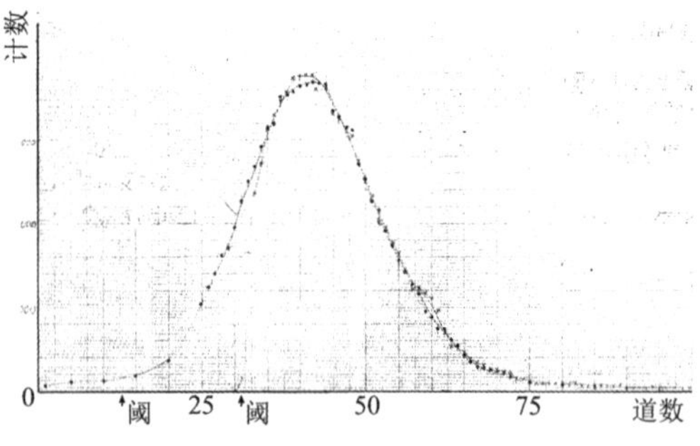

图 6.2.2 ZnS(Ag)闪烁探测器测 ^{239}Puα 全谱

^{239}Puα 源—($1.050\times10^5/2\pi$ min)

ZnS(Ag)—Φ46 mm[国产 ST201 型 ZnS(Ag)α 屏]

本底：38/5.5 h，α 探测器效率：95.8%～78.9%

6.3 Au—Si 面垒与钝化离子注入平面硅（PIPS）半导体探测器

6.3.1 Au—Si 面垒半导体探测器

Au—Si 面垒半导体探测器属结型半导体探测器，是使用半导体材料的电离探测器。探测器中加有电场。以便把电离辐射产生的过剩载流子收集到电极上。它的工作原理和气体电离探测器类似，只是工作介质是固体(半导体)而不是气体。半导体探测器就其工作原理而言，可称为固体电离室[3]。

结型半导体探测器的灵敏区就是介于 P 型与 N 型半导体区域之间，加反向偏压的 PN 结。主要用于质子、α 粒子、重离子及低能电子等带电粒子探测。

Au—Si 面垒半导体探测器是一种由表面反型层产生结而形成势垒的半导体探测器。在经过腐蚀处理的 N 型硅单晶表面蒸上一层金(厚度约 40 $\mu g/cm^2$)或其他金属，氧化后形成反型层，从而在表面附近形成 PN 结区(见图 6.3.1)。这种探测器称为金硅面垒半导体探测器。图 6.3.2 示出其原理结构图。各种带电粒子在 Si 中的射程示于图 6.3.3。

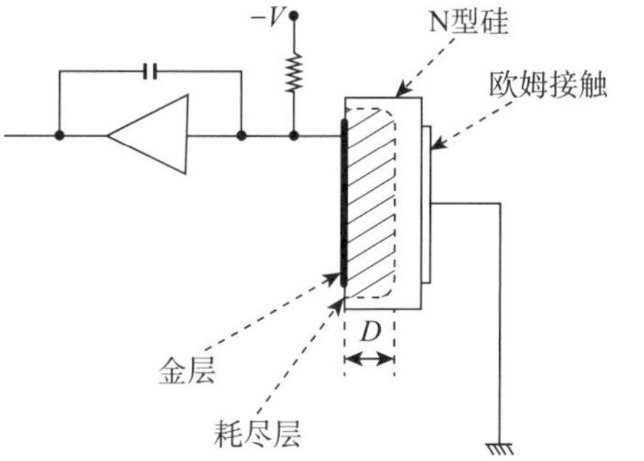

图 6.3.1　面垒探测器示意图

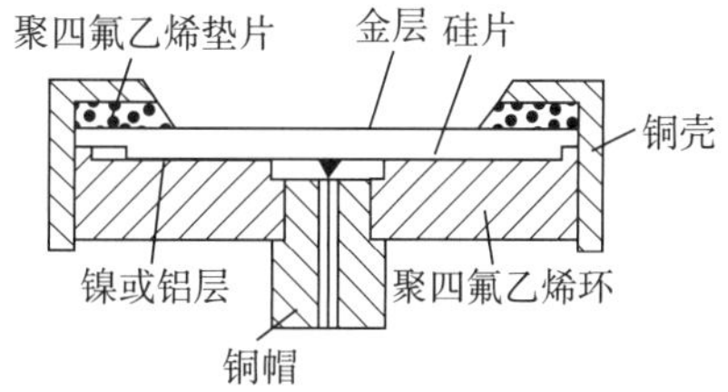

图 6.3.2　金硅面垒探测器原理结构图

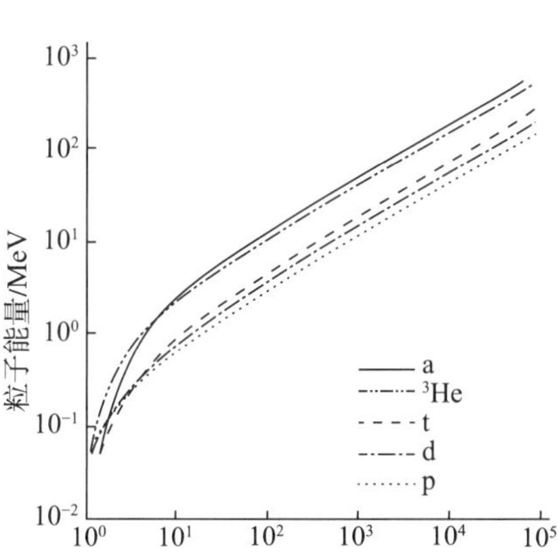

(a)硅中射程—能量曲线[7]

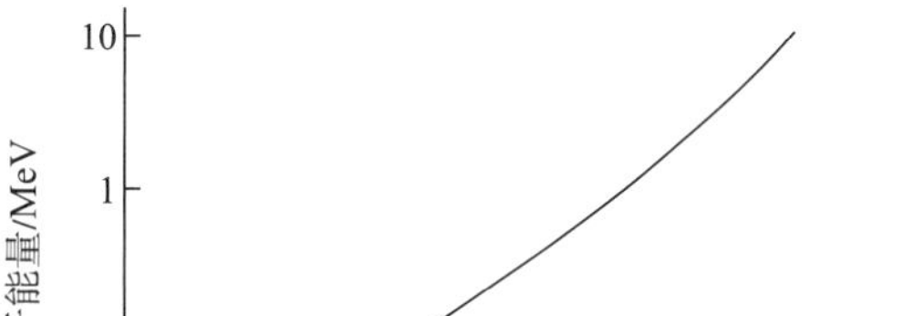

(b)β 粒子在硅中射程—能量曲线[8]

图 6.3.3　各种带电粒子在硅中的射程

面垒探测器窗薄、噪声低、能量分辨率高，且易于制得大面积均匀探测器，因而应用很广泛。Au－Si 面垒半导体探测器的主要缺点是表面极易受损。目前在国外已被淘汰。我国从 20 世纪 70 年代研制成功该类探测器，工艺成熟、性能稳定，曾批量出口国外。目前我国的 Au－Si 面垒探测器的生产仍在继续，借助其性价比优势，大量用于氡测量，及气溶胶测量，用作 α 探测器。

当在探测器上加反向偏压(即金极加负压)时，形成一个电场 E。E 的分布如图 6.3.4 所示。探测器的物理厚度为 L，W 是耗尽层的厚度。

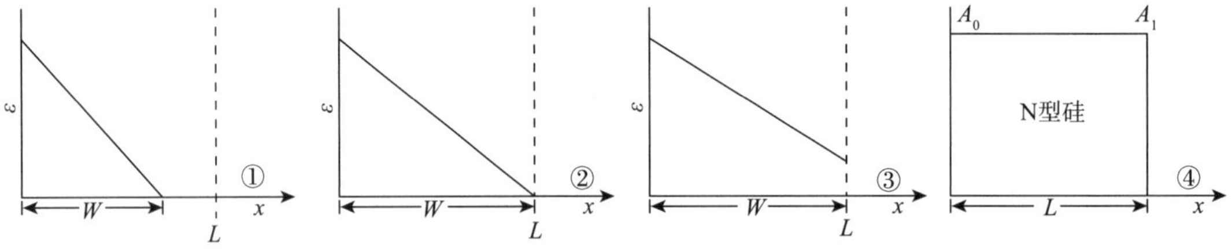

图 6.3.4　硅面垒探测器电场与耗尽层关系示意图[7]

根据所加的偏压不同，探测器可以是：1. 部分耗尽①；2. 全耗尽②；3. 过耗尽③。

过耗尽时，在欧姆接触面上(A1 面)，电场不为零④。

图 6.3.5 示出面垒探测器粒子全吸收所需要的耗尽层厚度、偏压值与材料的电阻率关系的列线图。

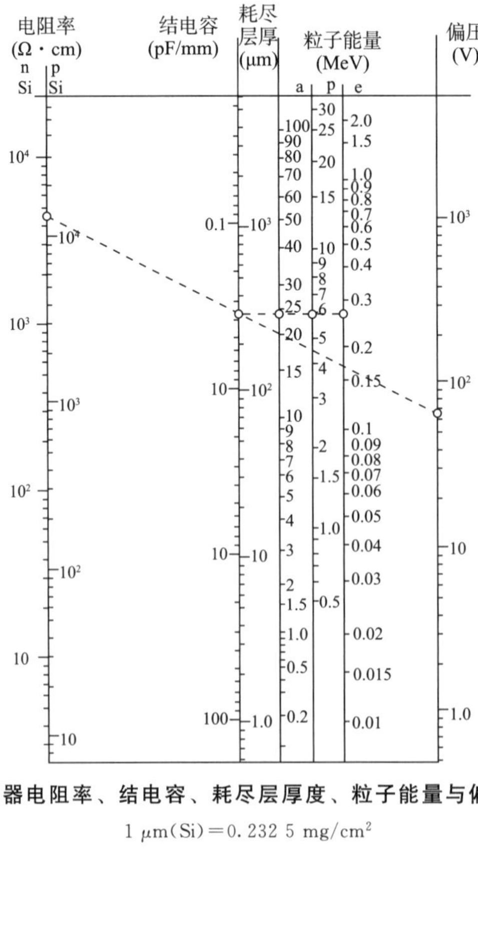

图 6.3.5　硅探测器电阻率、结电容、耗尽层厚度、粒子能量与偏压关系的列线图[9]

1 μm(Si)＝0.232 5 mg/cm²

面垒探测器窗薄、噪声低、能量分辨率高、工艺简单、成品率高、易于制得大面积均匀探测器，因而比扩散结探测器用得广泛。我国目前生产的结型探测器主要是金硅面垒半导体探测器。

6.3.2　钝化离子注入平面硅(PIPS)探测器

钝化离子注入平面硅探测器是对应 Passivated Implanted Planar Silicon 的译名，缩写 PIPS。该探测器属于结探测器，它是半导体钝化离子注入新工艺产品，是近几年发展极为迅速的一种新型半导体探测器。在绝大部分应用场合下，它已取代硅面垒探测器[7]。

PIPS 探测器的优点：

①结的全部外缘都是不可见的，因此不需要将结边缘用环氧树脂密封；

②接触面用离子注入法形成，可以得到精确、薄而且突变的结，对 α 粒子分辨好；

③入射窗稳定而坚固，可以很容易地、可靠地进行清洗；

④漏电流的典型值是面垒型与结型探测器的 1/10～1/100；

⑤死层(窗)厚度小于类似的面垒型与扩散结型探测器。表 6.3.1 列出相同硅片入射窗厚度的比较。

⑥标准的 PIPS 探测器耐温达 373 K。

表 6.3.1　入射窗厚度的比较(硅片相同)

探测器	窗厚/nm
PIPS	<50
(金窗)面垒型	≈80
(铝窗)面垒型	>200

PIPS 探测器应用光刻技术的平面工艺来加工制备，以限定器件的几何尺寸与形状。而面垒型探测器的结边缘是不规则的，需用环氧树脂密封，以获得一定的稳定性。PIPS 探测器的结边缘全部埋藏在硅片内部，其主要优点：

①器件的稳定性不再依赖环氧树脂密封；

②排除了微等离子区击穿的威胁；

③大大减小了漏电流值。

PIPS 探测器的窗很薄，这一特点使得以普通方法测量的典型分辨率大大提高。同时，对于低水平 α 粒子测谱，这使大部分 α 粒子以锐角射入探测器，α 粒子在窗内的能量损耗减小，从而使峰的展宽缩小。

PIPS 探测器的表面是坚固的氧化钝化、离子注入表面，因此可以用手抚摸，也可以用沾甲醇的棉花球擦拭，而不像面垒探测器那样，表面为极其娇嫩的蒸金(或其他金属)接触面；PIPS 探测器在漏电流方面的优势也是显而易见的。因此，现今，在绝大部分应用场合下，PIPS 探测器已实际取代了扩散结与面垒探测器。

表 6.3.2 列出了堪培拉公司的 PIPS 探测器特性简介。

表 6.3.2　部分耗尽 PIPS 探测器表(美)

有效面积/mm^2	分辨率(FWHM)/keV		最小耗尽厚度/μm		
	α	β	100	300	500
25	11	4	SPD—25—11—100	SPD—25—11—300	SPD—25—11—500
50	12	5	SPD—50—12—100	SPD—50—12—300	SPD—50—12—500
100	12	5	SPD—100—12—100	SPD—100—12—300	SPD—100—12—500
150	13	6	SPD—150—13—100	SPD—150—13—300	SPD—150—13—500
200	14	8	SPD—200—14—100	SPD—200—14—300	SPD—200—14—500
300	15	9	SPD—300—15—100	SPD—300—15—300	SPD—300—15—500
450	17	12	SPD—450—17—100	SPD—450—17—300	SPD—450—17—500

PIPS 硅探测器分类见表 6.3.3。

表 6.3.3　PIPS 硅探测器分类

分类	特点	主要应用
标准 PIPS 探测器	A 系列 PIPS 探测器	低本底 α 谱
	B 系列 PIPS 探测器	β 计数和电子谱
	部分耗尽系列 PIPS 探测器	带电粒子谱
	全耗尽系列 PIPS 探测器	粒子识别、探测器望远镜和其他 dE/dX 测量
特殊 PIPS 探测器	(多)条型探测器	高能物理、低能 γ 和电子测量；核医学成像；X 射线谱学、X 衍射；电子谱学
	双面(多)条探测器	核物理能量范围：50 keV～50 MeV
	位置灵敏探测器	核物理能量范围：1～50 MeV
	矩形探测器	α 粒子、质子、低能 β、电子测量
	薄窗条探测器	核物理能量范围：20 keV～50 MeV

6.4　热释光探测器

某些固态结晶磷光体，在紫外线、X 射线、γ 射线、β 射线或其他电离辐射的作用下，获得激发能。而只有在被加热的条件下，该激发能才以光的形式释放出来。部分物质被电离辐射或紫外线辐照过后，受热时发射的光，称作“热释光”。严格讲，这种特性称为辐射(致)热释光，通常简称为热释光。

热释光探测器(Thermluminescence Detector，TLD)是 20 世纪 60 年代发展起来的一类核辐射探测器。它具有重量轻、体积小、灵敏度高、量程宽、精度高、能量响应好等优点，可测 α、β、γ 及中子等多种核辐射；可用于高温、潮湿的环境中；可重复使用。作为剂量计，它有逐步取代胶片剂量计、玻璃剂量计的趋势。热释光探测器在氡测量中获得了广泛应用[10]。

TLD 的量程宽，从 8.3×(1～10^9)μC/kg 达九个数量级。但是，TLD 的不足是不能在线直读，必须配用较复杂的热释光测量仪器进行读数。另外它只能一次性测量，不能复制；抗干扰性能较差。

TLD 的光释量与激发辐射之间存在一定的比例关系。因此，通过测量热释光光子数，可以定量地测量辐射的照射量。

现今常用的 TLD 有：LiF：Mg·Ti；LiF：Mg·Cu 及 LiF：Mg·Cu·P 等。另外，CaF_2：Mn；CaF_2：Dy；$CaSO_4$：Mn；$CaSO_4$：Tm；Mg_2SiO_4：Tb 也常被应用。

6.4.1　工作原理

晶体磷光体中，由于存在负离子空位等晶格缺陷，在禁带中生成电子陷阱。杂质离子导致禁带中激活能级的生成，如图 6.4.1 所示。未受到辐射电离或激发时，电子陷阱是空的，而激活能级是填满的。部分固态结晶磷光体，在紫外线、X、γ 射线、β 射线或其他电离辐射作用下，电子获得足够的能量，由满带、激活能级跃入导带或激子带而产生电离或激发。与此同时在满带或激活能级中产生一个空穴。电子或空穴在晶格内运动过程中，电子可能被陷阱俘获而落入深度不同的陷阱能级中，而空穴易落入禁带中的激活能级。如果环境温度较低或陷阱很深，则这种俘获状态可以保持数百乃至数千年。受到热激发时，这些被俘获的电子重新被激发到导带，然后与激活能级中的空穴复合而发光。加热时，激活能级中的空穴获得足够的能量，也可以从激活能级释放到满带中而成为自由空穴，再与陷阱中的电子复合发光。

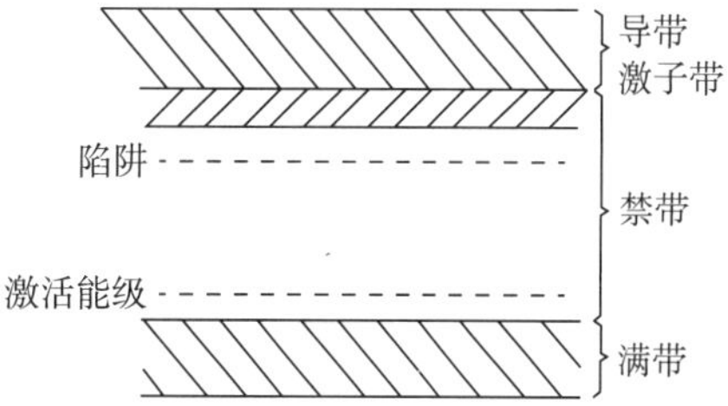

图 6.4.1　晶体能带示意图

磷光体加热释放出的光子数(或是发光峰高度，或是某几个发光峰下的面积)，与陷阱中释放出的电子数成正比。而总电子数又与磷光体吸收的辐射能(吸收剂量)成正比。因此，通过测量热释光光子数，可以定量地测量辐射的照射量。

对于某种特定的磷光体来说，发光峰的位置是恒定不变的。

6.4.2　特点

热释光探测器的灵敏度很高，可精确地测出 0.3 nC/kg(～μR)量级的照射量；TLD 量程宽，0.3×(1～10^9)nC/kg(～μR～kR)达九个量级；

另外 TLD 体积小、重量轻、可重复使用；每次使用前，为清除磷光体的剩余热释光，必须进行专门的热处理——退火；不能在线实时直读测量结果，必须配用热释光测量仪器。热释光剂量计读出器是对热释光剂量计进行测读的仪器，由加热装置、测光装置和有关的电子学部件等组成。仪器测量热释光探测器被加热时发出的光以确定辐射剂量。

TLD 只能一次性测量，测量结果无法保存与复测；抗干扰性能较差。极易受光照、热、机械冲击、摩擦与化学变化等因素的干扰。

6.4.3 热释光材料

目前世界上经常使用的热释光材料有十几种。它们可分为低 Z 材料、中 Z 材料与高 Z 材料三大类型。用于氡测量的主要是属低 Z 材料的 LiF。

(1)LiF 分类

①按 LiF 所含激活剂划分：LiF：Mg·Ti；LiF：Mg·Cu；LiF：Mg·Eu；
LiF：Mg·Na；LiF：Mg·Al；LiF：Mg·Cu·P。

②按 LiF 物理形态划分：粉末、热压片(棒)、聚四氟乙烯(Teflon)混合热压成形元件。

(2)LiF 特性

①发光曲线

从室温到 400 ℃有 12 个发光峰，如图 6.4.2[10]所示。一般情况下的测量应用第 5 峰。

②照射量响应的线性[10]

第 5 峰(约 200 ℃)的热释光对照射量的响应，参见图 6.4.3。

③LET(传能线密度 Linear energy transfer)效应[11]

是指某些热释光材料灵敏度与传能线密度(Linear energy transfer，LET)的依赖性。对 LiF(Mg，Ti)材料，当 LET 值＞10 keV/μm 时出现灵敏度下降的趋势，当 LET 值约为 300 keV/μm 时，灵敏度会下降为原来的 1/10 左右，这种热释光材料灵敏度对辐射品质的依赖性称为 LET 效应。

④照射量响应的线性与超线性

LiF：Mg·Ti 在约 0.13 C/kg(5×10^2 R)以下，第 5 峰(约 200 ℃)的热释光与照射量呈线性关系；大于约 0.13 C/kg(5×10^2 R)以后，出现超线性响应；在约 26 C/kg(10^5R)处出现饱和。参见图 6.4.4、图 6.4.5。

⑤衰退

室温下，保存 3 个月第 5 峰衰退 5%；在 32 ℃下保存 6 星期，衰退约 12%；在 60 ℃升温速率约 5 ℃/s；峰值恒温 6 s；光电倍增管为 GDB－44D；高压 600 V；照射量为1.29 C/kg。

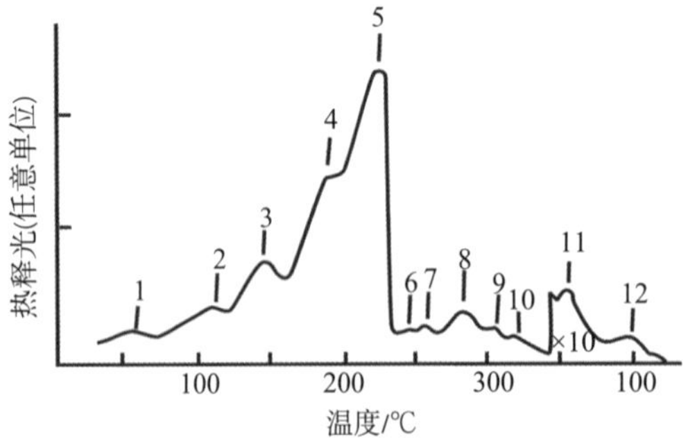

图 6.4.2 ^{7}LiF：Mg·Ti 发光曲线

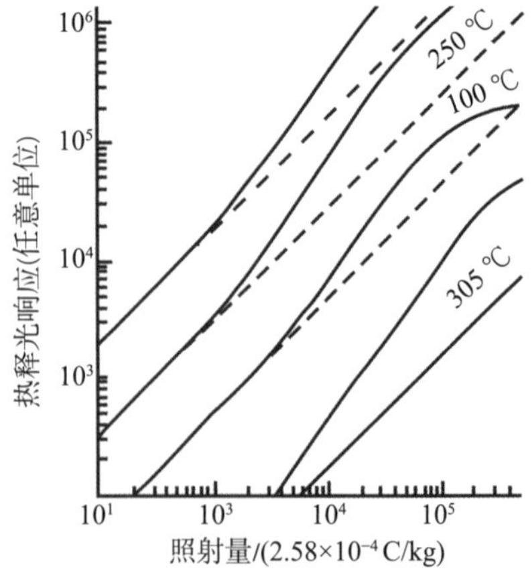

图 6.4.3 照射量响应曲线[11]

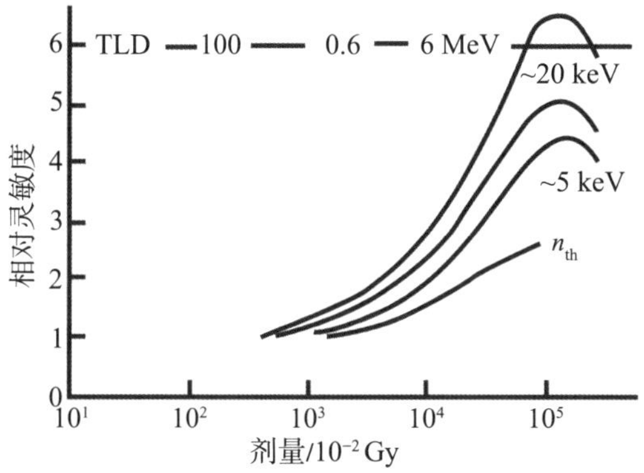

图 6.4.4　不同品质辐射的超线性响应(峰高)

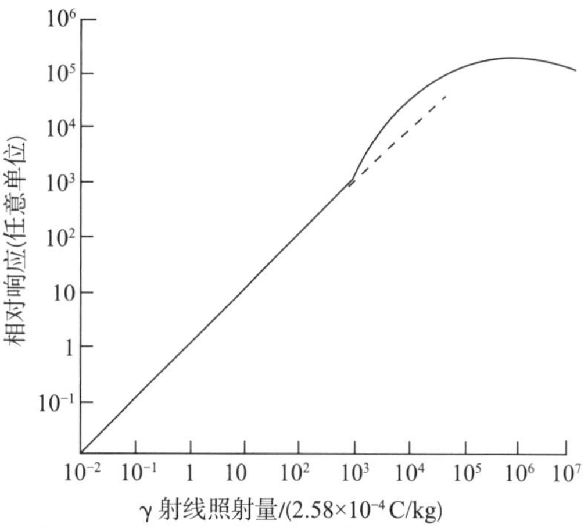

图 6.4.5　LiF：Mg・Ti 照射量与响应的关系

6.4.4　热释光测量

(1)刻度

热释光探测器的刻度是指通过实验给出探测器的响应与待测辐射量的关系。

①直接刻度法

即使用标准辐射源建立标准辐射场对热释光探测器进行刻度的方法。当辐射源与探测器间距离足够大，辐射源与探测器可视为“点”，并且空气的吸收和散射可以忽略时，吸收剂量率 $\dot{D}$ 与辐射源活度 A 的关系式为

$$\dot{D}=\frac{A\cdot K_{\mathrm{r}}}{r^{2}}\ \mathrm{nGy/s} \tag{6.4.1}$$

式中：K_{γ}——γ 常数。其物理意义为活度等于 1 Bq 的放射源，在距离源 1 m 处产生的吸收剂量率。其单位是 $\mathrm{nGym^2/(s\cdot Bq)}$；

r——放射源与探测器之间的距离，m；

A——放射源活度，Bq。

②间接刻度法

先用基准仪器或经过基准仪器校准过的次级标准仪器测量辐射场中某点的辐射量。然后将待刻度的热释光探测器置于该点，进行照射得出探测器的响应刻度系数。

③刻度标准

热释光探测器和辐射测量仪器刻度标准的选择，主要根据对刻度值准确度的要求。一般有三种：

a. 国家基准

以国家计量科学研究院刻度为基准。

b. 次级标准(或称次级基准)

经与国家基准相比较过的仪器。

c. 实验室标准

定期地与国家基准或次级基准相比较的仪器。

不论基准仪器还是次级标准仪器，在所使用的辐射能量区域内，对能量依赖性应当很

小，或者可以精确校正。照射量计应在所使用的能区内逐点刻度其响应。刻度时还应考虑方向性及方向性对能量的依赖性。

④刻度装置

X、γ射线剂量计刻度时，视能量范围不同而采用不同的刻度装置。当光子能量在10～300 keV时，采用自由空气电离室。其总不确定度一般<3%，对于低于几keV的软X射线，鉴于照射量测量在理论上和技术上都有一定的困难，多采用全吸收电离室、高纯锗(HPGe)半导体探测器和量热计等方法测量其能量注量 $\Phi(J/cm^2)$；对于能量在300 keV～3 MeV的光子，多采用空腔电离室。这种电离室在薄壁情况下，也可用于10～25 keV的X射线照射量测量。

⑤刻度用辐射源

X射线源：各种X光机。由于过滤器不同，X射线谱也不相同。过滤材料有Al、Cu、Sn和Pb等金属片或其中几种金属箔片的组合。

在几keV至几十keV能量范围内，一般用荧光X射线源。这是X射线管产生轫致辐射轰击不同物质靶箔产生的特征X射线。

在几keV至200 keV能量范围内，可用10～300 kV激发电压的、X射线机的X射线管固有窗后增加各种金属过滤器产生。中等过滤X射线照射率高，但能谱分辨率差，一般<70%左右。重过滤X射线照射率较低，但有较好的能谱分辨率，一般可以做到<40%。

常用1～30 MeV的电子加速器产生大于11 MeV的高能X射线。

300 keV以上能区刻度常用放射性核素辐射源。

(2)热处理

热释光探测器元件能重复使用。但使用前需要把元件进行专门的热处理——退火。

退火的作用主要是消除剩余剂量。一般的热释光探测元件在测量之后还有1%～3%的剩余剂量。

退火还可以清除低温峰，减小衰退的影响，恢复初始灵敏度，使高温陷阱内的电子释放出来，排除辐射敏化导致的灵敏度增高。

不同的热释光材料，有不同的退火程序；即使是同一种材料，制成不同形状或不同规格的热释光探测元件，其退火程序也不尽相同。表6.4.1示出部分热释光材料及元件的退火条件。

表6.4.1　各种热释光材料的退火条件

材料种类	炉中退火条件	热释光仪退火条件
纯LiF：Mg·Ti	400 ℃(360～380 ℃最佳)下1h，速冷至室温，然后100 ℃下2 h	400 ℃，30 s
LiF：Mg·Ti+CF_4	300 ℃下1 h，速冷至室温，然后100 ℃下2 h	300 ℃，30 s
LiF：Mg·Ti+硅酮橡胶	300 ℃下1 h，速冷至室温，然后100 ℃下2 h	300 ℃，30 s
$CaSO_4$：Dy $CaSO_4$：Tm	400 ℃，30 min	400 ℃，1 min
Mg_2SiO_4：Tb	450～500 ℃，30 min	
CaF_2	400 ℃，10 min	400 ℃，17～20 s

实验结果表明，同一规格、形状热释光探测器，用^{60}Co源照射同一照射量，用同一仪器测量，退火程序不同，热释光响应也不同。热释光探测器退火程序对测量结果的准确度与精密度有直接影响。

(3)测量

光和法与峰高法各有所长，根据具体条件和探测器种类选定。

①升温

首先根据热释光材料的发光曲线确定加热程序，找出能代表照射量值的特征发光峰及与之相应的温度区间，并以此作为“测量”阶段的起始温度。将较低温度下出现的几个低温峰，通过“预热”予以清除。

加温时，尤其是在高速升温时，必须有充分的恒温持续时间，使探测器元件各个部分的温度达到均匀一致。但恒温持续时间又不能太长，以免引起本底计数增加，并延长测试时间。通常测量升温速度采用 20～30 ℃/s，描绘发光曲线时采用 1～2 ℃/s。

②测量

应注意避免非辐射热释光的产生。通常用不锈钢镊子夹取，操作不当会增加几百 nC/kg 的附加照射量读数。操作时一定要轻夹元件的两侧。热释光元件应放置在加热盘正中，并保持良好的热接触，位置的变化会造成显著的测量误差。

③测量后处理

测量之后，探测元件的冷却速度对低温峰及灵敏度有影响。冷却速度越快，一般来说导致灵敏度越高。日常测量中推荐采用快速冷却法。测量完毕或在退火炉中退火完毕，迅速取出，放在一块清洁、平整的大金属板上迅速降温。

④避光

阳光或日光灯光中的紫外线对剂量片的影响有两个方面。对于受过大照射量照射的热释光探测器元件，紫外线照射会使热释光信号减弱，称为光衰退；小照射量测量时，紫外线照射会使探测器元件的本底增高，称为光敏性。待测热释光探测器应避光存放，使用时也应避光。

⑤通氮气

热释光测量时，“氧效应”也能产生非辐射热释光。在高纯氮气(99.99%以上)中加热测量，可抑制氧效应的本底贡献。通氮流量通常用 0.2～0.4 L/min。μC/kg 以下的小照射量测量必须充氮。

⑥大照射量测量

大部分热释光材料均具有“超线性”，即经过大照射量照射后灵敏度增高(敏化)，测量读数增大。用较高的温度退火，可使探测元件恢复原有的灵敏度，否则仍继续保持其敏化特性。

6.5　光释光探测器

光释光探测器(optical stimulated luminenscence，OSL)是近些年来发展起来的一种 X、γ 辐射探测器。目前已有商品供应市场，公司声称此为热释光探测器替代产品。

6.5.1　光释发光机理

光释发光机理示于图 6.5.1。与热释光探测器同样，光释光探测器被 X、γ 射线辐照后，价带上的电子被激发到导带，被禁带中陷阱能级俘获。当材料受到一定波长的红外光照射激发后，陷阱中的电子跃迁至导带，后与禁带中的发光中心复合，发射一定波长范围的荧光光子[13]。

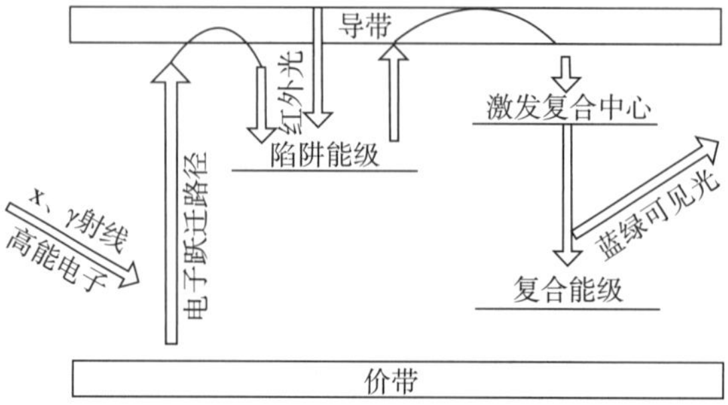

图 6.5.1　光释光发光机理图示

实验发现，部分光释光材料，受 X、γ 辐射照射后的光释荧光发射量，与辐照剂量在 7 个数量级范围内有良好的线性关系。由此便出现了光释光 γ 辐射探测器。显然，其与热释光探测器的不同在于以“光释光”取代“热释光”。

6.5.2　光释光测量

光释光测量系统主要由光源驱动电路、滤光片、光传感器与电信号处理与存储单元组成。图 6.5.2 示出光释光探测器读出系统组成框图。

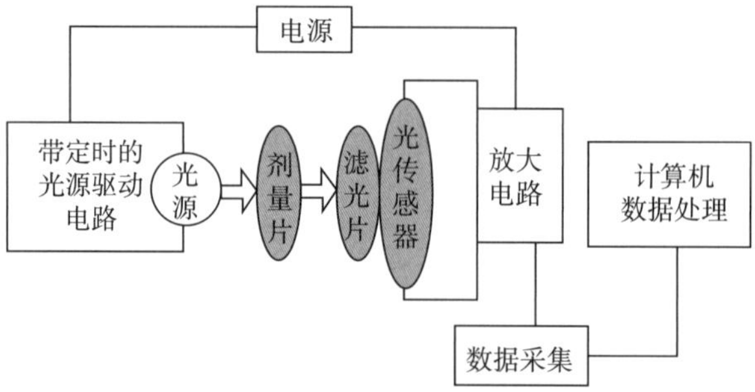

图 6.5.2　光释光探测器读出系统组成框图

Landauer 生产的商品 Al_2O_3：C 光释光探测器件给出的，探测 X、γ 射线的能量响应范围：5 keV～20 MeV。剂量范围为：0.01 mSv～10 Sv。

6.6　固体径迹探测器

固体径迹探测器，也曾称作电介质径迹探测器，是 20 世纪 60 年代初兴起的一类核辐射探测器。1959 年西尔克(Silk)等人首先发现固体物质能记录带电粒子径迹的能力。他们在电子显微镜下看到被裂变碎片照射过的云母上有裂变碎片辐射损伤的径迹。后经普赖斯(Price)等用蚀刻法将这种径迹扩大到能用光学显微观察的大小，一种借助粒子径迹探测的固体径迹探测器正式成为核辐射探测器家族的一员[14]。

固体径迹探测器是用各种绝缘体(如云母、玻璃与塑料等)薄片作为探测器材料，记录重带电粒子、裂变碎片、中子等径迹的探测器。固体径迹探测器具有下述特点：

①对 β、γ 射线不灵敏，适宜于强 β、γ 场中 α 粒子与其他重带电离子探测使用；

②测量 α 粒子能量、其他重带电粒子的电荷和能量，测量重原子核电荷时，分辨率可达 $\Delta Z=\pm 1$；

③无需供电系统和电子学线路。能长期连续进行记录和储存径迹。在记录稀有事件和测量微小截面时，比其他探测器有利。如，可以测量到每年每平方厘米只有一个径迹的罕见事件和测量 10^{-11} b 量级的微小截面；

④材料简单，使用方便；

⑤需在显微镜下进行繁重和耗时的测量，分辨率较差；

⑥不能在线即时得出有关被探测粒子的信息。

6.6.1　工作原理

α 粒子与其他重带电粒子射入绝缘体时，在其穿行的路径上，与物质原子或分子发生碰撞、电离作用而导致晶格破坏、化学键断裂等辐射损伤。该类辐射损伤被称为“潜迹”。潜迹是线度为 nm 量级，在普通光学显微镜下难以观察到的微孔[15,16]。

由于辐射损伤物质比未损伤物质的化学活性强，在强酸、强碱类蚀刻剂内，受辐射损伤的物质较快地与蚀刻剂发生反应而被溶解到蚀刻剂中，沿辐射损伤区域产生蚀坑。该过程称为蚀刻。经过蚀刻的材料，蚀坑直径可达几百 nm，成为在显微镜下能观察到粒子径迹。

如果再加音频高压电场的蚀刻——电化学蚀刻，“潜迹”进一步扩大，形成线度在 $10^{-3}\sim 10^{-2}$ cm 量级的“树状”径迹。“树状”径迹可以在一般阅读器上读出。

每个径迹对应一个重带电粒子探测事件。环境中的氡发射 α 粒子，其会在固体径迹探测器中留下相应的径迹。因而，测量出固体径迹探测器的径迹密度，就可推算出氡的放射性活度。

6.6.2　径迹形成机制

为了解释生成可蚀刻径迹形成机制，存在多种理论模型。这些理论模型能在一定程度上解释固体径迹探测器的阈特性，但无法解释径迹形成速度与辐射损伤密度的关系。因此，对径迹形成机制的研究还是不够的。有待提出统一的解释固体径迹探测器各种性质的理论。

(1)能量损失率模型

1964 年弗莱谢尔(Fleischer)等[15]根据径迹形成的大量实验提出如下规律：当重带粒子的在固体径迹探测器中的能量损失率$(-\mathrm{d}E/\mathrm{d}X)$超过某一随材料而异的临界值$(-\mathrm{d}E/\mathrm{d}X)_c$时，就会形成可蚀刻径迹。该模型在有限区间内与当时的实验数据符合，如图 6.6.1 所示。

但依据能量损失率模型，硝酸纤维可以记录相对论性铁离子，不能记录质子；聚碳酸酯不能记录 α 粒子。这些结论与实验事实不符。可见，能量损失率模型对高能部分和低能部分是不适用的。

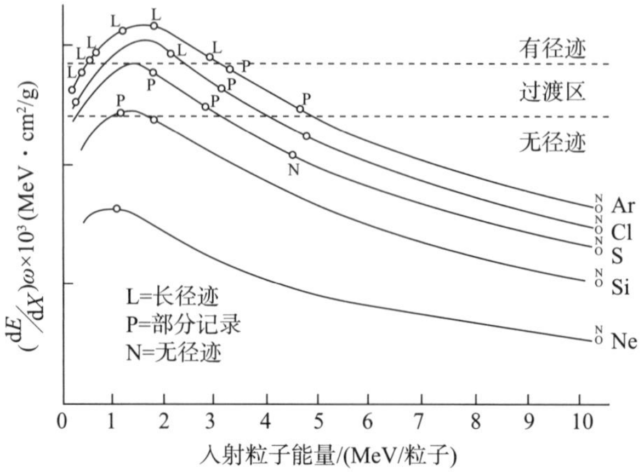

图 6.6.1　重带电粒子在白云母中的能量损失率随入射粒子能量的变化和白云母的阈特性

(2)原电离率模型

为了克服能量损失率模型的缺点，1967 年弗莱谢尔等又提出了原电离率模型，入射粒子在探测器单位长度上产生的原电离(dJ/dX)超过某一临界值$(dJ/dX)_C$时，才能形成可蚀刻径迹。此处(J)表示入射粒子在探测器中直接产生的离子对数，不包括次级电子的二次电离和高次电离[17]。

原电离率模型是根据离子爆炸栓模型提出的，它认为：入射粒子进入探测器材料时，沿途产生大量电离而瞬间出现正离子区。这些正离子互相排斥，并推入周围的原子之间，在入射粒子轨迹附近造成一个持久的空旷和中间原子填塞的区域，这就是潜伏的辐射损伤径迹。只有当$(dJ/dX)>(dJ/dX)_C$时，才能生成这样的区域。该模型对无机固体得到了较满意的结果，对塑料径迹探测器也能从形式上满足。如图 6.6.2 所示。

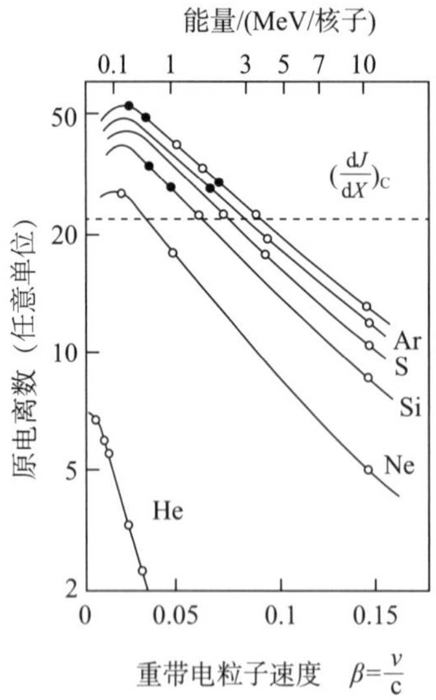

(a)白云母

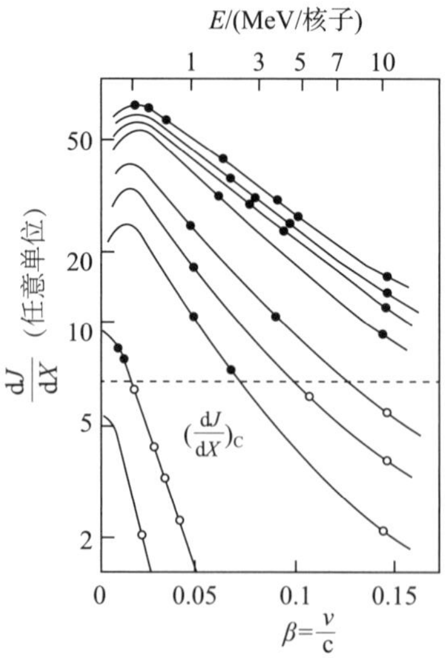

(b)聚碳酸酯

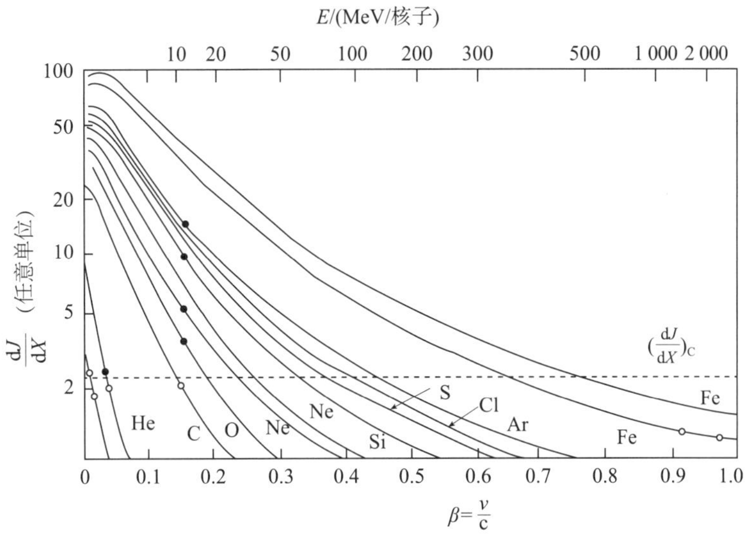

(c)硝酸纤维(Njxon. Baldwin)中的 dJ/dX 曲线和临界值 $(dJ/dX)_C$

●—有径迹；○—无径迹

图 6.6.2　重带电粒子在不同材料中的 dJ/dX 曲线和临界值 $(dJ/dX)_C$

原电离率模型所以能克服能量损失率模型的缺点，因为入射粒子在电离过程中产生的次级电子的平均能量随入射粒子能量的增加而增加，在消耗同样多能量的情况下，入射粒子能量越高，产生的原电离数越少。入射粒子能量越低，产生的原电离对数越多。因此，与$(-dE/dX)$曲线相比，dJ/dX 曲线在高能端下压，在低能端抬高，因而在更宽的能量范围内与实验结果符合。

原电离率模型明显的不足是没考虑次级电子在形成径迹中的作用，这是不合理的。在对塑料进行计算时，必须取电离能为 2 eV，才能与实验结果符合。实际上塑料的平均电离能为 9～15 eV，2 eV 只等于打断化学键所需的能量。卡茨(Kats)等对重离子通过电介质后，对电离中心储存的静电能进行的计算证明，在电离中心每个原子上的能量实际上少于引起离子爆炸所需的能量。因此，生成径迹的离子爆炸栓模型是不正确的。另外，该模型只能得到原电离率的相对值。

(3)限定能量损失率模型

为了克服能量损失率模型的缺点，本顿(Benton)等于 1968 年提出了限定能量损失率模型用来解释塑料径迹探测器可蚀刻径迹的生成。本顿认为，只有能量小于 ω_0 的次级电子才能对径迹的形成有贡献。这些低能量电子把能量消耗在粒子轨迹附近，造成损伤。能量大于 ω_0 的次级电子，由于飞到远离轨迹的区或，对轨迹附近的辐射损伤没有贡献。因此，在描述辐射捐赠伤密度时，必须从总能量损失率$(-dE/dX)_T$中扣除用于产生能量大于 ω_0 的次级电子的能量损失率$\left(-\dfrac{dE}{dX}\right)_{\omega>\omega_0}$：

$$\left(-\frac{dE}{dX}\right)_{\omega<\omega_0}=\left(-\frac{dE}{dX}\right)_T-\left(-\frac{dE}{dX}\right)_{\omega>\omega_0} \tag{6.6.1}$$

式中：ω——次级电子的能量；

$\left(-\dfrac{\mathrm{d}E}{\mathrm{d}X}\right)_{\omega>\omega_0}$ ——限定能量损失率，记作 REL。

为了与实际数据符合，本顿取 $\omega_0=1$ keV。

限定能量损失率模型可概述如下：只有入射粒子在探测器中的限定能量损失率(REL)大于某一临界值$(\mathrm{REL})_c$时，才能生成可蚀刻径迹。低于这一临界值时，不能生成可蚀刻径迹。

限定能量损失率模型在较宽的能量范围内与实验结果符合，如图 6.6.3 所示。对硝酸纤维和聚碳酸酯，形成径迹的阈值$(\mathrm{REL})_\mathrm{C}$分别得到为 1.1×10^3 MeV · cm²/g 和 3.3×10^3 MeV · cm²/g。

REL 模型所以比$(-\mathrm{d}E/\mathrm{d}X)$模型更好，因为次级电子的平均能量随入射粒子的能量增加而增加。因此，能量大于 $\omega_0=1$ keV 的次级电子数随之增加，在$(-\mathrm{d}E/\mathrm{d}X)_\mathrm{T}$中，$(-\mathrm{d}E/\mathrm{d}X)_{\omega>\omega_0=1\ \mathrm{keV}}$的部分随之增加，$(-\mathrm{d}E/\mathrm{d}X)_{\omega<\omega_0}$的部分随之减少。因此，能够克服$(-\mathrm{d}E/\mathrm{d}X)$模型的缺点。它的另一个优点是计算结果给出绝对值。从图 6.6.3 看出，限定能量损失率模型对低能端符合得不算好，而且仅限于能解释塑料径迹探测器径迹的形成。

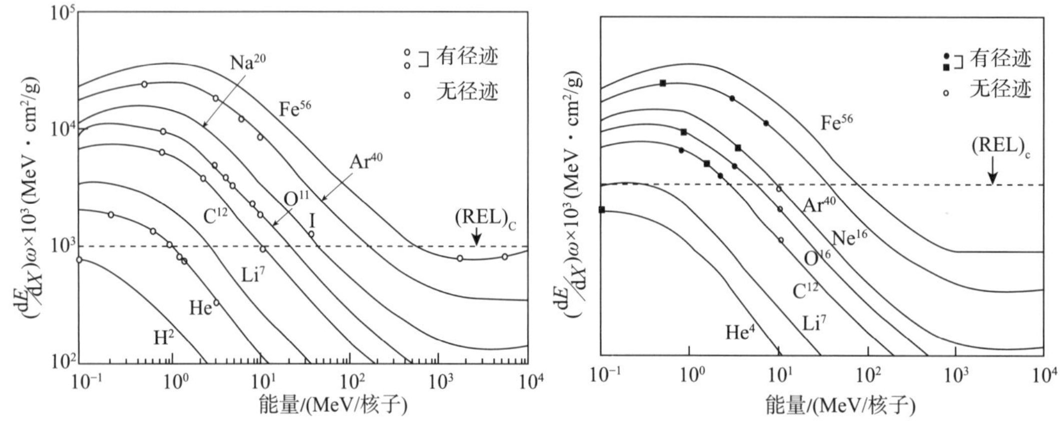

(a)硝酸纤维　　(b)聚碳酸酯

图 6.6.3　重带电粒子在硝酸纤维和聚碳酸酯中的曲线和它们的阈值(REL)

(4)能量消耗模型

这是卡茨(Katz)等于 1968 年提出的。内容如下；具有一定能量的带电粒子在电介质中，在距粒子轨迹一定临界距离上，由二次电子(δ 射线)遗留下的能量达到一个临界剂量时，这个一定能量的带电粒子能在电介质中草药生成可蚀刻径迹。卡茨认为这一临界距离为 2 nm，这一临界剂量等于 γ 射线在大块材料中致辐射损伤的剂量。

卡茨认为，入射粒子能量较高时，能量损失的主要方式是电离。δ 射线与周围介质相互作用生成的分子碎块比原分子较易溶解。如果是足够大的直径上产生足够多的碎块，以致蚀刻分子能自由地通过损伤径迹进入电介质中就会生成碎块，以致蚀刻分子能自由地通过损伤径迹进入电介质中就会生成径迹。蚀刻剂分子的大小约定为 0.5 nm，应该是临界直径的下限，用电子显镜观察云母等材料中的损伤径迹，直径 5 nm 处于 δ 射线遗留的能量达到致辐射损伤的 γ 剂量，与径迹形成数据符合得较好，如图 6.6.4 所示。

卡茨等的计算适用于有机固体和无机固体，能给出辐射损伤绝对值，但计算非常复杂。另外，在图 6.6.4 中给出了各种粒子在三种材料中产生可蚀刻径迹的能量下限，这是其他模型没有的结果。对于聚碳酸酯来说，这个下限能量是 20 keV/核子。但在用聚碳酸酯直接测量快中子的研究中看到，碳核在聚碳酸酯中产生径迹的下限能量是大约 7 keV/核子，与 20 keV 有矛盾。

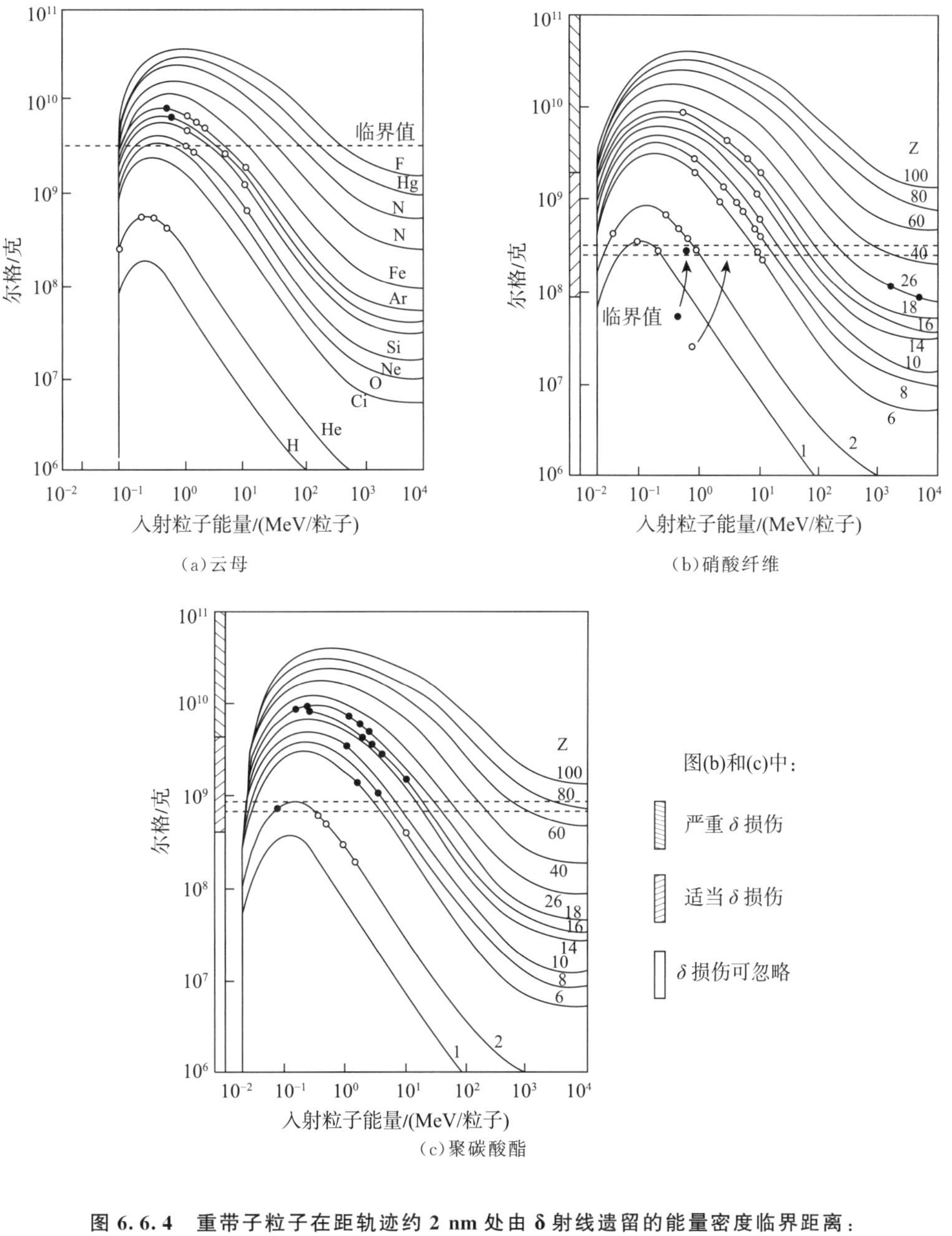

图 6.6.4　重带子粒子在距轨迹约 2 nm 处由 δ 射线遗留的能量密度临界距离：云母中 1.9 nm；硝酸纤维 1.5 nm；聚碳酸酯 1.7 nm

6.6.3 固体径迹探测器的性质

(1)阈特性

只有在带电粒子在固体径迹探测器材料中辐射损伤密度大于某一数值(临界辐射损伤密度)时，这种粒子的径迹才能被蚀刻出来，否则不能被蚀刻出来。这就是固体径迹探测器的阈特性。这一阈值只与材料本身的性质有关，与入射粒子的性质无关。图 6.6.5 示出各种重带电粒子在物质中的辐射损伤密度和各种探测器材料的阈值[14]。

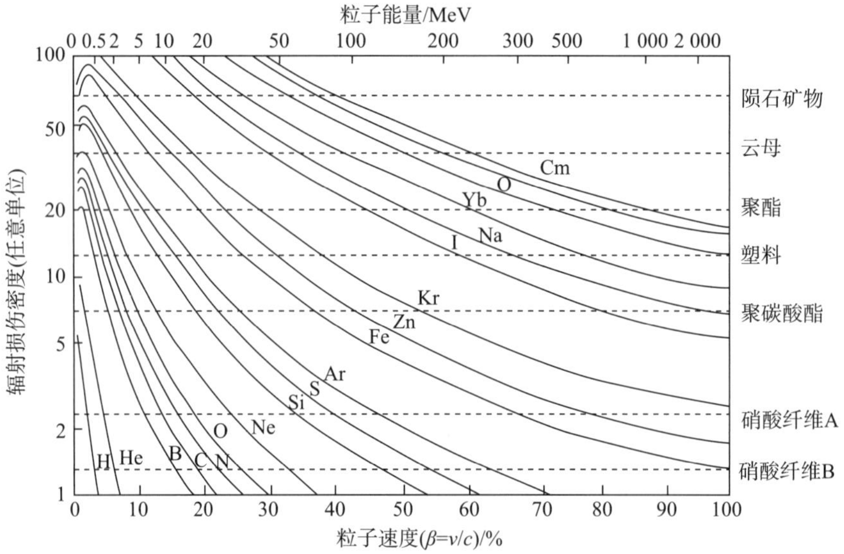

Melinex 梅林内克斯(绘图片) Luxel 卢克塞尔(聚脂纤维)Daicel(聚甲醛) Nivion(意大利，尼维翁，聚酰胺纤维)

图 6.6.5 各种重带电粒子在固体径迹探测器中的辐射损伤密度与粒子速度及能量的关系

(水平虚线代表在几种常用径迹材料内产生径迹的辐射损伤密度下阈)

由图 6.6.5 的曲线可见，硝酸纤维最灵敏，可以记录质子和比质子重的粒；聚碳酸酯次之，它不能记录质子，只能记录 α 粒子和更重的粒子。白云母可以记录 Ne 离子以上的粒子。陨石的阈值比白云母的要高。琥珀是至今发现的阈值最高的材料。知道各种探测器材料的阈值，就可以选择合适的探测器。使它对待探测粒子灵敏，而对本底粒子(辐射)不灵敏。

(2)蚀刻特性

固体径迹探测器的辐射损伤径迹的蚀刻过程进行的快慢以及所达到的结果，与蚀刻过程的时间长短、蚀刻剂浓度和温度有关。一般来说，蚀刻时间越长，径迹直径越大；一定浓度范围内，蚀刻速度与蚀刻剂浓度成正比；径迹的最大直径和蚀刻速度，随蚀刻温度的增高而增加。图 6.6.6 示出重带电粒子在固体径迹探测器中的辐射损伤密度与粒子能量的关系示意。图 6.6.7 示出硝酸纤维中，最大可蚀刻射程与粒子电荷 Z 的关系。

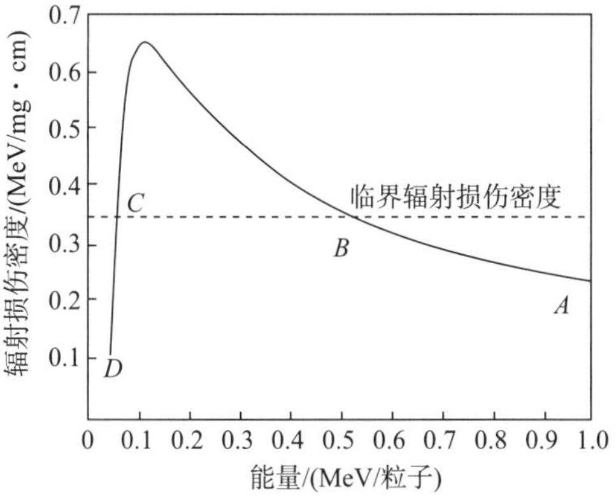

图 6.6.6　重带电粒子在固体径迹探测器中的辐射损伤密度与粒子能量的关系示意图

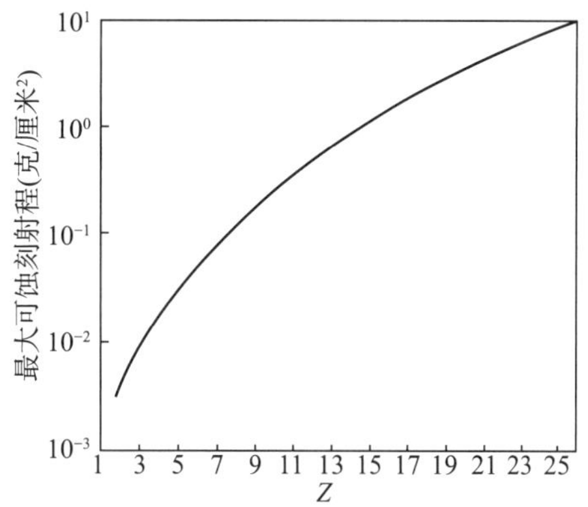

图 6.6.7　硝酸纤维中最大可蚀刻射程与粒子电荷 Z 的关系

图 6.6.8 示出白云母裂变碎片径迹直径与蚀刻时间的关系。可以看出，蚀刻时间越长，径迹直径越大，在一定蚀刻时间范围内，径迹直径与蚀刻时间呈线性关系。

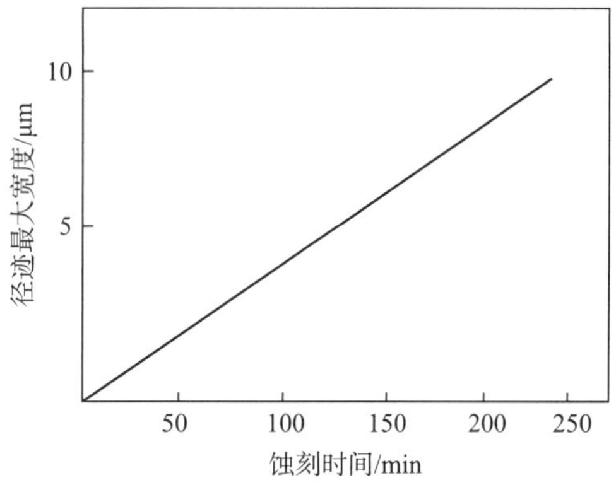

图 6.6.8　白云母裂变碎片径迹直径与蚀刻时间的关系

注：蚀刻条件：40%HF，25 ℃

(3)固体径迹探测器的临界角

在固体径迹探测器蚀刻过程中，蚀刻剂对探测器有两种蚀刻效应。一种是沿辐射损伤区域的蚀剂，形成径迹。用 v_t表示径迹的蚀刻速度。另一种是探测器材料在垂直于表面的方向上，以速度 ν_s 被蚀刻剂腐蚀下来，溶于蚀刻剂中。假定重带电粒子射入固体径迹探测器的方向，与探测器表面的夹角为 θ，则只有当 $v_t\theta<v_s$时，径迹才能被蚀刻出来。

$$\theta_C=\arcsin\frac{v_s}{v_t} \tag{6.6.2}$$

式中：θ_C——临界角。

由此可见，即使带电粒子在固体径迹探测器中造成的辐射损伤密度超过这种探测器的阈值，如果入射角 θ 小于它们的临界角 θ_C，仍然不能在探测器表面蚀刻出径迹。临界角 θ_C 与探测器材料的性质、入射粒子的性质和蚀刻条件有关。表 6.6.1 列出了几种固体径迹探测器材料探测热中子引起的 ^{235}U 裂变碎片的平均临界角值。表 6.6.2 列出几种国产固体径迹探测器探测裂变碎片的平均临界角和以 2π 立体角探测裂变碎片的效率。

表 6.6.1　几种国产固体径迹探测器探测裂变碎片平均临界角

探测器材料		临界角 θ_C
名称	产地	
白云母	中国	3°41′
石英	北京	16°2′
普通玻璃	中国	37°21′
磷酸盐玻璃	北京建筑材料研究院	7°6′
聚碳酸酯	辽宁朝阳材料厂	2°24′
聚酯	江苏常州绝缘材料厂	3°29′

表 6.6.2　几种国产固体径迹探测器探测裂变碎片的平均临界角和以 2π 立体角探测裂变碎片的效率

探测器材料		探测热中子引起 ^{235}U 裂变的碎片的平均临界角 θ_C	以 2π 立体角探测裂变碎片的效率 ε_f/%
名称	产地		
白云母	中国	3°40′	93.6±0.3
石英	北京	16°2′	72.4±0.5
普通玻璃	中国	37°21′	39.3±0.3
磷酸盐玻璃	北京建筑材料研究院	7°6′	67.6±0.5
聚碳酸酯	辽宁省朝阳塑料厂	2°24′	95.5±0.3
聚酯	江苏常州绝缘材料厂	3°29′	93.9±0.3

6.6.4　固体径迹探测器材料

固体径迹探测器的材料是各种绝缘固体，它可分为三类：结晶固体(如云母、石英等)；非结晶固体(如各种玻璃)和塑料(如硝酸纤维、醋酸纤维、聚酯和聚碳酸酯等)。

常用的部分固体径迹探测器材料及有关特性示于表 6.6.3。

常用的蚀刻剂：强酸，如 HF、H_2SO_4、HCl 和 H_3PO_4；强碱，如 NaOH 和 KOH。

表 6.6.3　常用的固体径迹探测器材料[15]

	探测器材料	原子组成	最低电离的离子
无机材料	石英	SiO_2	100 MeV ^{40}Ar
	金云母	$KMg_3Al_2Si_8O_{10}(OH)_2$	
	白云母	$KAl_3Si_3O_{10}(OH)_2$	2 MeV ^{20}Ne
	石英玻璃	SiO_2	16 MeV ^{40}Ar
	氧化铅玻璃	$18SiO_2$：$4PbO$：$1.5Na_2O$：K_2O	24 MeV ^{20}Ne

续表

	探测器材料	原子组成	最低电离的离子
有机材料	聚乙烯对酞酸盐 Cronar，Melinex	$C_5H_4O_2$	36 MeV ^{16}O
	双酚 A 聚碳酸盐 Lexan，Makrofol	$C_{16}H_{14}O_8$	0.3 MeV ^4He
	聚甲基丙烯酸甲酯 Plexiglass，Lucite，Perspex	$C_5H_8O_2$	3 MeV ^4He
	三酯酸纤维素(Cellit，Triafol-T，Kodacel T A-401unplasticized)	$C_3H_4O_2$	
	硝酸纤维素 Daicell	$C_6H_8O_9N_2$	0.55 MeV ^1H

6.6.5　蚀刻技术

(1)白云母上裂变碎片径迹的蚀刻技术

把恒温水浴锅放在通风柜内，恒温水浴锅可以给出 0～100 ℃恒温。把装有一定浓度(如 40%)的 HF 酸的塑料怀置入恒温水浴锅内，达到指定的温度(如 25 ℃)。把已被裂变碎片辐照过的白云母片投入 HF 酸内一定时间(如 300 min)。使 HF 与白云母内的辐射损伤物质及白云母本身发生反应。然后取出白云母片，立即放在蒸馏水中冲洗 2～3 min，最后在空气中晾干，放在光学显微镜中观察测量。

(2)聚碳酸酯上裂变碎径迹的蚀刻技术

把恒温水浴锅调至一定温度(如 50 ℃)，把盛有 6.5 mol/L 的 KOH 水溶液的玻璃瓶放入恒温水浴锅中。当温度稳定后，把已被裂变碎片辐照射过的聚碳酸酯片投入 KOH 水溶液中。浸泡一定时间(如 120 min)后，取出，先用蒸馏水冲洗 2～3 min，再放入一杯稀硝酸(硝酸与水之比为 2∶3 左右)洗涤。最后再用蒸馏水冲洗，晾干后就可在光学显微镜下观察。

(3)普通玻璃和石英的蚀刻过程

与白云母的相似。硝酸纤维、醋酸纤维、聚酯与磷酸盐玻璃的蚀刻方法与聚碳酸酯的相似。

质子、α 粒子、重离子和宇宙射线径迹的蚀刻方法，基本上与裂变碎片径迹的蚀刻方法相同。当然，为了得到最佳径迹，蚀刻条件应通过实验具体选定。不同固体径迹探测器，探测不同粒子时的蚀刻条件会各不相同。

硝酸纤维、醋酸纤维、聚酯、磷酸盐玻璃的蚀刻方法与聚碳酸酯相似，它们的蚀刻条件参见表 6.6.4。

表 6.6.4　几种常用固体径迹探测器材料的蚀刻条件

探测器材料			可探测的粒子	径迹蚀刻条件
种类	名称	成份		
晶体	白云母	$KAl_3Si_3O_{10}(OH)_2$	Z>10	40%HF，25 ℃ 300～500 min
	石英	SiO_2		40%HF，25 ℃

续表

探测器材料			可探测的粒子	径迹蚀刻条件
种类	名称	成份		
非晶体	普通玻璃	$71SiO_2:15Na_2O_2:9CaO:3MgO:2Al_2O_3$		40%HF，25 ℃
	磷酸盐玻璃	$50LiPO_3:50Al(PO_3)_3:7AgPO_3:3B_2O_3$		6.5 N KOH 水溶液
塑料	聚碳酸酯	$(C_{16}H_{24}O_3)_n$	Z≥2	6.5 N KOH 水溶液 50 ℃
	聚酯	$(C_9H_8O_5)_n$		6.5 N KOH 水溶液 50 ℃
	硝酸纤维	$C_8H_8O_9N_2$	Z≥1	6 N NaOH 水溶液
	醋酸纤维		Z≥1	6 N KOH 水溶液

6.6.6 使用技术

(1)探测器几何位置与探测效率

对于均匀各向同性的辐射场条件，固体径迹探测器几何位置的选取是任意的。其探测效率不受探测器几何位置的影响，例如固体径迹探测器用于环境辐射水平监测的场合。

对于点状放射源的情况，由于临界用 θ_C 的影响，探测器相对于源的几何位置不同，探测器的探测效率将不同。如图 6.6.9 所示，S 为一个点放射源，a、b、c 与 d 分别为一半径为 r 的圆片探测器放置的四个位置。θ_C 为临界角。易见，由于 θ_C 的影响，位置 b、c 与 d 处，探测器的探测效率相同。即，当探测器与源之间的距离小于、等于临界距离 S_B 时，探测器的探测效率与探测器对源所张立体角的大小无关。其探测效率 ε 由临界角 θ_C 决定：

$$\varepsilon=\frac{1}{2}(1-\sin\theta_c) \tag{6.6.3}$$

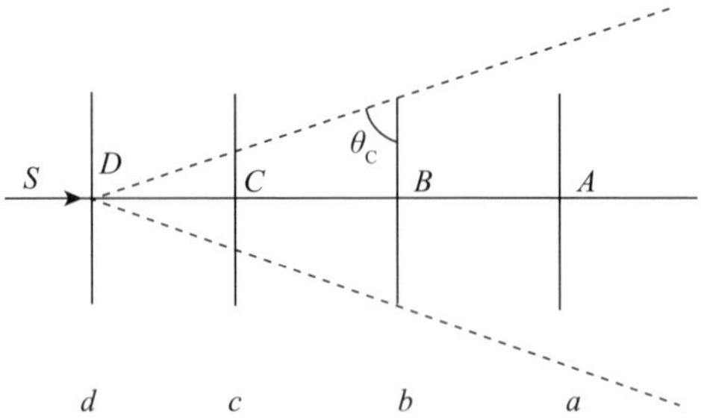

图 6.6.9 固体径迹探测器几何位置与探测效率的关系示意图

当探测器安放位置使其与源距离大于临界距离 S_B时，其探测效率 ε′由探测器对源所张的立体角 G_p决定：

$$\varepsilon'=G_p/4\pi \tag{6.6.4}$$

(2)热衰退效应

高温会使固体径迹探测器可蚀刻的辐射损伤区域在轴向和径向缩小，最大可蚀刻射程减小，蚀刻速度下降，临界角增大，探测效率降低。急剧地加热可以消除径迹。

热衰退效应对径迹数目的影响遵从如下关系式：

$$r = Ct\,e^{-\frac{E}{KT}} \tag{6.6.5}$$

式中：r——受热后径迹减小的份额；

T——受热时间；

E——激活能；

T——热力学温度；

K——玻尔兹曼常数；

C——单位时间内径迹减少的份额。常数 C 和 E 由实验定出。

一般温度下，热衰退效应对固体径迹探测器的影响很小。在室温下，可以不考虑。

为防止热衰退的影响，白云母探测器应在 200～300 ℃以下使用，各种塑料应在 70～100 ℃以下使用；玻璃与矿物探测器抗环境温度的能力比塑料探测器的好。

可以利用高温退火的方法消除早已存在的本底径迹和新产生的较轻粒子的径迹。较轻粒子的径迹在加热中较先消失，而较重粒子的径迹仍可蚀刻。所以，高温退火的作用相当于改变固体径迹探测器的阈值。

(3)紫外光光氧化效应

含有潜伏径迹的固体径迹探测器，在氧环境中用紫外光照射，可以提高辐射损伤物质的化学反应性，而对 V_S 影响要小得多。因此，用这一效应可以提高探测重带电粒子的灵敏度。但是，由于固体径迹探测器材料对紫外光的吸收能力很强，紫外光光氧化效应对表面层影响大，随深度增加，影响越来越小。

(4)其他因素的影响

实验证明，用 X 射线、γ 射线或电子流严重照射含有潜伏径迹的固体径迹探测器，可以增加塑料型固体径迹探测器的 v_s 和 v_t。因此，使用与贮存时，应尽量避免 X 射线、γ 射线和电子流的严重照射。但是一般照射是微不足道的。

蚀刻质子、α 粒子，重离子和宇宙射线径迹的方法基本上与蚀刻裂变碎片径迹的方法相同。当然，为了使径迹最利于观测，选用的蚀刻条件会各不相同。

裂变碎片在几种材料中径迹的形状示于图 6.6.10。

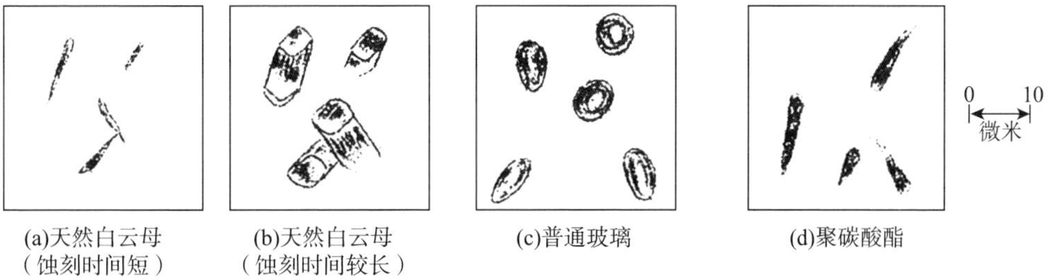

图 6.6.10　裂变碎片在固体径迹探测器表面的径迹形状

6.6.7　应用

固体径迹探测器已广泛应用于包括氡测量在内的多个技术领域。

(1)固体径迹探测器(α径迹蚀刻法)测定氡子体的照射量[17,18]

径迹蚀刻法测α粒子，应用于氡浓度测量的方法，在3.7节已经介绍。为了将径迹蚀刻法用于测定氡子体的照射量，必须将氡的贡献排除。为此，需把氡的贡献从氡、RaA和RaC′的总效应中去除。图6.6.11所示的采样装置，由塑料或铝制容器内，放置CR-39型聚碳酸脂膜片商品径迹探测器构成。

CR-39是含氧乙烷丙烯碳酸酯聚合作用形成的一种热凝塑料。密度约为1.3 g/cm³(25℃)，透明、各向同性、对强酸、强碱以外的大部分溶剂都有耐性。在辐射损伤后不发生交联，径迹分辨率较好，是一种较好的α粒子径迹探测器。

图6.6.11径迹蚀刻采样器中，覆盖滤膜的一面收集氡，未覆盖滤膜的一面收集氡与氡子体。

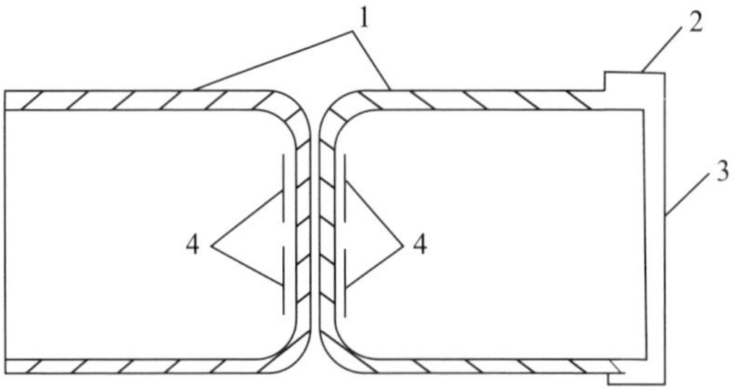

图6.6.11　径迹蚀刻采样结构图

1—样品盒；2—压盖；3—滤膜；4—探测器

经过t采样时间后，开口蚀刻片单位面积净径迹数n_E，覆盖滤膜的蚀刻片单位面积净径迹数n_R，则n_E-n_R为净子体效应径迹计数。则空气中氡子体潜能浓度：

$$C_p=\frac{n_E-n_R}{tF_E} \tag{6.6.6}$$

式中：F_E——氡子体潜能浓度刻度因子，Tc/[cm²·(J./m³)·h]；

n_R——覆盖滤膜的蚀刻片单位面积净径迹数，Tc/cm²；

n_E——开口蚀刻片单位面积净径迹数，Tc/cm²；

t——采样持续时间，h；

C_P——空气中氡子体潜能浓度，J/m³。

(2)CEA累积照射量仪

法国原子能委员会(CEA)研制成固体径迹氡钍子体累积照射量仪。仪器内装有滤膜、准直器、吸收层和固体径迹探测器。径迹探测器为KODAKLR115Ⅱ型硝酸纤维膜，厚度为13 μm。滤膜孔径1.2 μm。仪器用叶轮泵采样，抽气流速Q=5 L/h。准直器有三个准直孔道。孔道1的末端，ThC′的α粒子以3 MeV的剩余能量从吸收层射出，并被记录下来。而RaA和RaC′发射的α粒子由于能量低而被吸收层吸收；孔道2的末端，RaC′的α粒子以3 MeV的剩余能量从吸收层射出，并被记录下来。而RaA的α粒子全被吸收层吸收，ThC′的α粒子从吸收层射出时的能量约为5 MeV，而不被记录。孔道3的末端，RaAα粒子以2.8 MeV的能量射出，并被经迹探测器记录。RaC′与ThC′的α粒子从吸收层射出时的能量皆大于5.3 MeV，不被探测器记录。

这样，在氡钍混合场中，累积照射量可按下式计算：

$$E=\frac{13.68N_A+7.68N_C+8.78_T}{1.28\times10^5\varepsilon_\alpha F_\alpha Q} \tag{6.6.7}$$

式中：N_a、N_c和 N_t——分别为径迹探测器上 RaA，RaC′与 ThC′的 α 径迹数；

ε——α 粒子探测效率(4π)；

F_α——滤膜过滤效率。

所用吸收层是聚碳酸酯薄膜，降低 ThC′、RaC′和 RaA 的 α 粒子能量的三种薄膜的厚度分别为 41.5 μm、28 μm 和 6.8 μm。

蚀刻条件：2.5 mol/L NaOH 溶液，60 ℃蚀刻 95 min。

CEA 照射量仪的探测下限：2.06×10^{-6} J·m^{-3}·h(0.1 WLH)

综上所述，几十年来，人们对固体径迹探测器的认识越来越深，应用越来越广。其他类型的探测器在许多性能方面优于固体径迹探测器，但是，在分辨高 Z 原子核电荷、测量稀有事件、不怕较轻粒子本底和记录古代径迹方面是其他探测器无法比拟的。因此，固体径迹探测器至今在探测器家族中牢固地占有一席之地。

起初，固体径迹探测器主要用于铀矿勘探。现今，固体径迹探测器是氡测量的通用探测器。

另外，固体径迹探测器不受较轻粒子本底的影响，因此它适于在强粒子本底存在的场合进行核物理测量；在核物理、地球物理、天体物理、考古学、辐射剂量学及环境放射性监测等技术领域皆获得广泛应用。

(3)在核物理中的应用

固体径迹探测器不受较轻粒子本底的影响，适于强粒子本底存在的场合进行核物理测量。

①快中子注量和能谱测量

用固体径迹探测器(如白云母)和各种阈能不同的裂变物质如^{235}U、^{237}Np、^{238}U 和^{232}Th 等的薄片迭在一起，放在中子场中进行照射，然后测量每种样品单位质量发生的裂变数，可以求得快中子的注量和能谱。

聚碳酸酯在快中子照射下，借助快中子在其内引起碳和氧反冲核，和(n，α)反应而能记录中子。记录快中子的阈能约为 0.3 MeV。可以作为一种新型的快中子阈探测器。

利用^{6}Li、^{10}B 和塑料径迹探测器以及^{235}U、^{239}Pu 和云母等也可以测热中子。

②裂变碎片角分布测量

由于固体径迹探测器可以做成各种形状，不怕较轻粒子本底和位置灵敏度高，也用于各种重离子引起的裂变碎片角分布的研究中，几乎可以在 0°和 180°取得数据。

③超钚元素、超重元素的合成和研究

由于固体径迹探测器不受超钚元素固有 α 放射性的影响，适于在超钚元素合成和研究中使用。苏联在合成 104 号和 105 号元素时曾用玻璃作裂变探测器，鉴定这些新元素的存在并测定其半衰期。

此外，由于固体径迹探测器可以做成很小的薄片，已用来插入反应堆燃料元件之间，测量反应堆中裂变事件和中子注量的分布和燃料元件的燃耗，而探测器对反应堆的影响很小。

(4)在地球物理和考古学中的应用

固体径迹探测器不但能记录现时发生的粒子径迹，而且能记录从电介质固体在地球上、月球上、太阳系生成和冷却以来发生的重带电粒子径迹。各种电介质固体中都混有微量的，不断地发生自发裂变的铀^{238}U杂质。从这些固体形成以后，^{238}U自发裂变的径迹越来越多地被记录在固体中。因此，从这些固体中所含^{238}U自发裂变径迹的密度和杂质浓度，可以推算这些固体形成的年代(或年龄)。在地球物理和考古学中，该方法称为裂变径迹断代法。它已用于测量年龄从几个月至1.5×10^{9} a范围的岩石和矿物。其中在$2\times10^{4}\sim10^{6}$ a范围，用其他测量方法很难得到数据。把采集来的岩石或矿物劈开，抛光内表面，放在蚀刻剂中蚀刻适当时间，测量单位面积新表面上出现的自发裂变径迹数ρ_s：

$$\rho_s = NC_U(e^{-\lambda_D T} - 1)\frac{\lambda_f}{\lambda_D}R \tag{6.6.8}$$

式中：N——单位体积矿物中所含的原子总数；

C_U——矿物中铀原子占总原子数的份额；

λ_D——铀的总衰变常数；

λ_f——^{238}U自发裂变常数；

T——矿物年龄；

R——裂变碎片在矿物中径迹的可蚀刻射程。

为了求出矿物中铀含量C_U，把矿物放在反应堆中照射，热中子引起铀中^{235}U裂变，然后把矿物劈开，抛光新劈开的表面，经蚀刻后，测量新表面上热中子引起^{235}U裂变的径迹密度：

$$\rho_i = NC_U I\sigma\Phi R \tag{6.6.9}$$

式中：N——^{235}U与^{238}U的同位素丰度比(7.6×10^{-4})；

Φ——照射矿物的热中子注量；

σ——热中子引起^{238}U裂变的截面。

把式(6.6.9)代入式(6.6.8)得：

$$T = \frac{1}{\lambda_D}\ln\left(\frac{\rho_s}{\rho_i}\frac{\lambda_D}{\lambda_f}\Phi\sigma I + 1\right) \tag{6.6.10}$$

在式(6.6.10)中，λ_D、λ_f、σ和I是常数，测量ρ_s、ρ_i和Φ，就可以求得矿物的年龄。

裂变径迹测量断代法广泛用来研究地球上岩石和矿物的年龄。例如对大西洋水下的中大西洋山脉两侧的岩石进行了测量，证明山脉中心的岩石形成于11 000年前，离山脉中心越远，形成的年代越久，直至1.6×10^{7} a；岩石的运动是不断扩散的，平均扩散速度为每年约2.5 cm。

裂变径迹断代法也已用于考古学的研究中，把与人类遗物紧放在一起的可记录裂变径迹的固体进行蚀刻，测量其上的裂变径迹，利用与矿物相同的分析方法则可以知道这些人类遗物放置的年代。图6.6.12表示用裂变径迹测量年代法可以达到的测量年代范围，以及测量这些年代可使用的岩石矿物的名称，它们中铀杂质的浓度。

另外，1967年在云母中发现了一种小径迹，它们是由铀和钍在α衰变过程中由反冲的余核产生的，它们在云母中的密度比自发裂变径迹的密度大几千倍，但它们的长度只有大约30 nm，用相差显微镜或电子显微镜才能看到。用它们测量云母的年代灵敏度可提高几

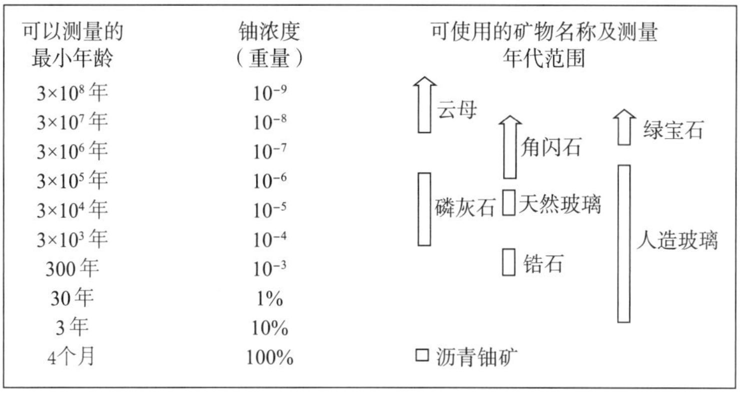

图 6.6.12　裂变径迹断代法测量年代的范围、可使用矿物的名称和含铀浓度

千倍，可以测量更新的样品。由于 α 反冲径迹密度随样品的年龄很快增加，它对于测量更老的样品更适合。这种径迹只在云母中看到了，在其他样品中能否看到，仍待解决。

(5)在天体物理中的应用

天体物理是固体径迹探测器应用最活跃的领域，不论是测量径迹数目，径迹长度，还是测量径迹蚀刻速度 v_t 的变化，都在天体物理中得到了充分的利用。

天体物理使用的固体径迹探测器有陨石，月球岩石(简称月岩)和塑料。从天空降落的陨石是在天空漂泊千万年甚至数亿年的固体径迹探测器，表层含有远离地球的射线和古代宇宙射线打在上面的径迹，内层含有裂变元素自发裂变的径迹，从月球形成若干亿年以来，表面岩石和土壤记录了古代宇宙射线的径迹。

天体物理解决的根本问题是天体怎样形成和演化的？固体径迹探测器在以下几个方面已经提供了不少有用的资料。

①测量现代和古代宇宙射线的成分和能谱

起源于太阳系以外的高能原子核称为宇宙射线。利用陨石和月岩中径迹的长度和蚀刻速度 v_t 的变化，可以知道古代宇宙射线的成分。利用放入高空的塑料径迹探测器可以测量现代宇宙射线的成分和能谱。由此推测宇宙射线产生的时间、地点和形成的过程。固体径迹探测器和原子核乳胶已成为宇宙射线研究的重要工具。两者迭在一起，记录同一粒子穿过两种探测器的径迹，提高了测量的精确度。从固体径迹探测器出现以来，已进行过多次宇宙射线测量，天空中不断有带着大面积塑料径迹探测器和原子核乳胶的飞机、气球、火箭、卫星和飞船在飞行。它们为解决天体形成和演化问题积累越来越多的数据。

②测量高能日辉粒子的成分和能谱

在日辉期间，太阳发射出很多高能原子核粒子。此时发射带有塑料径迹探测器的火箭，可以记录这些太阳粒子，从而研究它们的丰度和能谱。

③寻找超铀核和超重核

超铀宇宙射线的观察不论在天体物理还是核结构研究上都是有意义的。$Z>92$ 而寿命大于 10^5 a 的已知原子核，现在只有三个：^{237}Np(2×10^6 a)、^{244}Pu(8.2×10^7 a)和^{247}Cm(2.5×10^7 a)。因此，Np、Pu 和 Cm 相对于 U 和 Th 的丰度，直接与高 Z 宇宙射线的年龄以及它们发源的位置有关。超重核是核理论预言的另一组寿命较长的元素，与超铀宇宙射线一样，对天体物理的研究也是有意义的。除了用送上天的塑料径迹探测器查找超铀核和超重核外，对陨石和月岩的径迹进行了许多观察。1965 年，在太阳系初期陨石内含的小结晶体中发现了^{244}Pu自发裂变的径迹，这是太阳系形成初期存在超铀元素的证据。由于它的寿命只有 8.2×10^{7} a，与太阳系的年龄(4.6×10^{9} a)相比，是一个很短的时间，早期存在的^{244}Pu现在早已“死掉”了。在月岩中发现了两条很长的径迹，但它们是超重核还是磁单极产生的，还没有做出明确的结论。

④寻找磁单极

理论物理和天体物理预言，在宇宙中存在磁单极，它们在银河系大尺寸磁场中沿磁力线运动。磁单极通过物质和磁场时，能量损失率很高，因此，可以被固体径迹探测器记录。

用固体径迹探测器寻找磁单极的工作从 1965 年就开始了，已做过的工作可以概述如下：

人们估计堆积在海底的铁磁沉淀物中可能捕捉了磁单极。把从海底打捞来的铁磁沉淀物放在强螺旋磁场中，出口处放置塑料径迹探测器，如果铁磁沉淀物中捕捉了磁单极，就会被驱逐出来，受到加速，在塑料径迹探测器中生产径迹。

另一些工作是把大面积塑料片放在海平面上，几年以后，分析塑料片中有无磁单极通过的径迹。

第三类工作是在陨石和月岩中查找数千万年或数亿年以来磁单极通过这些固体的径迹。

前两类工作没有找到磁单极存在的迹象，在月岩中看到的两条很长的径迹，也有可能是磁单极产生的。

参考文献

[1] 复旦大学，清华大学，北京大学合编. 原子核物理实验方法[M]. 北京：原子能出版社，1997.

[2] 安继刚. 电离辐射探测器[M]. 北京：原子能出版社，1995.

[3] 丁洪林. 核辐射探测器[M]. 哈尔滨工程大学出版社，2010.

[4] 汲长松. 核辐射探测器及其实验技术手册(第二版)[M]. 北京：原子能出版社，2010.

[5] 安继刚，卿上于，邬海峰. 充气电离室[M]. 北京：原子能出版社，1997.

[6] Сигорянин А. С. Спирип В. Д. [J]. ПТЭ №5(1962).

[7] CANBERRA Catalog[M]. Edition Seven.

[8] SAIP Schlumberger Catalog[M]. Detection 1973.

[9] Blankenship J. L. , IEEE Trans. Nucl. Sci. [J]. 1960，NS－7，(2-3)：190.

[10] 陈霓. 热释光探测器及其应用[M]. 北京：原子能出版社，1982.

[11] Sunta C. M. et al. Risio Rep. 249[R]. 146(1971).

[12] Attix F. H. , Ed. Radiation Dosimetry [J]. 1972，Supplement 1：1-74.

[13] 刘秋江，陈朝阳，范艳伟，等. CaS：Ce，Sm 材料光致荧光辐射剂量相关性能材料[J]. 原子能科学技术，2007，4(41)：390-393.

[14] Price P. B. et al. Proceedings of the International Topical Conference on Nuclear Track Registration in Insulating Solids and App [M]. Clermont-Ferrand，6-9，Section IV pp. IV 18，May，1969.

[15] Fleisher R. L. ，Price P. B. and Walker R. M，Nuclear Tracks in Solid [M]. Berkeley：University of California Press Berkeley，1975.

[16] 黄三玻，魏志勇，方美华，等(南京航空航天大学、原子能研究院). CR－39 固体核径迹探测器观测方法[J]. 核电子学与探测技术，2011，31(9)：1008.

[17] 李先杰，王明昌. 环境氡累积测量[C]. 氡和氡子体测量与危害评价学术讨论会，太原，1988.

[18] Track Detectors For Environmental Radon Studies，Radon Concentrations In The Ground[R]. INIS-mf-6530.

附录1 早期国产18种测氡仪器

1 FD－125 氡钍分析仪（闪烁室法 真空采样）（北京核仪器厂）1965 样本

采用0.5 L闪烁室法测定铀钍样品的放射性气体浓度
闪烁室取样后放置1小时后进行测量
本底：≤10 计数/100 s
灵敏度：10^{-12} Ci/L

2 FD－118G_2型闪烁射气仪（闪烁室法－卢卡斯室）（北京核仪器厂）1965 样本

采用闪烁室法测定铀钍样品的放射性气体及其衰变产物浓度
主要用于地质普查
灵敏度：～10^{-11} Ci/L

3 FD－105K 型射气仪（静电计－电离室法）（上海电子仪器厂）1981 样本

室内测量仪
用于水样或气样中放射性气体浓度测量
最小探测极限：0.1 爱曼（10^{-11} Ci/L）～1000 爱曼

4 FD－3002 型测氡仪（无源扩散采样）（上海电子仪器厂）1981 样本

氡与钍子体浓度测量
适用于野外地质普查、矿山坑道及高氡浓度场合使用
①探测器：Φ26 mm　　金硅面垒型半导体探测器
②灵敏度：10 爱曼
③功耗：300 mW
④体积：265 mm×105 mm×190 mm
⑤质量：3.5 kg

5 HDS－1 数字闪烁测氡仪（闪烁室法）（重庆地质仪器厂）1983 样本

探铀矿　环境监测
踏入式密封小气量抽气，快速测量地表长期累积而不被稀释的氡浓度
闪烁室：Φ40×80 mm[0.1 L]
灵敏度：≤0.2 爱曼/cpm
本底：0～2 脉冲/min
体积与质量：操作台　　240×95×255 mm　　2.5 kg

抽气系统　　Φ30 mm×60 mm　　　　　2.4 kg

供电：2节1号电池

功耗：≤200 mW

6　FD－820数字闪烁测氡仪（闪烁室法 无源扩散采样）（重庆地质仪器厂）1983样本

①闪烁室：Φ56 mm×70 mm(0.172 L)

②灵敏度：优于0.2爱曼 /cpm

0.2×10　(Ci/L)/cpm

740 (Bq/m^3)/cpm

③用途：土壤氡测量

8.1 cph/100(Bq/m^3)　0.008 cph/(Bq/m^3)

7　FD－3017型镭A法测氡仪(静电场法 无源扩散采样)〈上海电子仪器厂〉

用途：土壤、水中氡测量

①探测器：Φ26 mm　　金硅面垒型半导体探测器

②本底：≤4脉冲/h

③极限灵敏度<0.1爱曼(370 Bq/m^3)

8　FJ－13型α辐射探测仪(闪烁室法)（上海电子仪器厂）

(可用于测氡)

本底：10 c/h

探测窗：Φ20 mm

灵敏度：300 μV(电荷灵敏放大器输入端)

9　RCM－2型氡连续监测仪(静电场法 无源扩散采样)（北京辐照中心）

①探测器：Φ30 mm金硅面垒

②灵敏度：0.75 cph/(Bq/m^3)

③响应时间：1 h

④探测下限：5 Bq/m^3[4.65σ　95%置信度]

⑤报警阈：200 Bq/m^3

⑥功耗：1.2 W

⑦体积与质量：Φ150 mm×190 mm　　0.95 kg

10　BH3212连续测氡仪（静电场法 无源扩散采样）〈北京核仪器厂〉

①灵敏度：～1 cph/(Bq/m^3)

②立即测量：(1－24)h　滚动显示每小时浓度，测量结果给出总平均浓度

③定时测量：空时自动启动测量，存储结果，滚动显示每小时浓度。结果显示总平均浓度。

④质量：约3kg

⑤尺寸：Φ190 mm×330 mm

11 BH3102 型氡报警仪(静电场法 无源扩散采样)(北京核仪器厂)

用于室内氡浓度达到危险水平报警。
主要特点：连续灵敏、无泵无滤材采样。
最大尺寸：Φ150 mm×250 mm
质量：1 kg

12 FDC－80 测氡仪(静电场法 无源扩散采样)(中国科学院)

在半导体探测器表面加负高压，收集 RaA 子体的方法，连续自动监测

13 FT636 型气球法测氡仪（气球法）(北京核仪器厂)1986

①探测器：Φ50 mm　　金硅面垒型半导体探测器
②气球：200 L
③灵敏度：氡——1.85 Bq/m^3；
　　　　　氡子体潜能——21 MeV/L.

14 FD－129 型双滤膜法测氡仪（双滤膜相对法）(北京核仪器厂)

采用双滤膜法测氡及其子体浓度的仪器
金硅面垒半导体探测器
单道谱仪
适用于矿山、坑道及高氡浓度场合使用
灵敏度：10^{-12} Ci/L

15 FD－140 型高灵敏测氡仪(改进的 α 卡法)(北京核仪器厂)

①灵敏度：≥25 cpm/爱曼
②本底：≤15 cpm

16 FT－626 型双滤膜绝对测氡仪(双滤膜绝对法)(北京核仪器厂)

①衰变筒容积：约 40 L；
②采样泵：120 L/min 类型；
③灵敏度：0.37 Bq/m^3(95%置信度)；
④探测器：Φ60 mm ZnS(Ag)闪烁体；
⑤本底：<18/h。

17 FT－648 型双滤膜绝对测氡仪(双滤膜绝对法)(北京核仪器厂)

①衰变筒容积：14.8 L；
②采样泵：40 L/min 类型；
③灵敏度：1.4 Bq/m^3(95%置信度)；

④探测器：Φ65 mm ZnS(Ag)闪烁体；

⑤本底：<25/h。

18　CM—CDY型便携式双滤膜绝对测氡仪(双滤膜绝对法)

①衰变筒容积：8 L；

②采样泵：15 L/min类型；

③灵敏度：2.6 Bq/m^3(95%置信度)；

④探测器：Φ65 mm ZnS(Ag)闪烁体；

⑤本底：<10/h。

附录2 外国产典型7种测氡仪器

1 E—PERM测氡仪 （美国放射驻极体技术公司）

①工作模式：驻极体净电场法；采样器无源采样；一段时间内氡浓度的平均值，非在线 测量周期2～7天；驻极体电位测定。

②驻极体离子腔采样器为含驻极体的离子腔。进行无源(采样泵)采样。离子腔内的驻极体为非常稳定的电导体塑料，它由既做为静电场又作为传感器的TEFLON小片组成。氡气通过过滤孔扩散进入离子腔内，氡及其子体衰变发射的粒子在空气中产生离子化的分子，而在腔内产生的离子被收集到驻极体上，导致驻极体表面电荷的减少。电荷减少的总量与在特定的时间间隔内和特定腔体积中发生的总的离子化程度有一定的函数关系

③测量应用经刻度的REI的驻极体的电位读数仪SPER－I或SPER－2测定电位的变化而确定氡的浓度。

2 RAD7测氡仪 Durridge(美国)

①工作模式：α能谱法、静电场收集、有源、连续或抓样

②灵敏容积：0.71 L半球形 内表面金属镀层

③探测器：

④量程：0.1～20 000 pCi/L

(3.7～740 000)Bq/m^3

⑤灵敏度：连续监测：0.65 cph/(Bq/m^3)

抽气：0.32 cph/(Bq/m^3)

⑥内置泵：1 L/min

⑦无本底

⑧质量：5 kg

⑨尺寸：2.4 cm×19 cm×27 cm

3 RTM2100Rn/Th测氡仪(德国)

①探测器：电离室

②方法：电离电流法 α能谱法

③量程：1Bq/m^3～10M Bq/m^3

③灵敏度：快速 2.5 cpm/(kBq/m^3) (20 min) 0.15 cph/(Bq/m^3)

慢速 5 cpm/(kBq/m^3) (150min) 0.3 cph/(Bq/m^3)

④采样模式：1 min～24 h

⑤采样泵： 0.5 L/min 与 3.0 L/min

4　ERS－1000 测氡仪

ERS－1000 测氡仪是静电场法连续测氡仪。它由一个体积大约 10 L 的金属半球组成。金属半球最大加 2000 V 正高压。氡子体被收集于半导体 PIPSα 探测器上。α 能谱法读取数据获得 ^{222}Rn、^{220}Rn 浓度值。

①探测器：PIPS 半导体 α 探测器

②方法：静电场法α 能谱法

5　DoseMAN 测氡仪（德国 SARAD GmbH 公司）

①方法：氡气经过一个膜片后扩散到测量室。在测量室内的半导体探测器收集^{222}Rn 及子体^{218}Po 和^{214}Po，测 α 谱。

②探测器：半导体探测器

③灵敏度（刻度因子）：

缓慢模式：120 min Rn-222，Po-218，Po-214 总计数计算出氡浓度；

$$K = 0.0228\ \text{cph/(Bq/m}^3\text{)}$$

快速模式：10 min 不测 Po-214，其响应时间缩短，快速测出氡气浓度值

$$K = 0.0132\ \text{cph/(Bq/m}^3\text{)}$$

④量程：10 Bq/m^3～4 MBq/m^3

⑤响应时间：95％置信度　快速 10 min

缓速 120 min

⑥质量：250 g

⑦尺寸：60 mm×35 mm×115 mm

6　700α－SMART 测氡仪　（加拿大 α Nuclear 公司）

①测量对象：Rn Tn（ 潜能浓度）RaA、RaB、RaC、ThB 与 ThC（浓度）

②滤带：宽 35 mm ；长 25 m；～750 个试样

③微孔膜：0.8 μm

④探测器：（双）扩散结硅探测器 400 mm^2

⑤多道分析器：双 256 道

⑥能区间：10 MeV α

⑦灵敏度：Kusnetz 法　　0.0001 WL±50％　　0.001 WL±15％

10 min 取样　　60min 测量　　20 L/min 流速

0.0004 WL±50％

10 min 取样　　30 min　测量　　20 L/min 流速

0.001 WL±35％

7　Зкрои—ЭК 型氡测量仪（便携式）　（俄罗斯）

①探测器：半导体探测器

②工作模式：无源与有源

③灵敏度：1.2×10^{-3}　cps/(Bq/m^3)　(4.32 cph/(Bq/m^3))

④测量下限：1 Bq/m^3(t=1.5 h)

　　　　　10 Bq/m^3(t=10 min)

⑤质量：12.1 kg

⑥尺寸：515 mm×320 mm×335 mm

附录 3 35 种测氡仪关键技术指标对比表

№	型号	产地	工作原理	灵敏度 cph/ $(Bq \cdot m^{-3})$	响应时间	注
1	RAD-7 测氡仪	美国 Durridge	静电场法 α 能谱测量	0.65	连续监测	α 能谱四能段法 灵敏容积： 0.71 L 半球形 内表面金属镀层
				0.32	抓样	
2	DOSEman 测氡仪	德国 SARAD Gmbh	静电场法 有源 α 能谱测量	0.0228	120 min	
				0.0132	10 min	
3	RTM2100 测氡仪	德国	α 能谱测量 电离室法 有源	0.15	20 min	0.5 L/min ～53.0 L/min 抽气
				0.30	150 min	
4	1027 测氡仪	美国	静电场法 无源扩散	0.07		
5	E-PERM 驻极体测氡仪	美国 Rad Elec	电离室法 无源驻极体	（非在线）	(2～7)d	
6	RADHOME	法国	静电场法 无源扩散	<100 Bq/m^3	62 h≤T	
				(100～200) Bq/m^3	31 h≤T ≤62 h	
				>7400 Bq/m^3	T<1 h	
7	CRM-510 连续测氡仪	Femto- TECH	电离电流法 无源	0.48		
8	DMP808	德国 DOSEman	α 能谱测量 有源	氡浓度长时间 平均值		0.14 L/min 抽气
9	Prassi5S 测氡仪	德国	闪烁室法 V=1.83 L	4 Bq/m^3	1 h	3 L/min 抽气 (10～10 K) Bq/m^3 突变响应 30 min

续表

№	型号	产地	工作原理	灵敏度 cph/($Bq \cdot m^{-3}$)	响应时间	注
10	ЭКРОН ЭК 型 测氡仪	俄罗斯	静电场法 有源、无源	4.32		*半导体探测器
				1 Bq/m^3	1.5 h	
				10 Bq/m^3	10 min	
11	550 积分 WLα 剂量仪 (500-αPrism)	加拿大 α 公司	有源过滤法	～19,000 计数/ WLH(0.1 L/min)		子体潜能
12	700α-SMART 氡子体测量仪	加拿大 α 公司	Kusnetz 法 有源过滤	0.0001 WL±50%		子体潜能
13	RCM-2 连续测氡仪	北京射线 应用研 究中心	静电场法 无源扩散	0.75	1 h	氡浓度骤变响 应时间 ～30 min *半导体探测器
14	BH3212 连续测氡仪	核工业 261 厂	静电场法 无源扩散	～1	1 h	(同上)
15	FD125 氡钍分析器	核工业 261 厂	闪烁室法 V=0.5 L	～3.7×10^1 Bq/m^3 10^{-12} Ci/L		闪烁室取样后 放置 1 h 后测量
16	BH3102 氡(报警)仪	核工业 261 厂	静电场法 无源扩散	优于 1 148 Bq/m^3(报警阈)	30 min	ZnS(Ag) 探测器
17	FT626 绝对法测氡仪	核工业 261 厂	双滤膜 绝对法	0.37 Bq/m^3	30 min	绝对测量法 V=40 L
18	FT648 绝对法测氡仪	核工业 261 厂	双滤膜 绝对法	1.4 $Bq \cdot m^{-3}$(氡) 8 nJ/m^3(子体)	30 min	绝对测量法 V=14.8 L
19	CM-CDY 绝对法测氡仪	中国辽河	双滤膜 绝对法	2.6 Bq/m^3	30 min	绝对测量法 V=8.0 L
20	FD-140 测氡仪	核工业 261 厂	α 卡法			土壤氡
21	FD-3107 镭 A 测氡仪	核工业 263 厂	静电场法	370 Bq/m^3		土壤氡
22	FD-820 测氡仪	中国重庆 地质仪器厂	闪烁室法	0.008 7.4×10^2 Bq/m^3	～20 min	土壤氡 闪烁室 V=0.172 L

续表

№	型号	产地	工作原理	灵敏度 cph/($Bq\cdot m^{-3}$)	响应时间	注
23	FT636 环境氡钍仪	核工业 261 厂	气球法	1.85 Bq/m^3		
24	FD118G2 闪烁射气仪	核工业 261 厂	闪烁室法 路卡斯室	1.7×10^1		
25	FD3002 测氡仪	上海电子 仪器厂		3.7×10^4		
26	HDS-1 快速数字闪烁测氡仪	重庆地质 仪器厂		$\leqslant7.4\times10^1$ Bq/m^3		
27	KF601 氡钍仪	核工业铀矿 开采研究所		7.4×10^2 Bq/m^3 1.1×10^2 Bq/m^3	(^{222}Rn) (^{220}Rn)	
28	KF602 氡气 氡子体测量仪	核工业 第六研究所	闪烁室法 路卡斯室	50 cpm/爱曼		
29	ZYW8501 测氡仪	北京工业 卫生研究所	闪烁室法 700 mL	4.82 Bq/m^3 ($k=25$ Bq/cpm)		
30	FD-105K 射气仪	上海 电子仪器厂	电离电流 静电计法	3.7×10^2 Bq/m^3		
31	KF6407、6408 氡子体测量仪	核工业 第六研究所	马尔科夫法 三段法氡子体	本底≤10 cph		
32	HGYRn-B 便携式测氡仪	卡迪诺 科技公司	静电场法 α 能谱测量	0.44	抓样	α 能谱四能段法 灵敏容积：0.71 L 半球形 内表面金属镀层
33	FYCDY-P30 便携式测氡仪	方圆科技 公司	静电场法 α 能谱测量	1.05	抓样	α 能谱四能段法 采样室 $\varphi10\times10$ cm
34	KF64-1 氡子体测量仪	核工业 第六研究所	闪烁室法 200 mL	本底≤10cph		
35	FD129 氡钍 射气测定仪	核工业 261 厂		$\sim7.4\times10^2$ Bq/m^3 10^{-12} Ci/L		